中国三七大全

三七栽培学

崔秀明 杨 野 董 丽等 编著

科学出版社

北 京

内 容 简 介

本书全面介绍了近20年来三七栽培的研究与实践结果，展示了三七现代化栽培的优势与特色。本书共分为11章，第1章主要介绍了三七种植及产业概况，后10章则分别对三七的起源与分布、生理生态基础、连作障碍、营养与施肥、繁育、栽培技术、遮阳网栽培、仿生栽培、机械化栽培及立体栽培方面进行了系统的介绍。本书既有理论探索，又有方法创新；既有专题论述，又有系统分析；既有回顾性研究，又有前瞻性分析。本书能够将已有三七栽培方面的科技成果进一步推广应用，转化为现实生产力，提高三七的规范化、现代化种植水平。

本书专业性强，内容涉及面广，对从事三七科研工作者、种植企业及农户有重要的参考价值。同时，本书对从事中药材生产的专业技术人员有重要的借鉴意义，也可供大中专院校师生阅读与参考。

图书在版编目（CIP）数据

三七栽培学/崔秀明等编著．—北京：科学出版社，2017.1

（中国三七大全）

ISBN 978-7-03-051624-4

Ⅰ.①三…　Ⅱ.①崔…　Ⅲ.①三七－栽培技术　Ⅳ.①S567.23

中国版本图书馆CIP数据核字（2017）第006762号

责任编辑：张　析　王立红／责任校对：何艳萍
责任印制：张　伟／封面设计：东方人华

科学出版社 出版
北京东黄城根北街16号
邮政编码：100717
http://www.sciencep.com

北京教图印刷有限公司 印刷

科学出版社发行　各地新华书店经销

*

2017年2月第 一 版　开本：720×1000　B5
2018年6月第二次印刷　印张：20 5/8　插页：5
字数：367 000

定价：98.00元

（如有印装质量问题，我社负责调换）

“中国三七大全”丛书编委会名单

主 任 委 员 龙　江

副主任委员 蓝　峰　陈纪军　王峥涛　兰　磊　崔秀明

编　　　委 王承潇　冯光泉　何月秋　刘迪秋　曲　媛　陆　地

杨　野　杨晓艳　金　航　饶高雄　夏雪山　胡旭佳

张荣平　张金渝　徐天瑞　高明菊　董　丽　熊　吟

总　主　编 崔秀明　蓝　峰

各分册主编

《三七栽培学》主编　崔秀明　杨　野　董　丽

《三七植物保护学》主编　冯光泉　何月秋　刘迪秋

《三七资源与育种学》主编　金　航　张金渝

《三七植物化学》主编　陈纪军　曲　媛　杨晓艳

《三七药理学》主编　徐天瑞　夏雪山

《三七质量分析与控制》主编　胡旭佳　崔秀明　熊　吟

《三七临床研究》主编　张荣平　陆　地　陈纪军

《三七产品加工》主编　饶高雄　王承潇　高明菊

《三七栽培学》编委会名单

主　编　崔秀明　杨　野　董　丽

副主编　郭兰萍　刘大会　朱　琳　赖庆辉

编　者（按姓氏笔画排序）

石　玥　昆明理工大学

田梦媛　昆明理工大学

代春艳　昆明理工大学

朱　琳　文山学院

刘　艺　昆明理工大学

刘大会　云南省农业科学院药用植物研究所

李子唯　昆明理工大学

杨　野　昆明理工大学

吴凤云　昆明理工大学

何勤敏　昆明理工大学

陈丽娟　昆明理工大学

郭兰萍　中国中医科学院中药资源中心

黄　进　昆明理工大学

崔秀明　昆明理工大学

葛　进　昆明理工大学

董　丽　楚雄技师学院

舒盼盼　昆明理工大学

赖庆辉　昆明理工大学

廖沛然　昆明理工大学

序言一

三七是我国近几年发展最快的中药大品种，无论是在栽培技术、质量控制，还是在产品开发、临床应用等方面均取得了长足进步。三七是我国第一批通过国家GAP基地认证的品种之一；三七是我国被美国药典、欧洲药典和英国药典收载的为数不多的中药材品种，由昆明理工大学、澳门科技大学、中国中医科学院中药资源中心联合提交的《三七种子种苗》《三七药材》两个国际标准获得ISO立项；以血塞通（血栓通）为代表的三七产品已经成为销售上百亿元的中成药大品种；三七的临床应用已由传统的治疗跌打损伤扩展到心脑血管领域。以三七为原料或配方的中成药产品超过300种，生产厂家更是多达1000余家。通过近百年的努力，国内外科学家从三七中分离鉴定了120种左右的单体皂苷成分；三七栽培基本告别了传统的种植模式，正在向规范化、规模化、标准化和机械化方向转变；三七产品的开发已向新食品原料、日用品、保健食品等领域拓展。三七已经成为我国中药宝库中疗效确切、成分清楚、质量可控，规模化种植的大品种。

在“十三五”开局之年，喜闻昆明理工大学崔秀明研究员、昆明圣火药业（集团）有限公司蓝峰总裁邀请一批专家学者，耗时3年多，将国内外近20年三七各个领域的研究成果，整理、编写出版“中国三七大全”系列专著，这是三七研究史上的一件大事，也是三七产业发展中的一件喜事。“中国三七大全”的出版，不仅仅是总结前人的研究成果，展现三七在基础研究、开发应用等方面的风貌，更是为三七的进一步研究开发、科技成果的转化、市场拓展等提供了大量宝贵的资料和素材。“中国三七大全”必将为三七更大范围的推广应用、三七产业的创新和产业升级发挥重要的引领作用。

预祝三七产业目标早日实现，愿三七为全人类健康作出更大贡献。

是为序！

黄璐琦

中国工程院院士

中国中医科学院常务副院长

2016年10月于北京

序言二

三七是五加科人参属植物，是我国名贵中药材，在我国中医药行业中有重要影响，是仅次于人参的中药材大品种，也是复方丹参滴丸、云南白药、血塞通、片仔癀等我国中成药大品种的主要原料。三七是我国第一批通过国家GAP认证的中药材品种之一。仅产于中国，其中云南、广西是三七主产地，云南占全国种植面积和产量的97%左右。三七及三七总皂苷广泛应用于预防和治疗心脑血管疾病。目前，我国使用三七作为产品原料的中药企业有1500余家，以三七为原料的中成药制剂有400多种，含有三七的中成药制剂批文3000多个，其中国家基本药物和中药保护品种目录中有10种，相关产品销售收入达500多亿元。

近10年来，国家和云南省持续对三七产业发展给予大力扶持，先后投入近亿元资金，支持三七科技创新和产业发展，制订了《地理标志产品　文山三七》国家标准，建立了云南省三七产业发展技术创新战略联盟和云南省三七标准化技术创新战略联盟；文山州在1997年就成立了三七管理局及三七研究院；建立了文山三七产业园区和三七国际交易市场；扶持发展了一批三七企业；中国科学院昆明植物研究所，云南农业大学、昆明理工大学、云南中医学院及国内外高校和科研单位从三七生产到不同环节对三七进行了研究，以科技创新带动了整个三七产业的快速发展。三七种植面积从 2010 年的不到 8.5 万亩发展到 2015 年的 70 万亩，产量从 450 万公斤增加到 4500 万公斤；三七主产地云南文山三七产值从 2010 年的 50 亿元增长到 2015 年的 149 亿元，成为我国发展最迅速的中药材品种。

云南省人民政府 2015 年提出通过 5~10 年的发展，要把三七产业打造成为 1000 亿产值的中药材大品种。正是在这样的背景下，昆明理工大学崔秀明研究员、昆明圣火药业（集团）有限公司蓝峰总裁邀请一批专家学者，将近 20 年三七各个领域的研究成果，整理、编写出版“中国三七大全”共 8 部专著，为三七产业的发展提供了依据。希望该系列专著的出版，能为实现三七产业发展目标，推动三七在更大范围的应用、促进三七产业升级发挥重要作用。

朱有勇

中国工程院院士

云南省科学技术协会主席

2016 年 3 月于昆明

总前言

三七是我国中药材大品种，也是云南优势特色品种，在云药产业中具有举足轻重的地位。最近几年，在各级政府有关部门的大力支持下，三七产业取得了快速发展，成为国内外相关领域学者关注的研究品种，每年发表的论文近 500 篇。越来越多的患者认识到了三七独特的功效，使用三七的人群也越来越多。三七的社会需求量从 20 世纪 90 年代的 120 万公斤增加到目前的 1000 万公斤左右；三七的种植面积也发展到几十万亩的规模；从三七中提取三七总皂苷产品血塞通（血栓通）销售已经超过百亿元大关。三七取得的成效得到了国家、云南省政府的高度重视，云南提出了要把三七产业打造成为 1000 亿元产业的发展目标。

2015 年，我国科学家，中国中医科学院屠呦呦研究员获得诺贝尔生理学或医学奖；国务院批准了《中医药法》草案征求意见稿；中医药发展战略上升为国家发展战略。这一系列里程碑式的事件给我国中医药产业带来了历史上发展的春天。三七作为我国驰名中外的中药材大品种，无疑同样面临历史发展良机。

在这样的历史背景下，昆明理工大学与昆明圣火药业（集团）有限公司合作，利用云南省三七标准化技术创新战略联盟的平台，邀请一批国内著名的专家学者，通过近 3 年的努力，编写了“中国三七大全”系列专著，交科学出版社出版，目的是整理总结近20年来三七在各个领域的研究成果，为三七的进一步研究开发提供科学资料和依据。

本丛书的编写是各位主编、副主编及编写人员共同努力的结果。黄璐琦院士、朱有勇院士在百忙中为“中国三七大全”审稿，写序；科学出版社编辑对本丛书的出版付出了辛勤的劳动；昆明圣火药业（集团）有限公司提供了出版经费；云南省三七资源可持续利用重点实验室、国家中药材产业技术体系昆明综合试验站提供了支持；云南省科技厅龙江厅长担任丛书编委会主任。对于大家的支持和帮助，我们在此表示衷心感谢！

本丛书由于涉及领域多，知识面广，不好做统一要求，编写风格由各主编把控，所收集的资料时间、范围均由各主编自行决定。所以，本丛书完整性、系统性存在一些缺失，不足之处在所难免，敬请各位专家、同行及读者批评指正。

崔秀明　蓝　峰

2016年2月

前　言

三七是我国中医药宝库中的瑰宝，是传统名贵中药材，起源于2500万年前第三纪，1578年《本草纲目》成书之后，流传广泛。三七产业经过近20年的快速发展，已经成为我国中药材大品种，2015年种植面积超过70万亩，产量达到4500万公斤，种植区域已从传统的云南文山州向云南红河、曲靖、昆明、玉溪等地发展。三七由于具有有效成分明确、临床疗效确切、安全无毒等特点，在治疗、预防心脑血管疾病和康复保健等方面显示出独特的优势和巨大的发展潜力。

三七具有活血散瘀、消肿定痛的功效，传统主要用于治疗跌打损伤，现主要用于预防和治疗心脑血管系统疾病，享有“金不换”“南国神草”“参中之王”等美誉。三七是血塞通（血栓通）、云南白药、复方丹参片、漳州片仔癀等我国中成药大品的主要原料。国家实施中药现代化行动计划以来，在一系列科技计划支持下，三七产业得到了快速发展。全国以三七为原料的中成药品种有540多种，药品批号3600多个，其中国家基本药物和中药保护品种目录中有10种，涉及制药企业1350家，全国三七相关产品产值超过700亿元。三七已经成为云南乃至全国中药产业的核心品种，为人类健康事业发挥着越来越重要的作用。

2003年，三七规范化种植基地在我国通过第一批国家GAP基地认证。到目前为止，已经有三家企业三七基地通过GAP基地认证。三七的规范化种植已经成为农业生产环节的主流，与栽培相关的研究也不断得到深入。尽管与其他农作物相比，三七的栽培研究还十分薄弱，许多科学问题还需要进一步深入研究，但经过三七科技工作者的不懈努力，已经取得不少科技成果，这些成果有的已经在生产中推广使用，并且产生了显著的经济效益，有的还处于试验阶段，还需要进行示范推广。为了将已有三七栽培方面的科技成果进一步推广应用，将研究成果转化为现实生产力，提高三七的规范化、现代化种植水平，本书汇聚了近20年来的研究成果，旨在为三七科研工作者、种植企业及农户提供帮助。

本书的编写工作得到了昆明理工大学、昆明圣火药业（集团）有限公司、云南省科技厅、云南省三七可持续利用重点实验室（筹）、国家中医药管理局三七可持续利用重点研究室（筹）、云南省三七标准化技术创新战略联盟等单位的大力支持和帮助，得到了黄璐琦院士、朱有勇院士的指导，在此一并表示感谢！

由于编者专业知识及水平所限，不足之处在所难免，敬请各位专家、读者批评指正。

《三七栽培学》编委会

2016年8月30日

目　录

第1章 概　述

1.1　三七在我国中药产业中的地位

三七［*Panax notoginseng*（Burk.）F. H. Chen］是五加科人参属多年生草本植物，起源于2500万年前第三纪古热带植物。目前以主根和根茎入药，其茎、叶、花均含有皂苷、三七素、GABA等活性成分，是开发药品、保健食品的重要原料。2015年，在黄璐琦院士的带领下，包括中国中医科学院中药资源中心、昆明理工大学、文山学院等在内的三七研究团队，按照国家卫生和计划生育委员会新食品原料申报要求，完成了三七花、三七茎叶进入新食品原料的所有研究工作（崔秀明等，2015）。在此研究的基础上，2016年云南省批准三七茎叶、三七花可以作为地方特色食品进行开发利用，三七茎叶、三七花从法律层面进入了食品领域。

有关三七的史料记载颇多，但最早的记载是在明代医药学家李时珍将其收载于《本草纲目》（1578年），距今近600年。李时珍在《本草纲目》中记载三七"味微甘而苦，颇似人参之味……能治一切血病"，详细描述了三七止血和治疗金疮的神奇功效。从李时珍对三七的描述及"三七"名称的来源推断，三七在民间的使用历史应该远早于此。自李时珍之后，三七便广泛成为了世人用于治疗各种出血证和血瘀证的良药，作为一种品质稳定、疗效显著的中药，三七活血化瘀、消肿定痛的奇效一直被世人所公认，享有"金不换"、"南国神草"、"参中之王"等美誉。从《本草纲目拾遗》对三七的描述可见一斑，"人参补气第一，三七补血第一；味道同而功亦等，故称人参三七，为中药之最珍贵者"。现代研究表明，三七对心脑血管系统疾病具有显著疗效，是我国用于预防和治疗心脑血管系统疾病的药物大品种。

三七在我国中药行业中有重要影响，现在已经成为与人参相当的中药材大品种，是云南白药系列产品、血塞通系列产品、片仔癀、复方丹参系列产品等我国中成药大品种的主要原料。三七广泛应用于跌打损伤、冠状动脉粥样硬化性心脏病（简称冠心病）、心绞痛、脑血管疾病后遗症、高血压等疾病的治疗中（张荣平等，2016）。三七皂苷是三七的主要有效活性成分，也是目前研究较为系统的化学物质。迄今为止，已从三七的不同部位分离得到 110 余种单体皂苷成分，现阶段我国以三七为原料的中成药品种 540 多个，批准文号 3600 个，涉及生产厂家 1350 家，年需要三七 1500 万公斤。三七还是经济价值很高的药用植物，平均亩产可以达到 180 公斤，高产达 250 公斤，价格最高时亩产值可达 10 余万元，是我国少有的高附加值药用经济植物。

三七还是云南白药、漳州片仔癀两个国家一级保密品种的主要原料。目前我国取得国家一级保密品种仅有 5 个，这五大产品在中药产品中堪称"国宝"，五者有其二，足见三七在中药中的重要作用（崔秀明等，2007）。

三七在中药发展过程中有相当的影响，从三七的名称对外形相似或者功能相近的中药材的命名的影响就可以看出来。目前人参属植物报道的有 11 个种或变种，除三七外，其中有 4 个种的命名与三七有关，如屏边三七（*P. stipuleanatus*）、姜状三七（*P. zingiberensis*）、羽叶三七（*P. bipinnatfidus* var. *angustifilius*）等，而且老百姓都把它们称为"野三七"。不仅如此，其他尚有 11 个科的共 20 种药用植物名称中带"三七"，如土三七（*Sedum aizoon*）、菊三七（*Genure japonica*）、藤三七（*Boussingaultia gracilis* var. *seudobaselloides*）等其他科属具有类似功效的植物（杜元冲，1984）。足见其在中药中有相当的历史地位。

1.2 三七的种植发展历史

据云南、广西相关历史资料记载，三七种植历史已有 400 余年。1949 年以前，云南三七种植面积仅有几百亩，广西有少量种植。中华人民共和国成立后，三七产区地方政府采取一系列措施发展三七生产，三七种植得到发展。从 1951 年至 2016 年的 65 年间，三七产业种植经历了四次大起大落的曲折发展。1951 年，云南三七种植面积仅有 785 亩，到 1974 年出现第一次种植高峰，云南种植面积 4.4 万亩，广西 3.6 万亩，产量为 108 万公斤（云南 66.4 万公斤，广西 41.6 万公斤），云南产区三七产值为 6400 万元，当时的社会需求量为 50 万公斤；之后三七种植面积大幅度下降，到 1983 年，云南文山州种植面积才恢复到 5000 亩，产量 5 万公斤；1988 年，全国三七种植面积快速发展到近 10 万亩，其中云南 7 万亩，广西 3 万亩，产量 138 万公斤，这是第二次发展高峰；1989 年，因价格下降，种植面积一度萎缩到 2 万亩左右，之后经历了 10 余年平稳发展时期（崔秀明等，2007）；2004 年后三七价格上涨，到 2007 年形成了第三次种植高峰，当年三七在地面积达到了 12.8 万亩，产量为 940 万公斤，三七生产价格也随之下降；2008 年，随着三七价格的逐步回升，三七经历了第四次，也是历史上最疯狂的种植高潮，2014 年，全国三七在地面积高达 79 万亩（其中广西 3 万亩）；2015 年产量超过 4 500 万公斤，供过于求的局面再次出现，2015 年，三七种植面积开始回落，到 2016 年依然保持在 40 万亩左右的规模。近 20 年的三七销售情况见图 1.1、产业产值变化情况见图 1.2、种植情况见表 1.1。

在种植地域上，《中国三七》一书记载（王淑琴等，1993），20 世纪 60 年代除云南、广西外，广东、四川、湖南、贵州、福建、江西、湖北、浙江等都有引种栽培；云南除文山州外，玉溪、大理、红河、曲靖、昆明、西双版纳、保山、普洱、楚雄、临沧等地区也有栽培，与现在三七种植地区吻合，应该说是三七轮作的必然，很多人认为这些地区是新产区，实际上是由于缺乏对三七种植历史的了解导致的。

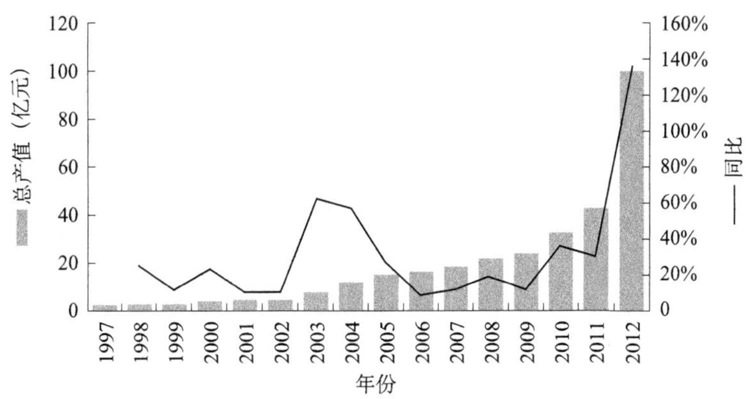

图 1.1 近 20 年的三七销售增长情况

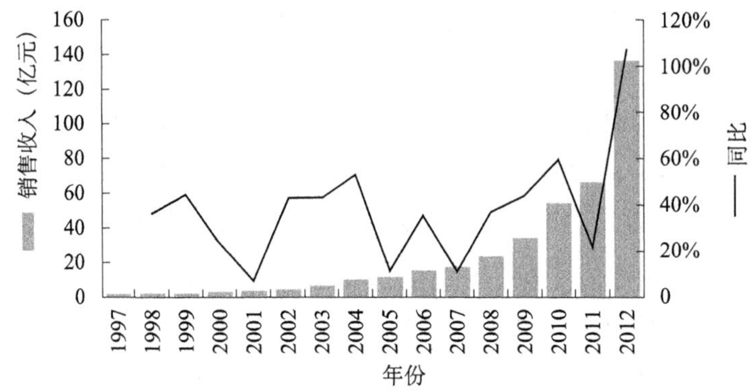

图 1.2　近 20 年的三七产业产值变化情况

表1.1　1996～2015年三七种植情况表

时间（年）	在地面积（万亩）	采收面积（万亩）	产量（万公斤）	总产值（亿元）
1996	3.6	1.2	25	2.30
1997	3.4	0.9	70	2.75
1998	3.8	1.4	106	2.76
1999	4.1	1.6	120	3.08
2000	4.5	1.8	135	3.80
2001	4.9	2	194	4.18
2002	5.3	2.5	216	4.60
2003	6.7	2.8	379	11.80
2004	8.5	3.1	504	15.00
2005	12.5	4	650	16.22
2006	12	5.4	900	18
2007	12.8	5.7	940	21
2008	10	5.2	884	24
2009	6.8	2.8	445	32
2010	8.5	3	450	50
2011	9.7	3.1	470	86
2012	16	5	750	100
2013	28.8	7	1200	128
2014	79	15	2500	110
2015	50	30	4500	159

1.3　三七市场价格历史变迁

供求关系的变化导致市场价格的变化，这是基本的市场规律。20 世纪 50 年代以来，三七经历了四次大的价格波动。1985 年前，三七是国家计划控制产品，由国家统一收购，1974 年，由于供过于求，三七经历了一次大降价，三七生产也因此受到影响。一直到 20 世纪 80 年代初，三七种植逐步恢复，到 1985 年国家放开三七价格管控，完全由市场决定价格，到 1988 年下半年，三七价格再一次经历了大跳水，从 1988 年上半年平均价格 220元/公斤，下降到 1989 年的 40元/公斤左右，生三七价格不及生姜价格。之后经历了 10 余年的平稳发展，2003～2004 年三七价格出现了较大涨幅，价格恢复到 80元/公斤，2006 年三七市场价格又开始下跌到 50元/公斤左右，剪口价格不到 40元/公斤。受此影响，从 2007 年开始，三七种植面积一路下滑，到 2009 年，三七产区种植面积下降到 6.8 万亩，产量更是下降到 445 万公斤。2007 年底三七价格开始逐步回升，2009 年云南遭遇百年一遇的特大旱情，三七种子产量和单产受到影响，三七价格进一步上涨。2010 年，三七在地面积 8.5 万亩，比高峰期 2005 年 12.42 万亩减少 3.92 万亩；产量 450 万公斤，比高峰时的 2007 年减少近一半，三七价格也一路上扬，到 2013 年上半年，三七平均价格达到了 750元/公斤，剪口价格超过 1000元/公斤，6 年间分别上涨了 15 倍和 20 倍。2013 年下半年，随着三七种植面积和产量的成倍增加，三七市场价格开始回落，到 2015 年三七采收期，三七价格跌至谷底，平均价格只有 120元/公斤，剪口价格降到 150元/公斤。2016 年春节过后，三七价格又开始恢复，到 2016 年上半年，三七平均价格稳定在 200元/公斤左右。2002～2015 年三七价格的变化见图 1.3。

从后市情况来看，由于三七库存量大，到 2016 年，三七估计有 4 万～5 万吨的社会库存量，2016 年产新后，采收量还会有 15 000 吨左右。所以，排除人为炒作因素，我们认为三七价格会在 300元/公斤左右徘徊 2～3 年的时间，2018 年会恢复性上涨，到 2020 ～ 2022 年前后，三七价格又会有新一轮价格高峰。估计三七平均价格将会突破 1000元/公斤大关。

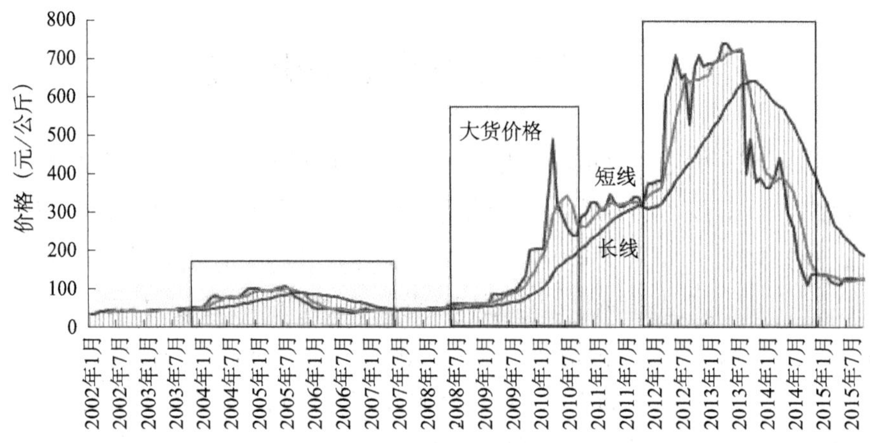

图 1.3　2002～2015 年三七价格的变化（来源于网络）

从产业可持续发展的需要来看，现阶段三七价格在 300元/公斤左右比较合理，种植农户有一定的经济收入，生产企业生产成本也不会太高。2008～2013 年价格飞涨，均价最高超过 750元/公斤，种植三七亩最高收益高达 20 万元（包括种子收入），这种价格是以牺牲企业和消费者的利益为代价的，所以是不可持续的。但价格过低，种植户没有合理的经济收入，农户的利益得不到保障，种植面积就会减少，又为下一轮的价格上涨埋下了伏笔，同样不利于三七产业的健康发展。

1.4　三七产业发展状况

进入 21 世纪，三七种植面积发展迅速，2014 年达到了 79 万亩，一批三七加工企业迅速崛起，市场逐步拓展；2015 年，据不完全统计，全国三七相关产业产值达 710 亿元，其中加工业 590 亿元，种植业 120 亿元，三七产业呈现快速发展态势。三七产业的发展具有以下几个特点：

一是建立了规范化、规模化种植基地，原料保障能力得到大幅提升，为三七产业快速发展提供了有力的原料供给保障。2003 年，三七第一个种植基地通过国家 GAP 认证，是我国第一批、云南第一个通过国家中药材 GAP 认证的中药材品种。到 2015 年，已有云南特安呐制药（集团）股份有限公司、云南白药集团股份有限公司、昆药集团股份有限公司三个基地通过国家 GAP 认证，三七种植业规模化、标准化水平不断提高；主产地文山州成立了三七产业协会和一批三七种植专业合作社；云南白药集团股份有限公司、康美药业股份有限公司、广州白云山和记黄埔中药有限公司、广州白云山和黄中药、黑龙江珍宝岛药业股份有限公司、天士力控股集团、云南七丹药业股份有限公司等一批公司在产地成立基地公司，建立规范化种植基地。三七资源整合加快，三七种植主要集中在种植公司和种植大户，实现了从粗放管理向标准化种植发展，初步形成了“公司＋科技＋基地＋农户”的产业化经营模式，步入了基地化、规模化、标准化、商品化、组织化发展轨道，确保了三七种植规模经济和效益，增强了三七种植业抵御市场风险的能力，为三七种植产业化奠定了坚实的基础。2015年云南省有31 300余户农户从事三七种植业，三七农业产值达到120亿元。

二是云南省在三七主产地文山州建立了省级三七专业化园区，培养了一批三七专业化龙头企业，大品种拉动效应显著，成为推动三七产业快速发展的推手。2000年，云南省政府批准设立文山三七医药工业园区，第一期规划面积1.19平方千米。随后，地方政府进一步加大了投入，目前已基本形成了新平坝片区、东山片区、登高片区“一园三区一中心”的总体格局，规划面积达21.91平方千米，成为云南省重点特色工业园区之一，并被认定为省级高新技术特色产业园区和新型工业化产业示范基地。2015年，园区产值达到30亿元，已成为推动三七产业发展的主要平台。龙头企业带动了三七产业快速发展。从全国来看，一批以三七为主要原料的龙头企业迅速崛起。2000年以来，广西梧州制药集团、云南白药集团股份有限公司、黑龙江珍宝岛药业股份有限公司、昆药集团股份有限公司、广州白云山和黄中药、云南三七科技、昆明圣火药业（集团）有限公司、云南维和制药、云南七丹药业股份有限公司、广东众生药业等一批以生产三七产品为主的企业迅速发展，成为三七相关产品的龙头企业，带动了整个三七产业的快速发展。大品种开发成为产业发展的重要推手。三七大品种包括血塞通系列产品，云南白药、复方丹参系列、三七饮片系列等。2015年我国心血管系统疾病药物市场规模为2572.09亿元，其中中成药市场份额为1168.40亿元，在市场份额前10位的中成药品种中，单药材制剂只有三七，并占到三席，其中注射用血栓通（广西梧州制药集团）排名第一，市场占比6.9%；注射用血塞通（昆药集团）排名第六，市场占比2.7 %；注射用血塞通（黑龙江珍宝岛）排名第九，市场占比2.1 %，三者的市场规模近130亿，加上血塞通系列的口服制剂（包括滴丸、软胶囊、硬胶囊、片剂、分散片、颗粒剂等），三七单药材总皂苷制剂市场规模超150亿元，是目前单方制剂最大市场规模的品种。其他三七复方制剂如复方丹参滴丸（天士力）也入选心血管疾病十大中成药品种，排名第五，市场占比 3.0 %，市场规模约 35 亿元，加上复方丹参片、胶囊等系列产品也成为三七大品种系列；同时云南白药三七大健康品系综合产值也突破 100 亿元。另一个以三七为原料的特色品种漳州片仔癀 2015 年药品销售收入16亿元，出口3000万美元，连续多年位居全国单项中成药出口金额首位。以三七为原料的制剂已形成优势明显的中成药大品种系列。此外，三七饮片成为近两年三七产业原料消耗、市场增长最快的版块。现阶段三七原料的社会需求量为 1500 万公斤左右，其中饮片消耗占 30 % 左右，消耗约 450 万公斤，产值 20 余亿元。大品种拉动了三七产业的大发展，成为推动三七产业快速发展的推手。

三是三七基础研究取得重大突破，科技创新成为产业发展的引擎，技术进步支撑了三七产业跨越式发展。在国家中药现代化科技产业基地、科技支撑计划等国家、省部级项目的支持下，对三七的种植技术、化学成分、药理作用及分子机制、产品开发等方面进行了系统、深入的研究，取得了突破性进展，推动了三七的产业化、跨越式发展。三七的药效物质基础明确，药理作用成为研究热点，临床疗效确切。国内外研究团队已经从三七中分离得到了 110 多种皂苷类化合物，明确了三七皂苷是三七的主要有效成分；大量的药理研究揭示了三七的有效成分在血液系统、心血管系统、神经系统、免疫系统、代谢系统等方面的生理活性和独特疗效；上海中医药大学和昆明理工大学在国家自然科学基金云南联合基金的支持下，系统阐明了三七活血、止血的物质基础，作用靶点和信号通路；广泛的临床应用研究证明了三七在心脑血管系统疾病具有确切的临床疗效。科技创新引领三七种植业步入基地化、规模化发展轨道，三七品牌效应逐步显现。以文山三七研究院为首的研究团队建立了三七规范化种植体系，研究成功的三七专用遮阳网栽培技术在生产中大面积推广使用，在此基础上，结合生产实际，根据三七的特点及其生长对环境条件的要求，制订出一套切实可行的标准操作规程，并在全国多家企业推广应用，保证了三七药材质量，提高了三七的规范化种植水平，保障了三七大规模种植成为可能。2002 年“文山三七”成为中国第一个获得原产地域产品保护的中药材品种；2005 年“文山三七”证明商标成为云南省首个获准注册的地理标志证明商标；2013 年在“中国 100 个最具综合价值地理标志产品”中排名第十一，在中药材类最具综合价值地理标志产品中位列第一；2015 年“云三七”商标成为国家中医药管理局首个获取“7S”道地保真中药材认证的品牌，三七品牌效应逐步显现。三七产业科技支撑体系初具雏形，一批省级研究平台、产业技术创新联盟相继建立，多个研究团队加盟到三七研究开发中。三七作为传统中药材大品种，多年来受到国家地方各级政府的支持，初步形成了三七产业科技支撑体系。在国家层面，有黄璐琦院士为首对三七的资源生态进行系统研究的科研团队、上海中医药大学王增涛教授领衔的三七综合开发利用团队；在云南省，则形成了中国科学院昆明植物研究所周俊院士为首的化学成分研究团队、云南农业大学朱有勇院士为首的三七的连作障碍研究团队、昆明理工大学崔秀明研究员为首的三七质量控制及质量标准研究团队三个团队；文山州则早在 1985 年就成立了“文山州三七研究所”（现更名为“文山学院文山三七研究院”）。此外，中国医学科学院药用植物研究所、北京大学、澳门大学、澳门科技大学、香港科技大学、北京师范大学等也有一批专家开展三七的研究工作。在科研平台建设方面，依托云南三七科技有限公司建立了“三七资源保护与利用技术国家地方联合工程研究中心”、依托昆明理工大学建立了“国家中医药管理局三七可持续利用重点研究室”、依托文山学院文山三七研究院建立了“云南省三七工程技术研究中心”、依托上海中医药大学建立“中国三七研究中心”、依托香港科技大学建立了“国际文山三七研究中心”，形成了“云南省三七产业发展技术创新战略联盟”、“云南省三七标准化技术创新战略联盟”、“世界中医药联合会三七国际技术创新联盟”等多个科研技术创新平台。在标准化建设方面已颇有成效，文山三七研究院于 2000 年制订了云南省地方标准《文山三七综合标准》、2004 年制订了 GB/T19086—2008《地理标志产品　文山三七》国家标准；昆明理工大学牵头的“三七药材”、“三七种子种苗”两个标准通过国际标准组织（ISO）立项，有希望成为我国第一个 ISO 国际中药材标准，2015 年，中国科学院上海药物研究所果德安教授牵头的三七标准被美国药典收载；2016 年，昆明理工大学、中国中医科学院中药资源中心制订的《文山三七道地药材》行业标准发布实施。到目前为止，我国现行有效的三七相关标准共 27 项，其中国外标准 3 项（欧盟、英国、美国药典）、国家标准 12 项（综合标准 1 项、药材标准 1 项、原料标准 2 项、产品标准 8 项）、行业标准 1 项、地方标准 14 项。三七相关标准的研究制订，大大提升了三七的知名度和市场占有率，支撑了三七产业的可持续发展。在三七新产品开发方面已取得实质性进展，综合开发利用取得成效，为后续产业发展奠定了良好的基础。2016 年，黄璐琦院士率领的团队完成了三七地上部分食品开发利用研究，在此基础上，云南省批准了三七茎叶、三七花可以作为地方特色食品进行开发利用，标志着三七由传统的药品领域拓展到了食品领域。昆明圣火药业（集团）有限公司研究开发的以三七素止血一类新药完成临床前研究，目前已经向美国 FDA 和我国 CFDA 同时申请临床注册；吉林省中医药科学院和中国医学科学院药用植物研究所研制开发出了治疗冠心病的复方制剂冠心丹参滴丸上市销售；一种以三七有效组分为主要成分的用于治疗缺血性脑中风瘀血阻络证的新药已完成了Ⅰ、Ⅱ、Ⅲ期临床研究；中国医学科学院药用植物研究所开发的三七叶总皂苷与山楂叶总黄酮配伍组合，治疗缺血性脑中风的创新中药，现已完成临床前全部基础工作，即将申请新药临床批件。保健食品开发方面取得了较大进展，近 10 年来，我国以三七为主要原料的保健食品共获得批准产品 70 余个。三七加工产品已经初步形成了药品、保健品、食品、日化品等多领域发展态势。

四是建立了商业流通平台，市场体系初步建立，市场聚集效应凸显。云南已建成文山三七国际交易中心、文山鲜三七和初级原料交易市场、文山三七展示馆、文山三七现代物流中心，吸引或引进了 180 多户企业进驻交易中心发展。文山三七国际交易平台物流配送体系已与全国所有大中药材市场和所有国内以三七为原料的生产企业实现了链接，三七市场营销网络和体系进一步完善。文山已成为全国规模最大、知名度最高的三七交易市场，2015 年实现销售收入 180 亿元。“文山三七”在天津渤海交易所挂牌上市，建立了大宗药材期货交易。在国际市场上，以日本、泰国、越南、欧美为重点市场，2014 年、2015 年出口总量约 600 吨。

1.5 三七产业发展的潜力和比较优势

1.5.1 资源比较优势明显

三七对生长环境的要求极其特殊，云南占有全国三七 96% 的种植面积和产量；文山三七原料供应影响到全国 86% 的中药生产企业和国外消费市场，这就形成了三七资源的独特性和不可替代性。三七种植已经成为适宜种植地区农业产业结构调整和农民增收的重要途径。按 2016 年正常市场价格测算，种植三七每亩年均收入万余元，最高收入可以达 10 万元，分别是种植烤烟、辣椒、甘蔗的 5 倍、10 倍和 11.4 倍；同时，有效解决了农村劳动力的出路问题。

1.5.2 市场发展潜力巨大

从三七的利用价值来看，现代医学研究发现三七含有三七皂苷、黄酮、多糖、三七素等多种有效成分。临床实践证明，三七在治疗血液系统疾病、心血管系统疾病等方面具有明确和稳定的疗效，在免疫调节、抗衰老等方面具有良好的保健功能。随着人们健康意识的增强，现代医疗模式和观念已由单纯的疾病治疗转变为“预防、保健、治疗、康复”相结合的模式，进一步拓宽了三七在医药和健康产品产业方面的开发和利用空间。

从三七的市场需求来看，目前我国1500余家中药生产企业中，使用三七作为产品原料的企业1350余家，占全国中药生产企业的86%。国家公布的国家基本药物目录涉及中成药102个，其中以三七为原料的产品就有10个。年销售收入上亿甚至几十亿以上的云南白药、复方丹参、血塞通、血栓通、漳州片仔癀、东北红药等产品对三七原料的需求以年均20%的速度增长。全国对三七原料的市场需求量比10年前扩大了10倍以上。国际市场方面，三七出口已经由原来的日本和东南亚地区发展到欧美等发达国家，三七出口量也以每年近20%的速度增长，2015年出口量达1000吨，呈现出良好的发展态势（表1.2）。

表1.2 全国使用三七原料的厂家分布表（崔秀明等，2007）

编号	省市区	厂家数量	编号	省市区	厂家数量
1	安徽省	33	16	江西省	49
2	北京市	28	17	辽宁省	67
3	福建省	17	18	内蒙古自治区	22
4	甘肃省	20	19	青海省	5
5	广东省	89	20	山东省	40
6	广西壮族自治区	60	21	山西省	41
7	贵州省	34	22	陕西省	82
8	海南省	10	23	上海市	15
9	河北省	62	24	四川省	72
10	河南省	53	25	天津市	19
11	黑龙江省	72	26	新疆维吾尔自治区	6
12	湖北省	42			
13	湖南省	35	27	云南省	67
14	吉林省	181	28	浙江省	33
15	江苏省	34	29	重庆市	14

1.5.3 具有加快产业发展的良好基础

首先，三七产业发展符合我国生物医药大健康产业的国家发展战略；其次，三七是可再生的、能够满足工业化大生产的我国独有的特色生物资源，发展三七产业符合国家转变发展方式，调整产业结构的要求；再次，通过多年的发展，三七产业在种植、加工、市场、科研及管理等方面形成了一定基础，积累了一定经验，面临国家大力发展中医药产业和实施“一带一路”战略的重大机遇，三七产业已经具备了提升产业规模和效益，实现快速发展的良好条件。

1.6 三七产业发展存在问题及技术瓶颈

尽管三七产业发展取得了明显的效果，但同大多数中药产品一样，依然还存在一些问题，成为制约三七产业进一步发展的瓶颈。

1.6.1 种植面积无序发展，导致市场价格波动过大

从2012年开始，三七种植面积几乎是每年翻番，2012年三七在地面积16万亩，2013年三七在地面积已经达到了28.8万亩，2014年的在地面积高达79万亩。这种盲目发展是导致2015年三七大跌价的根本原因。种植面积无序盲目发展，不仅导致价格下跌，而且增加了土地资源的压力。我们做过测算，云南可以支持三七种植的适宜区可用土地为900万亩左右，按间隔10～15年种植一次，三七的最大在地面积为60万～90万亩，2014年的在地面积已经达到土地资源承载的极限，这种超常规的发展是不可持续的。

1.6.2 种植加工环节的关键科学问题还没有得到有效解决

第一，新品种选育滞后。三七由于长期种植，种质资源退化严重，新品种选育工作滞后于三七产业发展的需要，到目前为止还没有新品种在生产中推广应用；三七新品种选育至今仍然没有取得突破性进展的原因是三七的研究历史短，育种基础研究薄弱，遗传背景不清，育种工作缺乏必要的理论指导。

第二，连作障碍问题突出。三七连作障碍导致三七种植成本增加，适宜种植三七的土地资源匮乏，由于缺乏抗病新品种、三七土传病害十分严重是导致三七连作障碍的主要因素。

第三，产地加工不规范。三七产地加工尚没有形成规范的统一加工模式，农户自己作坊式加工的现象比较突出，导致药材质量不稳定。

1.6.3 产业层次低、资源优势没有真正形成经济优势

三七产业总体上仍处于产业链低端，以农业种植和原料初级加工为主，产品科技含量不高、附加值低。产品单一，企业间产品雷同，集约化程度低，缺少具有竞争实力和影响力的大品牌和大型企业。基地、加工、市场等各环节发展不协调，产业内部结构不合理，导致种植比重过大、加工规模不足、市场流通混乱，特别是三七加工企业群体不足，缺乏龙头，尚未形成规模经济，使得加工业拉动上下游产业发展的作用不明显，以致加工业发展滞后，工业化发展程度低，三七产业还处于低水平、低层次发展阶段。这样的现状使得三七的资源优势没有得到充分发挥，资源优势没有形成经济优势，对地方财政贡献不大，大资源小产业的产业发展格局尚待突破。从市场价格来看，目前三七统货价格为 200元/公斤，比较韩国高丽参价格为 200 美元/公斤，三七价格与高丽参价格相差近 7 倍。

1.6.4 资源综合开发利用不足，产品开发深度和广度不够

现代医学研究发现，三七含有三七皂苷、黄酮、多糖、三七素等多种有效成分，在血液系统、心血管系统、神经系统、免疫系统、抗衰老、抗肿瘤等方面具有生理活性，具有巨大的开发潜力和利用空间。但目前应用领域还比较狭窄，主要为药用开发，预防、保健产品开发不够；在资源利用方面也仅限于地下部分，相当于地下部分同样产量的地上资源白白浪费。积极开发以三七为原料的药品、食品、保健品、日化品、添加剂等相关产品，提高三七资源开发的深度和广度，并实施产业化是将来发展的方向。进行综合开发利用是提高三七价值的主要途径，目前大量的三七茎叶和三七花没有得到充分开发利用，三七地上部分的安全性评价和功能性未得到系统研究；许多以三七为原料的药品处于休眠状态，对现有药品进行二次开发也是未来产品研究的重点，对提升三七的市场价值具有重要作用。

1.7 加快三七产业发展的对策

1.7.1 加快良种选育，构建新兴良种产业

依托现代先进的杂交、诱变等新品种选育方法，开展三七优良品种的选育、培育研究，用10年左右的时间，培育出1～2个具有自主知识产权的优质、高产、抗病的三七新品种，切实解决三七植株抗病弱、品系退化问题，以确保三七种植品种优势；同时，在这一基础上创建三七良种开发中心，建立三七良种选育、繁育、生产、销售和推广体系，为三七标准化原料提供种源保障，并通过三七杂交新品种培育技术主控三七种植业和流通市场发展。

1.7.2 统筹规划、优化布局，建立优质原料生产加工基地

要按照中药材生产质量管理规范（GAP）的要求，以三七GAP种植技术为依托，以三七专业合作社和基地建设企业为主体，在三七GAP种植基地及农业标准化示范基地通过国家认证及验收的基础上，在三七主产区全面推广实施三七标准化种植基地建设，力争使三七标准化种植基地占到三七总在地面积的80%以上，力争培育3～5家产值或销售上10亿元的种植、产地加工龙头企业，形成国内规模最大、规范化程度最高的三七优质原料生产加工基地。

1.7.3 实施技术创新工程，突破一批产业共性关键技术

整合国内的科技资源，建立国家级的三七工程中心（或实验室）和省级重点实验室，打造三七产业技术支撑体系。构建由工程中心、基地试验站、技术推广站三个层级构成的三七产业技术支撑体系。建立首席科学家岗位管理制度，推动建立以三七企业集团为技术创新主体、产学研相结合的创新模式。在选择“拿来”或引进国内外先进技术的同时，主要采用联合开发模式进行科技研究，通过“借智借脑”与国内外相关单位成立联合实验室、合作实体、委托研发等方式，充分利用现有科研院所的研发力量，实行自主基础上的联合研发。

1.7.4 加大新产品研发力度，形成一批具有自主知识产权的新产品

以质量标准为核心的原料药、提取物或中间体、饮片，以及健康相关产品，要按照“做精药品、做强食品”的思路，引导企业和科研部门稳步开发以三七总苷和单体皂苷为主导的三七新药，为打造企业品牌提供产品支撑，力争形成一批三七名牌产品；同时，大力开展三七食品、保健品、中药饮片及化妆品等三七系列产品的研究，形成一批具有自主知识产权的三七新产品，全面提升企业和产业核心竞争力，全力打造三七大品牌。

1.7.5 实施品牌战略，提高三七产业核心竞争力

增强品牌意识，树立品牌的新观念、新思想，用创新的理念，创立云南三七大品牌；树立以技术、质量求生存、求发展的思想，加大科技力度，确保云南三七原料药质量，为打造云南三七大品牌奠定坚实基础；以文山三七国际交易中心为基础，启动实施文山三七著名商标和三七原产地标志，实施市场准入制度，规范市场交易行为和流通秩序，打造文山三七原产地品牌；按照“政府引导，公司主导”的思路，以现有重点加工企业为载体，以云南白药、血塞通系列产品为依托，通过政府引导和扶持，引导企业推进产品升级换代，积极拓展市场，形成以云南白药、血塞通为主的名牌企业和产品；加强宣传，为打造云南三七大品牌创造良好的传媒与社会环境。

1.7.6 培育龙头企业，壮大产业规模

鼓励采用兼并、控股等方式组建三七企业集团，在现有企业数的基础上，通过资源整合，引进 2 家以上具备规模和实力的战略合作企业开发三七产业，形成新增 10 亿元以上生产销售能力、30 家左右的加工企业群体，实现龙头企业带动产业整体发展格局。

以文山三七药物产业园区、昆明高新技术园区为载体，以培育龙头企业为核心，不断壮大企业群体、规模和实力，全面提升三七产业化发展水平。力争到 2016 年，使三七种植业与加工业生产协调一致，形成以种植为基础、加工为主导的产业化发展格局。不断壮大三七加工企业的规模和实力，加快形成大企

业、大集团发展的格局，从而形成一批产业关联度大、技术装备水平高、经济实力雄厚、带动力和竞争力强，外联市场、内联基地和农户的龙头企业群体，把三七的资源优势转变为经济和产业优势，推进三七产业健康发展。

参考文献

崔秀明，曲媛，冯光泉，等 . 2015. 三七新食品原料开发 . 昆明：云南科技出版社 .

崔秀明，朱艳，刁勇，等 . 2007. 三七产业核心竞争力研究 . 昆明：云南民族出版社 .

杜元冲 . 1984. 三七及用三七命名的中药 . 中药材科技，(6)：18 ～ 20.

李时珍 . 刘衡如，刘山永校注 . 2011. 本草纲目 . 北京：华夏出版社 .

王淑琴，于洪军，官廷荆 . 1993. 中国三七 . 昆明：云南民族出版社 .

张荣平，陆地，陈纪军 . 2016. 三七临床研究 . 北京：科学出版社 .

第2章

三七的起源与分布

2.1　三七的起源

三七是起源于第三纪的古热带植物，距今约有 2500 万年的历史。三七是人参属植物的一个种，化学分类及分子生物学研究结果均表明，三七在人参属植物中属于较古老的类型。杨涤清（1981）通过分析认为，就人参属而言，假人参（2 n=24）、三七（2 n=24）和竹节参（2 n=24）是二倍体种，是人参属中比较原始的类群，而人参（2 n=44、48）和西洋参（2 n=48）等四倍体物种是较为进化的类群。三七在生理生态上对环境的适应能力较低，对环境的要求极为苛刻，忌强光，并对温度、湿度有极为严格的要求，因此造成现在三七分布范围狭窄，仅限于北纬 23°30′ 附近的中高海拔地区，存在于人参属植物的分布中心，主要在云南境内，这与三七在生理生态上对环境的适应能力差有关。由于三七经济价值高，人类在发现三七的功效后就开始大量挖掘利用，导致 100 多年来，人们一直没有找到野生三七的踪迹，分类学家不得不采用栽培种来给三七定名。

2.2　三七的分布

由于三七对环境条件的特殊要求，三七的分布范围十分有限，仅分布在北回归线附近的中高海拔地区。明代万历的《广西通志》就有“三七，出南丹、田州，田州尤妙”的记载。20 世纪 50 年代以来，云南省文山州大力发展三七种植，逐渐成为三七主产区。70 年代，三七曾引种栽培于云南各地和长江以南一些地区。1990 年后，三七主要种植在云南文山州，广西已经很少种植。近年三七种植区域除云南文山外，已经向云南红河、曲靖、昆明、玉溪、普洱、大理、保山、临沧、西双版纳、楚雄、丽江等 13 个州市发展，广西已有德保、靖西、右江、凌云、田阳、田东等 10 个县种植。从地理分布区域来看，大部分基本上分布在北回归线附近的 1000～2000 m 海拔区域，少部分地区如广西种植到最低海拔 300 m，林下种植到 60 m，云南种植到最高海拔 2400 m；从行政区域来看，目前三七分布的区域包括云南省、广西壮族自治区、广东省、四川省、贵州省 5 个省区。

2.3 三七名称释译

我国很多的中药材名称都有来历和故事。关于三七的名称，几百年来，其由来也一直成为业内关注的话题。据《文山壮族苗族自治州志》记载："三七"一名，流传至今已有 600 余载，对其名称的来源，自明代以来就有多种说法。第一类以"三七"药性、音义释名。明代李时珍《本草纲目》首次记载"三七"名释，称"或云本名山漆，谓其能合金疮如漆粘物也，此说近之"，"彼人言其叶左三右四，故名三七，盖恐不然"。第二类以"三七"的地上部植物形态释名。始见于《本草纲目》"其叶左三右四，故名三七"。清乾隆二十九年（1764）赵学敏著《本草纲目拾遗》，称："每茎上生七叶，下生三根，故名三七"。清道光二十八年（1848），《植物名实图考》（1848）作者吴其濬绘制三七原植物图（地上部分），具两个复叶，左小叶三片，右小叶四片。《广西通志》记载："三七恭城出，其叶七茎三故名。"民国十二年（1923），《广南地志资料》称："其叶头台三张、二台四张，故名三七。"第三类以"三七"的生长栽培释名。这一类见诸文字不多，但民间口头流传甚广，诸如"三至七年收获而名"，"因需三成光，七成荫的环境而名"，"长三年，七月挖叫三七"，"三分栽、七分管名三七"等。从现代的研究和观察结果来看，除李时珍外其他说法均不可信。董弗兆等（1998）通过深入到三七产区对苗、壮、彝等民族考证结果认为，三七之名出自苗语。"三七"名称的由来，起源于苗族，系由苗族"Chei"汉译而来。苗语把"三七"[*Panax notogingseng*（Burk.）F.H.Chen] 和"山漆"（*Rhus vernicifeya* DC.; *Rhus tei-achocaypa* Miq.）都称作"Chei（猜）"，是同名而异物，汉译者将"Chei"译作"山漆"，故有"本名或原名山漆"之说，尔后，认为山漆一名，把髹器物之山漆与药用之山漆混为一谈了，为示区别，兼顾原义，按医药家惯例选用谐音简笔音汉字“三七”，以作药用三七之名，使字、义、音物诸方都符合。考证的结果验证了李时珍的观点。

关于三七的定名，云南称“三七”，广西称“田七”。尽管李时珍《本草纲目》就称作“三七”，《中国药典》也一直定名为“三七”，一般医药学家、药物工作者及国内多数地区都常称“三七”，但由于广西田东、田阳一带曾经是三七的集散地，三七的商品名一直以“田七”相称，特别是在南亚、东南亚等地区及我国两广、香港澳门一带，以前外贸出口的三七及其制品，大多数使用“田七”或“田七人参”的名称。此外，三七还有很多别名，《本草纲目》称三七，又名“山漆”“金不换”；《本草便读》称参三七；《本草纲目拾遗》称“昭参、人参三七”；《医林纂要》称“血参”；《伪药条辩》称“田三七”；《岭南采药录》称“田七”“南参”“止血金不换”“血见然”“滇漆（滇山漆）”等。现在随着云南三七产业的发展，“三七”无论是在学术还是在流通领域都得到了一致认可。

关于三七的学名，长期以来也曾有争论。自清光绪年间 A. Henrv 在云南采集到标本，1902 年，I. H. Burkill 根据其标本建立了 *Ataliaguingueolia* var. *notoginseng*，在 *Kew Bulletin of Miscellaneous Information* 上发表，把三七当作花旗参的一个变种开始，至 1975 年云南省植物研究所在《植物分类学报》发表“人参属植物的三萜成分和分类、系统、地理分布的关系”一文，认为“将三七提升成为一个种似更恰当”，并使用陈封怀先生重新组合的定名 *Panax notoginseng*（Burk.）F.H.Chen。其间三七曾用过好几个学名，如 *Panax pseudo-ginseng* Wall.（《中国药用植物志》《中国高等植物图鉴》《药用植物学》）、*Panax pseudo-gin-seng* Wall var.*notoginseng* Hooel Tseng（《中药大词典》）、*Panax sanchi* Hoo（《云南经济植物》《云南中草药》）、*Panax notoginseng*（Burk.）F.H.Chen（《云南热带亚热带生物资源综合考察》）等。鉴于《中华人民共和国药典》采用的 *Panax notoginseng*（Burk.）F. H. Chen 定名，以及其法律地位和权威性，到现在将三七学名定为 *Panax notoginseng*（Burk.）F. H. Chen 已无争议。但由于《中国高等植物图鉴》的学术影响力，到现在为止，很多人在翻译三七的英文名称时，依然使用 *Panax pseudo-ginseng*，导致公众望文生义，认为三七就是假“人参”。

2.4 三七的原产地

三七的原产地是云南还是广西一直存在争议。从历史文献记载来看，明代万历的《广西通志》(1599)有“三七，出南丹、田州，田州尤妙”的记载。清代雍正时期的《檐曝杂记》(赵翼，1766)记载了三七的栽培：“有草名三七，有人采其子，种于陇峒，暮峒，亦伐木蔽之，不使见天日，以之治血亦有效，非陇暮二峒不能种也。”作者赵翼为镇安府(今德保县)知事，陇峒和暮峒地处德保县境，提示广西西南部是最早种植三七的地区之一。乾隆年间的《开化府志》(1785)载：“开化三七，在市出售，畅销全国。”道光年间吴其濬著的《植物名实图考》(1848)称：“余在滇时，以书询广南守，答云，三茎七叶，畏日恶雨，土司利之，亦勤栽培……盖皆种生，非野卉也。”从赵翼1766年的记载到1785年《开化府志》仅相差19年，就算以吴其濬著的《植物名实图考》(1848)来算，两者也仅相差64年。因此，云南、广西均应该是三七的原产地。中国科学院昆明植物研究所杨崇仁(2015)最近撰文指出，根据三七的生物学特性，以及其对生态因子的需求，结合有关三七的文献记载，以及历史地理环境的变迁，可以判断，三七的原生环境应该是在南亚热带山地湿性常绿阔叶林中。由于人类的活动和气候的变化，这类森林植被的面积不断缩小，仅在交通不便、人迹稀少的边远地区呈星状分布。常绿阔叶林是我国亚热带地区的代表性森林植被类型，生长着以壳斗科、樟科、山茶科、木兰科植物为顶层乔木的优势树种。常绿阔叶林可分为典型常绿阔叶林、季风常绿阔叶林、山地常绿阔叶苔藓林等类型。森林四季常绿，乔木分多层，水热条件充足。上层树冠呈半圆球形，林冠封闭整齐。我国西南地区的中山常绿阔叶林大致分布于北纬23°～32°,东经99°～123°，海拔1500～2800 m地区。由于受西南季风和高原地貌环境的深刻影响，植物区系以中国-喜马拉雅成分为标志。植物物种多样性丰富，植被的主要特点是：乔木多层，林冠封闭，荫蔽度高，湿度大，四季温差不大，顶层乔木大多以壳斗科为主，山茶科植物次之。中山常绿阔叶林分布区是人类活动频繁的地区，森林破坏严重，形成破碎化和片段化的小片林地，切割分散在人迹稀少的山头，许多为半天然次生林，面积小。为了保护生物多样性和自然环境，云南省成立自然保护区160个，其中，国家级10个，占地面积299.4万公顷(1公顷=0.01平方千米)，占云南省国土面积的7.6%。其中，属于亚热带山地常绿阔叶林自然保护区 17 个，占地面积近 22 万公顷。广西设立自然保护区 78 个，其中国家级 16 个，也有若干亚热带山地常绿阔叶林自然保护区。这些自然保护区均在北纬 23°～25°，群落组成丰富，上层乔木盖度达 70%，中下层乔木盖度达 60% 以上，草本层高达 1 m，平均盖度 34%，多阴生或耐阴种类。

结合上述历史文献的考证，以及三七的生物学特性，杨崇仁认为，三七应原生于我国西南地区的中山湿性常绿阔叶林中，为林下的阴生稀有植物。若恢复原始的自然状态，将这类自然保护区连接成一片，或许就是三七最早的分布地区（杨崇仁，2015）。

2.5　三七的主产区

历史上，云南、广西是三七两大产区。20 世纪 70～80 年代，云南、广西两省区的三七种植面积相当，如 1974 年，云南种植面积 4.4 万亩，广西种植面积 3.6 万亩。80 年代后期，云南成立了专门的三七研究机构（1985 年成立文山州三七研究所），1997 年又成立了行业主管部门文山州三七特产局，地方政府采取了一系列措施促进三七产业发展。1999 年制订了云南省地方标准《文山三七综合标准》；2000 年制订了《原产地域产品　文山三七》国家标准，同年 11 月 8 日国家质量监督检验检疫总局发布公告，对文山三七实施原产地地域产品保护（现改为地理标志产品，2002 年第 111 号）。“文山三七”成为我国批准的第 29 个原产地域保护产品，是国内第一个受原产地域产品保护中药材品种；2005 年 3 月“文山三七”商标获得国家工商总局商标局批准注册，成为云南省首个地理标志证明商标。从此，三七被正式冠名文山三七。“文山三七”现已经成为全国驰名商标。加之云南省文山州独特的土壤和气候环境，全州均属低纬度高原季风气候，海拔最高 2991 m，最低 107 m，年均气温 15.8～19.3 ℃，年均降雨量 992～1329 mm，年均日照 1492～2092 h，无霜期 273～353 d。由于西北有世界屋脊青藏高原，东北有云贵高原为屏障，南和东南邻近南海和北部湾，西南邻近孟加拉湾，且北回归线贯穿全州，从而形成了独特的气候环境，三七的产量和品质都优于广西（崔秀明等，2007）（图 2.1）。

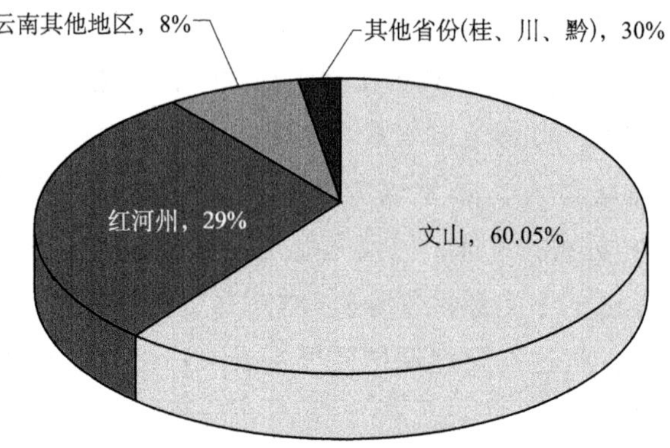

图 2.1　现阶段三七产区分布

现在云南省三七种植面积约占全国的 97%，尽管广西于 2013 年实施了“田七回家工程”，有那坡、靖西、德保等 10 个县市种植三七，面积已发展到 3 万亩左右，但与云南种植的几十万亩相比依然很少，云南已经成为公认的三七主产区和道地产地。

2.6　三七的道地性

道地药材或地道药材是中药的一种特有称谓，“真正名产地出产的且传统所公认的优质药材”。道地药材是指经过人们长期医疗实践证明质量好、临床疗效高、传统公认的且来源于特定地域的名优正品药材。出产道地药材的产区称道地产区（或称地道产区），这些产区具有特殊的地质、气候、生态条件。崔秀明等（2007）通过云南、广西不同土壤地质背景对三七品质的影响研究表明，地球化学元素、土壤环境条件、地质背景对云南文山三七道地性形成有重要影响。混合型黄红壤和花岗岩黄红壤三七的产量和质量都较高，是其最适宜生长的土壤类型。三七云南道地产区土壤地球化学元素特征为高硅、低铜、低锌，药材中则表现为较高的锌和锰；广西对比样与云南土壤地质背景区相比，前者土壤属石灰性土，土壤的 pH 超过 7.0，而后者以混合型黄红壤和花岗岩黄红壤为主，pH 均不超过 6.0；分析发现，许多地球化学元素与三七的有效成分含量之间有明显相关关系，硅含量与多糖含量呈极显著的正相关；镁与三七素表现极显著的正相关，锰与三七总皂苷、人参皂苷 Rb_1、三七皂苷 R_1 均呈明显的正相关关系。得出影响三七品质的特征元素组为硼、锰、镁、钾、铜、锌、铁、钙、磷、硅。通过对云南三七主产区文山县和广西传统产区的靖西县进行了气候环境条件的对比分析，发现气候环境上的差异是导致两地三七在产量和质量上存在差异的重要制约因素之一。广西靖西与云南文山相比，平均气温、日照时数和日照百分率、降水量等气象因素相差则十分明显。在三七进入旺盛生长的5～9月，靖西气温比文山偏高 3～4 ℃，分析表明，三七生长与积温明显相关，对质量也有一定影响；靖西日照时数和日照百分率均明显不如文山，统计分析表明，日照时数与三七的单株产量呈极显著正相关；靖西降水量在三七快速生长的 6、7、8 三个月比文山多近 1 倍，分析发现，降水量过多会导致三七皂苷含量下降。研究结果说明，云南文山道地三七的形成具有其得天独厚的气候优势。三七道地性的形成是复杂的，具有遗传因素的影响，又受环境条件的制约，还有人为和技术进步的因素。云南三七道地性的形成，首先得益于云南得天独厚的地理环境条件和气候环境条件；在这样的条件下，产生了三七这一物种，并且经过上千万年的适应和进化，形成了三七对环境适应范围很狭小，对温度、光照、水分等要求近乎苛刻的生物特性，并在物种内形成了丰富的遗传多样性，使其在人工栽培长达几百年的栽培历史中得以保存而没有出现退化，这是三七道地性形成的生物学实质；三七产区在长期的栽培过程中形成的栽培文化及科学技术的应用是三七道地性形成的另一个重要因素，是道地产区药材质量稳定和逐步提高的根本基础，也是三七主产区逐步从原来的云南、广西各占一半到现在向云南集中，使云南占有绝对优势的主要原因。

2.7 三七的产地适宜区划

三七的生态适宜区划分是根据三七的生物特性与生态环境的吻合程度，以及各生态区三七产量、质量的表现和在各种植区内三七生长发育与环境的吻合程度表现综合分析确定的。崔秀明等（2003）根据多年的研究，结合生产实践经验，对三七的种植区域进行了划分。

2.7.1 最适宜区

该区内海拔为 1400～1800 m，年均温 15～17 ℃，最冷月均温 8～10 ℃，最热月均温 20～22 ℃，≥ 10 ℃年积温 4500～5500 ℃，年降水量 1000～1300 mm，无霜期 300 d 以上。其土壤类型包括碳酸盐类岩红壤、泥质岩类黄色赤红壤、基性结晶类玄武岩红壤、泥质岩类黄红壤等土壤类型，此类土壤土层深厚、质地疏松、保水保肥能力强。此类型气候条件及土壤类型条件适宜三七的生长发育，在科学管理条件下易夺取高产，是基地选择的重要经济栽培区。

2.7.2 适宜区

海拔为 1000～1400 m 和 1800～2200 m，年均温 16～18 ℃和 14～16 ℃，最冷月均温 10～12 ℃和 6～8 ℃，最热月均温 22～23 ℃和 17～20 ℃，≥ 10 ℃年积温 5000～5900 ℃和 4200～4800 ℃，年降水量 900～1300 mm，无霜期 300 d 以上和 280～300 d。海拔 1800～2000 m 地区，在春季不时会出现倒春寒天气影响三七幼苗生长，在 7～8 月不出现低温影响三七的开花授精，在春季及时采取防冻措施，此区内昼夜温差大，有利于块根生长。

2.7.3 次适宜区和不适宜区

海拔 1000 m 以下和 2200 m 以上的地区，最冷月均温≥ 12℃和≥ 6 ～ 12℃，最热月均温＞ 23 ℃和＜ 17 ℃，≥ 10 ℃年积温在 6000 ℃和 4100 ℃以下，年降水量 1300 mm 以上，无霜期 280 d 以下。海拔 1000 m 以下的地区主要属于低热河谷地区和凹地，地表水蒸发快，旱季需经常浇水，成本较大，海拔 2200 m 以上属温凉地区，易受“倒春寒和 8 月低温”的影响。只能作零星种植，且产量不稳定，不适作为三七的栽培区域。

崔秀明等（2003）在此区域的基础上，按目标产量的不同，提出了将三七生产区分为商品生产区、种子种苗生产区和商品生产与种子种苗生产交混区三种类型，指导三七生产进行有序划分，为三七规范化生产奠定了良好的基础。

1. 三七商品生产区

该基地主要分布在海拔为 1600～2000 m 的温凉山区或半山区，该地区昼夜温差较大，气温较低，空气湿度大，土壤自然夜潮性好，有利于三七干物质的积累，但不利于三七的生殖生长，三七红籽结实率低，但能促进三七块根膨大，并且商品形状好，根形团，大根少，鲜干比低，产量高，是以生产地下块根部分为主要目标的理想地带。该区主要分布于文山县平坝、新街、小街、老回龙、乐诗冲；马关县八寨、大栗树；砚山县江那、盘龙等地。

2. 三七种子种苗生产区

该基地主要分布于海拔 1300～1600 m 的温暖中山丘陵地区，属中亚热带和北亚热带气候类型，由于该区气候温和，极适合种子的发育和成熟，并且种苗出苗率高，生长旺盛，经移栽到温凉地区较当地种苗有增产作用。此区气候条件有利于三七的生殖生长，规划为种子种苗基地，宜对种子提纯复壮，培育健壮种苗和对种苗种子质量的监控，从而使三七向良种化发展。种子种苗基地主要分布于文山县古木、柳井；砚山县盘龙、江那等地。

3. 三七商品生产区与三七种子种苗生产交混区

该区主要分布在海拔 1500～1700 m 的地区，该区气候条件介于生产基地与种子种苗基地之间，能满足三七开花受精、结实的条件，同时摘除花苔后地下部分也能获得满意的产量。

刘大会等采用《中药材产地适宜性分析地理信息系统》(CTMGIS-Ⅰ) 进行了三七的产地适宜性分析。分析前根据文献记载及生产实际确定三七的道地产地，以此为依据提取关键性生态地理因子目标值。数据经标准化处理后分别计算气温、降水量等气候因子，以及土壤、海拔因子与目标值的距离（相似系数 SI，similarity index）。根据距离分别将各个指标进行重分类，除计算单因子相似系数外，依各因子的重要性计算气候、土壤等的综合相似系数 SI，根据相似系数将适宜区划分为适宜区（SI > 90%）、次适宜区（80 % ≤ SI < 90 %）和一般区（70% ≤ SI < 80%）。根据系统分析结果，与云南文山三七分布区生态条件相似的区域包含云南、广西、贵州、四川、福建、湖南、湖北、江西、广东、浙江、海南、台湾、安徽、陕西 14 个省区。虽然适宜区分布较广，但主要集中在云贵高原一带，即云南的东南部、广西西北部和贵州的东南部。另外适宜区在福建西北部、四川南部等地也有分布。这是理论分析的结果，除云南、广西、四川、贵州、广东等省区外，其他地区少部分种植是有可能的。但由于三七对环境条件要求的特殊性，三七的规模化栽培还主要在云南、广西两省区（表 2.1）。

表2.1　生态因子在20次实验中对三七生长适宜性分布贡献率情况表（刘大会等）

生态因子	贡献率最大值	贡献率最小值	贡献率平均值	大于0次数	生态因子	贡献率最大值	贡献率最小值	贡献率平均值	大于0次数
Bio 12	36.5	27.6	32.53	20	TRYXSFHLDJ	0.4	0.1	0.23	10
Altitude	29	23	25.71	20	T mean 7	0.7	0.1	0.41	7
Index-WI	18.6	13.1	15.92	20	T mean 11	0.6	0.1	0.24	7
Slope	7.1	3.5	4.97	20	T mean 9	0.2	0.1	0.11	7
Bio 7	14.9	0.3	4.55	20	T mean 1	0.2	0.1	0.12	6

续表

生态因子	贡献率最大值	贡献率最小值	贡献率平均值	大于0次数	生态因子	贡献率最大值	贡献率最小值	贡献率平均值	大于0次数
Bio 3	4.9	1	2.61	20	Bio 11	1	0.5	0.68	4
TRZDFL	3.9	0.3	2.28	20	Bio 1	0.3	0.1	0.2	4
Soil Type	3	0.9	1.54	20	Bio 9	1.8	1	1.4	3
T mean 8	4.2	0.2	1.24	20	T mean 12	0.8	0.5	0.6	3
Bio 2	2.8	0.1	1.23	20	T mean 2	0.7	0.1	0.4	3
T mean 5	0.9	0.1	0.36	19	NTL	0.3	0.1	0.2	3
Aspect	1	0.1	0.29	19	TRYLZJHNL	0.3	0.1	0.17	3
Bio 4	9.2	0.5	4.45	18	Bio 8	0.1	0.1	0.1	2
T mean 4	2.2	0.1	0.58	18	HSL	0.1	0.1	0.1	2
pH	0.4	0.1	0.17	18	T mean 10	0.2	0.2	0.2	1
Bio 6	3	0.2	0.98	15	T mean 6	0.1	0.1	0.1	1
T mean 3	0.7	0.1	0.33	11	YJTHL	0.1	0.1	0.1	1
Index-HI	0.2	0.1	0.13	11					

根据分析结果，海拔对三七分布的响应值随海拔升高先上升后下降，当海拔达到 2110 m 时，响应值最大（9.13），因此，将海拔对三七分布的适宜性范围划分为：1500 ～2100 m 为最适宜，690～1500 m 和 2110～3180 m 为较适宜，0～690 m 和 3180～4100 m 为次适宜，＜ 0 和＞ 4100 m 为不适宜。这是理论分析结果，实际上，海拔超过 2500 m，三七种植就非常困难了。其划分的次适宜区已经属于三七的不适宜种植区域（表 2.2）。

表2.2　生态因子对三七生长适宜性范围划分（刘大会等）

生态因子	不适宜	次适宜	较适宜	最适宜
Aspect	1	5	4，7，9	2，3，6，8
Bio 2	0～25.5 131～172	25.5～63.5 119.8～131	63.5～76 108.5～119.8	76～108.5
pH	0～2.37 8.30～8.9	2.37～3.15 7.84～8.30	3.15～3.95 5.53～7.84	3.95～5.53
Slope	35.5～77	24～35.5	12.5～24	0～12.5
Soil Type	其他值	38，72，79	76，89	13，74，105，125
TRZDFL	其他值	9	7	3，10
Altitude	>4100 <0	0～690 3180～4100	690～1500 2110～3180	1500～2110
Bio 12	0～330 >2900	330～680 2040～2900	680～860 1750～2040	860～1750

续表

生态因子	不适宜	次适宜	较适宜	最适宜
Bio 4	0～290 >6990	290～1290 6230～6990	1290～3020 5150～6230	3020～5150
Bio 7	>330	0～50 292～330	50～115 248～292	115～248
Index-WI	0～34	34～68	68～102 >221	102～221
T mean 8	<4.9	4.9～9.9	9.9～14.8 >26.6	14.8～26.6
Bio 3	0，13.9	13.9，23	23，36.8	>36.8
T mean 5	<3.1	3.1～8.89	9.99～14.68	>14.68
Bio 6	<-212	-212～118.6	-118.6～10.7 >10.7	1.07～10.7
T mean 4	<-2.35	-2.35～8.36	8.36～13.6	>13.6

从而可以看出，除昭通、迪庆、怒江等高海拔地区外，云南省其他大部分地区均适宜三七生长，占我国最适宜三七生长区域的80%左右。此外，贵州西南部、广西西部、四川南部、福建东南部、西藏东南部有少数地区也适宜种植三七。

参考文献

崔秀明，陈中坚 . 2007. 三七药材的道地性研究 . 昆明：云南科技出版社 .

崔秀明，雷绍武 . 2003. 三七 GAP 栽培技术 . 昆明：云南科技出版社 .

崔秀明，朱艳，刁勇，等 . 2007. 三七产业核心竞争力研究 . 昆明：云南民族出版社 .

董弗兆，刘祖武，乐丽涛 . 1998. 云南三七 . 昆明：云南科技出版社 .

金铁 .1599. 广西通志 . 台北：台湾商务印书馆 .

李时珍 . 刘衡如，刘山永校注 . 2011. 本草纲目 . 北京：华夏出版社 .

吴其濬 . 1848. 植物名实图考 . 杭州：浙江人民美术出版社 .

杨崇仁 . 2015. 三七的历史与起源 . 现代中药研究与实践，(06)：83 ～ 86.

杨涤清 . 1981. 植物分类学报，19（3）：289 ～ 303.

赵学敏 . 1998. 本草纲目拾遗 . 北京：中国中医药出版社 .

赵翼 .1766. 檐曝杂记 .

第3章

三七栽培的生理生态基础

3.1 三七的生长发育

3.1.1 三七的生活史

三七为多年生草本植物，株高 30～60 cm，根茎短，具有老茎残留痕迹；根粗壮肉质，呈倒圆锥形或短圆柱形，长 2～5 cm，直径 1～3 cm，有数条支根，外皮呈黄绿色至棕黄色。茎直立，近于圆柱形；光滑无毛，呈绿色或带多数紫色细纵条纹。掌状复叶，3～4 枚轮生于茎端；叶柄细长，表面无毛；小叶 3～7 枚；小叶片呈椭圆形至长圆状倒卵形，长 5～14 cm，宽 2～5 cm，中央数片较大，最下 2 片最小，先端长尖，基部近圆形或两侧不相称，边缘有细锯齿，齿端偶具小刺毛，表面沿脉有细刺毛，有时两面均近于无毛；具小叶柄。总花梗从茎端叶柄中央抽出，直立，长 20～30 cm；伞形花序单独顶生，直径约 3 cm；花多数两性，有时单性花和两性花共存；小花梗细短，基部具有鳞片状苞片；花萼绿色，先端通常 5 齿裂；花瓣 5 个，呈长圆状卵形，先端尖，呈黄绿色；雄蕊 5 个，花药呈椭圆形，药背着生，内向纵裂，花丝线形；雌蕊 1 个，子房下位，2 室，花柱 2 枚，基部合生，花盘平坦或微凹。核果浆果状，近于肾形，长 6～9 mm；嫩时呈绿色，熟时呈红色，种子 1～3 颗，呈球形，种皮白色。花期 6～8 月，果期 8～10 月（图 3.1）。

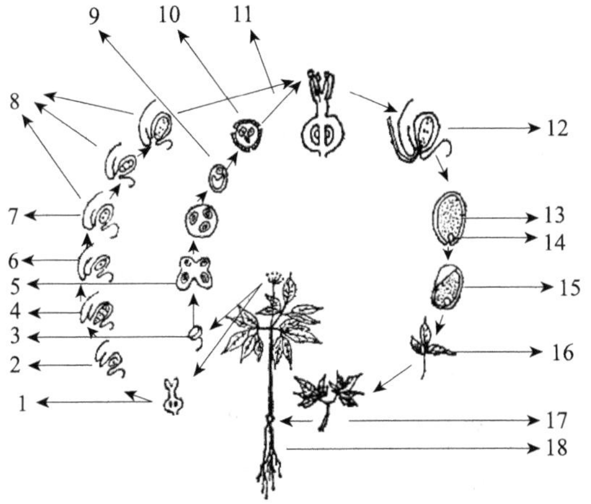

图 3.1　三七生活史（李方元，1987）

1. 雌蕊；2. 胚囊母细胞；3. 雄蕊；4. 四分体；5. 花药；6. 单核胚囊；7. 四分孢子体；8. 胚囊发育；9. 小孢子体；10. 花粉粒；11. 传粉；12. 受精；13. 胚乳；14. 胚；15. 成熟种子；16. 一年生苗；17. 二年生苗；18. 三年生成熟植株

三七孢子体阶段从合子开始，到胚囊母细胞和花粉母细胞减数分裂前为止。三七孢子体由受精卵发育而来，种子出苗到开花需要 2 年的营养生长期，而且每一年都表现为不同的生长动态和特性，孢子体阶段主要的器官有种子、根、茎和叶。

3.1.2　三七的形态特征

1. 种子

三七种子具有胚、胚乳和种皮，它们分别来源于合子、初生胚乳核和珠被。三七种子属于胚发育不全的类型，其内部几乎全部为胚乳。新采收的种子中胚很小，几乎没有分化，顶部有两个子叶原基，基部有明显的胚柄，胚被包在胚乳腔中，胚乳肥厚。三七种子需要经过形态后熟和生理后熟过程才能发芽。

2. 根

三七根为肉质根，呈微黄白色，皮上有不规则的细纹。主根呈圆锥形或纺锤形，支根和须根发达。观察根的横切面，可见根的主要组成部分是周皮、韧皮部、形成层和木质部。周皮占根部横切面积的 15% 左右，韧皮部占根部横切面积的 25% 以上，形成层由 1～2 层长形的细胞组成，木质部占横切面积的 40% 左右。三七根横切面上几乎不见髓部，常见的是棱形实心体。三七的形态特征见彩图 1。

3. 茎

三七茎分地上茎和地下茎两部分。地下茎又称根茎或剪口，位于根的上端，呈盘节状，上着生地上茎、越冬芽、潜伏芽和不定根。地上茎在秋末枯萎时从根茎上脱落，根茎上留有茎痕，茎痕数目随着参龄增加而增加。三七地上植株，除由种子长出一年生苗外，从二年生以后，都是由越冬芽侧生于根茎的顶端生出。越冬芽生长发育缓慢，具有休眠性，具有完整的芽胞，在发育完整的茎、叶、花序雏体的基部一侧，有一小群分生细胞，通称为芽胞原基，它是随着越冬芽的形成而缓慢发育的。翌年越冬芽发芽生长以后由它再缓慢地发育成新的越冬芽。潜伏芽位于茎痕外侧边缘，正常情况不生长发育，当地上植株或正在发育的越冬芽遭到损伤而失去生长发育能力时，这种潜伏芽才有可能发育成越冬芽，下一年发芽出土。二年生以上三七根茎上生有不定根，不定根生长速度比主根快，当主根因病腐烂时，不定根可代替主根进行生长。地上茎直立，位于根茎与总花梗之间。一年生三七没有地上茎，而是一枚复叶柄，二年生三七亦没有明显的地上茎，二年生以上三七有明显的地上茎。茎的中部横切面呈圆形，边缘略有凹凸，可见有表皮、皮层（内含有厚角组织和厚壁组织）、中柱鞘纤维、韧皮部、木质部、髓部、簇晶，在皮层薄壁组织外侧细胞中含叶绿体。

4. 叶

三七叶为掌状复叶。一年生三七叶是由三枚小叶构成的掌状复叶，二年生三七叶是由对生的两个三至五枚小叶构成的掌状复叶组成，三年生三七叶在地上茎顶端轮生着三个掌状复叶。三七小叶片多为长椭圆形，侧叶片小，中间叶片较大，叶片先端渐尖，基部呈楔形，边缘呈重锯齿状，齿间有一毛刺，沿着叶脉生有白色刚毛，叶脉呈网状。大叶柄横切面为半圆状肾形，小叶柄中部横切面呈椭圆形，主脉横切面呈近圆形。叶片由上表皮、下表皮和叶肉组成，叶肉海绵组织发达，显阴性植物特性，气孔不定式排列在下表皮上。

5. 花

三七一般二年开花，花为伞形花序，上着小花 50～80 朵不等。三七花为完全花，由花萼、花冠、雄蕊、雌蕊组成。花萼呈绿色，钟状五裂；花瓣呈黄绿色，卵形，五枚；雄蕊呈淡绿色，五枚；花药呈乳白色，长圆形，四室，背着花药，花丝基部膨大。开花前花丝较短，花药围绕在柱头周围，开花后花丝伸长，花粉散出。雌蕊一个，由柱头、花柱、子房组成；柱头叉状分裂，子房二室，二心皮，中央边缘胎座，子房下位。

1）雄配子：三七是多年生植物，二年以上植株在越冬期就有花蕾，随着茎叶的出土而出土。三七花粉母细胞减数分裂为同时型。在展叶期和小花柱延伸期花粉就已形成，并储存在花粉室中。开花时雄蕊花丝伸长结束后花粉成熟，花药开裂，花粉散出。在成熟的花粉粒中，生殖细胞分裂成两个精细胞。成熟的花粉粒正面观呈近三角形，侧面观为圆形，被具有三个萌发孔的厚壁包围着。

2）雌配子：三七花的子房为二室，每个室中有两个胚珠原基，上边的原基通常不发育，下边的原基形成正常的能发育胚珠。三七的成熟胚珠是倒生的，被一层厚实的珠被形成窄的或宽的珠孔，珠孔上悬挂着大的珠孔塞。三七胚珠接近于珠心退化类型，没有承珠盘。孢原细胞奠基在珠心细胞的表皮下层，它们发育成胚囊母细胞，经过减数分裂形成四个大孢子，其中三个大孢子退化，一个大孢子发育成成熟胚囊。三七胚囊有八核，在幼嫩胚囊的珠孔部分可以看到三个核，其中一个是卵细胞核，另两个是助细胞核，在胚囊的合点部分有三个反足细胞，胚囊中间可见一个中央细胞的两个极核。成熟胚囊，卵器位于珠孔部位，已退化的反足细胞位于合点部位，极核位于胚囊中部。

3）传粉和授精：三七可自花授粉，也可虫媒授粉，异花授粉率也很高。成熟的花粉粒落到雌蕊布满乳突的叉状柱头上，由花粉粒外壁蛋白质与柱头蛋白薄膜相互作用，开始萌发，花粉管穿过柱头表面，然后伸入到雌蕊组织内，花粉粒中两个成熟精子也跟着进入雌蕊组织内。三七花的雌蕊属于封闭型，花粉管穿过引导组织胞间隙物质生长到达子房、胚珠，进入胚囊后，管端破裂，释放出两个精细胞，一个精细胞进入卵，精核与卵核融合形成合子；另一个精细胞靠近中央细胞，精核与中央细胞的两个极核融合，形成了初生胚乳核。由合子发育成的初生胚乳核发育成胚乳，珠被发育成种皮，组成了新的三七种子。

6. 果实和种子

三七的果实为核状浆果，呈肾形或球形，少数为三桠形。肾形果实有种子1～2 枚，三桠形果实有种子 3 枚。未成熟的果实为绿色，逐渐变为紫色、朱红色，最后变为鲜红色，极个别为黄色，有光泽。三七从二年生开始开花结果，种子成熟的时间在 10 月份以后，通常二年生三七开花、结果、成熟较晚，三年生以上则开花、结果、成熟较早。

三七种子为黄白色，呈卵形或卵圆形渐尖。种皮厚而硬，为软骨质，有皱纹，种子长 5～7 mm。果实成熟时种子内的胚极不发育，故果实采收后，需脱去果皮，将种子进行沙藏处理，经 70～100 d 的休眠期，胚才逐渐发育成熟。三七种子由种皮、胚乳和胚三部分组成，外种皮有 6 层细胞，内种皮为膜质。据崔秀明等的研究表明，三七种子的自然寿命为 15 d 左右，经过沙藏处理至发育成熟的三七种子萌发温度为 5～20 ℃，最适温度为 15 ℃（崔秀明等，1993）。三七的种子结构如图 3.2，形态见彩图 2。

三七果实是成熟的心皮，或心皮和其邻近的部分所共同发育而成的结构。成长的心皮通称果皮。果皮按构造和部位的不同可分为内果皮、中果皮和外果皮。

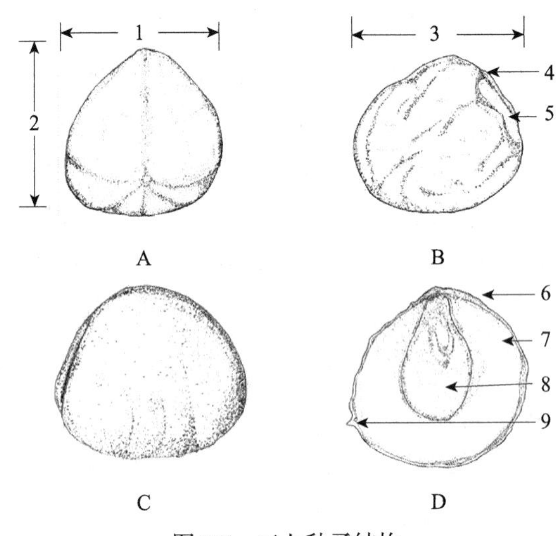

图 3.2　三七种子结构

A. 种子正面；B. 种子背面；C. 去掉皮后的种子；D. 种子切面

1. 种子宽度；2. 种子长度；3. 种子厚度；4. 圆形吸水孔；5. 种脊；6. 种皮；7. 胚乳；8. 胚；9. 种腔

3.2　三七生长发育与立地环境

3.2.1　温度对三七生长的影响

温度是三七生命活动的必需因子之一，三七体内的一切生理、生化活动及变化，都必须在一定的温度条件下进行。温度最适宜，生命活动进行最快，温度若低于最低点，则生命活动受到抑制，超过其忍耐限度时，就会造成三七死亡。所以温度差异和变化，不仅制约着三七的生长发育速度，也影响着三七的地理分布。生产中应选择适宜区进行栽培。年温差 11 ℃左右是优质三七产出的适宜气候条件（金航等，2005）。以云南文山为例，其处于低纬度高原地区，气候的特点是夏长冬暖，热量比较丰富，年温差变化比较小，年平均气温为 16～19 ℃。6～8 月雨量集中，太阳辐射下降显著，平均气温为 21～22 ℃，适宜的温度及水分条件，为三七的生长发育提供优越的自然环境。冬季月平均温度为 11 ℃，地上部分的生长已经停止，但此时 5 cm 地温仍保持 14 ℃，这是三七茎叶在冬季仍能保持生机的原因，较高的地温有利于根部养分的积累，特别对已播种入土种子的种胚后熟的形态发育极为有利，种子后熟期能够通过冬季阶段时自然完成，这对三七的育苗工作与提高种子的出苗率提供了极为有利的条件。三七出苗期最适宜气温为 20～25 ℃，土壤温度为 10～15 ℃，0 ℃以下持续低温会对三七苗产生冻害。三七在生育期最适宜的气温是 20～25 ℃，土壤温度为 15～20 ℃（崔秀明等，2004）。气温超过 33 ℃，持续时间若较长，会对三七的苗造成危害，增加三七病害发生的风险。

1. 温度对三七种子萌发的影响

温度对三七种子萌发的影响较大。温度低于 5 ℃，三七种子萌发率为零；在 5～20 ℃时，三七种子萌发率随温度的升高而升高，随后又呈降低的趋势；至 30 ℃时，三七种子发芽率降为 38.67%，说明高温对三七种子萌发不利。从发芽势的情况来看，在 5～15 ℃，随温度升高而上升，15 ℃时达最大值；在 15～30 ℃，随温度升高而下降。从霉烂情况来看，在 10～30 ℃呈先下降后上升趋势，20 ℃为最低值，仅为 2.67%。一定温度范围内，低温和高温均能引起三七霉烂，而高温影响明显大于低温影响（表 3.1）。

表3.1　温度对三七种子萌发的影响（崔秀明等，1989）

温度（℃）	平均发芽率（%）	平均发芽势（10 d）	平均霉烂率（%）
5	0	0	0
10	82.67	22.00	8.00
15	85.33	75.22	7.33
20	94.67	70.33	2.67
25	73.33	70.67	21.33
30	38.67	32.00	50.67

2. 温度对三七种苗萌发的影响

温度对三七种苗萌发有直接影响，根据崔秀明等（1995）的报道，温度低于 5 ℃，三七种苗不会萌发；10 ℃萌发率为 86.67%；15 ℃萌发率达最高，为 93.33%；温度超过 20 ℃，三七种苗萌发率开始下降；30 ℃萌发率为零，说明三七种苗萌发温度范围为 10～20 ℃，最适温度为 15 ℃（表 3.2）。

表3.2 温度对三七种苗萌发的影响（崔秀明等，1995）

温度（℃）	平均株萌发数（株）	平均萌发率（%）
5	0	0
10	4.33	86.67
15	4.67	93.33
20	3.33	66.67
25	1	20
30	0	0

3. 三七种植园的温度变化

昆明理工大学三七课题组对采用立体种植的三七生长期的温度进行了观察，发现三七温室内气体温度日变化范围为 22～34 ℃，上层空气温度比中、下层分别高 0.8 ℃和 2.5 ℃。从 7 点至 11 点，上、中、下层空气温度均小幅升高，之后迅速上升，15 点时达到最大值，分别为 33.4 ℃、33.0 ℃和 32.8℃，之后呈下降趋势，17 点后迅速降低（图 3.3）；说明立体栽培结构下空气温度表现为上层＞中层＞下层（王尧龙等，2015）。

三层苗床土壤温度日变化为 15～22 ℃。从 7 点到 17 点，三层均呈持续上升趋势，上层从 17.2 ℃升至 21.9 ℃，中层从 17.5 ℃升至 21.4 ℃，下层从 15.1 ℃升至 17.3 ℃；从 17 点到 19 点呈回落趋势，上、中、下层分别降至 21.2 ℃、20.4 ℃和 16.6 ℃。各层土壤温度日变化表现为，上层和中层变化趋势相近，但显著高于下层，平均温差达 2～5 ℃，说明立体栽培结构的层高对下层土壤温度具有显著影响（图 3.4）。

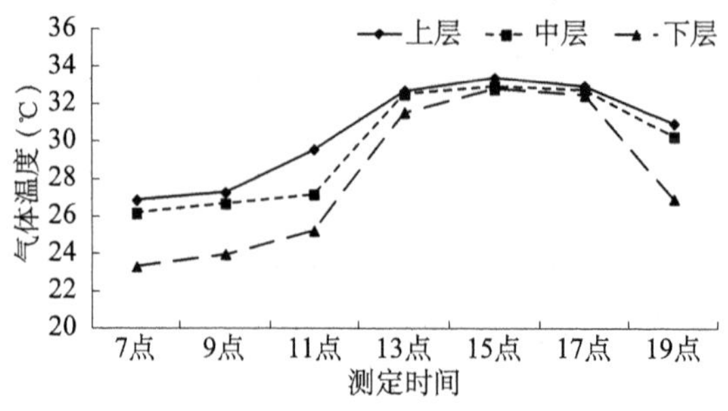

图 3.3 不同层高苗床空气温度日变化

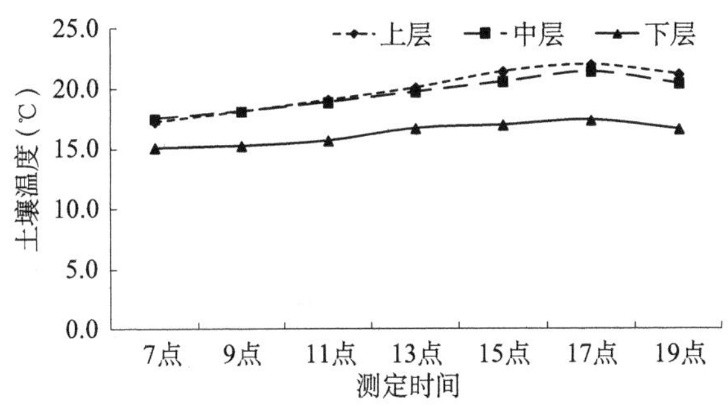

图 3.4　不同层高苗床土壤温度日变化

3.2.2　光照对三七生长的影响

光是植物生长的几个重要生态因子之一，对植物的生长发育起着重要的作用。三七属于典型的阴生植物，需要在遮蔽条件下栽培，故荫棚透光度就成为诸多生态因子中的主要制约因子。荫棚透光度不仅影响三七植株的正常生长发育，而且制约着气温、湿度、土壤温湿度等田间小气候。因此在三七生长中，荫棚透光度的合理调整成为三七栽培技术中的一个关键技术。早期的学者认为，三七的荫棚透光度应该在 30% 左右，出苗期可以达到 40%（董弗兆等，1998；王淑琴等，1993）。之后的研究表明这一认识是错误的。系统的研究发现，三七的荫棚透光度以 7%～12% 为宜，透光度超过 17% 三七的产量就明显下降，在透光度 30% 的条件下，三七产量和质量都受到明显影响，植株已无法正常生长并大量死亡（崔秀明等，2003）。

1. 光照对三七生长的影响

王朝梁等（1998）研究了不同遮荫方式对三七种苗形态的影响，发现遮荫方式不同，荫棚透光度不同，三七植株差异十分明显，草棚下的植株生长细弱，植株徒长，叶色偏绿，叶片薄；玉米秆棚和竹帘棚下的株高适中，叶色、茎粗、叶长、叶宽等指标趋于正常；尼龙网棚下的植株矮小，叶片皱缩，叶色黄绿，枯萎较早（表 3.3）。

表3.3　不同棚式对三七种苗植株形态的影响（王朝梁等，1998）

遮荫方式	透光度	株高（cm）	茎粗（cm）	叶片大小（cm）		叶色
				长	宽	
草棚	5%	11.72	0.12	4.82	2.26	浓绿

续表

遮荫方式	透光度	株高（cm）	茎粗（cm）	叶片大小（cm）		叶色
				长	宽	
玉米秆棚	15%	9.50	0.19	5.16	2.48	绿
竹帘棚	20%	9.20	0.2	4.92	2.54	绿
尼龙网棚	30%	8.9	0.19	4.2	2.02	淡黄

光照不仅影响三七的产量，还影响三七的质量。在7%透光度的条件下，三七的主根偏小，透光度增加，主根较大的三七比例增加，当透光度增加到30%时，三七主根大小又明显下降。

三七的荫棚透光度与种植地区的海拔有一定关系，1500～1800 m高海拔地区的三七园遮荫棚透光率宜选用15%～20%，1200～1500 m中海拔地区的三七园遮荫棚透光率宜选用10%～15%。不同的生长期要求也不同，三七出苗展叶时遮荫网应稀，5～6月阳光强烈遮荫网应密，7月进入雨季遮荫网应稀，但透光度一般不超过20%，过大将会影响三七生长发育，导致产量下降。不同的生长阶段对遮荫的要求也不一样。一年生三七对光照的要求通常为自然光照的8%～12%；二年生三七对光照的要求通常为自然光照的12%～15%；三年生三七对光照的要求通常为自然光照的15%～20%（崔秀明等，2013）。长日照而低光强有利于优质三七的形成，如文山年日照时数平均高达200 000 h以上，日照百分率达到了46%。该地区空气清新，云层薄，污染小，短波辐射多，光质好，光照充足，总辐射量多。全年日照充足、温度适宜、变化平稳、降雨适中、时间变化合理等有利的气象条件，有利于三七的生长，以及有效成分和干物质的积累。这样得天独厚的自然生态环境，也是文山州三七成为道地产区的重要原因。

崔秀明团队研究了三七立体栽培模式下光照变化规律，发现上、中、下层的光照强度日变化规律相同，均表现为从7点至13点持续上升，峰值分别为9153.0 lx、1174.0 lx和871.0 lx；从13点至19点光照强度持续减弱。各层光照强度表现为上层远高于中层和下层，透光率亦表现为上层远高于中下层，而中下层无显著差异，分别为9.6%、3.5%和1.1%，但各层的透光率日变化不显著（图3.5）。

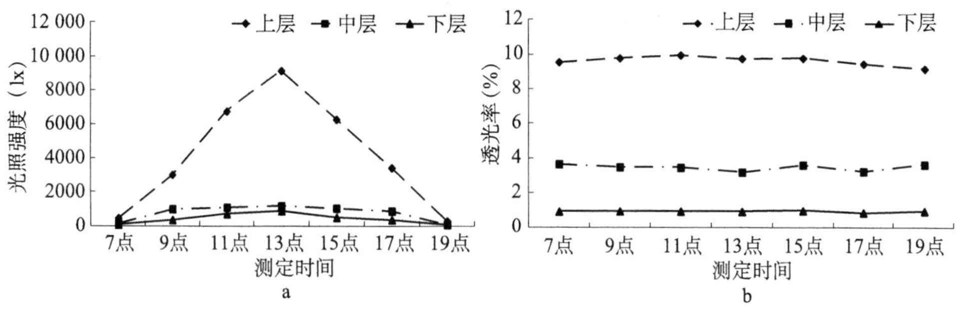

图 3.5　不同层高苗床光照强度及透光率日变化

a. 光照强度；b. 透光率

光照直接影响到三七的光合作用。同样在立体栽培条件下，三七的净光合速率表现为上层＞中层＞下层，平均分别为 2.1 μmol/（m²・s）、1.6 μmol/（m²・s）和 1.3 μmol/（m²・s），说明立体栽培模式的层高对净光合速率具有显著影响，苗床越低光合速率越低（图 3.6）。最终三七产量也是上层最高，中层次之，下层最低。

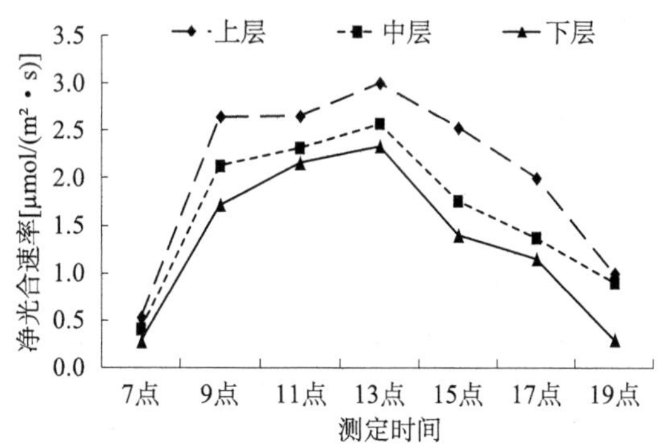

图 3.6　不同层高苗床三七叶片净光合速率日变化

2. 光照对三七病害的影响

光照不仅影响三七生长，还与三七发病密切相关。王朝梁等（1998）通过不同遮荫方式研究发现，三七荫棚遮荫方式不同，其荫棚透光率也不同，三七田间发病率差异巨大。透光率为 5% 时，发病率最低，为 5.3%；透光率为 15%～20% 时，发病率增加到 12.5%～15.6%；透光率达到 30% 时，发病率达 26.2%，三七植株叶片发黄、脱落，初期呈现部分日烧病，最后全部死亡（表 3.4）。

表3.4 不同棚式透光度与发病率的关系（王朝梁等，1998）

遮荫方式	透光度	调查株数	发病株数	发病率
草棚	5%	76	4	5.3%
玉米秆棚	15%	208	26	12.5%
竹帘棚	20%	212	33	15.6%
尼龙网棚	30%	195	51	26.2%

3.2.3 水分对三七生长的影响

三七是对水分十分敏感的植物，生长发育期要求比较湿润的环境。三七植株的正常生长要求保持 25%～40% 的土壤水分，并要求土壤中的相对湿度达到 70%～80%。

1. 水分胁迫对三七种子萌发的影响

廖沛然等（2015）采用不同浓度的 PEG6000 处理三七种子，观察其对发芽率、发芽速率指数、胚根胚轴长和活力指数的影响，结果表明，随着 PEG6000 处理浓度的升高，三七种子的发芽率、发芽速率指数、胚根胚轴长和活力指数均显著降低，25%PEG6000 处理组比 0%PEG6000 处理组发芽率、发芽速率指数、胚根胚轴长和活力指数分别减少 76.67%、1.53、3.51mm 和 9.42。可见，种子生长环境中含水量的降低能够导致三七种子发芽率下降，并抑制根和芽的生长（表 3.5）。

表3.5 水分胁迫对三七种子发芽率、发芽速率指数、胚根胚轴长和活力指数的影响

PEG 6000浓度（%）	发芽率（%）	发芽速率指数	胚根胚轴长（mm）	活力指数
0	86.67 ± 2.89^{a}	1.73 ± 0.06^{a}	6.11 ± 0.60^{a}	9.98 ± 1.97^{a}
5	61.67 ± 2.89^{b}	1.23 ± 0.06^{b}	5.42 ± 0.21^{a}	7.09 ± 1.14^{b}
10	60.00 ± 5.00^{b}	1.20 ± 0.10^{b}	4.30 ± 0.41^{b}	4.50 ± 1.73^{c}
15	41.67 ± 7.64^{c}	0.83 ± 0.15^{c}	3.14 ± 0.21^{c}	2.95 ± 1.10^{c}
20	38.33 ± 5.77^{c}	0.77 ± 0.12^{c}	2.99 ± 0.39^{c}	2.31 ± 0.57^{cd}
25	10.00 ± 5.00^{d}	0.20 ± 0.10^{d}	2.60 ± 0.55^{c}	0.56 ± 0.38^{d}

注：同一列数据上标不同字母表示差异显著（$P < 0.05$）。

2. 土壤水分对三七种苗出苗的影响

三七种苗出苗率与土壤水分含量密切相关，在土壤水分含量为 10%～25% 时，种苗出苗率随土壤水分含量的增加而增高，当土壤水分含量达 25% 时，出苗率达 96.67%。结果说明，土壤水分含量过低，对三七种苗出苗不利。在土壤质地为壤

土的试验条件下，最适三七种苗出苗的土壤水分含量为20%～25%（表3.6）。

表3.6 土壤水分含量对三七种苗出苗的影响

土壤水分含量（%）	平均出苗数（株/盆）	平均出苗率（%）
10	4.67	46.67
15	7.33	73.33
20	9.33	93.33
25	9.67	96.67

3. 土壤水分对三七生长指标的影响

李佳洲等（2015）报道，土壤不同水分含量对三七茎粗的影响并无显著性差异，但对株高、地上鲜重、地上干重、地下鲜重、地下干重等指标有明显影响，对三七干物质的积累有较大影响，土壤水分含量过高或过低都不利于三七干物质的积累（表3.7）。

表3.7 不同土壤水分含量对三七生长指标的影响（李佳洲等，2015）

处理	基茎（cm）	株高（cm）	地上部分鲜重（g）	地上部分干重（g）	地下部分鲜重（g）	地下部分干重（g）	根冠比
0.85w	0.4300[a]	19.8556[a]	4.42[a]	1.37[a]	2.04[a]	0.72[a]	0.53
0.70w	0.4610[a]	24.5750[b]	5.99[b]	3.14[b]	2.63[b]	0.96[b]	0.30
0.60w	0.4460[a]	22.2750[c]	5.18[c]	2.07[c]	2.57[d]	0.80[ac]	0.38
0.45w	0.4484[a]	18.9375[ad]	1.73[d]	1.30[a]	0.77[d]	0.57[d]	0.44

注：同一列数据上标不同字母表示差异显著（$P < 0.05$）；w表示田间最大持水量。

4. 土壤水分对三七农艺性状的影响

昆明理工大学三七课题组研究发现，三七不同土壤水分条件下二年生三七植株农艺性状差异显著（彩图3、表3.8）。土壤水分含量过高或过低均会抑制三七叶片生长、花梗伸长、花伞展开，降低开花数和延迟开花时间；土壤水分含量低会诱导大量须根的萌生，过高则会造成须根数的降低。三七在40%土壤绝对含水率下生长状况最佳（廖沛然等，2016）。

表3.8 不同土壤水分条件对三七农艺性状影响（n=3）

	土壤绝对含水量（%）	时间			
		0 d	10 d	20 d	30 d
叶面积（cm^2）	25	8.21 ± 1.36[a]	10.22 ± 0.90[a]	11.32 ± 1.74[b]	11.75 ± 1.26[b]
	40	8.09 ± 1.20[a]	10.92 ± 1.17[a]	12.56 ± 0.80[a]	13.69 ± 0.77[a]
	55	7.84 ± 1.52[a]	9.20 ± 1.50[a]	9.54 ± 1.54[c]	9.87 ± 1.70[c]

续表

	土壤绝对含水量（%）	时间			
		0 d	10 d	20 d	30 d
花柄长（cm）	25	6.2 ± 0.7^a	8.1 ± 0.8^c	12.2 ± 1.0^b	13.1 ± 1.3^b
	40	6.9 ± 0.9^a	12.0 ± 0.8^a	15.1 ± 1.2^a	18.7 ± 1.3^a
	55	7.1 ± 1.8^a	9.8 ± 1.6^b	11.0 ± 1.0^c	13.8 ± 1.8^b
花伞直径（mm）	25	13.84 ± 2.07^a	19.91 ± 1.12^b	23.82 ± 2.73^c	28.34 ± 1.25^c
	40	14.05 ± 0.98^a	25.92 ± 1.88^a	38.57 ± 1.85^a	41.71 ± 1.40^a
	55	13.15 ± 1.15^a	17.92 ± 1.92^c	26.43 ± 2.06^b	30.69 ± 2.73^b
小花数	25	—	27 ± 9^b	47 ± 16^b	86 ± 13^b
	40	—	45 ± 11^a	79 ± 13^a	140 ± 11^a
	55	—	17 ± 6^c	38 ± 10^c	75 ± 15^c
须根数	25	25 ± 4^a	39 ± 5^a	49 ± 3^a	57 ± 5^a
	40	24 ± 5^a	26 ± 6^b	29 ± 7^b	31 ± 4^b
	55	22 ± 7^a	20 ± 3^c	18 ± 5^c	13 ± 6^c

注：同一列数据上标不同字母表示差异显著（$P < 0.05$）。

5. 土壤水分对三七干物质积累的影响

昆明理工大学的研究表明，不同水分条件对三七各器官干物质累积的影响不同（表3.9），40%土壤水分条件下三七的剪口、主根、须根、叶片和花均生长发育良好，而水分含量过高或过低的情况下，除茎外的所有器官生长均受抑制。

表3.9　不同土壤水分条件对花期二年生三七干物质累积量及增长率的影响（mg，n=3）

	土壤绝对含水量（%）	时间		增长率（mg/d）
		0 d	30 d	
主根	25	329 ± 25^c	388 ± 31^c	4.67^b
	40	396 ± 33^a	536 ± 26^a	5.03^a
	55	361 ± 22^b	446 ± 19^b	2.83^c
筋条	25	43 ± 12^b	92 ± 9^a	1.17^b
	40	52 ± 13^a	87 ± 10^b	1.63^a
	55	51 ± 10^a	64 ± 14^c	0.43^c
剪口	25	65 ± 10^c	114 ± 23^b	1.63^b
	40	103 ± 18^a	171 ± 24^a	2.27^a
	55	74 ± 11^b	114 ± 27^b	1.33^b
茎	25	104 ± 17^c	210 ± 22^b	3.53^b
	40	126 ± 21^b	222 ± 16^b	3.20^c
	55	153 ± 16^a	268 ± 29^a	3.83^a
叶	25	147 ± 26^b	188 ± 15^c	1.37^c
	40	164 ± 22^a	240 ± 17^a	2.53^a
	55	144 ± 23^b	198 ± 17^b	1.80^b
花	25	6 ± 3^a	119 ± 14^c	3.77^c
	40	8 ± 5^a	327 ± 12^a	10.63^a
	55	8 ± 5^a	214 ± 19^b	6.87^b

注：同一列数据上标不同字母表示差异显著（$P < 0.05$）。

6. 土壤水分对三七叶片相对含水量的影响

干旱和涝害均会造成植物叶片自由水含量的减少，相对含水量降低，影响叶片正常代谢。不同水分条件下三七叶片相对含水量变化如表3.10所示。随处理时间的延长，三七叶片相对含水量显著下降，30 d后分别降低6.07%和3.52%。

表3.10　不同土壤水分条件对花期二年生三七叶片相对含水量的影响（%）

土壤绝对含水量（%）	时间			
	0 d	10 d	20 d	30 d
25	87.34 ± 3.11[a]	85.14 ± 2.31[a]	82.07 ± 2.33[c]	81.27 ± 1.74[c]
40	85.49 ± 2.56[b]	85.64 ± 1.98[a]	86.93 ± 3.69[a]	86.02 ± 2.39[a]
55	85.79 ± 3.12[b]	84.14 ± 2.17[a]	84.39 ± 4.36[b]	82.27 ± 1.77[b]

注：同一列数据上标不同字母表示差异显著（$P < 0.05$）。

7. 土壤水分对三七叶片叶绿素含量的影响

土壤水分含量变化会影响到三七叶片的叶绿素含量，研究表明，随处理时间的延长，25%和55%土壤含水量处理下三七叶片中叶绿素a、叶绿素b和总叶绿素含量均呈下降趋势。30 d后叶绿素a、叶绿素b和总叶绿素降幅分别达6.06%和10.00%、8.03%和11.95%、7.47%和8.80%，但40%处理下三七叶片叶绿素含量无显著变化（表3.11）。可见，土壤含水量过高或过低均会导致三七叶片叶绿素含量降低。

表3.11　不同土壤水分条件对花期二年生三七叶绿素含量影响（mg/g FW）

土壤绝对含水量(%)	时间											
	0 d			10 d			20 d			30 d		
	叶绿素a	叶绿素b	总叶绿素	叶绿素a	叶绿素b	总叶绿素	叶绿素a	叶绿素b	总叶绿素	叶绿素a	叶绿素b	总叶绿素
25	0.99 ± 0.10[a]	2.49 ± 0.10[a]	3.48 ± 0.23[a]	0.99 ± 0.05[a]	2.48 ± 0.07[a]	3.47 ± 0.04[a]	0.97 ± 0.03[a]	2.44 ± 0.08[b]	3.41 ± 0.13[a]	0.93 ± 0.12[a]	2.29 ± 0.09[b]	3.22 ± 0.02[b]
40	0.98 ± 0.05[a]	2.50 ± 0.10[a]	3.48 ± 0.07[a]	0.98 ± 0.06[a]	2.49 ± 0.07[a]	3.47 ± 0.13[a]	0.95 ± 0.07[a]	2.47 ± 0.08[a]	3.42 ± 0.03[a]	0.95 ± 0.09[a]	2.52 ± 0.10[a]	3.47 ± 0.05[a]
55	1.00 ± 0.08[a]	2.51 ± 0.04[a]	3.41 ± 0.13[a]	0.95 ± 0.09[b]	2.37 ± 0.11[b]	3.32 ± 0.18[b]	0.91 ± 0.09[b]	2.29 ± 0.06[c]	3.20 ± 0.19[b]	0.90 ± 0.1[b]	2.21 ± 0.08[c]	3.11 ± 0.10[c]

注：同一列数据上标不同字母表示差异显著（$P < 0.05$）。

8. 土壤水分对三七光合作用的影响

廖沛然等（2015）研究土壤水分过高或过低均会降低三七的光合效率，40%土壤含水量下三七叶片光合效率最高（表3.12）。

表3.12 不同土壤水分条件对花期二年生三七光合作用的影响

	土壤含水量（%）	时间			
		0 d	10 d	20 d	30 d
P_n	25	3.32 ± 0.05^a	2.60 ± 0.10^b	2.37 ± 0.01^b	1.94 ± 0.03^c
	40	3.47 ± 0.20^a	3.51 ± 0.27^a	3.42 ± 0.25^a	3.65 ± 0.18^a
	55	3.33 ± 0.15^a	2.80 ± 0.20^b	2.67 ± 0.21^b	2.52 ± 0.33^b
T_r	25	1.14 ± 0.12^a	0.61 ± 0.13^b	0.59 ± 0.08^c	0.51 ± 0.12^c
	40	1.05 ± 0.02^a	1.06 ± 0.05^a	1.16 ± 0.09^a	1.08 ± 0.02^a
	55	1.15 ± 0.05^a	0.74 ± 0.08^b	0.86 ± 0.10^b	0.88 ± 0.02^b
g_s	25	37.9 ± 1.7^a	20.1 ± 2.9^c	21.1 ± 1.7^b	22.3 ± 3.6^c
	40	38.7 ± 2.3^a	34.6 ± 2.5^a	31.5 ± 0.9^a	38.9 ± 3.6^a
	55	36.7 ± 4.3^a	27.0 ± 2.5^b	28.9 ± 2.1^a	29.0 ± 1.8^b
C_i	25	219 ± 7^a	350 ± 18^a	348 ± 2^a	331 ± 9^a
	40	213 ± 3^a	207 ± 5^c	209 ± 8^c	211 ± 6^c
	55	216 ± 7^a	300 ± 9^b	304 ± 4^b	306 ± 5^b

注：同一列数据上标不同字母表示差异显著（$P < 0.05$）。

9. 不同土壤水分含量对三七根腐病发病的影响

赵宏光等（2014）报道，不同水分的土壤处理对三七根腐病发生的影响明显，表3.13显示，随着土壤水分含量的增加，三七根腐病发病率快速升高，尤其是0.85w处理根腐病发病率比0.70w处理提高了166.67%。

表3.13 不同土壤水分处理三七根腐病发病调查结果（赵宏光等，2014）

处理	发病日期（发病株数）	发病率（%）
0.45w	06-17（1）、09-20（1）	4
0.60w	06-17（1）、08-06（2）、08-24（1）、09-20（1）	10
0.70w	06-19（1）、08-24（2）、09-04（1）、09-20（1）、10-12（1）	12
0.85w	06-08（1）、06-14（2）、07-10（2）、07-28（1）、07-30（1）、08-06（1）、08-24（2）、08-30（1）、09-20（2）、09-25（1）、10-06（2）	32

注：w表示田间最大持水量。

10. 干旱胁迫对三七种子生理活性的影响

三七水分含量与三七种子活力密切相关，三七种子含水量低于17%，如果持续时间过长，三七种子就会失去活力（安娜等，2010）。水分胁迫会导致三七种子一系列的生理变化。廖沛然等（2015）采用不同浓度的PEG6000处理15 d后对三七种子超氧化物歧化酶（SOD）、过氧化物酶（POD）、过氧化氢酶（CAT）和抗坏血酸过氧化物酶（APX）酶活性和丙二醛（MDA）含量进行测定，发现随着PEG6000处理浓度的升高，SOD、POD、CAT和APX活性呈先升高后降低的趋势，其中PEG6000处理浓度分别为15%和25%时抗氧化酶活性分别达到最大值和最小值。MDA含量则随PEG6000处理浓度的升高而增加，其中0%处理组和5%处理组无显著差异，25%处理组为0%处理组的1.78倍。可见，在一定干旱程度范围内（水势小于−0.120 MPa），三七种子能通过提高自身抗氧化酶活性以抵御干旱造成的氧化胁迫损伤，但严重干旱会造成三七种子活性氧物质含量过高，抗氧化酶系统损伤，降低了其清除活性氧物质的能力。PEG6000模拟干旱对三七成熟种子的萌发特性、抗氧化酶活性、渗透调节物质含量和MDA含量均有影响。随着PEG6000处理浓度的上升，三七种子抗氧化酶活性先增大后减小，说明在一定干旱程度内（小于15% PEG6000，水势−0.120 MPa）三七种子通过提高自身抗氧化酶系统活性清除活性氧，但重度干旱下抗氧化酶系统遭到破坏，活性氧物质大量积累，细胞质膜严重过氧化，最终造成了种子活力下降（表3.14）。

表3.14 不同浓度PEG6000处理对三七种子抗氧化酶活性（U/g FW）和MDA含量（μmol/g FW）的影响

PEG 6000浓度（%）	SOD	POD	CAT	APX	MDA
0	308.28 ± 11.99[c]	35.10 ± 2.96[c]	17.60 ± 1.21[e]	6.37 ± 0.34[d]	1.61 ± 0.14[e]
5	338.74 ± 10.81[b]	37.36 ± 2.34b[c]	21.38 ± 1.17[c]	7.50 ± 0.24[c]	1.63 ± 0.20[e]
10	373.81 ± 9.03[a]	40.52 ± 0.96[b]	25.80 ± 0.65[b]	8.25 ± 0.23[b]	1.87 ± 0.19[d]
15	380.22 ± 11.02[a]	49.75 ± 1.37[a]	32.48 ± 0.86[a]	8.82 ± 0.48[a]	2.24 ± 0.16[c]
20	350.69 ± 7.83[b]	35.50 ± 0.74[c]	20.62 ± 1.76[c]	7.64 ± 0.11[c]	2.56 ± 0.15[b]
25	224.87 ± 2.14[d]	28.85 ± 3.54[d]	10.64 ± 0.89[d]	5.61 ± 0.34[e]	2.87 ± 0.11[a]

注：同一列数据上标不同字母表示差异显著（$P < 0.05$）。

11. 干旱胁迫对三七幼苗生理指标的影响

廖沛然等（2015）以三七幼苗（30d苗龄）为试验材料，研究了聚乙二醇（PEG6000）模拟干旱胁迫对其各部位酶活性的影响，发现三七根和三七叶中SOD活性随PEG6000处理浓度的升高而先升高后降低，相同处理浓度下呈随处理时间的延长而持续升高的趋势；同一部位相同处理时间的条件下，不同浓度PEG6000处理SOD活性大小表现为5.0% > 2.5% > 7.5% > CK；不同器官SOD活性在处理的1 d和2 d表现为根>叶>茎，第3天则表现为叶>根>茎。

POD活性在根和叶中变化显著，其随PEG6000处理浓度和时间的增加而持续升高；但茎中未检测出POD活性。同一部位相同处理时间下POD活性随

PEG6000 处理浓度的升高而增大，在处理期内均表现为叶>根。

CAT 活性在根、茎和叶中均变化显著，其中根和茎中 CAT 活性随 PEG 6000 处理浓度和时间的增加而持续升高，而叶中 CAT 活性在同一处理浓度下则随处理时间的延长呈先升高后降低的趋势，在相同处理时间下随处理浓度的升高而升高。不同部位 CAT 酶活性在处理 1 d、2 d 和 3 d 中均表现为叶>茎>根。

APX 活性在根和叶中上升趋势显著，活性随 PEG6000 处理浓度和时间的增加而持续升高，而茎中 APX 活性在浓度和时间上无显著变化。APX 活性在处理期内均表现为叶>根>茎（表 3.15）。

表3.15　不同浓度PEG6000处理不同时间对三七幼苗各部位酶活性的影响（U/g FW）

	部位	处理时间（d）	PEG6000浓度（*w/V*）			
			CK	2.50%	5.00%	7.50%
SOD	根	1	149.71 ± 9.60	265.49 ± 4.65	263.33 ± 13.93	157.62 ± 11.06
		2	153.93 ± 19.04	307.19 ± 14.63	377.07 ± 22.44	280.29 ± 36.70
		3	155.32 ± 30.95	311.03 ± 24.57	375.22 ± 25.66	327.15 ± 27.26
	叶	1	152.31 ± 6.52	212.59 ± 6.95	224.82 ± 7.58	172.48 ± 15.40
		2	158.69 ± 31.62	330.28 ± 23.65	367.57 ± 28.55	307.38 ± 19.21
		3	159.86 ± 12.30	338.96 ± 18.94	414.40 ± 9.83	295.61 ± 14.08
	茎	1	101.71 ± 3.28	99.42 ± 12.50	100.96 ± 3.29	101.90 ± 4.32
		2	96.25 ± 19.61	102.55 ± 14.68	102.17 ± 11.35	95.65 ± 19.13
		3	102.77 ± 9.34	105.75 ± 10.58	104.06 ± 19.08	105.22 ± 10.52
POD	根	1	73.66 ± 4.07	84.16 ± 6.47	88.89 ± 7.84	153.39 ± 8.38
		2	57.49 ± 5.27	88.12 ± 5.94	111.97 ± 5.29	167.44 ± 31.19
		3	87.33 ± 10.53	86.83 ± 11.49	140.41 ± 6.24	179.68 ± 8.92
	叶	1	212.66 ± 8.17	240.97 ± 4.41	257.68 ± 3.76	405.25 ± 5.99
		2	229.09 ± 17.62	254.07 ± 12.91	312.62 ± 11.15	425.67 ± 19.74
		3	249.46 ± 4.03	283.45 ± 4.06	381.96 ± 13.82	436.24 ± 15.90
CAT	根	1	39.85 ± 3.26	35.21 ± 3.20	39.39 ± 2.63	51.44 ± 6.98
		2	40.95 ± 8.84	57.03 ± 6.22	66.49 ± 6.93	85.71 ± 7.96
		3	41.10 ± 5.58	60.16 ± 4.14	70.08 ± 7.25	91.92 ± 5.40
	叶	1	267.08 ± 13.52	317.96 ± 11.56	335.15 ± 4.86	408.37 ± 15.31
		2	266.07 ± 18.96	355.38 ± 20.65	434.99 ± 22.94	525.30 ± 15.79
		3	274.59 ± 14.26	340.85 ± 10.05	376.12 ± 15.47	403.80 ± 11.21
	茎	1	96.68 ± 6.72	98.95 ± 2.70	92.04 ± 9.00	99.47 ± 2.70
		2	98.46 ± 9.30	102.182 ± 4.37	103.64 ± 21.03	101.08 ± 5.91
		3	101.91 ± 5.00	104.67 ± 6.56	105.97 ± 8.72	103.03 ± 10.57
APX	根	1	5.18 ± 3.43	8.17 ± 2.68	10.11 ± 2.63	12.40 ± 2.84
		2	6.22 ± 3.11	11.04 ± 1.38	22.16 ± 1.38	38.51 ± 4.53
		3	8.10 ± 2.65	21.14 ± 4.21	29.28 ± 2.20	45.56 ± 7.14
	叶	1	60.21 ± 5.94	65.63 ± 3.98	69.92 ± 2.60	71.98 ± 3.63
		2	61.25 ± 5.96	72.84 ± 2.69	89.53 ± 4.46	103.25 ± 4.79
		3	60.43 ± 4.26	80.07 ± 2.68	104.13 ± 4.46	109.80 ± 4.18
	茎	1	11.50 ± 1.51	12.17 ± 1.69	10.28 ± 1.28	11.05 ± 1.06
		2	12.67 ± 3.52	12.66 ± 1.64	13.01 ± 2.41	13.31 ± 0.84
		3	12.81 ± 1.60	12.48 ± 3.66	12.56 ± 2.69	12.63 ± 1.88

12. 不同浓度 PEG6000 处理对三七幼苗根系活力的影响

根系活力反映植物对环境的适应能力，也是反映植物抵御胁迫能力的重要指标，因此干旱胁迫下根系活力是植物抗逆性的重要体现。研究发现，不同浓度 PEG6000 对三七幼苗根系活力具有显著影响（廖沛然等，2015）。随着处理时间的延长和处理浓度的增加，三七幼苗根系活力呈先上升后下降的趋势，其中 5% 浓度处理 2 d 三七的根系活力最大，为 13.96 μg/（g · h），比 5% 浓度处理 1 d 高 6.43 μg/（g · h），比 CK 处理 1 d 高 9.32 μg/（g · h）（图 3.7）。

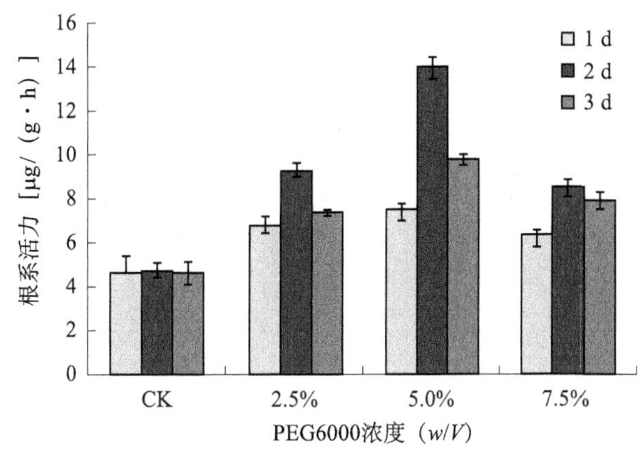

图 3.7　不同浓度 PEG6000 处理对三七幼苗根系活力的影响

研究结果表明，轻度干旱下三七幼苗根系活力上升，但随着干旱程度加剧和时间的延长，根部细胞受到伤害，导致根系活力下降，最终造成幼苗水分供应不足，植株萎蔫。

13. 土壤水分对三七皂苷含量的影响

皂苷是三七中主要的活性成分，是三七在环境胁迫下产生的次生代谢产物。廖沛然等（2016）研究发现，三七地上部分总皂苷含量对土壤水分含量变化敏感，过高或过低均会促进皂苷的累积；地下部分则敏感性变弱，主要药用部位剪口和主根总皂苷含量无显著变化。

具体到单体皂苷含量，土壤含水量过高或过低会降低根部皂苷 R_1、Rb_1 和 Rd 含量，低土壤含水量促进茎叶中单体皂苷的累积，高土壤含水量促进花中皂苷的累积。研究发现，在干旱和渍水情况下，三七总皂苷含量会上升，特别是花和叶片最显著。各单体皂苷含量变化并不一致，须根、主根和剪口在干旱或是渍水条件下会积累 Rg_1、Rb_1 和 Rd，干旱则促使三七叶和三七茎积累 Rc 与

Rb_3，渍水则促使三七花积累 R_1、Rc 和 Rb_1。可见，土壤水分条件对三七各部位单体皂苷积累影响显著，并能够调控其再分布（表 3.16）。

表3.16　不同水分条件对三七各部位总皂苷和特征皂苷含量的影响（%）

	土壤含水量（%）	总皂苷	R_1	Rg_1	Re	Rb_1	Rd	Rc	Rb_3
筋条	25	2.29 ± 0.11^{a}	0.09 ± 0.05^{b}	0.20 ± 0.04^{b}	0.13 ± 0.05^{b}	0.10 ± 0.06^{b}	0.01 ± 0.01^{b}	—	—
	40	1.91 ± 0.06^{c}	0.12 ± 0.07^{a}	0.25 ± 0.07^{a}	0.16 ± 0.03^{a}	0.20 ± 0.02^{a}	0.02 ± 0.01^{a}	—	—
	55	2.06 ± 0.04^{b}	0.06 ± 0.03^{c}	0.24 ± 0.05^{a}	0.12 ± 0.02^{b}	0.06 ± 0.08^{c}	0.01 ± 0.01^{b}	—	—
主根	25	7.42 ± 0.16^{a}	0.36 ± 0.07^{b}	1.11 ± 0.04^{a}	0.26 ± 0.02^{a}	0.56 ± 0.02^{c}	0.12 ± 0.04^{c}	—	—
	40	6.48 ± 0.39^{b}	0.43 ± 0.09^{a}	0.90 ± 0.06^{c}	0.16 ± 0.04^{b}	0.79 ± 0.07^{a}	0.18 ± 0.06^{a}	—	—
	55	7.32 ± 0.25^{ab}	0.27 ± 0.06^{c}	1.06 ± 0.05^{b}	0.13 ± 0.03^{c}	0.72 ± 0.05^{b}	0.15 ± 0.02^{b}	—	—
剪口	25	8.07 ± 0.24^{a}	0.60 ± 0.05^{a}	1.36 ± 0.08^{a}	0.30 ± 0.08^{a}	0.76 ± 0.06^{c}	0.14 ± 0.07^{c}	—	—
	40	8.68 ± 0.45^{a}	0.60 ± 0.03^{a}	1.29 ± 0.06^{b}	0.28 ± 0.09^{a}	1.09 ± 0.04^{a}	0.28 ± 0.04^{a}	—	—
	55	7.69 ± 0.41^{a}	0.35 ± 0.07^{b}	1.32 ± 0.04^{ab}	0.19 ± 0.07^{b}	0.89 ± 0.09^{b}	0.19 ± 0.05^{b}	—	—
花	25	9.91 ± 0.22^{a}	0.38 ± 0.02^{a}	0.39 ± 0.08^{c}	—	0.28 ± 0.04^{c}	—	—	—
	40	5.34 ± 0.47^{c}	0.25 ± 0.03^{b}	0.44 ± 0.03^{b}	—	0.33 ± 0.05^{b}	—	—	—
	55	7.61 ± 0.55^{b}	0.40 ± 0.06^{a}	0.56 ± 0.07^{a}	—	0.37 ± 0.05^{a}	—	—	—
叶片	25	9.75 ± 0.54^{a}	—	—	—	0.80 ± 0.04^{a}	—	2.27 ± 0.04^{a}	4.27 ± 0.06^{a}
	40	8.31 ± 0.35^{c}	—	—	—	0.65 ± 0.06^{c}	—	1.99 ± 0.05^{c}	3.80 ± 0.03^{c}
	55	8.99 ± 0.17^{b}	—	—	—	0.76 ± 0.08^{b}	—	2.15 ± 0.03^{b}	3.88 ± 0.04^{b}
茎	25	2.00 ± 0.14^{a}	—	—	—	0.09 ± 0.02^{a}	—	0.21 ± 0.03^{a}	0.12 ± 0.02^{a}
	40	1.26 ± 0.06^{c}	—	—	—	0.08 ± 0.05^{b}	—	0.11 ± 0.05^{b}	0.07 ± 0.04^{b}
	55	1.81 ± 0.12^{b}	—	—	—	0.07 ± 0.04^{c}	—	0.07 ± 0.02^{c}	0.02 ± 0.01^{c}

注：同一列数据上标不同字母表示差异显著（$P < 0.05$）。

虽然土壤水分含量过高或过低条件下三七根、茎、叶、花的生长和开花受到抑制，叶片叶绿素含量和光合效率下降，但其有利于三七总皂苷的积累。因此，在保证三七产量稳定的情况下，通过科学灌溉的方式调节土壤含水量可提高皂苷的次级代谢产物，从而达到节约灌溉成本和提高皂苷产量的目的。

3.3　海拔对三七生长的影响

三七种植园一般处于海拔 1000 m 的高原地区，条件较好的三七种植区海拔高度超过 1200 m，海拔 1200～1600 m 是种子种苗种植的最佳海拔，该海拔范围温度较高，有利于三七的生殖生长，而海拔 1600～2000 m 为商品三七生长区，该海拔范围温度较低，三七生殖生长较弱，并且该海拔范围空气清新，云层薄，污染小，短波辐射多，光质好，光照充足，总辐射量多。有利于干物质的积累和产品质量的提高。以文山地区为例，三七主产区位于北回归线以南，一年中有 2 次太阳投射角为 90°，因常年太阳投射角度大，变化幅度小，每年获得太阳辐射能多，太阳辐射的季节变化较小，故文山州的年温差较小，仅 11 ℃左右。又由于文山州地处高原，且三七分布多在 1200～1800 m 海拔，这种低纬度高海拔地区的特点是大气层厚度薄，大气保温性差，热量不易保存，形成得热容易、散热也易，致使形成气温日变幅大，但年间温度差异不大的特点，日平均气温多在 21 ℃左右波动，但昼夜温差大，有利于三七皂苷和多糖的积累。且在三七生育期无高温危害，对形成优质高产三七十分有利。

参考文献

安娜，崔秀明，黄璐琦，等 . 2010. 三七种子后熟期的生理生化动态研究Ⅱ . 代谢物质含量变化分析 . 西南农业学报，23（4）：1090 ～ 1093.

崔秀明，雷绍武 . 2003. 三七 GAP 栽培技术 . 昆明：云南科技出版社 .

崔秀明，王朝梁 . 2004. 三七 GAP 研究与实践 . 昆明：云南科技出版社 .

崔秀明，王朝梁，贺成福 . 等 .1995. 三七种苗生物学特性研究 . 中国中药杂志，20（11）：659 ～ 660.

崔秀明，王朝梁，李伟，等 . 1993. 三七种子生物学特性研究 . 中药材，16（12）：3 ～ 4.

崔秀明，朱艳 . 2013. 三七实用栽培技术 . 福州：福建科技出版社 .

董弗兆，刘祖武，乐丽涛 . 1998. 云南三七 . 昆明：云南科技出版社 .

金航，崔秀明，朱艳，等 . 2005. 气象条件对三七药材道地性的影响 . 西南农业学报，18（6）：825 ～ 828.

李方元 . 1987. 人参生活史 . 特产研究，（1）：21 ～ 24.

李佳洲，余前进，梁宗锁，等 . 2015. 土壤不同水分含量对三七生长、光合特性及有效成分积累的影响 . 中药材，38（8）：1588 ～ 1590.

廖沛然，崔秀明，杨野，等 . 2015. 三七幼苗对聚乙二醇（PEG6000）模拟干旱胁迫的生理响应研究 . 中国中药杂志，40（15）：2909 ～ 2914.

廖沛然，崔秀明，杨野，等 . 2016. 不同水分条件对三七种子后熟与萌发的生理影响研究 . 中国中药杂志，41（12）：2194 ～ 2299.

王朝梁，崔秀明 . 1998. 不同遮荫棚对三七生长发育的影响 . 云南农业科技,（3）：18 ～ 19.

王朝梁，崔秀明 . 2000. 光照与三七病害的关系 . 云南农业科技,（5）：16 ～ 17.

王淑琴，于洪军，官廷荆 . 1993. 中国三七 . 昆明 ：云南科技出版社 .

王尧龙，崔秀明，蓝磊，等 . 2015. 立体栽培三七的光温效应及对光合的影响 . 中国中药杂志，40（15）：2921 ～ 2929.

赵宏光，夏鹏国，韦美膛，等 . 2014. 土壤水分含量对三七根生长、有效成分积累及根腐病发病率的影响 . 西北农林科技大学学报（自然科学版），42（2）：173 ～ 178.

第4章

三七的连作障碍

4.1　三七连作障碍的成因

同一作物或近缘作物连作以后，即使在正常管理的情况下，也会出现产量降低、品质变劣、生育状况变差的现象，这就是连作障碍。三七生产上连作障碍问题非常突出。这是由于三七生长环境的特殊性和品种的单一性，造成了三七连作障碍十分严重，进而形成了三七适宜种植地块十分紧张，轮作周期缩短，甚至已呈现出从适宜种植区域向次适宜地区转移的趋势，这不仅增加了“七农”的种植成本，还严重影响了三七的产量和质量，从而制约着三七产业的健康发展。三七连作障碍的原因非常复杂，包括病原微生物和土传病害增加、土壤盐分累积和酸化、养分失衡和植物自毒效应等（杨利民等，2004）。

4.1.1　三七连作障碍的效应

1. 加重了三七病害发生

由于三七生长周期较长，生长环境荫蔽潮湿，随着三七的规模化种植及相应基础研究的滞后，原本良性化的土壤微生态系统功能特性削弱衰退，导致三七生长过程中易发病感病，种子发芽障碍，种子发芽率、发芽指数明显降低。张子龙（2011）的试验表明，连作 2 年土上三七种子的发芽率和发芽指数分别比新土上的发芽率和发芽指数降低 8.18% 和 16.56%。三七生产常年因根腐病危害减产 10%～20%，严重的损失达 70% 以上，部分七园（三七种植园，下同）

甚至毁园绝收，病害已成为影响三七质量的重要因素。

2. 延长了轮作间隔年限

据调查，三七种植轮作周期一般在 8 年以上，也就是种植一季后的土地 8 年以内不能种植三七，否则三七不能正常生长或根病严重。根据多年调查统计：轮作间隔 8 年以上，发病率在 10%～15%；间隔 4～5 年，发病率达 30% 以上。由于轮作间隔年限长，种植三七的土地更换频繁，七农（三七种植农户，下同）对七园的建设特别是三七棚的设施建设不能长效投入，在很大程度上影响了三七 GAP 基地建设，严重制约着我国三七医药产业的发展。

3. 三七园土壤质量降低

新建七园首次种植三七，多数能收到良好的效果，但种植一季后土壤质量不同程度退化。由于种植农户施肥的盲目性及化学农药的超量施用，导致土壤生态系统破坏，土壤养分比例失调，土壤供肥性能减弱，生产障碍因素突出。经初步研究发现，种植过三七的土壤化学养分虽高，但土壤微生物活性降低，种类减少，土壤供肥性能和三七根系活力明显减弱。不仅如此，为控制三七病虫害的发生，特别是控制根腐病的发生和蔓延，七农加大了农药施用量，从而也加重了产地环境的安全隐患。

4.1.2 三七连作障碍产生的原因

1. 土壤微生物引起的病害

对中药材生长而言，正常情况下土壤中有益微生物种类和数量远远超过病原微生物。土壤（根际）微生物与中药材形成共生关系，且不同中药材根际微生物的种群结构不同。若同一中药材长期连作，则会改变微生物种群分布，打破原有中药材根际微生物生态平衡，使得病原菌的种类和数量增加，有益菌的种类和数量减少。据报道，病害在所有连作障碍原因中占 85% 左右特别是土传病害系引起中药材连作障碍的重要因子。

周崇莲（1993）指出，作物连作后土壤微生物活性降低，微生物数量减少，特别是细菌减少量最为显著。于广武等（1993）和王震宇等（1991）报道，作物连作使根际土壤微生物区系由高肥力的“细菌型”土壤向低肥力的“真菌型”

土壤转化。日本学者泷岛（1983）研究了旱田作物及蔬菜作物的连作障碍，认为土壤微生物变化与连作障碍的关系最为密切。微生物活性降低必然影响土壤中养分的转化和分解，同时真菌数量升高可能是导致土传病害加重的主要原因之一。

三七性喜温暖阴湿，其独特的生态环境易诱发各种病害，文山产区三七的病害主要有根腐病、黑斑病、圆斑病等20余种病害。三七病害中以根腐病最为严重，常年损失5%～20%，严重时达70%以上。三七根腐病除了与细菌中的假单胞细菌有关外，还与霉菌、放线菌及厌氧生长菌有密切关系（官会林等，2006）。三七根腐病为土传病害，由假单胞杆菌 *Pseudononas* sp.、腐皮镰孢菌 *Fusarium solani*、细链格孢菌 *Alternaria tenuis.* 复合侵染，加速腐烂过程中还有小杆线虫 *Rhabditis* 的参与（罗文富等，1997）。该病的发生也与环境条件和管理水平密切相关（王朝梁等，1991）。化学防治多采用杀细菌剂与杀真菌剂配合使用（李忠义等，1998）。单纯的化学防治只能控制该病的蔓延而无法根治。只有搞好农业技术措施，协调应用化学防治和生物防治，才能更科学、更有效地防治三七根腐病。

2. 土壤养分比例失调

某种特定的作物对土壤中矿质营养元素的需求种类及吸收比例是有特定规律的，尤其是对某些微量元素更有特殊的需求。同一种作物长期连作，必然造成土壤中某些元素的亏缺，在得不到及时补充的情况下，便会出现“木桶效应”，不但影响了作物的正常生长，还导致了植物的抗逆能力、产量及品质的下降，严重者甚至导致植株死亡（沈志远等，2002）。

由于三七从土壤吸收养分和人们向土壤中施肥都会使土壤中的营养元素含量发生变化，从而影响下茬作物的生长。简在友等（2009）采用电感耦合等离子体原子发射光谱法测定三七生茬土与三年重茬土中铁、锰、锌、铜、钾、硼、钙、镁、钠和硅元素的含量。结果表明，三七三年重茬土中铜和钙的含量明显低于生茬土中的含量，锌、硼、镁和硅的含量差异不明显，但铁、锰、钾和钠的含量在重茬土中反而明显偏高。因此，通过补充或平衡三七连作土壤中消耗的矿质营养元素，有望缓解三七连作障碍问题。

3. 土壤理化性状恶化

王韵秋（1979）对与三七同为人参属的药用植物人参的研究表明，连作地与新林土相比，土壤的比重、容重增大，总孔隙度减少。土壤随着栽培年限的延长，大于 0.01 mm 的物理性砂粒减少，而小于 0.01 mm 的物理性黏粒则随着栽参年限的延长而增加；土壤板结，通气、透水性能变差，三相比失调，水、热、气条件处于矛盾状态。人参随栽培年限的延长对土壤的影响是：有机质大量被消耗，营养物质的供应不平衡，氮素相对增多，磷、钾补给不足。土壤胶体吸收性能变坏，土壤趋于酸化；微量元素越来越少，削弱了人参的抗病力（安秀敏等，1997；李世昌等，1988）。

4. 土壤次生盐渍化

在设施栽培中，肥料投入量过大，一般是露地施肥量的 3～5 倍，有的高达 10 倍，其中主要是氮素化肥投入量较大，还有施入未腐熟的人粪尿、含氯化肥等，使剩余的盐分不能随雨水淋溶而积聚在土壤表层，导致大棚土壤含盐量明显高于露地，产生土壤次生盐渍化，加重了生理病害（薛继承等，1994），土壤氮含量达 300～400 mg/kg，有的高达 700 mg/kg。因此，硝酸盐积累导致的土壤次生盐渍化，与不合理施肥关系密切。

吴凤芝等（1998）对不同连作年限、不同栽培方式的大棚土壤的盐分含量、EC 值和 NO_3^- 含量测定结果表明，大棚土壤总盐量高于露地几倍至十几倍，这主要是由于一方面大棚栽培土壤常年覆盖或季节性覆盖改变了自然状态下的水热平衡，土壤得不到雨水充分淋洗，致使盐分在土壤表层中聚集；另一方面也是不合理施肥所致。

5. 根系分泌物的化感自毒作用

根际土壤的宽度通常只有几毫米，最宽只有 1 cm 左右，在此范围内，微生物浓度随着与根距离的增加而下降，这种根际效应是根的渗出物形成的，根的渗出现象是一切陆生植物共有的特征。根的渗出物主要来自两个途径：一个是植物地上部的光合产物，大约有 20% 的合成物会以根分泌物形式进入土壤中，它们大多是可溶的；另一个途径是根尖脱落的衰老细胞，释放出黏液、黏胶等难溶有机物质。这些渗出物和脱落细胞释放的物质在根和土壤界面富集成营养带，促进了微生物的生长发育和繁殖（郑良永等，2005）。

根分泌物中的酚类和酚酸类化合物在植物自毒作用和连作障碍中可能具有重要的作用。根系分泌物中的抑菌物质可能会同时抑制有害和有益微生物，使下一代植物因缺少益生菌的帮助而影响生长（简在友等，2008）。连作条件下土壤生态环境对植物生长有很大的影响，尤以植物残体与病原微生物的分解产物，对植物有自毒作用，并影响植物根系分泌物正常代谢，以至于发生自毒作用。高子勤等（1998）认为，根系分泌物的环境因素（土壤空气、湿度、养分与微生物）、活性物质（自身毒素、残体分解物、微生物产生毒素）、土壤病原菌等均与连作障碍的相互作用有关。

游佩进等（2009）探讨的三七连作土壤的化感作用的试验结果表明，连作土壤对萝卜根长有明显抑制作用，对白菜根长的作用效果不明显；对萝卜、白菜的苗高有显著促进作用。连作土壤对莴苣的作用效果最为明显，其根长减少37%，苗高降低12%；连作土壤水提液对莴苣根长的作用效果也非常明显，根长比对照减少22%。同时，连作土壤与连作土壤水提液对3种植物的根长都有不同程度的抑制作用，表明土壤水提液中可能存在一些可以影响萝卜、白菜、莴苣正常生长的物质。此外，现在许多研究均表明，莴苣作为受体材料效果非常明显（王玉萍等，2005）。这不但为寻找三七连作土壤中的化感物质提供了很好的生物途径，还为找出化感物质提供了合适的受体材料。

4.1.3　三七连作障碍的防治途径

1. 深耕轮作

作物根系分泌物的组成成分及数量与土壤的营养状况有关，营养不均衡会导致连作障碍（吴凤芝等，2003），深耕可以改良土壤的通透性和团粒结构，使土壤养分便于释放。良好的土壤及水、肥、气、热条件，可以使作物生长发育健壮，抵御病虫害。施肥应根据作物的生理特性有的放矢，在因地制宜、测土施肥、增加有机肥施用的前提下，合理施用氮、磷、钾肥。有机肥富含各种养分和生理活性物质，施入后对土壤理化、生物性状有很大影响：土壤结构得以改善，增强保肥、保水、透气、调温的功能，进而影响植物根系活力和有关养分吸收的酶活性。

实行轮作，尤其是选择“他感作物”与农作物轮作，是缓解连作障碍的有效途径。轮作既能利于作物吸收土壤中的不同养分，又可以调节微生物群落，使土壤病害受到控制。轮作可以使病菌失去寄主或改变生活环境，因而可以减轻或消灭病虫害，同时也可以改善土壤结构，充分利用土壤养分（张晓玲等，2007）。

2. 施肥培肥改土

通过施肥改良土壤。因为有机肥分解过程中，会使细菌、放线菌增殖，进而抑制病原菌繁殖。同时，要根据土壤的类型选择施用粪肥种类，以补充微量元素，调整土壤酸碱度（张晓玲等，2007）。实行测土配方施肥、平衡施肥；合理施用氮、磷、钾大量元素肥料，增施微量元素肥料；科学使用有机肥和微生物肥料。应用“有机肥 + 微生物肥”是目前较为有效的方法。

3. 抑制土壤病原微生物

马承铸等（2006）研究了利用熏蒸剂、生防益生菌剂和化学杀菌剂等技术协调组合，解决长期以来三七与人参属作物不能连作或再种植同一作物需 10 年左右轮作期这一课题。上海市农业科学院植物保护研究所提供的药物——有机硫土壤熏蒸剂“大扫灭”在三七上进行试验取得了良好效果，当地表现十分突出；刘立志等（2004）研究报道利用 3 种芽孢杆菌能有效拮抗云南三七根腐病主体病原菌坏损柱孢。单纯从土壤消毒、杀灭病原菌入手，不能从根本上解决三七连作问题，只有在土壤消毒的基础上，再采用施肥改土、生物轮作等技术措施，才能取得灭菌、恢复地力、改善理化性状、改变微生物区系等的综合效果（马承铸等，2006）。

4. 根际土壤的微生物生态修复

植物通过主动释放和淀积多种有机物质，为根际微生物提供碳源、能量和生长因子，同时还释放化感物质、信息物质，并通过根际生物之间的相互作用，影响根际生物的种群特征和功能多样性。这些特定的生物种群，又会反过来对植物根系生长发育及其植物与土壤之间的相互关系产生影响，通过改善根际环境，促进根系生长发育，并改变根系分泌物的组分和生物之间的相互作用，抑制病原生物的大量繁殖。因此，通过对根际微生态环境的合理调控对于解决连作生产体系中的土壤生物学障碍问题具有重要意义。从原理上讲，中药的连作障碍与已研究过的园艺作物等有相同的机制，也可以通过用微生物制剂进行微生态修复的方法加以克服。

李世东等（2006）通过在种植前应用土壤熏蒸改变三七连茬病土中原有的微生物生态群落，然后施用有益于三七生长和抑制根腐病发生的微生物制剂，在三七根际重新建立微生态平衡，使连作的三七根腐病显著减轻而其有效成分含量不受影响。另外，丛枝菌根（AM）的形成能促进植物对营养元素的吸收和生长发育，提高植物的抗性，促进药用植物有效成分的合成。丛枝菌根真菌（AMF）是三七生产栽培中的一种具有潜在应用价值的微生物资源（任嘉红等，2007；魏改堂等，1991；魏改堂等，1989）。同时，利用无土栽培，在营养液中加入活性炭及时吸附和清除化感物质也是避免自毒作用的又一有效措施，尤其对药用植物的遗传育种具有重要意义。

5. 展望

作物连作障碍是植物–土壤–微生物系统内诸多因素综合作用的结果，要明确其中最主要的因素还需进一步研究。目前，国内外虽然对连作障碍的研究较多，但对连作障碍的机制仍不十分清楚，特别是对土壤理化性状和土壤微生物环境（包括微生物种群）的相互作用还知之甚少，有待深入研究。其中，三七由于其品种的单一和特殊的生长环境，致使三七连作障碍的因素更为复杂，其连作障碍程度远远大于其他中药材。而且，由于三七主产于云南文山，其特殊的地域性限制，使国内外研究三七连作障碍的报道甚少。

目前，根系分泌物和植物营养自调及其与根际土壤微生物的关系仍然是研究的热点，可以从根系养分吸收和利用、根际微生物、化感物质等不同方面来解释连作障碍问题（任嘉红等，2007）。生物防治方法在病虫害防治研究中方兴未艾，也是克服连作障碍的一条行之有效的途径，对其进一步的研究与示范推广是有益且必要的。随着科学技术的发展和农业栽培管理体系的不断完善，作物连作障碍问题必将得到解决，从而实现经济效益、生态效益和社会效益的和谐统一。

4.2　三七的化感效应与作用机制

化感作用由奥地利科学家 Molisch 于 1937 年首次提出，它是指自然界生物体之间通过某些化学物质而产生的相互作用（Rice，1984）。化感作用广泛存在于自然界中，是生物在进化过程中产生的一种对环境的适应性机制，是生态系统中自然的化学调控现象。在生态系统内，植被形成和演替过程中种子的萌发和抑制，农业生产中的间作、套作、间隔残茬处置，以及作物和杂草、病虫的关系等都存在化感作用。因此，研究化感作用对于作物增产、植物保护、生物防治、环境保护和促进农业可持续发展等方面有着十分重要的意义和广阔的应用前景（孔垂华，2003；Shilling D G，1985）。

4.2.1 三七化感物质的种类

Rice（1984）曾经把高等植物中的化感物质分为15类，它们分别是简单的水溶性有机酸、直链醇、脂肪醇、脂肪醛和酮；脂肪酸和聚乙炔；简单的酚、苯甲酸及其衍生物；肉桂酸及其衍生物；香豆素类；单宁；萜类和甾族化合物；氨基酸和多肽；生物碱和氰醇；简单的不饱和内酯；醌类；黄酮类；糖苷硫氰酸酯；嘌呤和核苷；其他化合物。现代药理学研究发现，三七的根及根茎、须根、茎叶、花蕾和果实中主要含有8类化学成分，分别为皂苷、挥发油、黄酮、有机酸、氨基酸、甾醇、聚炔醇和多糖等（欧来良等，2003；魏均娴等，1992，1985，1980；鲁歧等，1987；杨崇仁等，1985）。药用植物中的生理活性成分大多属于植物的次生代谢产物，而化感物质同样也是来源于植物的次生代谢循环，所以许多药用植物更容易发生化感作用。游佩进等（2009）在对连作三七土壤醇提液进行萃取时，发现用乙酸乙酯层萃取的物质对三七幼苗生长有着极显著的抑制作用。通过进一步的HPLC-MS分析，最后根据多级质谱数据推测出一个化合物——三七皂苷G。同时他还利用HPLC指纹图谱比对方法对三七根区土壤和根中化合物进行了鉴定，最后得到一个共有化合物——人参皂苷Rh_1。孙玉琴等（2008）把阿魏酸、三七总皂苷配成一定比例的溶液，然后浇施盆栽三七后发现，两种物质均对三七种苗根的生长有抑制作用。其中阿魏酸对三七种苗根生长的抑制强度随着浓度的加大而呈现出增长的趋势，而三七总皂苷的抑制作用则是随着浓度的加大而减弱（张子龙等，2010）。这从侧面也证明了阿魏酸和三七总皂苷是三七化感作用的物质之一。朱琳等（2013）从种植三七土壤及三七植株残体中分离鉴定了26个挥发性成分，其中邻苯二甲酸二异丁酯含量最高，据文献报道，邻苯二甲酸二异丁酯对莴苣、黄瓜等均有化感作用（周宝利等，2010）。

4.2.2 三七的化感效应

1. 化感物质对三七及其他植物种子发芽的影响

孙玉琴等（2008）运用室内培养皿生物测定方法研究三七鲜根水浸提液及三七水培收集液对三七、玉米、小麦种子萌发的影响。结果表明，三七鲜根水浸提液及三七水培收集液对三种供试种子萌发存在明显的抑制作用；三七总皂苷在浓度低时对三七种子萌发有微小的促进作用，随浓度升高，表现出对三七种子发芽的抑制作用。张子龙等（2010）以不同连作年限及不同空间分布的土壤为基质研究连作土壤对三七种子萌发的影响发现，连作土壤处理下三七种子萌发的最大速度加快，种子的发芽势变化不大，而发芽率、发芽指数和快速发芽期则明显呈降低或变短的趋势，与根区外土相比，根区土和根区下土显著降低了三七种子的发芽势、发芽率和发芽指数，对种子萌发的最大速度也呈降低作用。游佩进等（2009）以三七连作土壤及其不同浓度水提液，其中本地土（未种植三七土壤）为阴性对照、去离子水为空白对照，对萝卜、白菜、莴苣种子进行生物测定，结果发现连作土壤对萝卜、莴苣的根长具有明显的抑制作用，连作土壤水提液在不同浓度下其作用效果也不同。

2. 化感物质对三七生长的影响

韦美丽等（2008）用阿魏酸、三七总皂苷、三七鲜根水提液及三七水培液浇施盆栽三七，发现以上化感物质对三七的生长均表现为抑制作用，抑制强度因浓度不同而出现一定差异，但作用强度与浓度的关系只有在对种苗根重的影响上表现出一定规律性，对三七株高及块根重的影响未表现出规律性，且三七不同生长期的根系分泌物有所不同，抑制强度和抑制重点部位都不同。游佩进等（2009）利用三七根区土壤提取液对三七幼苗进行处理后发现，不同极性的三七根区土壤提取物对三七幼苗的根长、苗高、鲜重、硝酸还原酶活性均有不同的化感作用，影响三七幼苗的正常生长，且化感作用与土壤中化感物质的浓度密切相关。张子龙等（2010）研究发现，随土壤连作年限的增加，三七幼苗的成苗率和株高均显著下降。朱艳等（2013）采用三七茎叶和须根在土壤中不同时间的降解提取物处理三七种子，考察其种子发芽情况。结果表明，随着三七植株残体在土壤中降解时间的增加，三七种子的发芽率降低，说明三七植株残体提取物会导致三七种子发芽率下降，是造成三七连作障碍的原因之一。

3. 化感物质对三七病原菌生长的影响

孙玉琴等（2008）研究表明，化感物质能促进部分病原菌的生长，这样使病害加重，而且化感物质对三七的发芽及幼苗生长均有抑制作用，不利于三七的生长，以上研究均证明了三七的化感作用是三七连作障碍的原因之一。

4.2.3 三七化感作用机制

孙玉琴等（2010）通过对三七化感作用进行室内生物测试时发现，三七鲜根提取液对小麦幼苗生长有明显的抑制作用，以小麦为受体，应用室内生物测定方法，对三七的化感作用机制进行了初步研究。研究发现，随着三七鲜根提取液浓度的增加，小麦初生根和芽中的POD（过氧化物酶）、CAT（过氧化氢酶）活性、可溶性蛋白和可溶性糖含量均升高，说明小麦处于逆境中，进一步说明三七鲜根提取液不利于小麦幼苗生长，有明显的抑制作用。

游佩进等（2009）通过测定硝酸还原活性来初步揭示连作土壤化感作用的机制研究中发现，三七连作土壤水提液对三七、莴苣发芽率、发芽指数、根长、苗高、鲜质量、硝酸还原酶活性均有不同的化感作用。随着三七连作土壤水提液质量浓度的不断提高，连作土壤对三七苗高、鲜重的抑制作用也明显增加；三七连作土壤水提液对莴苣根长的作用呈低促高抑的双重效应，同质量浓度的土壤水提液对莴苣的硝酸还原酶活性均呈显著的抑制作用。

4.2.4 三七化感作用研究存在的问题与展望

三七的连作障碍是一个复杂的生态环境问题，化感是其中重要的因素。尽管目前三七的化感作用研究已经取得了一些成果，但是研究中依然存在着诸多未能研究清楚的问题。主要有以下几个方面：①三七特有的化感物质依然不清楚；②化感机制不明：化感物质来源于哪些具体的代谢循环，产生的化感物质又是如何在体内运转、传导，继而又是通过怎样的方式来实现对三七生长发育的调控和干预；③化感物质之间或者化感物质与药用成分之间是否存在着一个此消彼长的关系；④忽视环境作用的影响：化感物质在土壤中迁移、转化等过程中势必会引起土壤内部环境大的变动，而这也是化感作用调控植物自身生长发育的重要环节之一；⑤遗传机制方面的研究尚属空白，缺少在基因水平上的验证。

针对三七化感作用研究中存在的问题，今后应该在以下几个方面加强研究：①尽管目前已经从三七中分离并鉴定出一些化感物质，但是寻找三七所特有的化感物质依然是今后工作的核心；②研究化感物质是如何产生，又是如何运转、传导等，这些都是提出相应调控措施的基础，必须给予高度重视；③越来越多的证据表明，三七的化感物质不是某种单一的物质在起作用，而是有众多物质都参与到了三七的化感作用中，研究哪些物质在起主要作用、哪些起次要作用，它们之间又是如何协调对植株本身产生调控的，这对有针对性地开展连作障碍消减技术有重要理论意义；④监控环境因子的变化，特别是对土壤微生物群落在化感作用中变化的监控，对开展连作消减技术有着重要的实践价值；⑤归根结底，三七化感作用还是遗传因素在起作用。开展三七的化感遗传机制研究工作尽管很难，但是此项研究一旦取得突破，将会对三七的生产种植方式产生重大的影响。

尽管在三七化感作用的研究道路上依然存在着种种困难，但是应该清醒地看到，开展三七化感作用的研究对于解决三七连作障碍、促进耕作系统的可持续发展及保证药材的道地性都具有重要意义。

4.3　三七化感效应消减技术

在探明三七本身存在的化感自毒作用和土壤环境因子对三七自毒物质产生及降解影响的基础上，如何解决由此带来的问题，为生产实践服务，是科学研究的最终目标。中国中医科学院中药资源中心、文山三七研究院、昆明理工大学课题组从合理轮作、土壤改良、根际微生物调控等角度初步开展了三七化感效应的消减技术探索，为缩短三七的连作周期提供依据。

4.3.1　三七与不同中药材间作

三七与几种中药材间作，观察田间出苗率，发现间作的田间出苗率均明显低于对照，各处理的平均出苗率分别为黄芪 55%、紫苏 50.3%、桔梗 49.1%、半枝莲 53.2%、牛膝 57.3%、薏苡仁 56.7%，对照为 74.7%。以三七和牛膝间作出苗率相对较高，为 57.3%，三七与桔梗间作出苗率最差，为 49.1%（图 4.1）。至试验结束三七存苗率已经失去统计学意义和分析价值。结果说明，参试中药材并不能消减间隔年限较短土壤对三七的化感效应，反而会增强这种效应。

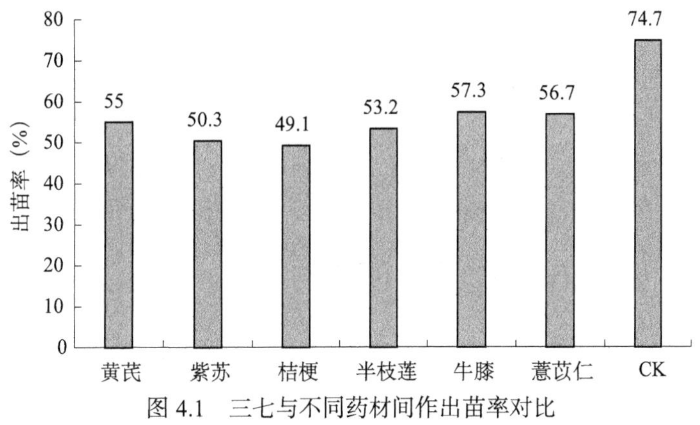

图 4.1　三七与不同药材间作出苗率对比

4.3.2 三七与农作物间作

与三七和中药材间作的结果不同，三七与几种农作物间作后出苗率均明显高于对照出苗率。三个重复平均出苗率：生姜 85.9%、芹菜 83.7%、大葱 82.2%、大蒜 82.2%、韭菜 83.7%、莴笋 77.8%，对照 74.7%，以三七和生姜间作出苗率最高，比对照组高 14.99%，三七与莴笋间作出苗率最低，只有 77.8%（图 4.2）。

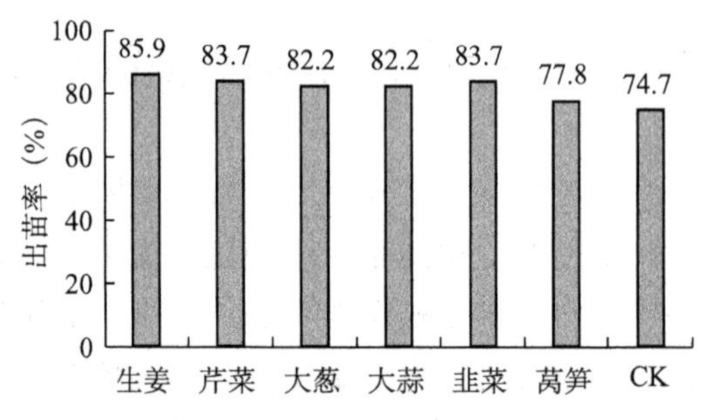

图 4.2 三七与不同农作物间作出苗率

一年后存苗率调查如表 4.1 所示，可见所有小区存苗率均降低，但显著高于中药材组存苗率。从存苗率来看，三七与生姜和芹菜间作的存苗率达到 30% 以上，比对照分别高出 5.5% 和 7.4%。从小区产量来看，产量最高的是三七与大葱间作，产量比对照高 38.46%；其次是芹菜与生姜，产量分别比对照高 21.15% 和 19.88%，而其他三个处理产量均低于对照。

表4.1 三七与农作物间作对三七存苗及产量的影响

小区	存苗率（%）	产量（g）	根病三七（个）
A	31.03	311.7	7
B	32.74	315	13
C	23.42	360	10
D	18.02	203.3	8
E	17.70	220	11
F	23.80	225	6
CK	25.70	260	14

4.3.3 三七与屏边三七间作

三七与屏边三七平均出苗率分别为 A：4 行三七间 1 行屏边三七 75.0%、

69.2%；B：1 空内等距种植 3 行屏边三七 66.4%、56.4%；C：每空中间种植 1 行屏边三七 69.8%、69.2%；D：每空的中间种植 2 行屏边三七 64.1%、69.2%；E：每空的中间种植 3 行屏边三七 78.3%、66.7%；F：每 3 行三七间隔 2 行屏边三七 70.9%、55.4%；对照 74.7%。A 处理和 E 处理的出苗率分别为 75.0% 和 78.3%，略高于对照处理出苗率，其余处理的出苗率都低于对照出苗率，但各处理的出苗率与对照差异不明显（图 4.3）。

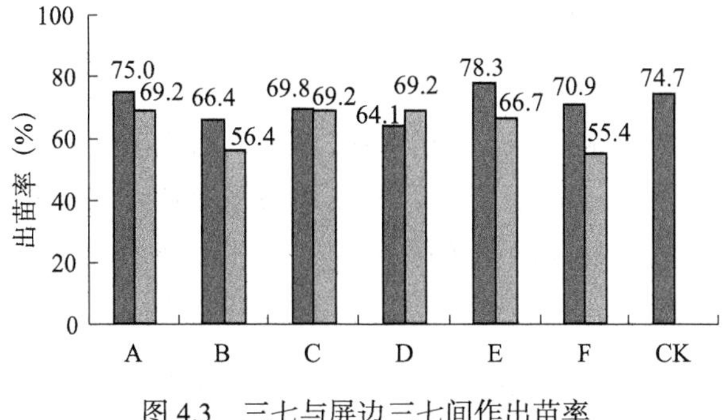

图 4.3　三七与屏边三七间作出苗率

一方面，三七与屏边三七间作的所有处理，发病率除一个处理外，其他处理均高于 80%，而且大多数高于净种三七的对照处理（表 4.2）；另一方面，三七与屏边三七在间隔年限不长的土地种植，并不能减少三七化感效应，从而减少三七根部病害的发生。屏边三七与三七同属于人参属植物，除 C 处理外，所有处理的存苗率均在 90% 以上，品种不同，化感效应也不同，遗传基础是决定化感及病害表现的重要因素。

表4.2　三七与屏边三七间作对三七存苗及产量的影响

	处理	产量（g）	健康植株数（株）	存苗率（%）	发病植株数（株）	发病率（%）
A	三七	96.7	8	6.84	7	93.16
	屏边三七	155	18	98.60	1	5.56
B	三七	87.5	7	6.09	10	93.91
	屏边三七	120	20	92.30	2	9.01
C	三七	141.7	15	15.90	4	83.90
	屏边三七	82.5	8	66.67	3	33.33
D	三七	167.5	21	18.75	5	87.25
	屏边三七	138.3	24	92.30	1	8.33
E	三七	225	20	24.10	8	75.9
	屏边三七	276.7	34	87.18	1	5.12
F	三七	60	5	6.02	3	95.08
	屏边三七	368.3	46	92.00	2	8.00
CK	三七	260	25	18.50	14	81.5

4.3.4 三七与紫花苕子间作

在三七采收后，种植紫花苕子2年，第三年再种植三七。三七出苗期，3月30日调查三七出苗率达93.89%，5月30日调查存苗率为40.76%，健康率为19.21%，但到8月份调查，三七植株已全部发病死亡，说明三七与紫花苕子间隔2年仍然不能有效控制三七根腐病的发生。

4.3.5 三七避雨栽培

我们此处的试验是外源菌剂和避雨栽培的复合处理，重点在避雨栽培。

以露地栽培出苗率最高为87.78%～92.67%；而避雨栽培的出苗率均低于露地栽培，为77.56%～85.56%。在避雨和露地栽培内各处理间的出苗率也有一定差异，以云大生物制剂处理的出苗率最高，分别为85.56%和92.67%（表4.3）。从出苗率结果初步得出，避雨栽培三七出苗率相对较低。

表4.3　三七避雨栽培试验出苗率调查结果

试验处理		定植株数	出苗数				出苗率
			Ⅰ	Ⅱ	Ⅲ	合计	（%）
处理剂灌根	避雨	450	122	134	93	349	77.56
	露地	450	142	138	122	402	89.33
云大制剂根施	避雨	450	139	125	121	385	85.56
	露地	450	151	139	127	417	92.67
爸爱我根施	避雨	450	128	129	109	366	81.33
	露地	450	135	139	128	402	89.33
武夷菌素灌根	避雨	450	132	133	114	379	84.22
	露地	450	144	131	120	395	87.78
对照处理	避雨	450	147	130	97	374	83.11
	露地	450	140	144	115	399	88.67

通过苗期、中期和后期三七根腐病调查结果可见，三七连作土壤露地栽培和避雨栽培处理的根腐病发病率存在一定差异（图4.4）。在三七苗期和生长中期，露地栽培各处理的根腐病发病率均比避雨栽培各处理的根腐病发病率低。三七生长后期，避雨栽培根腐病发病率总体比露地栽培根腐病发病率低，但无显著差异；在同一栽培条件下，各处理间根腐病发病率也存在一定差异。在苗期，两组试验均以云大生物菌剂处理的根腐病发病率最低。在三七生长中期，避雨栽培试验以武夷菌素的根腐病发病率最低，而露地栽培试验则以药剂处理最低。至三七生长后期，两组试验均以药剂处理最低。同时，避雨栽培试验各处理的根腐病发病率均低于对照，但差异甚微。露地栽培则仅有药剂处理低于对照，其他处理与对照无差异。

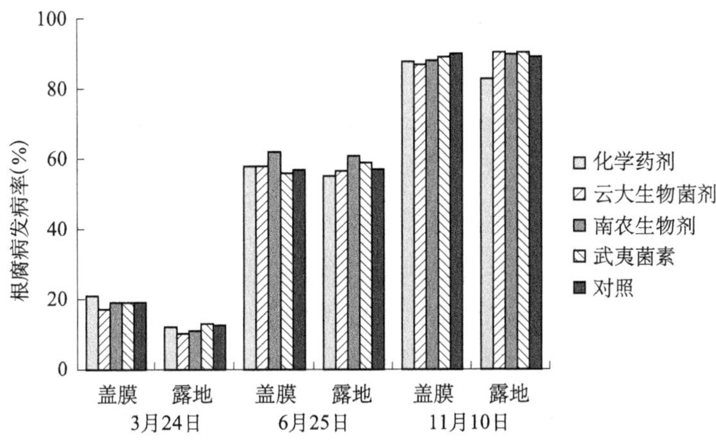

图 4.4　三七连作障碍避雨栽培试验结果

云大生物菌剂处理的根腐病发病率最低。在三七生长中期，避雨栽培试验以武夷菌素的根腐病发病率最低，而露地栽培试验则以药剂处理最低。到三七生长后期，两组试验都以药剂处理最低。同时，避雨栽培试验各处理的根腐病发病率均低于对照，但无显著差异。而露地栽培则仅以药剂处理低于对照，其他处理与对照无显著差异。

4.4　三七连作地土壤理化性状变化

作物连作常导致土壤养分、物理性质、微生物区系等发生变化，影响作物对土壤养分的吸收，从而导致病虫害发生严重，影响作物产量和品质。从 20 世纪 80 年代至今，关于大豆连作障碍减产的研究较多，许多学者在土壤–病原菌–植物的相关方向作了大量研究。但三七连作减产的原因并无详细研究。云南省农科院药用植物研究所、文山三七研究院、昆明理工大学等课题组对文山州的文山（古木、马塘）、砚山（盘龙）和马关（马白）3 市县 4 个定位监测区，分批进行了三七连作土壤的调查研究，从土壤理化角度分析三七连作障碍的原因，对改良连作三七土壤具有重要的实践意义。

4.4.1　不同间隔年限三七种植地土壤物理结构差异分析

土壤通透性的好坏直接与土壤水稳性团粒的分布相关联，一般而言，旱地 2～0.25 mm 级团粒反映其通透性状况。崔秀明等（2005）对云南三七道地产区土壤理化性质的研究，认为碳酸盐岩夹碎屑岩形成的混合型黄红壤及花岗岩黄红壤中，泥质、粉砂质、砂质物并存，不但带给土壤的矿质元素较丰富，使土壤的质地也较适中，是生产道地三七的最优布局区。本书研究表明，连作的土壤与新土的物理性状差异最大；间隔 7 年后的土壤与新土的颗粒组成最为接近，证明间隔 7 年对土壤物理性质的恢复最好。

从表 4.4 可知，同新土相比，随着间隔年限的增加三七种植地土壤其粉粒、黏粒和胶粒呈先下降后逐步增加的趋势，粉砂、细砂、中砂、粗砂及砾石等成分呈先增加后逐步降低的趋势。新土土壤胶粒含量高于连作土壤和间隔连作的土壤，而粉粒和黏粒整体而言低于新土的比例，且随着间隔年限的增加出现先下降后又稍有回升，即连作的土壤与新土的物理性状差异最大；间隔 7 年后的土壤与新土的颗粒组成最为接近，证明间隔 7 年对土壤物理性质的恢复最好。中砂和细砂的组成比例虽然亦有变化但是整体而言变化不明显，> 0.5 mm 级的土壤团粒随间隔年限的减少而增加，表现出一种微团粒向大团粒转化的趋势，表明连作对土壤的物理性质改变较大，主要表现为< 0.075 mm 级的团粒减少而> 0.5 mm 级的团粒增加。另外，随着连作间隔年限的增加，土壤中< 0.75 mm 级的团粒增加，说明随间隔年限的增加，对土壤物理性质的恢复和稳定有积极作用。上述结果表明，种植三七后，三七根冠部位、根冠脱落的根缘细胞及根际微生物能分泌黏液，这种黏液在与土壤的黏结作用下形成了土壤颗粒的团聚体；随着间隔年限的延长，种植地中三七的根系分泌物随雨水流失，土壤又逐渐恢复到种植前的水平。

表4.4　不同间隔年限三七种植地土壤颗粒组成分析

地点	土样	颗粒组成（%）								
		>20 mm	20.0～2.00 mm	2.00～0.5 mm	0.5～0.25 mm	0.25～0.075 mm	0.075～0.05 mm	0.05～0.005 mm	< 0.005 mm	< 0.002 mm
		卵石	砾石	粗砂	中砂	细砂	粉砂	粉粒	黏粒	胶粒
盘龙	新土	—	—	4.0	3.2	6.4	15.0	34.5	36.9	31.0
	连作	—	16.9	6.2	2.5	3.9	18.5	25.1	26.9	18.4
	间隔1年	—	—	3.5	3.3	8.0	14.1	38.8	32.3	25.5
	间隔3年	—	—	6.8	3.1	3.1	19.6	30.1	37.3	30.8
	间隔5年	—	—	4.8	3.1	8.3	11.9	40.0	31.9	25.2
	间隔7年	—	—	6.5	1.6	9.3	12.0	38.0	32.6	22.8

续表

地点	土样	颗粒组成（%）								
		>20 mm	20.0～2.00 mm	2.00～0.5 mm	0.5～0.25 mm	0.25～0.075 mm	0.075～0.05 mm	0.05～0.005 mm	< 0.005 mm	< 0.002 mm
		卵石	砾石	粗砂	中砂	细砂	粉砂	粉粒	黏粒	胶粒
马白	新土	—	3.5	1.6	3.1	4.8	26.1	30.8	30.1	18.9
	连作	—	6.8	4.7	3.0	5.9	54.4	4.3	20.9	15.3
	间隔1年	—	3.5	1.6	3.1	3.2	29.3	30.8	28.5	16.5
	间隔3年	—	3.7	2.5	1.6	3.1	39.0	26.6	23.5	14.7
	间隔5年	—	2.2	2.3	3.2	6.4	27.6	33.0	25.3	16.0
	间隔7年	—	5.5	2.5	3.0	3.1	37.7	22.3	25.9	18.4
古木	新土	—	23.0	8.7	3.4	2.3	9.4	24.7	28.5	20.3
	连作	—	38.1	14.3	14.3	2.4	6.7	18.0	16.6	9.3
	间隔1年	—	39.8	13.3	13.3	4.7	1.0	20.9	15.6	10.1
	间隔3年	—	26.9	11.5	11.5	3.3	6.5	23.3	25.5	15.6
	间隔5年	—	47.9	16.8	16.8	4.7	15.9	2.2	4.9	3.4
	间隔7年	—	36.8	8.9	8.9	4.2	8.8	16.0	19.8	12.0
马塘	新土	—	—	4.2	4.2	3.2	6.9	42.6	40.0	31.2
	连作	—	—	5.1	5.1	8.9	12.8	38.4	33.3	25.5
	间隔1年	—	3.4	2.9	2.9	14.1	27.9	26.7	21.9	16.7
	间隔3年	—	—	5.4	5.4	1.6	5.1	32.8	50.4	36.2
	间隔5年	—	—	3.2	3.2	1.7	6.7	43.2	43.6	35.7
	间隔7年	—	—	6.2	6.2	3.1	16.5	33.4	37.6	31.0

4.4.2　不同间隔年限三七种植地土壤化学性状差异

pH 是土壤重要的基本性质，也是影响肥力的因素之一。它直接影响土壤养分的存在状态、转化和有效性。如特征元素锰就受 pH 的调控，水溶态锰和交换态锰均为二价锰，是作物吸收的主要形态，随着土壤 pH 的升高，二价锰减少，三价、四价锰增加，当 pH 值为 7 左右时锰多为三价，pH 值为 8 以上则形成稳定的 $MnO_2 \cdot 2H_2O$，脱水老化以后几乎不再参与土壤中的锰循环，所以石灰性土壤有效锰含量很低。云南适宜种植三七的土壤 pH 值均不宜超过 6.0。有可能较高的 pH 会影响三七皂苷的合成，因为皂苷合成的成苷反应必须在强酸的环境条件下，因此只有云南文山这种特殊的土壤地质背景条件下才能生产高质量的道地三七。

从表 4.5 可知，同新土相比，随着间隔年限的增加三七种植地土壤 pH 有先下降后升高的趋势，即种植三七分泌的根系分泌物导致土壤酸性增强，随着间隔年限增加后酸性逐渐减弱。四个种植地连作土壤的pH值平均为4.78，要低于新土pH值为5.05的水平，这说明三七连作土壤的pH在人工小气候的环境条件下有下降趋势，且多数土壤出现不同程度的酸化现象。这种土壤酸化现象会抑制三七对磷、钙、镁等元素的吸收，磷在pH值小于6时溶解度降低（韩丽梅等，1999）。随着间隔年限的增加种植三七的土壤pH也开始升高且大于新土的pH。pH的升高值不大，四个种植地最高的pH值平均为5.37。这个值认为酸性土壤符合最适宜种植三七的土壤pH。

随着间隔年限的增加三七种植地土壤阳离子交换量、有机质和腐殖质也有先下降后升高的趋势。土壤阳离子交换量是由土壤胶体表面性质所决定的。种植三七后由于种植地土壤中其粉粒、黏粒和胶粒下降，大的粉砂、细砂等增加，从而导致土壤胶体比表面下降，土壤酸化和土壤缓冲性能下降，土壤有机质和腐殖质含量也有一定程度的降低，从而也导致土壤阳离子交换量下降。阳离子交换量反映土壤的保肥能力和土壤盐碱化程度，与新土相比连作土壤都表现出阳离子交换量大幅下降，这可能与长期施肥不当有关，氮、磷肥的过度施用会导致土壤的板结和盐碱化程度的加深。故连作土壤的保肥力明显下降，但是随着间隔年限的增加土壤的阳离子交换量有一定改善，甚至恢复到新土的水平。

从表4.5可知，连作土壤有机质含量水平较高，呈现出先下降后升高的趋势，土壤缓冲性能与有机质的含量呈正相关，长期连作有机质含量减少土壤缓冲性下降不利于三七的生长，而经过一段时间的间隔其有机质又会有回升甚至高于新土的有机质含量，且随着间隔年限的增加，有机质表现为平缓增加的趋势。

表4.5 不同间隔年限三七种植地土壤pH、有机质和全量养分分析

地点	土样	pH值	阳离子交换量（cmol/kg）	有机质（%）	腐殖质（g/kg）
盘龙	新土	4.72	12.49	1.77	5.76
	连作	4.40	7.89	1.66	5.75
	间隔1年	4.66	12.10	1.80	6.39
	间隔3年	4.98	11.44	2.13	3.20
	间隔5年	5.52	14.47	2.58	8.33
	间隔7年	5.04	12.76	2.03	7.03
马白	新土	5.78	9.21	2.38	7.03
	连作	5.51	8.39	2.72	9.59
	间隔1年	6.58	13.15	2.95	10.86
	间隔3年	5.64	11.18	2.78	8.96
	间隔5年	6.92	11.44	2.78	10.88
	间隔7年	6.14	11.31	2.73	3.84

续表

地点	土样	pH值	阳离子交换量（cmol/kg）	有机质（%）	腐殖质（g/kg）
古木	新土	4.80	11.57	2.66	6.40
	连作	4.58	9.73	1.92	6.40
	间隔1年	5.68	13.41	2.18	7.03
	间隔3年	5.36	9.86	0.93	3.20
	间隔5年	5.18	11.31	3.34	9.61
	间隔7年	4.92	12.10	2.04	7.68
马塘	新土	4.92	20.91	1.70	5.75
	连作	4.62	16.17	1.48	6.40
	间隔1年	4.56	12.62	1.63	6.41
	间隔3年	4.60	24.49	2.04	5.12
	间隔5年	5.52	21.17	1.85	7.04
	间隔7年	5.20	22.36	2.74	10.24

4.5　三七不同间隔年限种植土壤氮、磷、钾含量的动态变化

4.5.1　不同间隔年限三七种植土壤氮素含量的动态变化

不同间隔种植年限土壤全氮含量的动态变化特征如表4.6所示。三种间隔种植模式土壤全氮含量表现为间隔5年土＞新土＝连作土。新土总氮含量为0.11%～0.14%，平均为0.12%；间隔5年土为0.14%～0.16%，平均为0.15%；连作土为0.11%～0.13%，平均为0.12%。间隔5年土和连作土全氮含量分别比新土高24%和0%，说明增加种植间隔年限对土壤全氮具有富集作用。三种间隔种植模式下土壤全氮均无显著季度变化。不同间隔年限下不同种植地点的土壤全氮含量存在较大差异。新土含量依次为马白＞古木＞马塘＞盘龙，分别为平均水平的118%、106%、100%、76%；间隔5年土含量依次为马白＞古木＞马塘＝盘龙，分别为平均水平的121%、110%、84%、84%；连作土含量依次为马白＞古木＞盘龙＞马塘，分别为平均水平的131%、96%、89%、84%。可见，三种间隔种植模式下四地土壤总氮含量变化的差异可能由间隔种植模式所致。

表4.6 不同间隔年限三七种植土壤全氮含量（%）

连作年限	地点	取样时间（年/月）							平均
		2009/07	2009/10	2010/01	2010/04	2010/07	2010/10	2011/01	
新土	马白	0.11	0.12	0.14	0.15	0.18	0.15	0.16	0.15 ± 0.02
	古木	0.13	0.12	0.12	0.17	0.13	0.14	0.12	0.13 ± 0.02
	盘龙	0.09	0.09	0.09	0.10	0.10	0.10	0.09	0.09 ± 0.01
	马塘	0.10	0.13	0.12	0.14	0.12	0.13	0.13	0.12 ± 0.01
	平均	0.11 ± 0.02	0.12 ± 0.02	0.12 ± 0.02	0.14 ± 0.03	0.13 ± 0.03	0.13 ± 0.02	0.12 ± 0.02	—
间隔5年	马白	0.15	0.19	0.18	0.20	0.21	0.18	0.18	0.18 ± 0.02
	古木	0.17	0.18	0.17	0.19	0.16	0.15	0.16	0.17 ± 0.01
	盘龙	0.11	0.12	0.14	0.13	0.12	0.13	0.14	0.13 ± 0.01
	马塘	0.11	0.10	0.14	0.14	0.14	0.14	0.13	0.13 ± 0.02
	平均	0.14 ± 0.03	0.15 ± 0.04	0.16 ± 0.02	0.16 ± 0.03	0.16 ± 0.04	0.15 ± 0.02	0.15 ± 0.02	—
连作	马白	0.15	0.16	0.17	0.18	0.16	0.16	0.14	0.16 ± 0.01
	古木	0.12	0.13	0.12	0.13	0.11	0.12	0.11	0.12 ± 0.01
	盘龙	0.09	0.11	0.11	0.12	0.13	0.11	0.10	0.11 ± 0.01
	马塘	0.09	0.10	0.10	0.11	0.11	0.11	0.11	0.10 ± 0.01
	平均	0.11 ± 0.03	0.12 ± 0.03	0.13 ± 0.03	0.13 ± 0.03	0.12 ± 0.03	0.13 ± 0.03	0.113 ± 0.03	—

不同种植间隔年限土壤碱解氮含量存在显著差异（表 4.7）。三种间隔种植模式土壤碱解氮含量表现为间隔 5 年土＞连作土＞新土。新土为 79.65～116.95 mg/kg，平均为 94.22 mg/kg；间隔 5 年土为 115.52～158.80 mg/kg，平均为 134.44 mg/kg；连作土为 84.08～132.80 mg/kg，平均为 104.49 mg/kg，间隔 5 年土和连作土碱解氮含量分别比新土高 43% 和 11%，说明间隔或连作模式均能造成土壤碱解氮的富集。不同间隔种植模式下土壤碱解氮季度变化均表现为自取样之日的 2009 年 7 月至次年 1 月呈下降趋势，2010 年 1～4 月呈上升趋势，而后再呈下降趋势，三种间隔种植模式养分季度变化的一致性说明间隔种植模式对土壤碱解氮季度变化无显著影响。不同种植地点的不同间隔年限下土壤碱解氮含量也存在较大差异。新土含量依次为马白＞古木＞马塘＞盘龙，分别为平均水平的 108%、107%、106%、79%；间隔 5 年土依次为古木＞马白＞马塘＞盘龙，分别为平均水平的 141%、120%、78%、61%；连作土为马白＞盘龙＞古木＞马塘，分别为平均水平的 126%、100%、88%、86%。可见，不同地区土壤碱解氮含量变化差异可能由间隔种植模式所致。

表4.7　不同间隔年限三七种植土壤碱解氮含量（mg/kg）

连作年限	地点	取样时间（年/月）							平均
		2009/07	2009/10	2010/01	2010/04	2010/07	2010/10	2011/01	
新土	马白	112.76	116.00	92.80	117.20	92.80	98.60	82.40	101.79 ± 13.59
	古木	100.83	94.40	108.00	141.60	120.00	67.60	70.40	100.40 ± 26.30
	盘龙	65.62	64.60	74.40	91.80	80.60	76.20	69.60	74.69 ± 9.49
	马塘	118.73	100.00	98.60	117.20	87.80	81.40	96.20	99.99 ± 13.89
	平均	99.48 ± 23.77	93.75 ± 21.48	93.45 ± 14.16	116.95 ± 20.33	95.30 ± 17.21	80.95 ± 13.07	79.65 ± 12.49	—
间隔5年	马白	187.68	184.60	156.80	190.40	130.20	133.60	146.40	161.38 ± 26.02
	古木	202.29	210.60	205.40	210.60	181.60	179.20	133.20	188.98 ± 27.82
	盘龙	76.95	65.96	73.20	99.80	87.80	93.20	81.60	82.64 ± 11.79
	马塘	110.67	108.00	89.60	134.40	90.40	99.40	100.86	104.76 ± 15.30
	平均	144.40 ± 60.31	142.29 ± 66.98	131.25 ± 61.25	158.80 ± 50.85	122.50 ± 43.92	126.35 ± 39.46	115.52 ± 29.62	—
连作	马白	146.79	128.40	122.40	165.60	144.40	102.80	110.92	131.62 ± 21.99
	古木	106.79	103.20	99.00	107.40	90.40	76.20	61.80	92.11 ± 17.29
	盘龙	105.02	107.80	99.20	150.40	81.40	92.80	93.40	104.29 ± 22.13
	马塘	90.98	87.20	91.40	107.80	94.80	87.20	70.20	89.94 ± 11.18
	平均	112.40 ± 24.00	106.65 ± 16.98	103.00 ± 13.43	132.80 ± 29.75	102.75 ± 28.32	89.75 ± 11.10	84.08 ± 22.33	—

对三种间隔种植模式土壤全氮变化研究发现，间隔 5 年土含量显著高于新土和连作土，但连作土和新土之间无显著差异；碱解氮含量也存在显著差异，含量由高至低顺序为间隔 5 年土、连作土和新土。造成该差异的主要原因在于间隔种植模式下七农将覆盖于墒面的大量松毛或稻草等有机物翻压至土壤中，经过 5 年的腐熟作用，土壤有机质含量必然显著高于新土和连作土，故其有机氮含量相对较高，也就造成了间隔 5 年土壤具有较高含量的总氮。而新土和连

作土有机质投入相当，故其总氮含量亦无显著差异。但是，七农为了获得较高的产量，过分重视氮肥的施用，速效氮肥的过量补充造成了七园土壤碱解氮的累积，长期种植三七土壤碱解氮含量必然高于新土，而由于间隔 5 年土有机态氮的分解产生了大量的碱解氮，因而其碱解氮含量高于连作土。

虽然三种间隔种植模式土壤全氮季度变化趋势不明显，但碱解氮季度变化均表现为自取样之日的 2009 年 7 月至次年 1 月呈下降趋势，2010 年 1～4 月前呈上升趋势，而后再呈下降趋势。汪小兰等（2013）认为土壤全氮季度变化受降雨和温度影响较大，而碱解氮则受作物生长影响较大。文山地区年均温差较小（张文等，2011），加之三七需遮荫栽培，故七园土壤受温度和降雨影响较小，因而土壤全氮随季度变化不大。碱解氮是植物最易吸收的氮素养分，因此受三七生长影响较大。尽管当前研究对三七生长及需肥规律总结不尽一致，但每年的 4～6 月为三七营养生长高峰期，8～10 月为生殖生长高峰期，12 月干物质累积达到高峰期，已不容置疑，故其最高需肥期为 6、8 和 11 月（欧小宏等，2011）。因此，本书中碱解氮季度变化表现为，从采样当年（2009）的 7 月至次年 1 月，随着三七营养生长高峰期的携出作用及雨水淋洗作用，造成碱解氮含量呈持续下降趋势。而 1～4 月处于冬季及旱季，三七生长速度相对较慢，降雨相对较少，土壤输出的碱解氮及淋溶损失均较少，故碱解氮含量呈显著上升趋势。但过了 4 月后，三七便进入下一个生长周期，土壤碱解氮呈持续下降趋势，至 2011 年 10 月，随着三七采挖季的到来，对三七田停止施肥，至采样结束，土壤碱解氮呈持续下降趋势，说明不同间隔种植模式对土壤全氮和碱解氮季度变化均无显著影响。但四监测地三种间隔种植模式下土壤全氮及碱解氮含量变化趋势均不同，说明间隔种植模式对土壤全氮及碱解氮含量具有一定影响。

4.5.2 不同间隔年限三七种植土壤磷含量影响

土壤全磷含量变化如表 4.8 所示。三种间隔种植模式土壤全磷含量表现为间隔 5 年土＞连作土＞新土。新土总磷含量为 0.057%～0.068%，平均为 0.060%；间隔 5 年土为 0.080%～0.103%，平均为 0.088%；连作土为 0.071%～0.080%，平均为 0.073%。间隔 5 年土和连作土全磷含量分别比新土高 46% 和 22%，说明种植三七对土壤全磷具有富集作用。不同间隔种植模式下土壤全磷季度变化规律均表现为，2010 年 4 月前呈上升趋势，而后呈下降趋势。

不同间隔年限下不同种植地点土壤全磷含量存在较大差异。新土含量依次为马塘>古木>马白>盘龙，分别为平均水平的121%、114%、112%、53%；间隔5年含量依次为古木>盘龙>马白>马塘，分别为平均水平的146%、92%、91%、71%；连作土含量依次为马塘>古木>马白>盘龙，分别为平均水平的113%、107%、100%、80%。可见，三种间隔种植模式下四地土壤全磷含量变化的差异可能由间隔种植模式所致。

表4.8　不同间隔年限三七种植地土壤全磷含量（%）

连作年限	地点	取样时间（年/月）							平均
		2009/07	2009/10	2010/01	2010/04	2010/07	2010/10	2011/01	
新土	马白	0.059	0.064	0.062	0.077	0.066	0.070	0.075	0.068 ± 0.007
	古木	0.063	0.066	0.068	0.076	0.069	0.069	0.069	0.069 ± 0.004
	盘龙	0.035	0.031	0.038	0.040	0.032	0.024	0.025	0.032 ± 0.006
	马塘	0.072	0.065	0.070	0.080	0.070	0.073	0.0801	0.073 ± 0.005
	平均	0.057 ± 0.016	0.057 ± 0.017	0.060 ± 0.015	0.068 ± 0.019	0.059 ± 0.018	0.059 ± 0.013	0.062 ± 0.025	—
间隔5年	马白	0.065	0.072	0.075	0.097	0.089	0.084	0.078	0.080 ± 0.011
	古木	0.128	0.115	0.130	0.150	0.119	0.126	0.132	0.129 ± 0.011
	盘龙	0.078	0.071	0.073	0.089	0.088	0.087	0.083	0.081 ± 0.007
	马塘	0.053	0.062	0.061	0.076	0.062	0.063	0.062	0.063 ± 0.007
	平均	0.081 ± 0.0 33	0.080 ± 0.024	0.085 ± 0.031	0.103 ± 0.033	0.090 ± 0.023	0.090 ± 0.026	0.089 ± 0.030	—
连作	马白	0.070	0.073	0.070	0.076	0.073	0.079	0.073	0.073 ± 0.003
	古木	0.079	0.087	0.083	0.087	0.061	0.077	0.074	0.078 ± 0.009
	盘龙	0.058	0.053	0.061	0.064	0.059	0.058	0.060	0.059 ± 0.003
	马塘	0.076	0.077	0.082	0.091	0.086	0.086	0.081	0.083 ± 0.005
	平均	0.071 ± 0.009	0.073 ± 0.014	0.074 ± 0.010	0.080 ± 0.012	0.070 ± 0.012	0.075 ± 0.012	0.072 ± 0.009	—

不同间隔年限土壤速效磷含量表现为，间隔5年土含量最高，连作土次之，新土最低（表4.9）。新土速效磷含量为25.59～39.75 mg/kg，平均为32.79 mg/kg；间隔5年土为57.31～70.53 mg/kg，平均为62.10 mg/kg；连作土为46.35～64.90 mg/kg，平均为55.60 mg/kg。间隔5年和连作土速效磷含量分别比新土高89%和70%，说明种植三七对土壤速效磷具有显著富集作用。不同间隔年限下土壤速效磷季度变化也存在较大差异。三种种植模式土壤速效磷均表现为从取样之日起至2010年1月无显著变化，至当年4月达到峰

值，而后呈持续降低趋势。三种间隔种植模式下四地土壤速效磷变化趋势为，新土含量依次为马白＞古木＞马塘＞盘龙，分别为平均水平的218%、95%、58%、29%；间隔5年土依次为古木＞马塘＞盘龙＞马白，分别为平均水平的118%、103%、92%、87%；连作土为古木＞马白＞盘龙＞马塘，分别为平均水平的183%、120%、73%、23%。可见，不同地区土壤速效磷含量变化差异可能由间隔种植模式所致。

表4.9　不同间隔年限三七种植土壤速效磷含量（mg/kg）

连作年限	地点	取样时间（年/月）							平均
		2009/07	2009/10	2010/01	2010/04	2010/07	2010/10	2011/01	
新土	马白	57.79	64.42	56.04	80.70	77.55	80.24	82.90	71.38 ± 11.58
	古木	21.66	26.73	35.78	43.27	33.58	31.62	25.11	31.11 ± 7.31
	盘龙	8.11	7.27	7.76	14.31	8.89	11.73	8.91	9.57 ± 2.54
	马塘	14.79	14.01	14.36	20.72	12.08	25.51	32.38	19.12 ± 7.49
	平均	25.59 ± 22.17	28.11 ± 25.52	28.49 ± 21.92	39.75 ± 29.99	33.03 ± 31.64	37.28 ± 29.83	37.33 ± 31.93	—
间隔5年	马白	52.71	56.90	50.21	59.93	52.83	55.43	52.31	54.33 ± 3.29
	古木	58.27	81.08	71.71	85.11	78.11	65.68	72.73	73.24 ± 9.22
	盘龙	57.31	44.42	60.88	65.05	58.28	56.01	57.48	57.06 ± 6.34
	马塘	60.95	70.80	65.10	72.01	56.38	66.50	54.69	63.78 ± 6.73
	平均	57.31 ± 3.43	63.30 ± 16.02	61.98 ± 9.02	70.53 ± 10.91	61.40 ± 11.37	60.91 ± 6.00	59.30 ± 9.02	—
连作	马白	23.96	57.88	53.01	91.32	85.85	81.15	75.56	66.96 ± 23.63
	古木	111.94	97.70	98.11	102.82	98.03	102.22	102.82	101.95 ± 4.99
	盘龙	39.71	34.57	39.69	47.36	44.78	43.25	36.33	40.81 ± 4.58
	马塘	9.78	10.22	9.90	18.11	14.42	13.78	12.56	12.68 ± 3.05
	平均	46.35 ± 45.40	50.09 ± 37.23	50.18 ± 36.69	64.90 ± 39.30	60.77 ± 38.39	60.10 ± 39.36	56.82 ± 40.19	—

土壤全磷及速效磷含量均表现为间隔5年土显著高于连作土，连作土显著高于新土。这也是由于间隔种植模式下土壤有机物的降解增加了土壤中磷的含量。从试验结束后土壤全磷和速效磷含量均高于取样之初这一现象可以看出，七农向土壤中投入了过量的磷素，从而造成了土壤磷的累积，这与本书中连作土全磷和速效磷含量均显著高于新土相吻合。同时也说明，种植三七对土壤磷素具有富集作用。

三种间隔种植模式土壤全磷和速效磷季度变化均表现为自取样之日的2009年7月至次年1月呈小幅上升趋势，2010年1～4月呈显著上升趋势，并达到峰值，2010 年 7 月降至最低，此后至取样结束呈小幅下降趋势。韦美丽等（2008）研究认为，三七需磷高峰期始于花期（每年 7 月），并在红果期（11 月）产生第二次需磷高峰，这与本书中 2010 年 7 月磷含量降至最低，而后略有上升（10 月），并再次降低（1 月）相一致，且各种植模式下土壤全磷与速效磷间均呈显著正相关，说明土壤磷素季度变化主要受三七生长需求影响，而与间隔种植模式无关。但四监测地三种间隔种植模式下土壤的全磷及速效磷含量变化顺序均不同，说明间隔种植模式对土壤全磷及速效磷含量具有一定影响。

4.5.3　不同间隔年限三七种植土壤钾素含量的动态变化

不同种植间隔年限、季度土壤全钾含量如表 4.10 所示。三种间隔种植模式土壤全钾含量表现为新土＞间隔 5 年土＞连作土。新土全钾含量为 0.96%～1.03%，平均为 1.00%；间隔 5 年土为 0.88%～1.00%，平均为 0.96%；连作土为 0.92%～0.98%，平均为 0.94%，间隔 5 年土和连作土全钾含量分别比新土降低 4% 和 6%，说明间隔或连作模式均能造成土壤全钾的相对亏缺。不同间隔种植模式下土壤全钾季度变化不明显。不同间隔年限下不同种植地点的土壤全钾含量顺序也存在较大差异。新土含量依次为马白＞马塘＞盘龙＞古木，分别为平均水平的 175%、104%、77%、44%；间隔 5 年土含量依次为马塘＞马白＞盘龙＞古木，分别为平均水平的 176%、158%、50%、16%；连作土含量依次为马白＞盘龙＞马塘＞古木，分别为平均水平的 185%、156%、41%、18%。可见，三种间隔种植模式下四地土壤全钾含量变化的差异可能由间隔种植模式所致。

表4.10　不同间隔年限三七种植土壤全钾含量（%）

连作年限	地点	取样时间（年/月）							平均
		2009/07	2009/10	2010/01	2010/04	2010/07	2010/10	2011/01	
新土	马白	1.76	1.86	1.77	1.74	1.62	1.75	1.70	1.74 ± 0.07
	古木	0.50	0.45	0.37	0.48	0.41	0.43	0.44	0.44 ± 0.04
	盘龙	0.86	0.74	0.79	0.80	0.71	0.74	0.73	0.77 ± 0.05
	马塘	1.01	1.03	1.05 ±	1.07	1.09	1.00	1.04	1.04 ± 0.03
	平均	1.03 ± 0.53	1.02 ± 0.61	1.00 ± 0.59	1.02 ± 0.54	0.96 ± 0.52	0.98 ± 0.56	0.98 ± 0.54	—

续表

连作年限	地点	取样时间（年/月）							平均
		2009/07	2009/10	2010/01	2010/04	2010/07	2010/10	2011/01	
间隔5年	马白	1.36	1.46	1.55	1.59	1.55	1.57	1.53	1.52 ± 0.08
	古木	0.13	0.13	0.15	0.18	0.19	0.14	0.15	0.15 ± 0.02
	盘龙	0.41	0.45	0.48	0.53	0.50	0.50	0.50	0.48 ± 0.04
	马塘	1.63	1.69	1.64	1.71	1.75	1.70	1.69	1.69 ± 0.04
	平均	0.88 ± 0.73	0.93 ± 0.76	0.96 ± 0.75	1.00 ± 0.76	1.00 ± 0.77	0.98 ± 0.78	0.97 ± 0.76	—
连作	马白	1.77	1.79	1.79	1.84	1.77	1.62	1.60	1.74 ± 0.09
	古木	0.17	0.19	0.17	0.18	0.17	0.16	0.16	0.17 ± 0.01
	盘龙	1.33	1.55	1.57	1.49	1.53	1.45	1.34	1.47 ± 0.10
	马塘	0.39	0.36	0.38	0.34	0.44	0.35	0.46	0.39 ± 0.05
	平均	0.92 ± 0.76	0.97 ± 0.81	0.98 ± 0.82	0.96 ± 0.83	0.98 ± 0.79	0.90 ± 0.75	0.89 ± 0.69	—

不同间隔种植年限、季度土壤速效钾含量变化如表 4.11 所示，表现为新土速效钾含量高于连作土，而连作土显著高于间隔 5 年土。新土为 190～242 mg/kg，平均为 221 mg/kg；间隔 5 年土为 173～216 mg/kg，平均为 193 mg/kg；连作土为 193～224 mg/kg，平均为 205 mg/kg，间隔 5 年土和连作土速效钾含量分别比新土低 13% 和 7%，说明新土速效钾含量较高，而种植三七对土壤速效钾具有耗竭作用。不同间隔种植模式下土壤速效钾季度变化为，从取样之日起至 2010 年 1 月，三种间隔种植模式速效钾含量均呈下降趋势，此后逐渐升高，至当年 4 月达到峰值，之后再次呈持续下降趋势，三七采挖结束后土壤速效钾含量显著低于初始值，说明三七对土壤养分耗竭较大。不同监测点土壤速效钾含量在不同间隔种植模式下表现为，新土为马白＞古木＞马塘＞盘龙，分别为平均水平的 126%、115%、95%、64%；间隔 5 年土为马白＞马塘＞古木＞盘龙，分别为平均水平的 145%、106%、84%、65%；连作土为马白＞马塘＞盘龙＞古木，分别为平均水平的 133%、118%、82%、67%。可见，四地土壤速效钾三种间隔种植模式下平均含量变化差异较大，说明该现象可能受间隔种植模式影响。

表4.11　不同间隔年限三七种植地土壤速效钾含量（mg/kg）

连作年限	地点	取样时间（年/月）							平均
		2009/07	2009/10	2010/01	2010/04	2010/07	2010/10	2011/01	
新土	马白	278	263	279	309	296	272	256	279 ± 18
	古木	306	293	277	265	236	213	188	254 ± 43
	盘龙	162	148	139	156	137	125	129	142 ± 14
	马塘	222	212	224	228	204	192	185	210 ± 17
	平均	242 ± 64	229 ± 64	230 ± 66	240 ± 65	218 ± 66	201 ± 61	190 ± 52	—
间隔5年	马白	266	294	281	306	292	269	256	281 ± 18
	古木	192	148	162	190	166	138	136	162 ± 23
	盘龙	128	110	105	149	138	128	129	127 ± 15
	马塘	236	219	208	218	199	182	171	205 ± 23
	平均	206 ± 60	193 ± 81	189 ± 74	216 ± 67	199 ± 67	179 ± 64	173 ± 58	—
连作	马白	275	266	275	292	279	267	253	272 ± 12
	古木	141	135	141	162	152	112	120	138 ± 17
	盘龙	182	160	149	179	163	176	172	169 ± 12
	马塘	249	232	243	261	252	234	226	242 ± 12
	平均	212 ± 61	198 ± 61	202 ± 67	224 ± 63	212 ± 63	197 ± 68	193 ± 59	—

从研究结果可见，三种间隔种植模式下土壤全钾含量无显著差异，亦无显著季度变化，但速效钾含量变化趋势表现为新土高于连作土，连作土高于间隔5年土，季度变化规律与碱解氮相同，说明种植模式对土壤全钾含量及季度变化无显著影响，但对速效钾影响显著。这是由于虽然三七生长中需吸收大量钾（速效钾）（崔秀明，2012），但全钾中的非交换性钾转换为交换性钾较为困难（覃家科等，2010），故土壤总钾受三七生长影响较小，两者间不具显著相关性即提供了重要证据。新土中速效钾含量较高可能是由于三七为高需钾植物，而栽培过程中忽视了速效钾的补充，种植三七土壤速效钾含量随种植时间的延长而严重耗竭，新土则因种植时间较短，速效钾含量相对较高。同时，由于三七是高附加值作物，七农种植过程中投入的肥料比其他农作物相对较高，因此连作土壤速效钾含量高于间隔5年土。

三七对钾的需求量为氮素的2～3倍之多（王朝梁等，2007；崔秀明，2000），本书也发现三种种植模式均对土壤速效钾具有耗竭作用，从取样开始至结束，土壤速效钾含量显著降低，说明种植三七后土壤速效钾含量相对亏缺，因此生产中应注意补充速效钾。本书中，四监测地三种间隔种植模式下土壤的全钾及速效钾含量变化趋势均不同，说明间隔种植模式对土壤全钾及速效钾含量具有一定影响。

4.5.4 不同间隔年限三七种植地土壤各全量养分与速效养分的相关性

通过对不同间隔年限三七种植地土壤各全量养分与速效养分的相关性分析表明，仅全磷与速效磷间呈显著正相关，说明各间隔种植模式速效磷仅受磷库影响（表 4.12）。

表4.12 不同间隔年限三七种植地土壤各全量养分与速效养分的相关性

新土			间隔5年			连作		
全氮×碱解氮	全磷×速效磷	全钾×速效钾	全氮×碱解氮	全磷×速效磷	全钾×速效钾	全氮×碱解氮	全磷×速效磷	全钾×速效钾
0.2202	0.7777*	0.7428	0.03162	0.8979*	0.0479	0.56	0.8329*	0.4107

* 表示 $F < 0.05$ 水平显著相关。

4.5.5 不同间隔年限三七种植地土壤各元素占总元素的百分含量

不同间隔种植年限三七种植土壤有效态氮、磷和钾元素占总元素的比例如表 4.13 所示。三种种植模式土壤的有效态氮、磷和钾元素占总量的比例均存在显著差异，但各元素均无显著季度变化。同新土相比，间隔 5 年土碱解氮和速效磷所占比例显著上升，增幅分别为 30% 和 53%，但速效钾含量显著降低，降幅为 21%；速效氮、磷、钾比例由新土的 1∶0.4∶2.4 变为 1∶0.4∶1.4。同新土相比，连作土速效氮所占比例仅增 3%，但速效磷增幅高达 75%，而速效钾降幅则达 13%；速效氮、磷、钾比例为 1∶0.6∶2.0，说明种植三七能够改变土壤有效态氮、磷、钾含量比例，有效磷含量相对升高，有效钾含量相对降低，且连作种植模式对土壤养分含量的改变大于间隔 5 年土。

表4.13 不同间隔年限三七种植地土壤各有效态元素占总元素的百分含量（%）

连作年限	元素	取样时间（年/月）							比例
		2009/07	2009/10	2010/01	2010/04	2010/07	2010/10	2011/01	
新土	碱解氮	27.10	26.72	26.57	29.52	27.50	25.40	25.99	1.0
	速效磷	6.97	8.01	8.10	10.03	9.53	11.70	12.18	0.4
	速效钾	65.92	65.27	65.33	60.45	62.97	62.91	61.83	2.4
间隔5年	碱解氮	36.43	36.95	35.43	36.14	32.07	34.55	33.45	1.0
	速效磷	11.69	13.01	13.55	14.77	15.91	16.43	16.45	0.4
	速效钾	51.87	50.05	51.02	49.10	52.03	49.02	50.10	1.4

续表

连作年限	元素	取样时间（年/月）							比例
		2009/07	2009/10	2010/01	2010/04	2010/07	2010/10	2011/01	
连作	碱解氮	29.28	28.77	27.88	30.93	27.35	25.61	24.83	1.0
	速效磷	14.93	17.08	16.77	16.43	16.35	17.38	17.51	0.6
	速效钾	55.79	54.15	55.35	52.64	56.30	57.01	57.66	2.0

云南三七道地产区土壤全氮含量变化范围为0.12%～0.36%，全磷0.08%～0.13%，全钾0.74%～1.58%，碱解氮47.06～265.22 mg/kg，速效磷痕量–215.66 mg/kg，速效钾291.05～342.48 mg/kg（金航等，2006；王炳艳等，2006；崔秀明等，2005）。研究发现，四个监测点土壤中三种元素的6种形态均处于中、低等水平。但同新土相比，间隔5年及连作种植模式均导致了土壤氮和磷养分的富集，说明土壤氮、磷养分含量的总体偏低不是造成连作障碍的主要原因。但连作或间隔5年种植模式造成了土壤钾的耗竭，其虽仍处于能保证三七正常生长发育的水平，但显著改变了土壤有效态氮、磷、钾的比例，其中以速效磷的相对富集和速效钾的相对亏缺为主要特征。该结果与欧小宏等（2012）的研究结果相似，且间隔5年土氮、磷、钾比例变化小于连作土。张子龙等（2010）研究认为，土壤磷和钾含量是影响三七质量的关键营养元素之一，因此推测连作造成的氮、磷、钾元素养分比例失衡是连作障碍的诱因之一。而且此点已从其他作物得到证实，如花生（郑亚萍等，2008）、太子参（夏品华等，2010）等均存在因连作种植引起的土壤养分失衡，从而导致营养元素之间的拮抗作用。而平衡施肥对黄瓜（王丽英等，2008）及烤烟（刘巧真等，2012）等忌连作作物的连作障碍具有较好的消减作用。

综上所述，连作造成了三七种植土壤磷元素的相对富集及钾元素的相对亏缺，进而造成的土壤速效氮、磷、钾比例失衡为产生连作障碍的诱因之一。故加强三七种植土壤氮、磷、钾最佳比例的研究，从而进行配方施肥是消减连作障碍的重要手段。

参考文献

安秀敏，王秀全，刘兆娟，等. 1997. 老参地栽参的研究进展. 吉林农业大学学报（增刊）：89～92.

崔秀明. 2012. 三七实用栽培技术. 福州：福建科学技术出版社.

崔秀明，陈中坚，皮之原 . 2000. 密度及施肥对二年生三七产量的影响 . 中药材，23（10）：596 ~ 598.

高子勤，送淑香 . 1998. 连作障碍与根际微生态研究（1）：根系分泌物及其生态效应 . 应用生态学报，9（5）：449～554.

官会林，陈昱君，刘士清，等 . 2006. 三七种植土壤微生物类群动态与根腐病的关系 . 西南农业大学学报：自然科学版，28（5）：706～709.

韩丽梅，鞠会艳 . 1999. 大豆连作微量元素营养研究Ⅲ . 连作对锰营养的影响 . 大豆科学，18（3）：207～211.

简在友，王文全，孟丽 . 2008. 人参属药用植物连作障碍研究进展 . 中国现代中药，10（6）：3～5.

简在友，王文全，游佩进 . 2009. 三七连作土壤元素含量分析 . 中国现代中药，（4）：10～12.

金航，崔秀明，朱艳，等 . 2006. 三七 GAP 基地土壤养分分析与肥力诊断 . 西南农业学报，9（1）：100～102.

孔垂华 . 2003. 新千年的挑战：第三届世界植物化感作用大会综述 . 应用生态学报，14（5）：837～839.

李世昌，唐熙春，王春芝，等 . 1988. 人参栽培技术问答 . 沈阳：辽宁科学技术出版社 .

李世东，马承铸，陈立君，等 . 2006. 三七栽培地病原性连作障碍生态修复 . 北京：中国医药出版社 .

李忠义，喻盛甫 . 1998. 三七根腐病防治研究 . 中药材，21（4）：163～166.

刘立志，王启方，张克勤，等 . 2004. 三七根腐病拮抗菌的筛选及活性产物的初步分离 . 云南大学学报：自然科学版，26（4）：357～359，363.

刘巧真，郭芳阳，吴照辉 . 2012. 烤烟连作土壤障碍因子及防治措施 . 中国农学通报，28（10）：87～90.

鲁歧，李向高 . 1987. 三七挥发油成分的研究 . 药学学报，22（9）：528～530.

罗文富，贺承福 . 1997. 三七根腐病病原及复合侵染的研究 . 植物病理学报，27（1）：85～91.

马承铸，顾真荣，李世东，等 . 2006. 两种有机硫熏蒸剂处理连作土壤对三七根腐病复合症的防治效果 . 上海农业学报，（1）：1～5.

马承铸，李世东，顾真荣，等 . 2006. 三七连作田根腐病复合症综合治理措施与效果 . 上海农业学报，22（4）：63～66.

欧来良，史作清，施荣富，等 . 2003. 强性大孔吸附树脂对三七皂苷的分离纯化研究 . 中草药，34（10）：905～907.

欧小宏，金航，郭兰萍，等 . 2011. 三七营养生理与施肥的研究现状与展望 . 中国中药杂志，

36（19）：2620～2624.

欧小宏，金航，郭兰萍，等．2012. 平衡施肥及土壤改良剂对连作条件下三七生长与产量的影响．中国中药杂志，37（13）：1905.

任嘉红，刘瑞祥，李云玲．2007. 三七丛枝菌根（AM）的研究．微生物学通报，34（2）：224～227.

沈志远，王其传．2002. 作物连作障碍发生原因及解决方法．生物学教学，27（3）：39.

孙玉琴，陈中坚，李国才，等．2008. 化感物对三七病原菌生长影响的初步研究．现代中药研究与实践，（22）：19～21.

孙玉琴，韦美丽，陈中坚，等．2008. 化感物质对三七种子发芽影响的初步研究．特产研究，（3）：44～46.

孙玉琴，杨莉，韦美丽，等．2010. 三七化感作用机理的初步研究．中药材，（10）：1536～1537.

覃家科，殷兴华，吕仕洪，等．2010. 喀斯特生态重建果园土壤养分季节变化研究．水土保持研究，17（6）：101～105.

汪小兰，蒋先军，曹良元，等．2013. 季节变化对不同形态氮素在土壤团聚体中分布的影响．西南大学学报（自然科学版），35（3）：133～139.

王炳艳，韦美丽，陈中坚，等．2006. 文山三七产区土壤养分测试与分析．人参研究，3：35～37.

王朝梁，陈中坚，孙玉琴，等．2007. 不同氮磷钾配比施肥对三七生长及产量的影响．现代中药研究与实践，21（1）：5～7.

王朝梁，李忠义，贺承福，等．1991. 三七病害与栽培条件的关系．云南农业科技，（6）：15～18.

王丽英，张彦才，翟彩霞，等．2008. 平衡施肥对连作日光温室黄瓜产量、品质及土壤理化性状的影响．中国生态农业学报，16（6）：1375～1383.

王玉萍，赵杨景，邵迪，等．2005. 西洋参根际分泌物的初步研究．中国中药杂志，30（3）：229.

王韵秋．1979. 参地土壤理化性状的变化．特产研究，（3）：1～8.

王震宇，王英祥，陈祖仁，等．1991. 重茬大豆生长发育障碍机制初探．大豆科学，10（1）：31～36.

韦美丽，陈中坚，孙玉琴，等．2008. 3 年生三七吸肥规律研究．特产研究，1：38～41.

韦美丽，孙玉琴，黄天卫，等．2008. 化感物质对三七生长的影响．特产研究，（2）：39～42.

魏改堂，汪洪钢．1989. VA 菌根真菌对药用植物曼陀罗生长、营养吸收及有效成分的影响．中国农业科学，22（5）：56～61.

魏改堂，汪洪钢．1991. VA 菌根真菌对荆芥生长、营养吸收及挥发油合成的影响．中国中药杂志，16（3）：139.

魏均娴，陈业高，曹树明 . 1992. 三七果梗皂苷成分的研究（续）. 中国中药杂志，17（9）：611～613.

魏均娴，王良安，杜华 . 1985. 三七须根中皂苷的分离和鉴定 . 药学学报，20（4）：288～293.

魏均娴，王秀芬，张良玉，等 . 1980. 三七的化学研究 . 药学学报，15（6）：359～364.

吴凤芝，刘德，王东凯，等 . 1998. 大棚蔬菜连作年限对土壤主要理化性状的影响 . 中国蔬菜，（4）：5～8.

吴凤芝，赵凤艳 . 2003. 根系分泌物与连作障碍 . 东北农业大学学报，34（1）：114～118.

夏品华，刘燕 . 2010. 太子参连作障碍效应研究 . 西北植物学报，30（11）：2240～2246.

薛继承，毕德义，李家金，等 . 1994. 保护地栽培蔬菜生理障碍的土壤因子与对策 . 土壤肥料，（1）：4～9.

杨崇仁，王国燕，伍明珠，等 . 1985. 三七芦头的皂苷成分 . 药学通报，20（6）：337～338.

杨利民，陈长宝，王秀全，等 . 2004. 长白山区参后地生态恢复与再利用模式及其存在的问题 . 吉林农业大学学报，26（5）：546～549.

游佩进 . 2009. 连作三七土壤中自毒物质的研究 . 北京中医药大学 .

游佩进，王文全，张媛，等 . 2009. 三七连作土壤对三七、莴苣的化感作用 . 西北农业学报，18（1）：139～142.

游佩进，张媛，王文全，等 . 2009. 三七连作土壤对几种蔬菜种子及幼苗的化感作用 . 中国现代中药，11（5）：12～13.

于广武，鲁振明，刘晓冰，等 . 1993. 大豆连作障碍机制研究初报 . 大豆科学，12（3）：237～243.

张文，汪德，杨松福，等 . 2011. 文山州天气气候特点及灾害性天气预报着眼点 . 云南地理环境研究，23（s）：77～81.

张晓玲，潘振刚，周晓锋，等 . 2007. 自毒作用与连作障碍 . 土壤通报，38（4）：781～783.

张子龙 . 2011. 三七连作的障碍效应及其形成机理与消减技术研究 . 北京中医药大学 .

张子龙，王文全，王勇，等 . 2010. 连作对三七种子萌发及种苗生长的影响 . 生态学杂志，29（8）：1493～1497.

张子龙，王文全，杨建忠，等 . 2010. 三七连作土壤对其种子萌发及幼苗生长的影响 . 土壤，（6）：1009～1014.

赵炳良 .1993. 连续耕作和轮作对作物产量、残茬复盖及土壤水分的影响 . 土壤学进展，21（5）：25～28.

郑良永，胡剑非，林昌华，等 . 2005. 作物连作障碍的产生及防治 . 热带农业科学，25（2）：58～62.

郑亚萍，王才斌，黄顺之，等 . 2008. 花生连作障碍及其缓解措施研究进展 . 中国油料作物学报，30（3）：384～388.

周宝利，陈丰，刘娜，等 . 2010. 邻苯二甲酸二异丁酯对茄子黄萎病及其幼苗生长的化感作用 . 西北农业学报，19（4）：179～183.

周崇莲 . 1993. 杉木连栽与土壤中毒 . 沈阳：沈阳出版社 .

朱琳，马妮，崔秀明，等 . 2013. 种植三七土壤及植株残体挥发性成分分析 . 现代中药研究与实践，8（1）：3～5.

朱艳，杨莉，崔秀明，等 . 2013. 三七植株残体降解物对三七种子发芽的影响 . 特产研究，（2）：40～42.

Rice E L. 1984. Allelopathy. Second Edition. New York：Academic Press.

Shilling D G. 1987. A rapid seedling bioassay for the study of allelopathy. ACS Symposium series-American Chemical Society：334～342.

瀧島 . 1983. 防治作物連作障碍の措置 . 日本土壌肥料學雜誌，（2）：170～178.

第5章

三七的营养与施肥

5.1　三七营养生理

矿质营养是植物生长发育的基础，合理施肥则是作物取得优质高产的关键因子之一。因此，了解三七植株生长发育习性和营养需求规律，并结合种植地土壤肥力条件，实施科学施肥，对开展三七规范化生产（GAP）和提高药材质量和产量至关重要。本章介绍了矿质营养对三七生长的营养效应及其生长发育习性和养分需求规律，同时阐释了施肥措施对三七生长发育、产量和品质的影响。

5.1.1　三七干物质积累和矿质营养吸收规律

1. 三七干物质累积规律

三七为多年生草本，其生长过程包括种苗生长期和大田生长期两个主要时期。种苗生长期即从播种至种苗（子条）移栽所经历的时期，生长期为一年，称为一年生三七。大田生长期为三七种苗（子条）移栽至三七采收所经历的时期，一般种植二年采收，少数为三年，分别称为二年生三七、三年生三七和四年生三七。二年生以上三七在年生长周期中又分为出苗展叶期、蕾薹期、开花期、结果期、绿籽期、红籽期（果实成熟期）和休眠期（收获期)。一年生三七,一般 3 ～ 4 月发芽出苗，出苗后植株叶片逐渐增大，苗显著长高，6 月份时植株形成休眠芽（剪口)，此时地上部分生长逐步减缓至停止，而地下块茎和休眠芽生长加速并迅速膨大，须根也逐步增多和增大。两至四年生三七，其年生长期长，休眠期很短；不同年限的三七在一年的生长期内有两个生长高峰，第一个高峰在 4 ～ 6 月，这一时期为三七营养生长高峰，植株茎和叶的生物量迅速增加，根部增粗，且大量新根生成；另一高峰在 8～10 月，这一时期为三七生殖生长高峰，植株茎、叶器官生长基本停止，而植株蕾、花和果等生殖器官迅速生长，植株地下根部也将继续增粗和增大，且根干物质累积量在 12 月份达到高峰（崔秀明等，2002；崔秀明等，1991）。

2. 三七必需营养元素及分布

三七与其他植物一样，正常生长发育除了从空气和水中吸收碳、氢、氧三种非矿质元素，还需要从环境中吸收许多种必需矿质元素，检测分析与缺素培养实验发现，三七正常生长所需矿质元素包括氮、磷、钾、钙、镁、铁、硫、锰、铜、锌、硼、钼和氯（孙玉琴等，2008；冯光泉等，2003）。部分元素在三年生三七根系全生育期的含量高低顺序为钾＞钙＞钠＞镁＞铁＞磷＞锰＞硼＞锌＞铜＞钼，钾是主要组成元素。大量元素：氮：磷：钾 =2：1：3，而茎叶部氮：磷：钾 =8：1：7，一、二年生三七块根部氮：磷：钾 =11：1：32，一年生三七块根氮、磷、钾含量分别为 3.76%、0.34%、10.8%，二年生三七则为 4.29%、0.4%、12.8%（薛泽春等，2013；金航等，2006；郑光植等，1994；何振兴等，1982）。

3. 三七对营养元素的吸收动态和数量

一般植物对养分的吸收是随其不同生长周期的需肥特征变化的，生长旺盛自然养分需求量大，反之亦然。种苗每年 3 ～ 4 月份出苗，经过 150 d 左右，大概 6 月份时会发育为成熟休眠芽，再到萌发会有 90 d 的间隔，这期间茎叶部生长基本停止，而休眠芽及地下部根系则迅速膨大。冯光泉等（2003）通过一年生三七缺素营养液培养试验发现，种子所能供给种苗生长的最长期限为 55 d，这也说明三七的种苗需肥临界期只有 2 个月左右。二年生及以上三七整个生长周期可分为展叶期、抽薹期、开花期、结果期、绿果期、红果期和休眠期（收获期），其中从出苗到展叶期是三七生长的第一个高峰期，一般为每年 4 ～ 6 月，这也是三七的营养生长阶段；第二个高峰期紧跟其后，三七的生殖器官生长迅速，根系部膨大明显，8 ～ 10 月是其生殖生长高峰期（赵宏光等，2013；欧小宏等，2011；崔秀明等，1991）。

崔秀明等（1994）对不同年限三七植株氮、磷、钾养分吸收规律进行了研究，结果表明三七在三年的生长周期中，对氮、磷、钾的吸收量逐年增加，且三者的吸收量是钾＞氮＞磷，吸收比例一年生和三年生三七为 2 ∶ 1 ∶ 3（氮∶磷∶钾），二年生三七为 3 ∶ 1 ∶ 4；一年生三七在 8 月初和 10 月初有两个吸肥高峰，其氮、钾吸收量分别占全生育期吸收总量的 73.29% 和 45.05%，磷则以 12 月份吸收最多，占吸收总量的 52.83%；二年生三七以开花期（8 月）和结果期（10 月）需肥最多，氮、磷、钾吸收量分别占全生育期吸收总量的 50.84%、63.14% 和 65.43%，即 8～10 月是三七最重要的施肥时期；三七收获时（3 年生三七）亩产量为 100 kg 左右，其每形成 100 kg 干物质需氮（N）1.85 kg、磷（P_2O_5）0.51 kg 和钾（K_2O）2.28 kg，即三年生三七需肥量为氮（N）27.75 kg/hm^2、磷（P_2O_5）7.65 kg/hm^2 和钾（K_2O）34.2 kg/hm^2，这也表明三七养分需求量较其他作物低，生产上要注意少肥和平衡施肥。韦美丽等（2008a）也对三年生三七吸肥规律进行了研究，认为三七为喜肥作物，三年生三七养分吸收的高峰期为 6 月和 11 月，并建议三七施肥量以氮（N）450 kg/hm^2、磷（P_2O_5）337.5 kg/hm^2 和钾（K_2O）900 kg/hm^2 为宜。

4. 影响三七吸收利用养分的因素

影响三七吸收利用养分的因素包括肥料种类、养分水平、养分间的交互作用、生态环境及遗传类型等。欧小宏等（2012）采用盆栽土培和沙培的方法系统研究了氮素对二年生三七吸收利用养分的影响作用，发现施肥能够促进三七对氮素的吸收与累积，促进块根钾素的吸收与累积，但会抑制块根磷素的吸收和茎叶部对钾素的吸收；施用硫酸铵不会提高三七对氮素的累积，用量过大反而降低三七植株磷素的含量及累积量；硝态氮比铵态氮更能提高三七植株氮素和钾素的含量，两者配合可以提高磷素的含量，对于氮、磷、钾的累积都有促进作用，据此确认为三七有“喜硝态氮”的特性；有机无机氮肥配合施用可以促进三七植株氮素和块根部钾素含量的提高和累积，单施有机氮肥的植株磷素的含量与积累最高等特性。

韦美丽等（2008a）采用田间试验的方法研究了三年生三七最佳施肥量，当中就提到过：在一定范围内，施用氮肥可以有效促进三七植株对氮素的吸收，增施氮会抑制磷素和钾素的吸收；磷肥施用可有效促进三七植株对氮素、磷素和钾素的吸收；钾肥也可有效促进三七植株磷素和钾素的吸收，而当其过量时会显著抑制其对氮素的吸收。在钾素对三七吸收利用的影响方面，最近以二年生三七为材料的研究发现，施用钾肥（氯化钾和硫酸钾）都可以促进三七植株对钾素的吸收及地下部对氮素和磷素的吸收，同时排除三七“忌氯”的可能。

5.1.2 无机肥料对三七生长、产量和品质影响

1. 氮肥

关于氮肥对三七生长和产量的影响存在两种相反的观点。一种认为高施氮有利于三七生产。韦美丽等（2008b）采用田间试验的方法研究了不同氮肥用量对三年生三七生长、产量和皂苷含量的影响，氮肥品种为尿素，施用方法按照传统种植习惯分 6 次追施，认为施用氮肥（施氮量≤ 337.5 kg/hm^2 时）可显著促进三七植株生长，其株高、茎粗、叶片大小及单根鲜重同氮肥用量呈正比；施用氮肥也显著提高了三七植株抗病性，三七植株发病率和死亡率随着氮肥用量（施氮量≤ 450 kg/hm^2）的提高而逐步降低，从而显著提高了三七产量；研究还认为，氮肥施用量对三七皂苷成分含量的影响不大，建议生产上适宜氮肥用量为 337.5～450 kg/hm^2。孙玉琴等（2008）在田间试验条件下研究了不同氮肥种类对三七产量和品质的影响，氮肥施用方式为分次追施，认为在氮肥用量为 225 kg/hm^2 时，施用不同种类的氮肥均能显著提高三七田间产量，并以尿素效果最好，其次为硝酸钙，硝酸铵钙最差；施用不同种类的氮肥也能显著提高三七有效成分的含量，并以硝酸钙的效果最好；综合考虑各因素，三七生产上选用尿素做氮源较适宜。王朝梁等（2007）也通过田间试验研究了施用氮肥对二年生三七生长和产量的影响，氮肥品种为尿素，肥料施用方式为 1/3 基施、1/3 在展叶期拌土撒施和 1/3 在现蕾期追施，认为在三七产区的石灰岩山原红壤的地块上氮肥用量以 165～270 kg/hm^2 为宜。而在氮肥用量对三七皂苷成分的影响方面，韦美丽等（2008b）的研究结果同人参（孟宪局等，1999；张平等，1995）和西洋参（陈震等，1990）的研究结果不一致。

另一种观点则认为低施氮更有利于三七生产。研究发现（崔秀明等，1994），三年生三七每形成 100 kg 干物质仅需纯氮 1.85 kg，并认为三七养分需求量较其他作物低，生产上要注意少肥。在此基础上，其进一步采用四元二次回归正交旋转组合设计研究了密度及施肥对二年生三七产量的影响，氮肥品种为尿素，肥料施用方式为 1/2 基施、1/2 追施，分析得出二年生三七

最佳的氮肥用量为 60 kg/hm^2（崔秀明等，2000）。而且，田间调查发现，施用硝酸铵等氮肥易诱发三七根腐病和疫病的发生（陈昱君等，2005；李忠义等，2000）。

2. 磷、钾肥

三七对磷的需求虽然比氮、钾要低，但施用磷肥可显著提高三七的产量。何振兴（1982）研究发现，施用钙镁磷肥（375 kg/hm^2）可显著提高一、二年生三七的产量，其中一年生三七种苗的产量提高 18.86%，二年生三七的产量提高 13.56%，且结果数提高 29.46%。王朝梁等（2008）采用田间试验的方法研究了不同磷肥用量对两、三年生三七生长和产量的影响，磷肥品种为钙镁磷肥，施用方法按照传统种植习惯为分 6 次追施，研究发现施用磷肥［施磷量（P_2O_5）≤ 337.5 kg/hm^2］时可显著促进三七植株生长，其株高、茎粗、叶片大小及单根鲜重同磷肥用量呈正比；但当施磷量超过 337.5 kg/hm^2 时，过量施磷反而会影响三七块根的生长。三七是块根植物，对钾的需求量比较大（韦美丽等，2008a；王朝梁等，2007；崔秀明等，2000；崔秀明等，1994）。张良彪等（2008）采用田间试验的方法研究钾肥供应水平对三七生长发育及产量的影响，适量施用钾肥促进了三七植株的生长发育，有利于植株器官的建成，使得三七光合作用增强，干物质产量增加，增产幅度可达 19.13%；综合考虑生长和产量因素，三七以施用 K_2O 675 kg/hm^2 为适宜。这也表明三七是喜钾作物，生产上要注意钾肥的合理使用。而关于施用磷、钾肥对三七植株皂苷成分次生代谢的影响方面，还未见相关报道。

3. 平衡施肥

植物正常生长需要各种养分元素平衡存在作用，单一施用某种元素的化肥或单一种类肥料都不利于三七的正常生长和产量品质建成，依据作物需肥规律，针对性地提出各类肥料适宜的施用量和比例，有利于提高肥料利用率、降低农业生产成本、增加作物产量和改善农产品质量，甚至有改良连作土壤的作用（刘云芝等，2012；欧小宏等，2012）。

三七种植生产中应使氮、磷和钾肥配合施用，平衡施肥才能充分发挥氮、磷、钾肥的肥料效应。崔秀明等（2000）通过研究密度及氮、磷、钾配比对二年生三七产量的影响，经过分析优选得出三者比例为 1 : 0.75 : 3.13 最佳。王朝梁等（2007）以三七种苗为材料，采用大田试验的方法，探索了不同氮、磷、钾配比施肥对三七生长及产量的影响，优选出 1∶1∶2 的配比处理肥效最佳。王勇等（2007）研究不同类型肥料配比与三七根腐病之间的关系时发现，病害发病程度、种类在不同类型肥料间差异显著，综合考虑提出了三七生产中应施用 $N:P_2O_5:K_2O=1:1:1$ 复合肥，施肥量应控制在中低水平：246 ～ 307.5 kg/hm^2。韦美丽等（2008a）通过研究三年生三七的吸肥规律给出了最佳配比为 1∶0.77∶2。

另外，欧小宏等（2012）从平衡施肥和施用土壤改良剂的方向着手探索了解决三七连作障碍的途径，采用盆栽试验的方法，在间隔 3 年的连作土中配合施用各养分元素和不同改良剂，比较各处理的出苗、存苗率、植株生长及产量情况，提出了“调酸（施用石灰）-减氮（低氮）-保磷（钙镁磷）-增钾（高钾）-补充微量元素”的平衡施肥方式，该方式能显著提高连作土壤连作三七的出苗率、促进植株生长、提高单株生物量和总产量。

5.1.3　有机肥对三七生长和产量的影响

三七人工栽培中，关于如何合理施用有机肥来促进三七生产的研究也有许多，何振兴等（1982）对早期未施用化学肥料的三七生产中的肥料构成做了研究，发现草木灰（碳酸钾）为主（60% ～ 70%），猪牛粪配合（30% ～ 40%），另外掺混一定比例（15 ～ 25 kg/667 m^2）的钙镁磷或者骨粉腐熟后施用最为合理，较之于以猪牛粪为主（60% ～ 70%）的肥料构成田块病害要降低 69.1%，鲜产量要提高 12.93%。王朝梁等（1989）以火土、家畜粪便、花生麸等的混合农家肥（外加 2% 钙镁磷肥）进行三七育苗试验，发现三七种苗的质量和产量同农家肥用量显著呈正相关，并以农家肥 37 500 kg/hm^2 作底肥时效果最好，其单株重、块根粗、株高、剪口大小和一级种苗率均最高。而且，田间调查还发现，施用家禽粪便等有机肥还能有效控制并降低三七田间麻点叶斑病发病率（杨建忠等，2006）。陈中坚等（2000）研究发现，施用惠满丰有机活性肥也可有效提高一年生三七一、二级种苗的比例和种苗利用率；同时还能提高两、三年生三七植株叶绿素含量，增加其植株株高和抗病性，并可增产 12.62%～13.32%，其肥料施用方法以底肥 2250 mL/hm^2（兑水 300 倍喷施于畦面）+ 现蕾期 1500 mL /hm^2（兑水 500 倍叶面喷施）为佳。在施肥方式上，传统种植三七习惯不施底肥而采用多次追肥。王朝梁等（1989）研究认为，一年生三七通过施用农家肥作底肥可培育壮苗和显著提高种苗的产量和质量，并建议三七追肥以 3、6 月份或6、9月份追施较佳，追肥次数以2次为好。杨建忠等（2006）通过不同肥料种类处理下的三七麻点叶斑病发生危害的研究发现，畜禽粪处理发病率最低，仅为2.25%；畜禽粪与复合肥配合发病率也相对较低，为5.02%；而有机无机复混肥为肥源的处理，发病率高达13.89%，认为这与速效性肥料容易导致三七植株生长幼嫩从而降低了抗病能力有关。

三七为多年生宿根作物，而且为肉质根，根系少，对大量施用速效性化肥所产生的不利条件，如酸碱度的急剧变化、盐类高浓度造成的防渗现象、化学物质对三七根皮细胞的毒害等适应性差。大量研究证明（薛振东等，2007；刘铁城等，1987），有机肥能够改良人参和西洋参种植田的土壤，提高土壤有机质，增加人参和西洋参产量、质量，并能提高抗病性。

5.1.4 三七植株养分分布与差异

矿质营养是植物生长发育的物质基础，植株体的矿质营养状况与产量、品质的关系更加紧密。植株体营养状况能直观地体现三七的养分元素含量规律。云南省农业科学院药用植物研究所刘大会团队对三七植株不同部位矿质元素含量、比例、分布规律，以及不同种植地三七植株体含量的差异进行过较为细致的研究，并分析了植株各部位矿质元素间及与土壤养分指标间的相互关系。本节对其研究结果加以详细介绍。

1. 不同产地三七植株各营养元素的含量与分布

（1）三七植株大量元素

植物碳含量是植物碳储量的一种度量，能够反映绿色植物在光合作用中固定储存碳素的能力，任何有机物都由碳元素构成骨架，碳元素含量是反映物质组分的一个综合指标。不同种植地三七植株有机碳全量状况见图5.1，有机碳全量除茎秆部位在道地与新近种植地植株间有显著差异外（道地41.62% >新近40.86%），其他部位差异均不显著。全部种植地植株有机碳全量在不同部位中的含量状况为：块根［42.63～50.98，（45.33±1.81）%］>剪口［39.36～51.87，（44.62±2.52）%］>叶片［42.32～48.24，（44.20±1.46）%］>根条［37.83～48.48，（43.19±1.81）%］>茎秆［39.36～51.87，（41.27±1.10）%］。

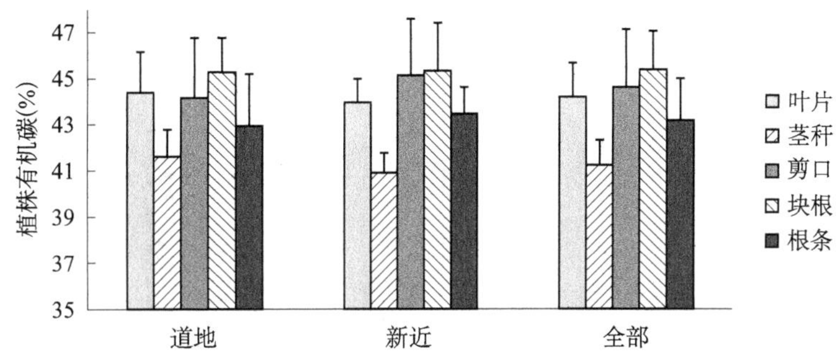

图 5.1　三七植株不同部位碳含量

氮素是植物需求量最大的矿质营养元素，同时也是植物最重要的结构物质，又是生理代谢中最活跃、无处不在的重要物质——酶的主要成分。不同种植地三七植株全氮状况见图 5.2。道地与新近种植地植株间各部位全氮含量未表现出显著差异性。全部种植地植株全氮在不同部位中的含量状况为：叶片［1.52 ～ 2.61，（1.93 ± 0.26）%］＞根条［0.66 ～ 1.48，（1.04 ± 0.19）%］＞剪口［0.65 ～ 1.51，（0.99 ± 0.21）%］＞块根［0.49 ～ 1.08，（0.79 ± 0.17）%］＞茎秆［0.30 ～ 1.15，（0.68 ± 0.19）%］。

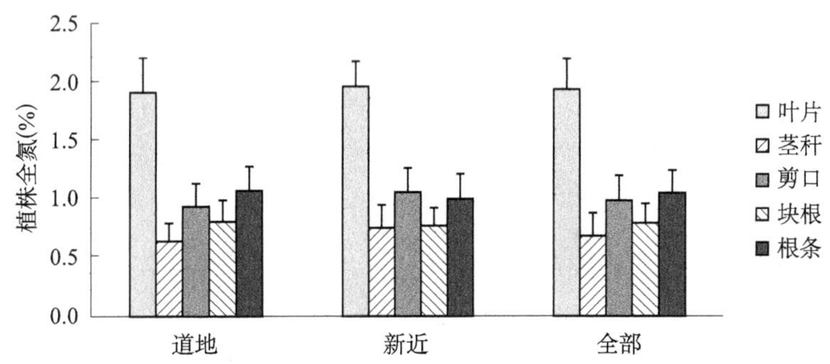

图 5.2　三七植株不同部位全氮含量

磷素是植物细胞质和细胞核的组成部分，存在于磷脂、核酸和核蛋白当中；磷在植物许多代谢生理中起重要作用，如光合、呼吸；另外，磷素广泛存在于植株细胞液中，构成缓冲体系。如图 5.3 所示，道地与新近种植地植株全磷量有显著差异的只有叶片（道地 0.20% ＞新近 0.17%），其他部位差异均不显著。全部种植地植株全磷在不同部位中的含量状况为：剪口［0.16 ～ 0.47，（0.29 ± 0.07）%］＞茎秆［0.13 ～ 0.46，（0.27 ± 0.08）%］＞根条［0.14 ～ 0.40，（0.26 ± 0.05）%］＞块根［0.11 ～ 0.32，（0.20 ± 0.04）%］＞叶片［0.10 ～ 0.41，（0.18 ± 0.05）%］。

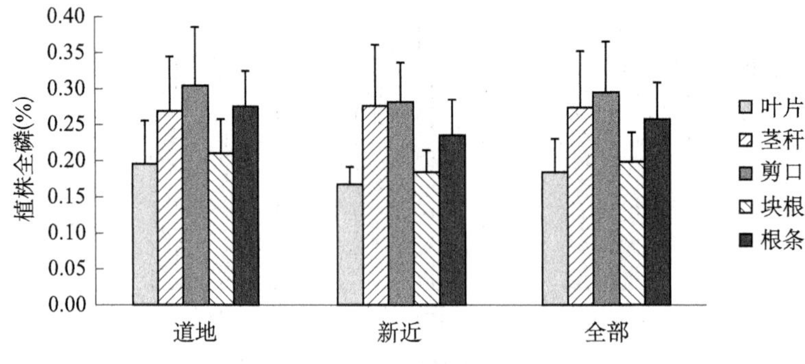

图 5.3　三七植株不同部位全磷含量

钾是植物最重要的矿质营养元素之一，许多研究认为钾素是三七的品质元素，了解三七植株钾素状况对研究植株生理与合理施肥有着重要的指导意义。如图 5.4 所示，道地与新近种植地植株全钾的差异仅存在于根条部位（道地 2.53% >新近 2.06%），其他部位没有显著区别。全钾在不同部位中的含量状况为：茎秆［1.59 ～ 5.25，（3.80 ± 0.77）%］>根条［1.62 ～ 3.73，（2.31 ± 0.51）%］>叶片［1.31 ～ 3.43，（2.46 ± 0.51）%］>剪口［1.41 ～ 2.43，（1.79 ± 0.34）%］>块根［0.50 ～ 1.27，（0.87 ± 0.19）%］。

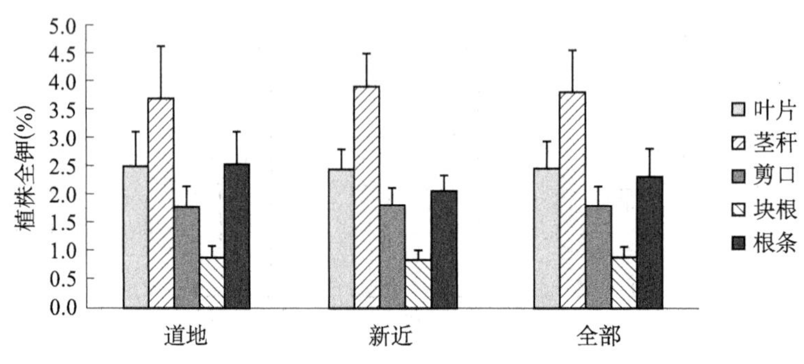

图 5.4　三七植株不同部位全钾含量

（2）三七植株中量元素

钙素在 19 世纪就被列为植物必需矿质元素，但由于土壤中钙含量丰富，人们对其的研究没有充分受到重视。植物吸收的钙是以 Ca^{2+} 的形式被植物吸收的。钙素在植物体内参与许多生理活动，如钙参与形成细胞壁，参与细胞分裂、解毒和协助愈伤组织形成。不同种植地三七植株全钙状况见图 5.5。道地种植地与新近种植地植株全钙含量表现显著差异性仅存在于根条部位（道地 0.32% >新近 0.24%），其他部位没有显著性区别。全部种植地植株全钾在不同部位中的含量状况为：叶片［1.11～2.49，(1.74±0.33)%］>茎秆［0.52～1.77，(0.89±0.27)%］>块根［0.21～0.75，(0.43±0.12)%］>剪口［0.14～0.67，(0.36±0.14)%］>根条［0.15～0.55，(0.28±0.08)%］。

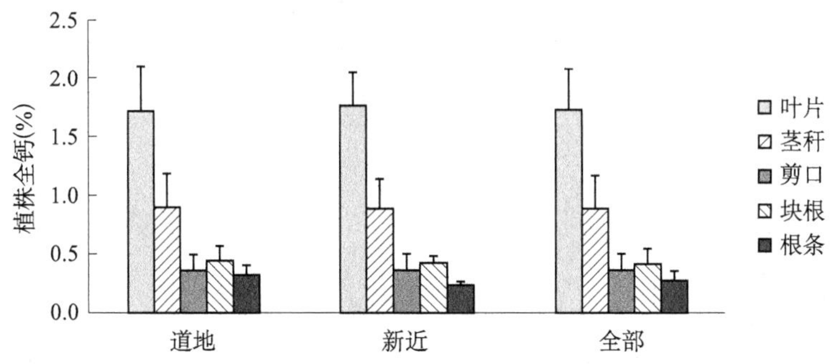

图 5.5　三七植株不同部位全钙含量

镁素是植物必需营养元素，其含量与磷相近。镁以 Mg^{2+} 的形式被植物吸收，是光合与呼吸作用中许多酶的活化剂，是叶绿素的组成成分，参与合成氨基酸、DNA 和 RNA 的生物合成。不同种植地三七植株全镁状况见图 5.6。道地与新近种植地植株全钙含量的差异表现在块根（道地 0.21% >新近 0.18%）和根条（道地 0.28% >新近 0.22%）部位。全部种植地植株全镁在不同部位的含量状况为：叶片［0.21～0.79，(0.43±0.16)%］>根条［0.14～0.63，(0.26±0.09)%］>剪口［0.15～0.37，(0.25±0.06)%］>茎秆［0.15～0.44，(0.23±0.07)%］>块根［0.11～0.35，(0.19±0.07)%］。

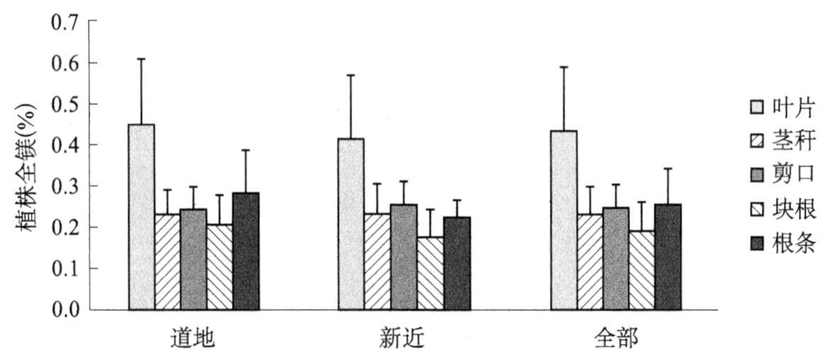

图 5.6　三七植株不同部位全镁含量

（3）三七植株微量元素

铁也是植物必需的微量元素，植物吸收的铁为 Fe^{2+} 和 Fe^{3+}，铁的主要生理作用主要体现在参与植物光合作用与作为许多酶的辅基，铁对叶绿体构造的影响比对叶绿素合成的影响还要大。不同种植地三七植株全铁状况见图 5.7。道地种植地与新近种植地植株全铁含量在根条中表现出显著差异（道地 3320.51 mg/kg ＞新近 2105.41 mg/kg）。全部种植地植株全铁在不同部位的含量状况为：根条［356.59 ～ 9430.19，（2759.70 ± 1951.81）mg/kg］＞剪口［235.44 ～ 4544.21，（951.16 ± 695.20）mg/kg］＞块根［225.27 ～ 1968.42，（679.90 ± 355.15）mg/kg］＞叶片［46.19 ～ 921.07,（276.21 ± 172.97）mg/kg］＞茎秆［28.66 ～ 385.44,（176.06 ± 87.28）mg/kg］。

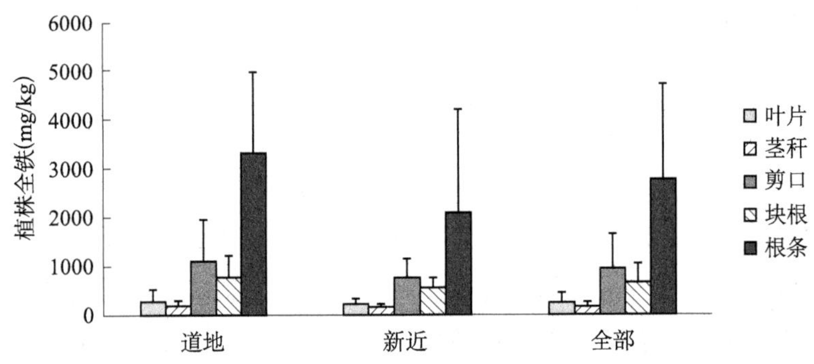

图 5.7　三七植株不同部位全铁含量

植物吸收锰是以 Mn^{2+} 的形式，其主要生理作用包括细胞内许多酶的活化剂，参与光合作用，是叶绿素形成和维持叶绿素正常结构所必需的。不同种植地三七植株全锰状况见图 5.8。道地种植地与新近种植地植株全锰含量在各部位均未表现出显著差异性。全部种植地植株全锰在不同部位的含量状况为：叶片［106.89 ～ 875.63，（320.08 ± 174.28）mg/kg］＞根条［25.30 ～ 757.66，（179.25 ± 148.90）mg/kg］＞剪口［23.66 ～ 246.56，（81.07 ± 44.51）mg/kg］＞茎秆［22.72 ～ 340.07，（70.43 ± 51.26）mg/kg］＞块根［13.59 ～ 127.19，（44.49 ± 23.97）mg/kg］。

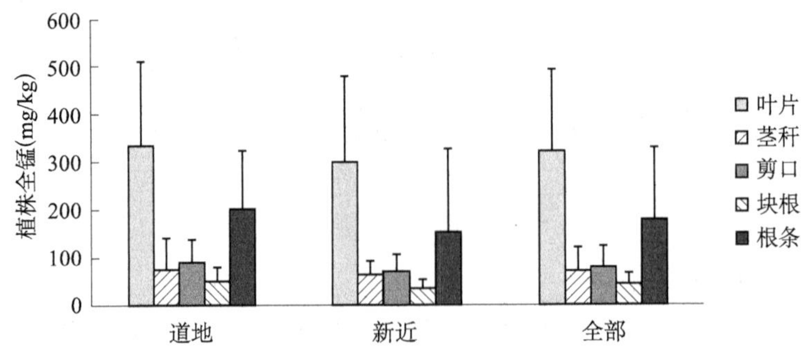

图 5.8　三七植株不同部位全锰含量

铜既是植物生长发育必需的矿质营养元素，也是造成环境污染的金属元素。铜是氧化还原酶的组成部分；参与光合作用，是光合链中质体蓝素（PC）的成分。不同种植地三七植株全铜状况见图 5.9。道地种植地与新近种植地植株全铜含量在剪口（道地 18.13 mg/kg ＞新近 10.57 mg/kg）和根条（道地 65.33 mg/kg ＞新近 46.17 mg/kg）部位表现出显著差异性。全部种植地植株全铜在不同部位中的含量状况为：根条［7.84 ～ 155.53，（56.48 ± 44.16）mg/kg］＞叶片［2.01 ～ 207.06，（19.04 ± 36.61）mg/kg］＞剪口［4.29 ～ 49.29，（14.64 ± 11.19）mg/kg］＞茎秆［2.84 ～ 32.46，（13.95 ± 6.95）mg/kg］＞块根［4.00 ～ 11.04，（6.37 ± 1.46）mg/kg］。各种植地植株全铜含量吸收超过 50%。

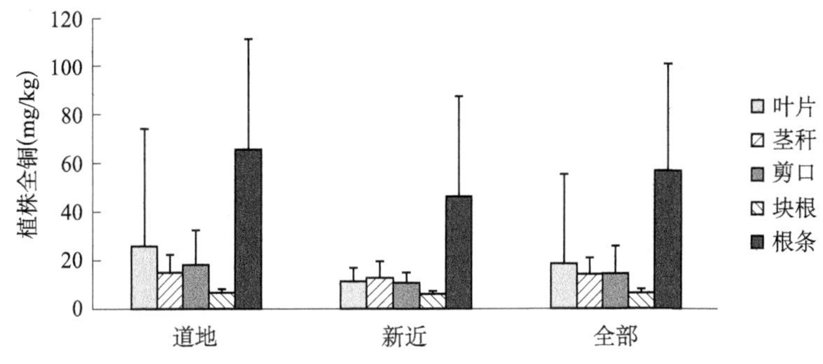

图 5.9 三七植株不同部位全铜含量

锌被植物吸收的形态是 Zn^{2+}，且在体内是以离子状态、或者与低分子化合物配合存在的。锌参与 IAA 的合成和酶的合成。不同种植地三七植株全锌状况见图 5.10。道地种植地与新近种植地植株全锌含量在地下部位的剪口（道地 71.27 mg/kg ＞新近 34.81 mg/kg）、块根（道地 33.58 mg/kg ＞新近 20.72 mg/kg）和根条（道地 313.14 mg/kg ＞新近 114.17 mg/kg）部位表现出显著差异。全部种植地植株全铜在不同部位中的含量状况为：根条［21.92 ～ 1624.81,（221.31 ± 321.64）mg/kg］＞叶片［34.32 ～ 271.00,（128.12 ± 65.30）mg/kg］＞剪口［18.20 ～ 273.51，（54.44 ± 42.88）mg/kg］＞茎秆［24.64 ～ 144.44，（53.31 ± 26.40）mg/kg］＞块根［7.46 ～ 91.77，（27.65 ± 19.06）mg/kg］。

硼是以 H_3BO_3 的形态被植物体吸收的。硼最大的生理作用体现在植物的生殖上，硼有利于花粉的形成，促进花粉萌发、花粉管伸长和受精过程的进行。植物缺硼最显著的特征是油菜上的“花而不实”。不同种植地三七植株全硼状况见图 5.11。道地种植地与新近种植地植株全硼含量在各部位均未表现出显著差

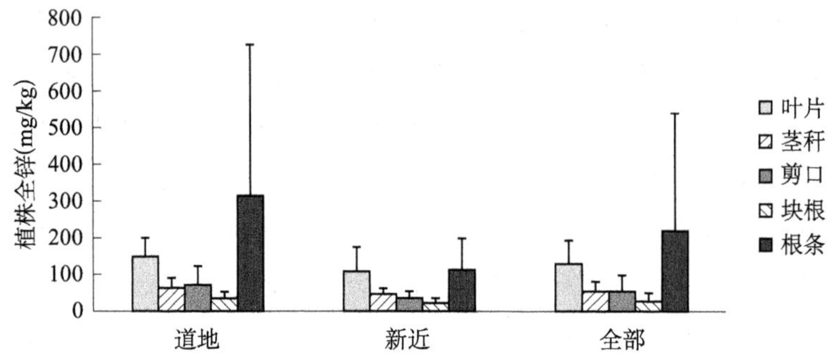

图 5.10 三七植株不同部位全锌含量

异性。全部种植地植株全硼在不同部位中的含量状况为：叶片［12.66～132.08，（43.66±26.88）mg/kg］＞根条［7.75～37.41，（22.25±6.01）mg/kg］＞剪口［6.26～32.33，（19.15±6.84）mg/kg］＞块根［4.07～26.08，（15.30±5.01）mg/kg］＞茎秆［3.32～23.01，（11.78±3.95）mg/kg］。

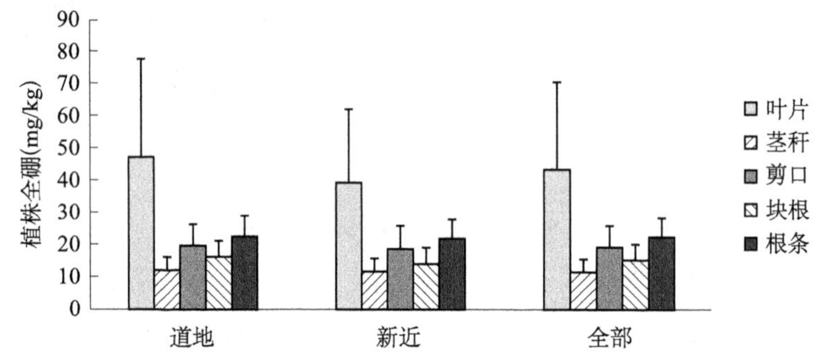

图 5.11 三七植株不同部位全硼含量

从以上不同种植地三七植株养分元素状况可以发现，各部位养分元素含量由高到低的顺序为叶片：碳＞钾＞氮＞钙＞镁＞磷＞锰＞铁＞锌＞硼＞铜；茎秆：碳＞钾＞钙＞氮＞磷＞镁＞铁＞锰＞锌＞铜＞硼；剪口：碳＞钾＞氮＞钙＞磷＞镁＞铁＞锰＞锌＞硼＞铜；块根：碳＞钾＞氮＞钙＞磷＞镁＞铁＞锰＞锌＞硼＞铜；根条：碳＞钾＞氮＞钙＞磷＞镁＞铁＞锌＞锰＞铜＞硼。矿质营养元素中钾、氮和钙是三七植株含量最高的三种元素，锌、硼和铜是含量最低的三种元素。

大量元素的含量比例为（氮∶磷∶钾）：叶部≈11∶1∶14；茎秆≈3∶1∶14；剪口≈3∶1∶6；块根≈4∶1∶4；根条≈4∶1∶9。

可以发现，叶片与根条中的养分元素含量相对较高，叶片中的氮、钙、镁、锰和硼是所有部位中含量最高的，根条中铁、铜和锌最高，茎秆中钾素最高，剪口最高的则是磷，而广泛入药部位块根中碳素最为丰富。

三七植株间养分含量变异程度表现为微量元素＞中量元素＞大量元素，根部的养分元素含量差异最大。

对比道地与新近种植地三七植株各养分元素的含量发现，除氮素和硼素在任何部位中均未表现出显著差异，其他养分元素在一些部位中有显著差异，且均是道地种植地植株含量显著高于新近种植地，其中叶片中差异元素是磷；茎秆中只有碳；剪口中有铜、锌；块根中有镁、锌；根条中差异显著的元素最多，有钾、钙、镁、铁、铜和锌。

2. 不同年份三七植株各部位养分元素的含量分析

对比不同年份三七植株各部位养分元素的含量发现（表 5.1），大部分部位养分元素含量相似，无显著差异，整个 55 组对比中，在 0.05 显著性水平上，表现出差异的对比共有 7 组，分别是氮素在二年生三七植株茎秆和剪口部的含量显著高于三年生三七；钾素在二年生三七剪口中的含量显著高于三年生三七；钙素在二年生三七茎秆中的含量显著高于三年生三七；铁素在茎秆中的含量，表现出二年生显著高于三年生；锌含量在叶片和剪口中的含量均有显著差异，表现为三年生显著高于二年生。

表5.1 不同年份三七植株各部位养分元素的含量比较

元素	年份	叶片	茎秆	剪口	块根	根条
碳（%）	二年	44.40 ± 1.94	40.29 ± 1.00	45.47 ± 4.05	43.95 ± 1.12	41.44 ± 1.57
	三年	44.20 ± 1.46	41.27 ± 1.10	44.62 ± 2.52	45.33 ± 1.73	43.19 ± 1.81
氮（%）	二年	2.06 ± 0.23	0.82 ± 0.12*	1.56 ± 0.28*	0.88 ± 0.21	1.33 ± 0.17
	三年	1.93 ± 0.26	0.68 ± 0.19	0.99 ± 0.21	0.79 ± 0.17	1.04 ± 0.19
磷（%）	二年	0.21 ± 0.02	0.31 ± 0.07	0.44 ± 0.07	0.23 ± 0.04	0.34 ± 0.05
	三年	0.18 ± 0.05	0.27 ± 0.08	0.29 ± 0.07	0.20 ± 0.04	0.26 ± 0.05
钾（%）	二年	2.83 ± 0.55	3.42 ± 0.90	2.83 ± 0.59*	1.08 ± 0.22	3.51 ± 0.17
	三年	2.46 ± 0.51	3.80 ± 0.77	1.79 ± 0.34	0.87 ± 0.19	2.31 ± 0.51
钙（%）	二年	1.73 ± 0.23	1.80 ± 0.26*	0.51 ± 0.18	0.38 ± 0.08	0.33 ± 0.05
	三年	1.74 ± 0.33	0.89 ± 0.27	0.36 ± 0.14	0.43 ± 0.12	0.28 ± 0.08
镁（%）	二年	0.54 ± 0.16	0.38 ± 0.15	0.33 ± 0.07	0.24 ± 0.08	0.32 ± 0.08
	三年	0.43 ± 0.16	0.23 ± 0.07	0.25 ± 0.06	0.19 ± 0.07	0.26 ± 0.09
铁（mg/kg）	二年	319.72 ± 151.99	210.61 ± 50.85*	710.84 ± 408.06	658.23 ± 212.44	4174.99 ± 3578.62
	三年	276.21 ± 172.97	176.06 ± 87.28	951.16 ± 695.20	679.90 ± 355.15	2759.70 ± 1951.81

续表

元素	年份	叶片	茎秆	剪口	块根	根条
锰（mg/kg）	二年	259.02 ± 97.59	56.37 ± 22.07	67.14 ± 35.22	28.42 ± 11.61	178.43 ± 116.35
	三年	320.08 ± 174.28	70.43 ± 51.26	81.07 ± 44.51	44.49 ± 23.97	179.25 ± 148.90
铜（mg/kg）	二年	14.38 ± 14.31	26.69 ± 19.41	18.44 ± 14.74	6.57 ± 1.30	57.47 ± 40.12
	三年	19.04 ± 36.61	13.95 ± 6.95	14.64 ± 11.19	6.37 ± 1.46	56.48 ± 44.16
锌（mg/kg）	二年	64.95 ± 21.37	64.25 ± 37.37	33.44 ± 14.44	20.78 ± 13.99	196.92 ± 163.37
	三年	128.12 ± 65.30*	53.31 ± 26.40	54.44 ± 42.88*	27.65 ± 19.09	221.31 ± 321.64
硼（mg/kg）	二年	23.31 ± 11.07	14.54 ± 3.66	21.99 ± 10.44	16.06 ± 7.81	27.73 ± 12.62
	三年	43.66 ± 26.88	11.78 ± 3.95	19.15 ± 6.84	15.30 ± 5.01	22.25 ± 6.01

* 表示在 0.05 水平显著差异。

5.2　三七的营养诊断

三七规范化施肥及病害综合防治技术是三七 GAP 栽培的主要内容，是保证三七获得优质、高产的关键。三七正常生长发育需要吸收多种营养元素，缺乏营养元素会表现出缺素症状，从而影响三七的产量和品质。明确不同营养元素对三七生长发育的影响，可以揭示不同营养元素与三七生长发育的关系，为田间肥料试验提供理论依据。掌握在缺乏不同营养元素下三七的症状特点，便于区分田间发生的三七病害，为生理性病害或寄生性病害、发病原因及制订适宜的综合防治措施，控制或减轻病害的发生提供理论依据。因此，研究不同营养元素对三七生长的影响对规范三七施肥及病害防治，进一步制订三七施肥及病害防治标准操作规程具有重要意义。

冯光泉等（2003）通过营养液培养的方式，探讨了 12 种三七必需矿质元素对一年生三七生长的影响，发现三七植株在缺乏氮素营养时，表现出比"全缺"黄化明显、死亡加快的现象。这由氮素是植物体内许多重要化合物质的组成成分，同时也是参与物质代谢和能量代谢的二磷腺苷（ADP）、三磷腺苷（ATP）、辅酶 A（CoA）、辅酶 Q（CoQ）、黄素腺嘌呤二核苷酸（FAD）等物质的组分所致。三七在缺钾时，叶片从叶尖、叶缘迅速枯黄、脱落，渐至死亡，这可能与钾在植物体内参与水分代谢、酶的激活、能量代谢、提高抗性及物质运输等重要的生命活动过程有关。三七在缺钙时，表现为从新叶开始，逐渐从叶尖、叶缘变黄，最后枯黄、脱落，植株死亡的现象。这与钙在植株体内是细胞某些结构的组分、为某些重要酶的激活剂、能提高植物适应干旱及干热的能力等重要作用有关。镁在植物体内的作用也很重要，其是叶绿素的组分、是许多酶的激活剂，因此，三七在缺镁时，也表现出植株容易死亡的现象。三七在缺磷、铁、钼、锰、锌、硼、铜时，也因对植株生理活动的不同影响表现出各种不同程度的危害症状。三七在全缺条件下，由于种子中所含营养物质的均衡提供，出苗后一段时间，仍表现为生长正常；直至 55 d 左右时，植株生长逐渐缓慢、整株变黄，渐渐衰弱、死亡。绘制的三七矿质营养元素缺乏症状如表 5.2 所示。

表5.2　三七矿质营养元素缺乏症状（冯光泉等，2003）

缺乏元素	病症
缺氮	植株生长缓慢，株型矮小，叶片较薄且发黄，根系生长较弱，继而整株叶片发黄干枯至死亡
缺磷	植株较瘦小，茎秆和叶柄均呈深紫色，叶片较小而厚，略呈僵缩状，叶色呈暗绿色，叶脉微黄，须根分化较少
缺钾	植株株高、株型弱小，叶尖、叶缘逐渐变为枯白色，继而叶脉发黄，叶片萎蔫、脱落，植株生长停滞、死亡，根系生长弱，不发新根
缺钙	植株矮小，叶片从新叶开始，逐渐从叶尖、叶缘变黄，最后整片叶片枯黄、脱落，根系生长较弱，主根膨大及须根分化均不明显，且根腐严重，植株存活时间短，较快死亡
缺镁	植株瘦小，茎秆紫红色，叶脉黄化严重，继而叶片发黄枯卷，根系不发达，根腐
缺硫	叶片小，叶面及叶脉稍黄，根腐
缺铁	叶片稍许发黄，叶脉黄化明显，根系生长较差，茎基部腐烂，根腐
缺锰	叶脉黄化，叶肉失绿，并现白色斑块，根系正常
缺铜	叶脉黄化，叶片较窄，叶上有白色圆斑，后期穿孔，根系生长较弱，根尖腐烂
缺锌	植株瘦小，叶色浓绿，叶脉微黄，有畸形，根系分化较差
缺钼	株高正常，茎秆偏紫色，叶色正常而叶脉发黄，且叶上有细小圆斑，根系正常
缺硼	茎秆稍呈紫色，叶色正常，而根腐严重
缺氯	茎秆细小，叶片较小，根腐烂，继而茎基腐烂
全缺	前期生长正常，后期生长较弱，根系生长缓慢，块根几乎没有，并逐步死亡

孙玉琴等（2008）模拟三七正常生长的田间环境，也对一至二年生三七进行了缺素症状的观察研究，结果表明，三七缺素症状大多数表现在叶片上，且一年生三七植株比二年生三七植株会更早表现出缺素症状；其中，最早出现缺素症状的是缺钙处理，其次是缺氮和缺镁处理，其他处理在培养 30 d 左右才有症状表现。综合相关研究结果，编制出三七矿质营养元素缺乏症状（表 5.3），以期为快速营养诊断提供依据。

表5.3 三七矿质营养元素缺乏症状（孙玉琴等，2008）

部位	叶片诊断指标	病症	缺乏元素
叶片	叶片颜色	叶片发黄，继而叶脉黄化，叶片干枯、脱落	缺氮
		叶片枯黄，根腐严重，植株存活时间短	缺钙
		叶色正常，叶上有细小圆斑	缺钼
	叶片大小	叶变小，叶片及叶脉稍黄，根腐	缺硫
		叶色浓绿，叶脉微黄，叶小，有畸形	缺锌
		叶色浓绿，叶脉微黄，植株偏高	缺磷
	叶脉	叶脉黄化严重，继而叶片发黄枯卷，新根少，根腐	缺镁
		叶脉黄化，叶肉失绿现白色斑块	缺锰
		叶脉黄化，叶上有白色圆斑，后期穿孔，根尖腐烂	缺铜
茎秆		茎基部腐烂，叶脉黄化明显， 根腐	缺铁
根系		根腐严重，叶色正常	缺硼
		根腐烂，继而茎基腐烂	缺氯

三七缺素症状大多表现在叶片上，可为营养元素缺乏的快速诊断提供可能。植株缺素症状表现为一年生三七较二年生三七早。一年生三七植株叶片在培养后的第 5 d 就表现出缺素症状，而二年生三七植株叶片则在 10 d 后才有零星表现，且开始并不明显，只在叶尖处有少量干枯，以后逐步扩展并表现出不同的缺素症状。各缺素处理出现的症状时间，最早的是缺钙处理，其次是缺氮处理，缺镁处理植株症状表现也较早，其他处理在培养 30 d 左右才有症状表现，各处理均在培养一段时间后陆续有植株因缺素而死亡，80 d 左右各处理植株全部死亡。

5.3 三七栽培土壤肥力评价

道地药材的形成与发展离不开特定的产地（许明祥等，2005），而云南省是我国地形地貌十分复杂的省份之一，土壤类型、土壤肥力的变化也极其复杂。三七能在不同类型的土壤上种植，但由于不同类型的土壤肥力不同，三七的品质成分含量也相差很大（Liu Z J，2014；Bi C J et al.，2013；Chen Y D et al.，2013；Larson W E et al.，1991）。但由于近年种植范围的逐年扩展，对于不同产地三七种植土壤肥力的调查与评价，已成为道地三七药材生产的重要因素。

5.3.1 三七栽培土壤肥力

土壤质量是指土壤肥力质量、土壤环境质量和土壤健康质量三个方面的综合量度，即土壤在生态系统的范围内，维持生物的生产能力、保护环境质量及促进动植物健康的能力（刘占锋等，2013）。土壤的核心之一是土壤生产力，基础是土壤肥力（张汪寿等，2010），所以土壤肥力质量评价是土壤质量评价的重要内容之一。

随着三七的市场需求量逐年增加，三七的种植区域及面积也随之扩大，据调查云南省大部分地区都有三七种植（崔秀明等，2014），所以有必要对三七种植地土壤肥力质量进行评价。

所调查土壤养分指标统计特征及土壤养分分级标准（敖金成等，2013；沈善敏等，1998）见表5.4和表5.5。结果表明，三七种植地土壤pH平均为5.75，适宜三七种植。OM平均含量为36.56 g/kg，处于丰富水平，主要是由于三七种植过程中松毛等覆盖（郝庆秀等，2014），增加了土壤有机质含量。CEC平均为16.84 cmol/kg（+），变异系数为27.78%，说明三七种植地土壤供肥能力较强，施肥对其影响较小。WSS介于0.07～2.12 g/kg，平均含量为0.94 g/kg，说明三七种植地很少出现盐化现象。

表5.4 调查地土壤养分基本概况

项目	样本数	最小值	最大值	平均值	标准偏差	变异系数Cv（%）
pH	39	4.21	7.39	5.75	0.63	11.00
OM（g/kg）	39	18.03	64.27	36.56	11.96	32.70
CEC［cmol/kg（+）］	39	8.79	26.84	16.84	4.68	27.78
WSS（g/kg）	39	0.07	2.12	0.94	0.57	60.36
TN（g/kg）	39	1.13	3.01	1.99	0.53	26.75
AvN（g/kg）	39	86.58	251.37	149.51	43.89	29.35
TP（g/kg）	39	0.52	2.35	1.16	0.40	34.35
AvP（mg/kg）	39	4.44	60.83	25.95	13.90	53.54
TK（g/kg）	39	2.33	27.83	9.45	6.34	67.08
AvK（mg/kg）	39	83.11	673.10	306.80	151.01	49.22
ExCa（g/kg）	39	2.35	21.91	9.19	5.99	65.19
ExMg（g/kg）	39	0.30	3.71	1.38	0.90	64.97
AvFe（mg/kg）	39	14.97	135.66	64.27	27.42	42.66
AvMn（mg/kg）	39	16.54	285.24	112.90	83.04	73.55
AvCu（mg/kg）	39	0.45	9.71	3.68	2.17	58.92
AvZn（mg/kg）	39	1.09	19.25	6.39	4.60	72.01
AvB（mg/kg）	39	0.05	0.67	0.24	0.15	60.38
AvS（mg/kg）	39	8.49	94.55	33.52	23.11	68.94

注：OM，土壤有机质；CEC，阳离子交换量；WSS，水溶性总盐；TN，全氮；AvN，碱解氮；TP，总磷；AvP，有效磷；TK，总钾；AvK，速效钾；ExCa，交换性钙；ExMg，交换性镁；AvFe，有效铁；AvMn，有效锰；AvCu，有效铜；AvZn，有效锌；AvB，有效硼；AvS，有效硫。

氮素含量处于丰富水平，TN 平均为 1.99 g/kg，AvN 平均为 149.51 mg/kg；TP 含量处于极丰富水平，AvP 处于丰富水平，分别为 1.16 g/kg 和 25.95 mg/kg；TK 平均含量处于很缺乏水平，平均为 9.45 g/kg，AvK 含量则处于极丰富水平，平均为 306.80 mg/kg，主要是由于三七生产中大量元素肥料的施用量大、次数多（郝庆秀等，2014），所以氮、磷、钾元素的有效性较大，但种植地土壤呈微酸性，土壤对钾肥的固定较弱（陆欣等，2002），所以 TK 处于缺乏状态。

ExCa、ExMg 平均含量均处于丰富水平以上，分别为 9.19 g/kg 和 1.38 g/kg，主要是由于三七种植过程中钙镁磷肥的施用十分普遍（敖金成等，2013）。

AvFe、AvMn、AvCu、AvZn、AvS 均十分丰富，平均值分别为 64.27 mg/kg、112.90 mg/kg、3.68 mg/kg、6.39 mg/kg、33.52 mg/kg。AvB 极度缺乏，平均为 0.24 mg/kg。微量元素含量变异系数较大，介于 40% ～ 75%，主要是由于不同的种植地对含有铁、锰、铜、锌、硫元素的农药施用量及次数不同（郝庆秀等，2014）。

表5.5　土壤养分分级标准

项目	极丰富	丰富	适量	缺乏	很缺乏	极缺乏
OM（g/kg）	>40	30～40	20～30	10～20	6.0～10	<6.0
TN（g/kg）	>2.0	1.5～2.0	1.0～1.5	0.75～1.0	0.5～0.75	<0.5
TP（g/kg）	>1.0	0.8～1.0	0.6～0.8	0.4～0.6	0.2～0.4	<0.2
TK（g/kg）	>25	20～25	15～20	10～15	5.0～10	<5.0
AvN（mg/kg）	>150	120～150	90～120	60～90	30～60	<30
AvP（g/kg）	>40	20～40	10～20	5.0～10	3.0～5.0	<3.0
AvK（mg/kg）	>200	150～200	100～150	50～100	30～50	<30
ExCa（g/kg）	>2.5	0.5～2.5	0.25～0.5	<0.25		
ExMg（g/kg）	>2.5	0.5～2.5	0.25～0.5	<0.25		
AvFe（mg/kg）	>50	20～50	10～20	5.0～10	<5.0	
AvMn（mg/kg）	>50	50～20	20～5.0	2.0～5.0	<2.0	
AvCu（mg/kg）	>1.8	1.0～1.8	0.2～1.0	0.1～0.2	<0.1	
AvZn（mg/kg）	>5.0	2.0～5.0	1.0～2.0	0.5～1.0	<0.5	
AvB（mg/kg）	>2.0	1.0～2.0	0.5～1.0	0.25～0.5	<0.25	
AvS（mg/kg）	>50	30～50	16～30	10～16	<10	

注：OM，土壤有机质；TN，全氮；AvN，碱解氮；TP，总磷；AvP，有效磷；TK，总钾；AvK，速效钾；ExCa，交换性钙；ExMg，交换性镁；AvFe，有效铁；AvMn，有效锰；AvCu，有效铜；AvZn，有效锌；AvB，有效硼；AvS，有效硫。

将土壤肥力质量指数（SFQI）划分为五个等级，等级Ⅲ范围为 SFQI 平均值 ±10%，等级Ⅱ或Ⅳ范围为等级Ⅲ ±20%，等级Ⅰ或Ⅴ为小于或大于 SFQI 平均

值 ±40%。表 5.6 结果表明，所调查土壤样本 SFQI–TDS 第Ⅰ等级所占比例均为 0，SFQI–TDS 第Ⅴ等级所占比例也为 0，SFQI–TDS 第Ⅱ、Ⅲ、Ⅳ级样本数分别为 12、17、10，所占比例分别为 30.77%、43.59%、25.64%。SFQI–MDS $_{Communality}$ 第Ⅰ级样本数为 0；19 个样本处于第Ⅱ级，占 48.72%；10 个样本处于第Ⅲ级，占 25.64%；第Ⅴ级样本数为 4，占 10.26%。SFQI–MDS$_{Norm}$ 第Ⅱ级样本数为 20，占 51.28%；第Ⅴ级样本数为 6，占 15.38%。SFQI–MDS$_{Variation}$ 第Ⅰ级样本数为 9, 占 23.08%；第Ⅱ级样本数为 12，占 30.77%；第Ⅴ级样本数为 9，占 23.08%。说明用 TDS 进行评价，不同三七种植地土壤肥力质量差异较小，主要集中于第Ⅱ～Ⅳ级；而用 MDS 进行评价，不同三七种植地土壤肥力质量差异较大，主要集中于第Ⅱ级，有少数样本处于第Ⅰ级或第Ⅴ级，更能反映不同种植地的实际情况。

表5.6 土壤肥力质量等级划分

项目	等级				
	Ⅰ	Ⅱ	Ⅲ	Ⅳ	Ⅴ
SFQI–TDS	<0.368	0.368～0.474	0.474～0.579	0.579～0.684	>0.684
n	0	12	17	10	0
%	0.00	30.77	43.59	25.64	0
SFQI–MDS$_{Communality}$	<0.305	0.305～0.393	0.393～0.480	0.480～0.567	>0.567
n	0	19	10	6	4
%	0.00	48.72	25.64	15.38	10.26
SFQI–MDS$_{Norm}$	<0.299	0.299～0.384	0.384～0.470	0.470～0.555	>0.555
n	0	20	6	7	6
%	0.00	51.28	15.38	17.95	15.38
SFQI–MDS$_{Variation}$	<0.303	0.303～0.391	0.391～0.477	0. 477～0.564	>0.564
n	9	12	2	7	9
%	23.08	30.77	5.13	17.95	23.08

注：SFQI-TDS，土壤肥力质量指数的全量数据集；SFQI-MDS$_{Communality}$，土壤肥力质量指数的最小数据集公因子方差；SFQI-MDS$_{Norm}$，土壤肥力质量指数的最小数据集 Norm 值；SFQI-MDS$_{Variation}$，土壤肥力质量指数的最小数据集主成分的贡献率。

研究结果表明，种植三七土壤 pH 随种植年限增加而减小，而未种植三七土壤则呈增加趋势，但是由于周期性追肥导致土壤 pH 呈周期性变化，并能使土壤有效铁、铜、锌含量升高（史吉平等，1999），所以随着种植年限的增加土壤有效铁、铜、锌均有不同程度的增加。种植前后土壤有效锰含量基本无变化，但却随种植年限呈周期性变化，可能与种植前后土壤有机质含量变化不大有关，同时铁、锰拮抗也是影响锰有效性的因素之一（刘杏兰等，1996）。种植三七土壤有效锌含量始终高于未种植三七的土壤，主要是由于使用代森锌等农药防治三七病害（杨野等，2014）。因此，三七种植土壤有效态微量元素受土壤pH、有机质、三七生长共同的影响，还可能受降雨等其他因素的影响（陈雪彬等，2014）。关于三七种植土壤微量元素的变化规律仍待进一步深入研究。

综上所述，三七种植会导致种植地土壤酸化，降低阳离子交换量及氮、磷、钾含量，增加钙、镁、铁、铜、锌含量，对有机质和锰含量影响不大。因此，建议生产上可通过施少量石灰或者草木灰以降低土壤酸度；在土壤介质下，大量元素是影响三七生长的关键，4～6月和8～10月是三七营养需求高峰期，特别在移栽第2～3年需补充速效态氮肥和钾肥。

5.3.2 三七种植土壤养分含量

土壤中养分物质水平直接影响甚至决定三七吸收营养物质的类型和程度，进一步影响到三七的生长发育、生物产量、药材质量与产量，最终影响到经济效益。因此，三七的生长与土壤环境关系密切，某种意义上是决定因子。明确不同三七种植地养分状况，发现三七种植地养分变化规律，对比道地种植地与新近种植地间土壤养分状况差异，各养分指标与土壤酸碱性和有机质间的关系，以及其各自间的相关性，能够为三七植株营养状况诊断提供辅助，并对三七生产区划、标准化施肥提供参考。对云南省21个道地种植地和16个新近种植地，共37个三年生三七种植地土壤养分状况进行了调查研究，见彩图4。

1. 三七种植土壤酸碱度

不同三七种植地土壤酸碱度调查分析发现，各种植地土壤pH差异显著，pH值范围为4.21～7.39，平均为5.73，变异系数为10.99%，pH最低的是文山砚山平远，最高的为曲靖麒麟东山2号；大部分种植地土壤呈酸性，占到全部调查种植地的56.76%，强酸性土壤占32.43%，其余为中性土壤。

通过对道地与新近种植地土壤酸碱度分布比例的对比发现，新近种植地土壤酸碱度分布范围较宽，强酸性土壤比例已与酸性土壤相当，提高近10%，且中性土壤也有所增加，这可能与新近种植地分布范围较广有关，同时也表明三七对土壤酸度的耐受性在提高，也可能是施肥方式不同带来土壤pH差异（图5.12）。

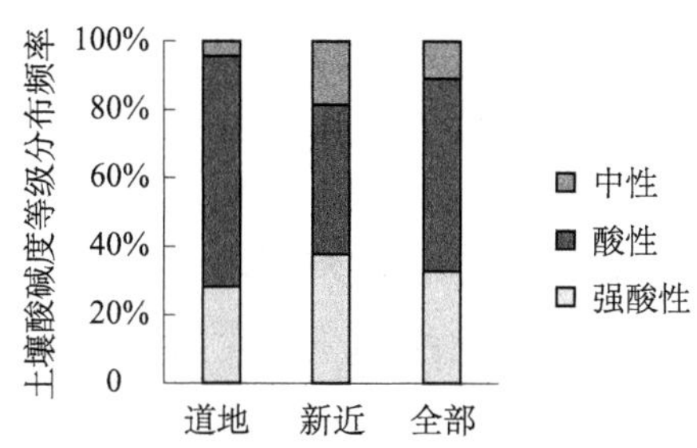

图 5.12 不同种植地土壤酸碱度等级分布频率

2. 三七种植土壤有机质含量

土壤有机质是土壤中各种营养元素特别是氮、磷的重要来源，它含有刺激植物生长发育的胡敏酸类物质，一般而言，土壤有机质含量的多少，是土壤肥力质量高低的一个重要指标。对三七种植地土壤有机质状况调查分析发现，各地土壤有机质含量差异显著，含量分布在 8.49 ～ 56.42 g/kg，均值为 34.92 g/kg，变异系数为 29.70%，有机质最高的种植地是文山州文山市平坝镇，最低的是文山砚山盘龙；有 62.16% 的种植地土壤有机质含量适宜，32.43% 的种植地土壤有机质含量充足。新近种植地土壤有机质整体状况优于道地种植地，没有发现不足的情况，充足的地块达到 50%（图 5.13）。

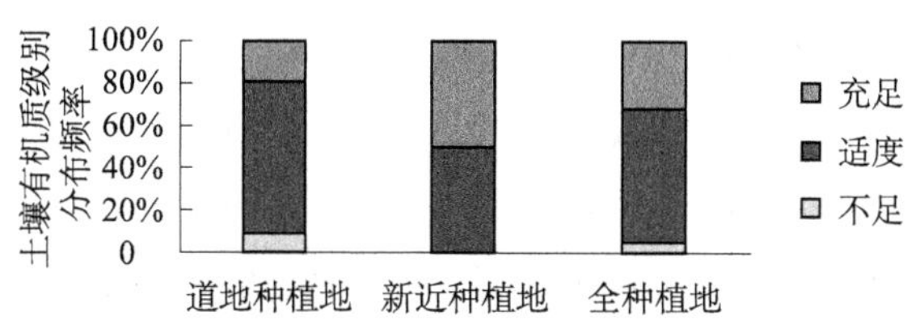

图 5.13 不同种植地土壤有机质等级分布频率

3. 三七种植土壤氮、磷、钾、钙、镁及微量元素含量

（1）三七种植土壤全氮、碱解氮含量

不同种植地土壤全氮含量差异显著，范围为 0.55 ～ 3.01 g/kg，平均为 1.95 g/kg，变异系数为 27.90%，含量最高的是红河石屏牛街；除文山砚山盘龙外，其他种植地土壤全氮含量均达到适度及以上等级，超过一半是为充足。新近种植地整体全氮水平高于道地种植地，有 62.50% 的种植地在充足级别（图 5.14）。

碱解氮是土壤水解性氮素，能够表征近期土壤供氮水平。不同种植地土壤碱解氮范围在 38.58 ～ 231.41 mg/kg，平均值为 142.58 mg/kg，变异系数为 27.13%，与全氮含量对应，文山砚山盘龙的含量也是最低的，红河石屏牛街碱解氮含量同样最高；适度与充足级别的地块相当，分别占所有调查对象的 48.65% 和 43.24%。碱解氮含量分布频率状况与全氮类似，新近种植地整体高，充足水平地块比例提高明显，50% 为充足，而道地产区比例只有 38.10%（图 5.14）。

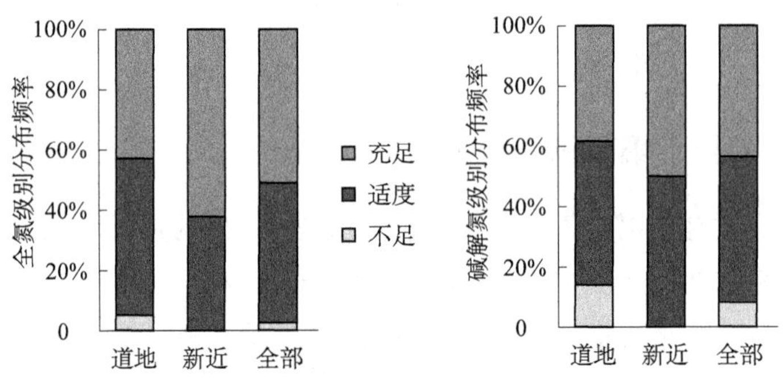

图 5.14　不同种植地土壤全氮、碱解氮等级分布频率

土壤无机态氮包括 NH_4^+–N 和 NO_3^-–N 两类，也是大多数植物生长所需的氮源，而不同作物的氮素形态需求有其特定喜好，三七种植地土壤不同氮素形态含量状况调查的目的是探索三七种植地土壤氮素形态含量、比例，以了解三七生产中氮素施用规律，三七产量与各形态氮素的关系，为三七营养与施肥做出基础性贡献（不包含 WMJ2、WMP、WYL）。

三七种植地土壤 NH_4^+–N 测定分析发现，含量范围在 1.00 ～ 4.41 mg/kg，均值为 1.92 mg/kg，变异系数为 46.68%，含量最高的几个地块分别是文山砚山平远、红河州的弥勒西一乡和建水官厅镇，最低的是曲靖陆良召夸和红河石屏牛街；总体来看种植地土壤 NH_4^+–N 的含量超过 1 mg/kg 的，占总种植地数量的 88.24%。两类种植地土壤 NH_4^+–N 含量均值相当，但新近种植地间的差异要更大（图 5.15）。

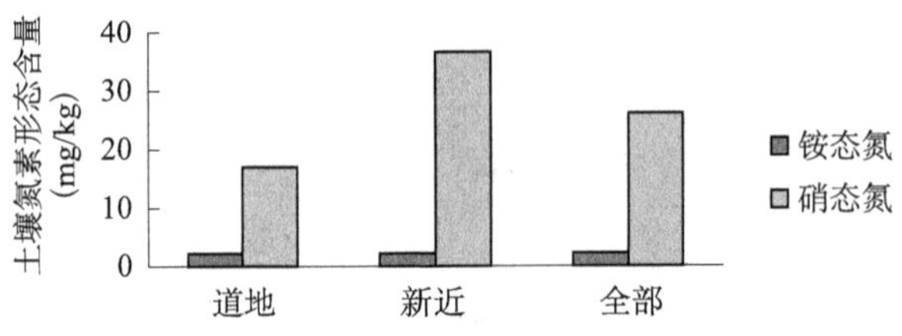

图 5.15　不同种植地土壤不同形态氮素的含量

NO_3^-–N 含量各种植地间差异显著，整体含量要显著高于 NH_4^+–N，均值为 25.86 mg/kg，但各地间变异巨大，变异系数是所调查的土壤养分指标中最大的，高达 101.42%，变幅在 1.74 ～ 11.49 mg/kg，各种植地当中含量超过 70 mg/kg 的有昆明官渡小哨 1 号、昆明嵩明滇源和曲靖麒麟东山 2 号种植地，可以发现这些高含量种植地都是新近开拓的种植地。新近种植地土壤 NO_3^-–N 普遍高于道地种植地，含量均值是道地种植地的 2 倍以上，高达 36.31 mg/kg。

（2）三七种植土壤全磷、速效磷含量

土壤全磷含量就是磷素的总储量，但由于土壤中的磷素以缓效磷为主，含量高时不一定土壤供磷能力强，一般不用于作为土壤磷素供应的指标，但过低情况下，会引起土壤磷素供应不足。

各种植地（不包含 WMJ2、WMP、WYL）全磷含量差异显著，栽培三七的土壤全磷范围在 0.52 ～ 2.35 g/kg，均值为 1.18 g/kg，变异系数为 34.39%，含量最高的种植地是文山西畴蚌谷；可以发现种植地整体全磷状况充足，这部分占到 64.70%，除了最低的文山马关八寨，其余种植地为适度级别。全磷分布频率状况两类种植地基本相似（图 5.16）。

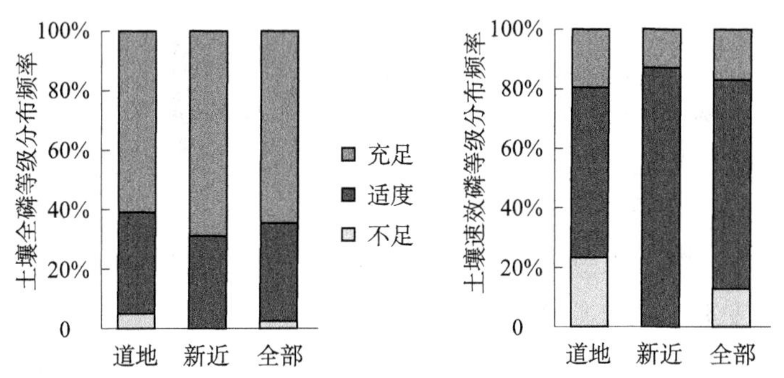

图 5.16　不同种植地土壤全磷、速效磷等级分布频率

土壤速效磷是有效磷的重要组成，是反映土壤供应磷素能力的指标。对各种植地土壤速效磷的测定分析发现，含量变幅很大，变异系数达到 57.53%，分布在 5.42 ～ 60.83 mg/kg，均值为 25.53 mg/kg，当中以文山西畴蚌谷最高，文山州文山市东山镇 1 号最低；种植地速效磷含量大部分处于适度级别，占总数的 70.27%，另外约 30% 的种植地不足与充足级别各占一半。两种类型的种植地对比发现，道地种植地含量差异大于新近种植地，且包括了全部 5 个含量不足的

地块；新近种植地整体水平优于道地种植地。

（3）三七种植土壤全钾、速效钾含量

三七种植地的土壤全钾含量在 3.65 ～ 26.36 g/kg，平均为 9.48 g/kg，变异系数较大，为 65.66%，含量最低的地块是红河建水官厅，最高是文山马关夹寒 2 号种植地；对全钾含量分布频率的分析发现，72.97% 的种植地土壤全钾处于不足水平。对比两种类型的种植地发现全钾不足的现象在新近种植地大面积存在，远比道地种植地严重，93.75% 的新近种植地全钾含量不足。

速效钾主要以交换性钾为主，水溶性钾只占 5% 左右。所有被调查的地块中，土壤速效钾平均含量高达 286.86 mg/kg，范围在 83.11 ～ 820.17 mg/kg，变异系数达到 54.63%，昆明嵩明县的滇源种植地最高，文山马关蔑厂地块最低；没有发现速效钾不足的种植地，70.27% 的种植地在充足水平以上。速效钾含量高的状况在新近种植地更为明显，有 87.50% 的新近种植地土壤速效钾充足（图 5.17）。

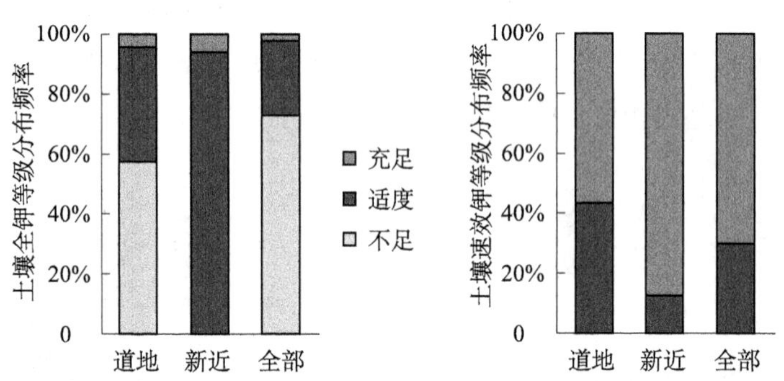

图 5.17 不同种植地土壤全钾、速效钾等级分布频率

（4）三七种植土壤交换性钙、镁含量

钙素和镁素是影响植物生长的重要中量元素，而土壤交换性钙、镁含量的高低是评价土壤保水、保肥能力的重要指标，也是改良土壤和合理施肥的重要指标之一。

三七种植地交换性钙变幅很大，高达 72.44% 的变异系数是调查的养分指标中第二高的，含量范围在 417.00 ～ 5692.00 mg/kg，均值为 1492.93 mg/kg，曲靖麒麟东山 2 号种植地最高，与这块种植地是连作土，可能通过大量施用石灰的方式缓解栽培连作障碍有关，最低的是文山砚山平远镇；有一半的种植地交换性钙适宜，另外一半中 27.03% 的地块含量不足。两种类型的地块级别分布频率相近。

各种质地交换性镁含量差异显著，分布在 36.88 ～ 414.38 mg/kg，平均为 153.45 mg/kg，变异系数为 57.64%，其中含量最高的种植地是红河建水普雄，百色靖西禄峒含量最低；除了道地种植地没有发现含量充足的情况外，两种类型的种植地土壤交换性镁含量级别分布状况类似（图 5.18）。

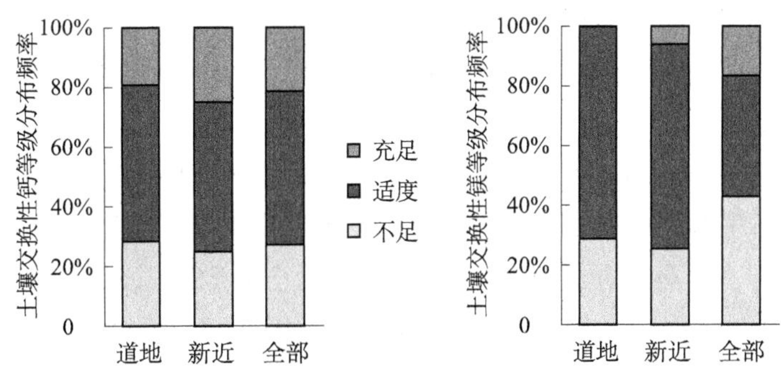

图 5.18 不同种植地土壤交换性钙、镁等级分布频率

（5）三七种植土壤微量养分元素含量

微量元素是指土壤中含量很低的化学元素，作物必需的微量元素有铁、锰、铜、锌、硼、钼等。随着化学肥料的大量使用和有机肥的投入减少，作物发生微量元素缺乏的情况越发严重，有些时候微量元素的缺乏恰恰是限制作物产量品质形成的关键。对三七种植地土壤微量元素状况调查以有效态为主，涉及的指标有土壤有效铁、锰、铜、锌和硼。

不同三七种植地土壤有效铁含量差异显著，各种植地含量变异系数达到 60.24%，变幅在 4.68 ～ 214.15 mg/kg，均值为 62.65 mg/kg，文山马关马白、文山马关新小寨和文山马关湾子寨的含量超过 100 mg/kg，文山马关夹寒箐高达 214.15 mg/kg，文山砚山盘龙却只有 4.68 mg/kg，也是唯一一个含量等级处于不足水平的种植地，种植地整体有效铁含量充足，这样的种植地共有 22 个，占总数的 59.46%；两类种植地有效铁含量等级分布频率状况类似。

有效锰（不包含 WMJ2、WMP、WYL）各地含量差异显著，均值为 115.07 mg/kg，变幅在 16.54 ～ 285.24 mg/kg，变异系数为 76.84%，文山西畴么撒最高，文山文山东山 1 号最低；有效锰整体分布在充足水平，这样的地块比例高达 88.24%，没有发现不足的情况。两类种植地土壤有效锰分布频率类似。

种植地有效铜间差异显著，变幅在 0.45 ～ 11.02 mg/kg，均值为 3.90 mg/kg，变异系数为 63.41%，文山西畴么撒是含量最高的种植地，文山州文山市东山 1 号种植地最低；78.38% 的种植地有效铜含量充足，不足的状况只有 5.40%。新近种植地有效铜充足的比例要高于道地种植地。

不同三七种植地间土壤有效锌含量差异最大，变异系数高达 85.07%，含量范围在 2.35 ～ 25.93 mg/kg，均值为 6.68 mg/kg，文山砚山盘龙含量最低，文山马关湾子寨、文山马关新小寨、文山丘北双营和文山马关夹寒箐 1 号种植地含量都在 20 mg/kg 左右；有 67.57% 的种植地土壤有效锌含量处于充足水平，其他种植地也都在适度水平。两类种植地有效锌含量分布频率状况与整体基本一致。

南方土壤含硼量普遍较低，这种情况在三七种植地土壤中也普遍存在。作物能很好吸收利用的是土壤溶液中的硼，土壤有效硼即水溶性硼，与作物生产的相关性良好。对各种植地土壤有效硼含量测定分析发现，平均含量只有 0.25 mg/kg，变幅在 0.05 ～ 0.67 mg/kg，变异系数较大，为 60.15%，昆明嵩明滇源的含量最高，文山州文山市东山 1 号种植地含量最低；有 44.12% 的种植地土壤有效硼含量不足，道地种植地中不足的情况要比新近种植地严重，有一半的道地种植地土壤有效硼含量不足（图 5.19）。

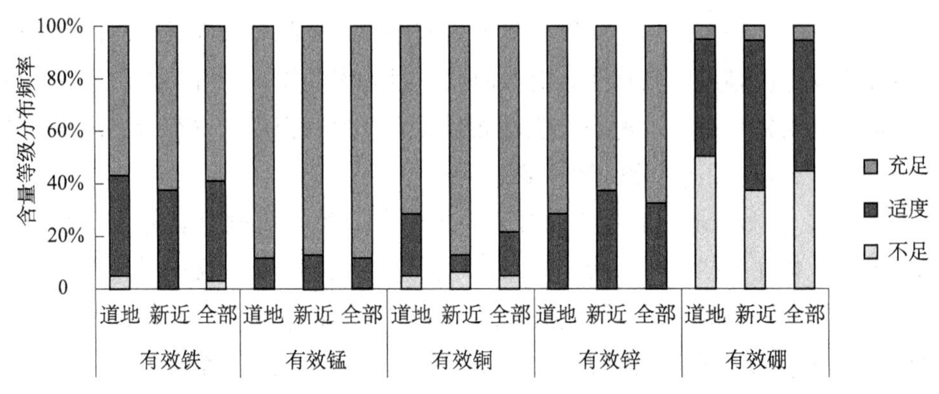

图 5.19 不同种植地土壤有效态微量养分等级分布频率

4. 三七种植土壤养分空间差异

（1）三七种植地土壤养分垂直变化

三七种植土壤不同层次的养分状况测定分析结果表明，根层（0 ～ 20 cm）与非根层（背景土壤 20 ～ 40 cm）中的养分含量有明显差异。根层与背景土壤相比，pH 无显著变化，土壤有机质、全氮、碱解氮、NH_4^+–N、NO_3^-–N、全磷、速效磷、全钾和速效钾中，只有 NO_3^-–N（21.15%）和全钾（12.22%）下降，其余指标含量均上升，上升幅度顺序为速效磷（57.72%）>速效钾（44.74%）>有机质（36.79%）>全磷（30.76%）>碱解氮（27.80%）>全氮（24.69%）>NH_4^+-N（15.97%），速效性养分变化明显高于养分全量变化（表5.7）。除pH外，新近与道地种植地土层有机质与大量养分元素的变异趋势基本一致，但道地种植地背景土壤NO_3^--N的含量增加幅度明显高于新近种植地（40.02%>12.96%），可能是道地种植地土壤淋洗作用强的缘故（表5.7）。

表5.7　不同种植地土壤酸碱度、有机质和氮、磷、钾的垂直变化（n=23）

种植地	处理	pH	OM	T-N	A-N	NH_4^+-N	NO_3^--N	T-P	A-P	T-K	A-K
道地种植地（n=13）	根层	5.61	31.34	1.87	121.38	2.14	13.55	1.06	24.05	10.00	209.32
	背景	5.51	22.47	1.46	96.26	1.74	18.97	0.67	11.70	11.15	132.56
	差值	0.10	8.88	0.40	25.13	0.40	−5.42	0.39	12.35	−1.15	76.76
	幅度	1.78	28.32	21.66	20.70	18.50	40.02	36.58	51.36	11.51	36.67
新近种植地（n=10）	根层	5.52	37.86	2.19	162.42	2.35	31.21	1.13	27.03	6.88	365.16
	背景	5.66	20.48	1.58	106.06	2.03	35.26	0.84	9.44	7.81	179.81
	差值	−0.14	17.38	0.61	56.36	0.32	−4.05	0.29	17.59	−0.93	185.35
	幅度	2.57	45.91	28.03	34.70	13.66	12.96	25.28	65.08	13.56	50.76
全部种植地（n=23）	根层	5.57	34.18	2.01	139.22	2.24	22.38	1.10	25.35	8.64	277.08
	背景	5.57	21.60	1.51	100.52	1.88	27.11	0.76	10.72	9.70	153.10
	差值	−0.01	12.57	0.50	38.71	0.36	−4.73	0.34	14.63	−1.06	123.97
	幅度	0.09	36.79	24.69	27.80	15.97	21.15	30.76	57.72	12.22	44.74

如表5.8所示，所有种植地的交换性钙、镁在根层与背景土壤中的含量差异不大，有效态铁、锰、铜、锌和硼的变化超过10%，中微量养分元素变化幅度普遍小于大量元素，根层含量高于背景含量的指标为有效锌（40.28%）>有效铜（32.16%）>有效硼（23.67%）>有效锰（14.32%）>交换性镁（2.10%），下降的指标是有效铁（12.99%）和交换性钙（1.31%）。

可以发现，交换性钙在两类种植地中的变化方向是不一致的，道地种植地交换性钙在根层土壤中的含量要低于背景土壤（8.35%），而新近种植地却提高了7.28%，但其他值的变化趋于相似。

表5.8　不同种植地土壤中微量养分元素含量的垂直变化（n=23）

种植地	处理	E-Ca	E-Mg	A-Fe	A-Mn	A-Cu	A-Zn	A-B
道地种植地（n=13）	根层	1053.25	105.22	64.71	146.28	4.36	6.89	0.16
	背景	1141.20	106.35	70.52	141.36	2.77	4.16	0.13
	差值	−87.96	−1.14	−5.81	4.92	1.58	2.74	0.03
	幅度	8.35	1.08	8.98	3.36	36.37	39.69	19.56

续表

种植地	处理	E-Ca	E-Mg	A-Fe	A-Mn	A-Cu	A-Zn	A-B
新近种植地（n=10）	根层	1121.59	165.59	50.68	165.22	4.26	5.24	0.18
	背景	1039.94	157.78	60.64	125.53	3.13	3.07	0.13
	差值	81.66	7.81	–9.96	39.69	1.13	2.16	0.05
	幅度	7.28	4.72	19.66	24.02	26.56	41.29	27.22
全部种植地（n=23）	根层	1082.96	131.47	58.61	155.75	4.32	6.17	0.17
	背景	1097.17	128.71	66.23	133.45	2.93	3.69	0.13
	差值	–14.21	2.75	–7.61	22.30	1.39	2.49	0.04
	幅度	1.31	2.10	12.99	14.32	32.16	40.28	23.67

（2）pH与三七种植地根层土壤有效态养分含量的关系

不同三七种植地土壤pH对有效养分的影响表明，有机质、碱解氮受pH影响的程度不大，其他有效态养分指标在不同pH范围间差异显著，土壤NH_4^+–N的含量随pH降低而显著增高，交换性钙则与pH呈极显著正相关，其他指标与pH的关系未表现出显著性且毫无规律可循，但可以看出，NO_3^-–N、有效镁会随pH的增高有增加的趋势。除铵态氮、速效磷、有效锰与pH呈负趋势外，其余指标为正趋势（表5.9）。

表5.9　不同pH范围土壤速效养分含量

范围	n	pH值	OM	A–N	NH_4^+–N	NO_3^-–N	A–P	A–K
＜5.00	4	4.74	34.11	149.43	2.99	37.13	23.46	203.34
5.00～5.50	7	5.31	39.59	147.32	1.84	20.31	30.35	388.71
5.50～6.00	11	5.62	31.00	134.39	1.86	17.06	25.96	269.55
6.00～6.50	8	6.11	38.61	157.10	1.90	18.33	27.17	263.57
6.50～7.00	2	6.78	35.09	143.21	1.19	34.31	9.07	224.80
＞7.00	2	7.21	39.81	151.37	1.17	92.83	23.50	588.19
CV（%）			9.75	5.27	36.31	78.57	31.85	44.86

范围	n	E–Ca	E–Mg	A–Fe	A–Mn	A–Cu	A–Zn	A–B
＜5.00	4	528.22	62.75	39.01	90.98	2.84	4.61	0.25
5.00～5.50	7	1025.91	157.06	63.61	86.59	3.44	4.65	0.20
5.50～6.00	11	1312.16	134.01	69.70	153.30	4.64	8.09	0.26
6.00～6.50	8	1938.04	208.00	86.59	135.56	3.36	9.62	0.23
6.50～7.00	2	2252.88	197.39	52.51	56.56	4.55	4.51	0.21
＞7.00	2	4310.19	187.13	55.08	29.17	3.20	4.25	0.53
CV（%）		70.52	34.20	26.68	50.71	20.26	38.67	44.26

（3）有机质与三七种植地根层土壤养分含量的关系

不同三七种植地土壤有机质对有效养分的影响表明，各养分指标在不同有机质含量范围间有明显不同，有机质与全氮、碱解氮、全钾、有效锰的相关明显，随土壤有机质含量的升高，土壤全氮、碱解氮的含量明显增大，而全钾和有效锰则会显著降低。除铵态氮、全钾、有效铁、有效锰有效锌和土壤有机质呈负趋势外，其余指标均呈正趋势（表 5.10）。

表5.10　不同有机质值范围土壤养分含量

范围	*n*	OM	T-N	A-N	NH_4^+-N	NO_3^--N	T-P	A-P	T-K
< 20	1	19.09	1.35	86.58	2.20	35.64	0.62	21.35	6.68
20～30	10	25.62	1.75	126.30	1.98	9.04	1.08	23.12	13.14
30～40	11	34.37	1.82	139.89	1.74	26.68	1.28	28.30	8.90
40～50	9	44.17	2.21	167.56	2.21	46.20	1.29	24.96	6.59
>50	3	54.07	2.54	185.58	1.42	14.69	1.01	28.61	3.58
CV（%）			23.47	27.14	17.49	57.21	25.65	12.58	45.62
范围	*n*	A-K	E-Ca	E-Mg	A-Fe	A-Mn	A-Cu	A-Zn	A-B
< 20	1	241.10	1181.56	118.44	49.63	245.44	1.84	7.33	0.24
20～30	10	225.54	1215.39	131.78	78.78	149.63	3.76	7.65	0.17
30～40	11	367.02	1426.72	180.70	62.78	92.79	3.75	6.41	0.30
40～50	9	307.79	2291.64	183.68	61.70	108.55	3.63	7.65	0.31
>50	3	310.03	901.46	60.21	64.22	57.63	5.19	3.74	0.20
CV（%）		19.78	37.81	37.67	16.35	55.11	32.78	25.22	24.56

5. 三七种植地土壤养分间的关系

（1）根层与背景养分含量的相关性

三七种植地根层土壤与背景土壤各养分指标间的相关性分析发现，各养分指标含量在不同土层间均呈正相关趋势，除有机质、速效磷和有效硼未达到显著水平外，其他指标均达到显著和极显著程度，根据 *r* 值将指标排名，相关性由强到弱的顺序为全钾>交换性镁>有效锰>有效铁>有效铜> pH >交换性钙>全氮>硝态氮>碱解氮>铵态氮>全磷>速效钾（极显著水平），有效锌（显著水平），有效硼>有机质>速效磷，同时相关度排名也同时表明了根层与背景土壤养分间的变异程度，排名越靠前，说明变异性越小（表 5.11）。

表5.11　三七种植地根层与背景土壤养分间相关性（*n*=20）

指标	pH	OM	T-N	A-N	NH_4^+-N	NO_3^--N	T-P	A-P	T-K
*r*值	0.794**	0.305	0.731**	0.720**	0.710**	0.729**	0.639**	0.122	0.944**
指标	A-K	E-Ca	E-Mg	A-Fe	A-Mn	A-Cu	A-Zn	A-B	
*r*值	0.595**	0.765**	0.918**	0.871**	0.876**	0.805**	0.522*	0.408	

* 在 0.05 水平（双侧）上显著相关；** 在 0.01 水平（双侧）上显著相关。

（2）根层土壤养分含量的相关性

三七种植地根层土壤养分指标间的相关性分析表明，土壤全氮与铵态氮、全钾、交换性镁呈负相关，除和有效硼无关系外，与其余指标均呈正相关，其中与土壤碱解氮、有效铜达到极显著正相关关系，与全磷含量呈显著正相关；土壤碱解氮与铵态氮、全钾、有效锰和有效锌间存在负相关关系，其余为正相关，达到显著程度的只有全磷和有效铜，与全氮为极显著正相关；铵态氮与交换性钙含量呈显著负相关，与有效锰含量呈显著正相关，与其他指标含量相关性均为达到显著级别。硝态氮与交换性钙含量呈极显著正相关，与速效钾呈显著正相关，其余指标未达到显著水平。土壤全磷含量除与硝态氮、全钾、交换性镁含量呈不显著负相关外，与其余指标均呈正相关，与全氮、碱解氮、有效铜呈显著正相关，与速效磷、有效硼含量呈极显著正相关。速效磷含量与硝态氮、全钾、交换性钙、交换性镁呈负相关，除与铵态氮、碱解氮速效磷间的关系不明显外，与其余指标均呈正相关，其中与全磷含量呈极显著正相关，与有效锰呈显著正相关；土壤全钾与有效锰含量的关系不明确，与有效锌呈显著正相关，与有效铁、交换性钙、镁有不显著正相关趋势，与其他指标均呈不显著负相关趋势；土壤速效钾与交换性镁含量呈极显著正相关，与硝态氮呈显著正相关，与其余指标间均无显著相关性，但与土壤全钾有相当大的负相关关系。土壤交换性钙与铵态氮呈显著负相关，与硝态氮呈显著正相关，与其他指标的相关性不强；交换性镁与土壤速效钾含量呈极显著正相关，与交换性钙有一定正相关性，但与其余指标相关性不强；有效铁只与有效锌含量呈极显著的正相关，其余均无显著性可言，存在正相关的有全氮、碱解氮、全磷、速效磷、全钾和有效铜；土壤有效锰与铵态氮、速效磷、有效铜呈显著正相关；有效铜与全氮呈极显著正相关，与碱解氮、全磷、有效锰呈显著正相关；有效锌与全钾、有效铁呈显著正相关，且与有效铁达到极显著水平；土壤有效硼只与全磷呈极显著正相关，与速效钾、交换性钙有一定正相关趋势（表 5.12）。

表5.12　三七种植地土壤根层养分间的相关性（n=34）

指标	Y1	Y2	Y3	Y4	Y5	Y6	Y7	Y8	Y9
pH	1								
有机质	0.073	1							
全氮	0.102	0.545**	1						
碱解氮	0.063	0.635**	0.747**	1					
NH_4^+-N	−0.485**	−0.146	−0.108	−0.152	1				

续表

指标	Y1	Y2	Y3	Y4	Y5	Y6	Y7	Y8	Y9
NO_3^--N	0.28	0.276	0.084	0.22	0.03	1			
全磷	0.124	0.108	0.411*	0.375*	−0.163	0.004	1		
速效磷	−0.148	0.062	0.303	0.049	0.003	−0.102	0.586**	1	
全钾	0.222	−0.421*	−0.235	−0.309	−0.316	−0.256	−0.137	−0.129	1
速效钾	0.206	0.137	0.035	0.074	−0.034	0.357*	0.105	0.2	−0.315
交换性钙	0.750**	0.22	0.159	0.1	−0.369*	0.462**	0.185	−0.132	0.081
交换性镁	0.346*	0.017	−0.138	0.013	−0.182	0.124	−0.077	−0.158	0.214
有效铁	0.126	−0.105	0.204	0.141	−0.108	−0.171	0.29	0.213	0.296
有效锰	−0.085	−0.351*	0.133	−0.173	0.345*	−0.118	0.134	0.391*	−0.002
有效铜	0.037	0.072	0.523**	0.374*	0.103	−0.12	0.389*	0.314	−0.207
有效锌	0.033	−0.086	0.2	−0.017	0.034	−0.043	0.221	0.135	0.361*
有效硼	0.199	0.148	−0.015	0.174	−0.185	0.295	0.456**	0.274	−0.185

指标	Y10	Y11	Y12	Y13	Y14	Y15	Y16	Y17
pH								
有机质								
全氮								
碱解氮								
NH_4^+-N								
NO_3^--N								
全磷								
速效磷								
全钾								
速效钾	1							
交换性钙	0.275	1						
交换性镁	0.456**	0.323	1					
有效铁	−0.259	−0.039	−0.163	1				
有效锰	0.093	−0.199	−0.022	−0.107	1			
有效铜	−0.116	−0.065	−0.243	0.169	0.399*	1		
有效锌	−0.283	−0.016	−0.01	0.556**	0.009	−0.058	1	
有效硼	0.271	0.289	0.018	0.021	−0.258	−0.006	−0.033	1

* 在 0.05 水平（双侧）上显著相关；** 在 0.01 水平（双侧）上显著相关。
注：Y1，…，Y17 分别代表 pH，…，有效硼等。

5.3.3 三七种植土壤养分年际动态变化

土壤养分是作物产量和品质形成的重要因子之一，根据作物营养特性适时适量补充营养是作物高产的关键因素，也是肥料高效利用的重要前提（闫湘等，2008）。然而，三七种植地土壤养分偏高（刘义等，2014），不仅不利于三七产量及品质的提升，还会因养分流失而造成环境负效应、资金投入过高等问题。该节介绍了三七种植期间根际土壤养分的变化规律，以期为三七种植的合理高效施肥提供参考和理论依据。

1. 根际土壤 pH 和有机质含量变化

三七根际土壤 pH 变化趋势如图 5.20a 所示。种植三七土壤 pH 值 3 年后降低了 3.28%，不种植（CK）升高了 0.14%，种植三七土壤 pH 值平均较 CK 低 3.03%。2010 年 6 月即三七移栽 6 个月后，种植三七土壤 pH 与 CK 相同，但 6～9 月不种植时 pH 值急剧下降了 3.92%，9～12 月逐步回升；而种植三七 pH 在 6～12 月基本保持不变。2011 年 1～12 月，CK 土壤 pH 始终保持上升趋势，年增幅为 5.77%；而种植土壤 pH 呈下降趋势，降低 3.92%。2012 年前 10 个月对照的 pH 基本保持不变，10～12 月略有下降，全年约降低 2.11%；种植三七土壤 pH 值在 1～8 月降低约 3.34%，8～12 月呈上升趋势，上升了 1.73%。

种植三七和不种植三七土壤有机质含量初始值与最终值的差异较小，CK 土壤有机质平均含量比种植高 6.41%，且种植期间各处理有机质含量呈周期性升降。2010 年种植与不种植土壤有机质含量变化趋势基本一致，即在 6～9 月呈增加趋势，9～12 月呈减小趋势。2011 年前 9 个月 CK 土壤有机质含量变化较小，9～12 月约增加了 7.03%；种植三七在 1～12 月呈周期性变化，整体约减小了 7.39%。2012 年，两种处理在 1～12 月均呈减小趋势，均减小约 17%（图 5.20b）。

研究表明，施肥会引起作物根际土壤 pH 的变化，如施用铵态氮肥后土壤 pH 呈下降趋势，施用酰胺态氮后土壤 pH 先增加后减小（Zhou J et al.，2014；佟德利等，2012a）。也有研究表明，酸性条件下微生物的硝化作用受到抑制（佟德利等，2012b）。三七适宜土壤 pH 以中性偏酸性为好，土壤原始 pH 值为 5.57，但 6 个月后种植三七和不种植土壤 pH 值均上升到 6.40，主要是由于底肥施用的酰胺态复合肥水解后硝化作用受到抑制，从而使得对照组土壤 pH 上升，并呈逐年递增的趋势，一年生三七前 6 个月对养分的吸收和根系分泌物均较少，因而使得种植组土壤 pH 升高。然而，随着三七种植年限的增加，养分需求量及根系分泌物增加，土壤中 H^+ 和有机酸等物质的累积逐年增加，使得种植三七根际土壤 pH 逐年降低。因此，三七吸收养分释放 H^+ 和根系分泌有机酸等物质，是三七种植地土壤 pH 逐年下降的主要原因。土壤有机质是营养元素的储藏库，与矿质养分的转化有直接或间接关系，土壤有机质含量处于不断变化的状态，土壤温度、水分含量等与有机质的转化有直接关系（戴万宏等，2009）。土壤有机质含量变化较小，主要是由于有机残体在土壤中的转化周期很长；而种植期间土壤有机质含量处于不断的变化中，是由于季节性变化、土壤干湿交替等原因。三七生长发育消耗土壤中的碳，加速有机质的分解，所以种植三七的土壤有机质含量低于未种植三七的土壤。

2. 根际土壤大量营养元素动态变化

（1）氮素动态变化

图 5.21a 表明，种植三七与不种植土壤的全氮含量在整个种植期间有相似的变化趋势，且不种植三七平均值高于种植三七 5.59% 左右；另外，3 年后各处理土壤全氮含量均略有所降低，CK 降低了 11.53%，种植降低了 6.84%。2010 年 6～12 月两组处理均呈先增加后降低的趋势，9 月时达到最大值，分别降低约 8.86% 和 8.03%。2011 年两组处理总体均呈增加趋势，分别增加约 9.76% 和 4.46%。2012 年两组处理总体呈降低趋势，分别降低约 11.76% 和 8.30%。图 5.21b 表明，整个种植期间 CK 土壤碱解氮含量始终高于种植地土壤，平均值高 15.09%，

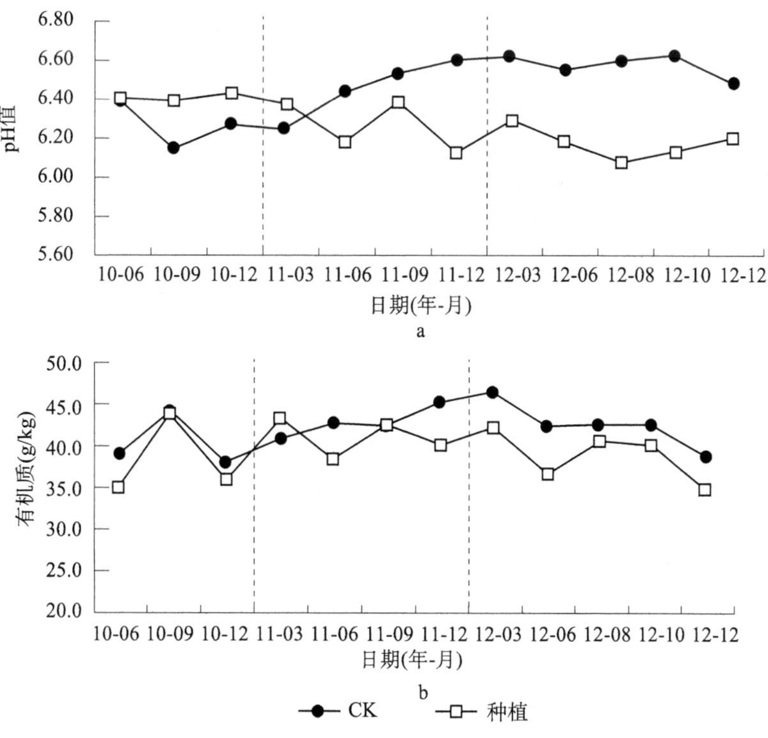

图 5.20　土壤 pH 值和有机质含量的变化趋势

且差异随种植年限逐年增大，移栽第 1 年增幅为 7.00%，第 2 年为 15.70%，第 3 年为 16.49%。此外，整个种植期间两组处理碱解氮含量均呈降低趋势，其中第 1 年 CK 降低 6.71%，种植降低 19.48%；第 2 年 CK 降低约 8.95%，而种植基本不变；第 3 年 CK 降低约 20.99%，种植降低约 17.86%。

（2）磷素动态变化

两组处理全磷含量整个种植期间的差异不大，且呈周期性变化，观察期前后基本无差异（图 5.22a）；但观察结束时有效磷含量均低于初始有效磷含量，其中 CK 有效磷降低 7.45%，种植降低 4.14%，其变化趋势基本一致，第 1、3 年呈降低趋势，第 2 年基本保持平稳，且 CK 有效磷含量始终比种植地高，平均值高 12.59%（图 5.22b）。

（3）钾素动态变化

图 5.23a 表明，种植期间两组处理土壤全钾含量呈增加趋势，CK 和种植分别增加 11.55% 和 19.72%，且种植三七土壤平均全钾含量比 CK 低 26.20% 左右。图 5.23b 表明，到 2012 年 12 月即观察结束时 CK 土壤速效钾含量较初始值增加

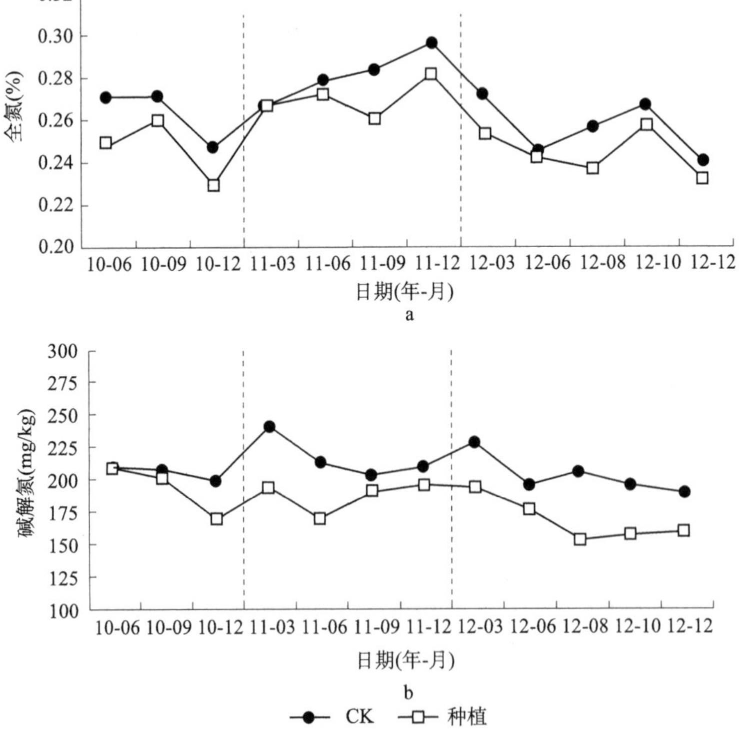

图 5.21 土壤氮素含量动态变化

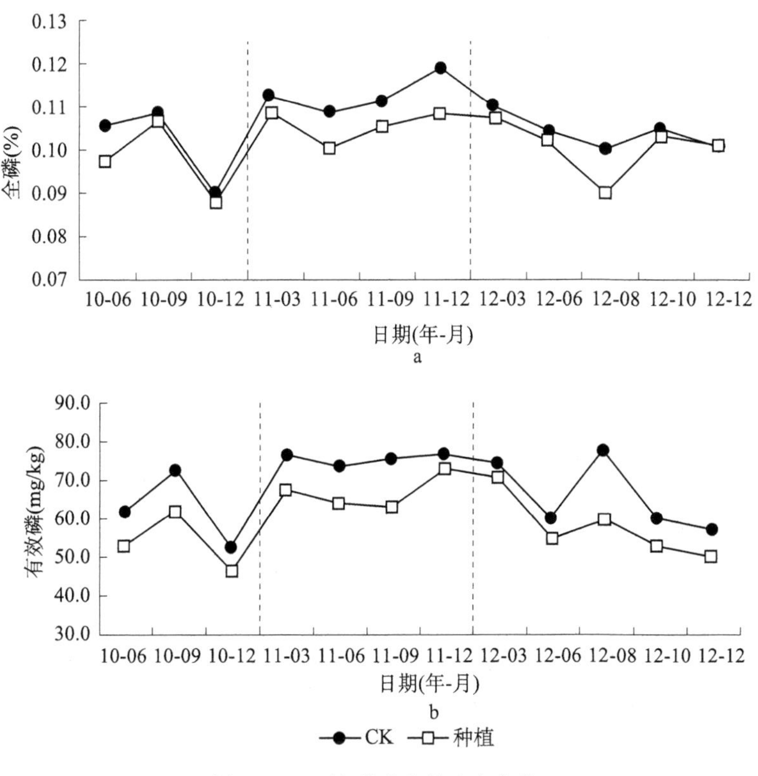

图 5.22　土壤磷素含量动态变化

9.84%，而种植地土壤全钾含量降低约 19.87%。种植期间 CK 速效钾含量均高于种植，平均值高 20.41%，且随着种植年限的增加差异逐年增大，其中第 1 年相差 5.21%，第 2 年相差 21.82%，第 3 年相差 27.03%。此外，第 1 年两组处理速效钾含量均呈小幅增加趋势，分别增加 6.12% 和 2.93%；第 1、3 年呈降低趋势，第 2 年两组处理分别降低 2.16% 和 23.84%、16.87% 和 24.13%。

土壤氮素因周期性施肥而呈周期性升降，种植后土壤氮素含量比种植前略有降低，说明氮肥在酸性红壤中的损失较大，三七对氮素的吸收会进一步减少土壤氮素的含量，所以种植三七的土壤氮素含量始终比未种植三七的土壤低。三七对氮素的吸收随种植年限的增加而增加，进而也导致种植三七土壤碱解氮的含量与未种植三七土壤的差异逐年扩大。三七对磷的吸收使种植三七的土壤磷素含量低于未种植三七的土壤，但两者间差异基本保持稳定；土壤磷素含量呈周期性变化，主要是由于土壤水分、温度等随季节变化使磷素在土壤中不断

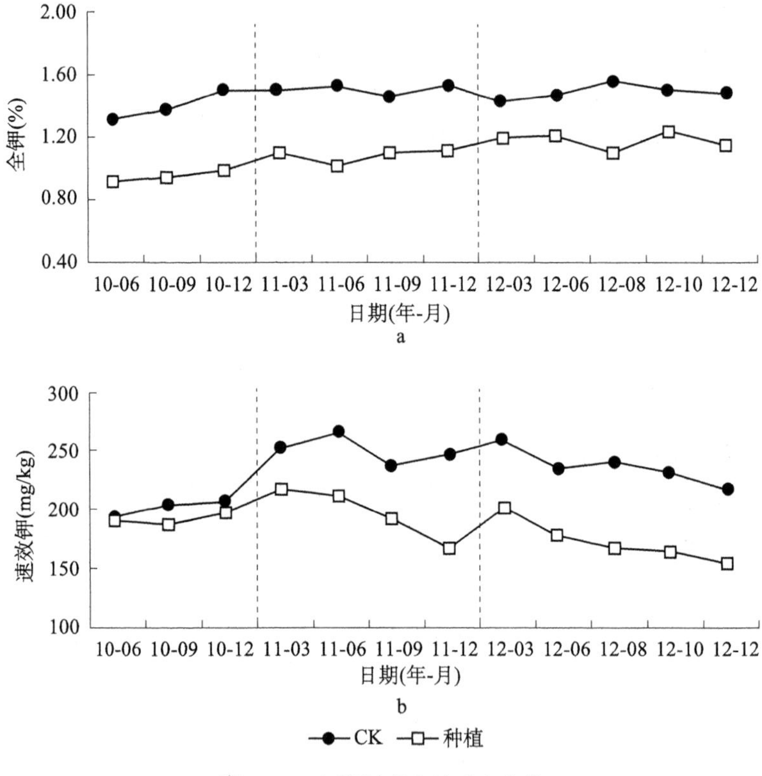

图 5.23　土壤钾素含量动态变化

地发生吸附与解吸。酸性土壤对肥料钾素的固定能力很强，所以对照组土壤全钾含量随年限增加而逐步递增；但是由于三七对钾的吸收逐年累加，导致种植三七的土壤全钾含量始终低于未种植三七土壤；且三七是块根植物，对钾素的需求量较高，因此未种植三七土壤的速效钾含量与种植三七的土壤速效钾含量的差距逐年增大。每年 4～6 月、8～10 月土壤速效氮、磷、钾的含量呈下降趋势。同时由于三七对氮、磷、钾的吸收量为钾＞氮＞磷（欧小宏等，2011），所以种植三七与未种植三七的土壤速效钾的含量差异最大，氮次之，磷最小。

3. 土壤阳离子交换性能的动态变化

图 5.24a 表明，到 2012 年 12 月种植三七土壤交换性钙含量增加约 7.52%，而 CK 则降低约 0.96%，且整个种植期间两种处理均随季节变化呈周期性变化，种植三七土壤交换性钙平均值含量较 CK 高 10.45%。图 5.24b 表明，两组处理 3 年后土壤交换性镁的含量均减小，不种植降低了 19.69%，种植

降低了 6.38%。与交换性钙含量相同，整个种植期间两组处理交换性镁含量均随季节变化呈周期性变化，且种植平均值较 CK 高 14.78%。图 5.24c 表明，两组处理土壤阳离子交换量随季节变化呈小幅度变化，种植前后基本无变化，且整个种植期间 CK 土壤阳离子交换量始终高于种植，平均值高 9.74%。

土壤阳离子交换量反映土壤胶体表面性质和土壤的保肥供肥性能，与土壤类型、pH、有机质含量关系密切（欧小宏等，2011）。研究表明（李洁等，2013），施用酸化调理剂使土壤 pH 升高，可以显著提高土壤阳离子交换量，所以未种植三七土壤阳离子交换量高于种植土壤。当三七对钾素的吸收较多时，土壤速效钾含量降低，土壤胶体上 K^+ 交换位点可以被 Ca^{2+}、Mg^{2+} 占据，导致种植三七土壤交换性钙、镁含量高于未种植三七土壤。此外，土壤对磷的吸附主要是与 Ca^{2+}、Mg^{2+} 等离子形成难溶化合物，也是土壤交换性钙、镁含量呈周期性变化的原因之一。

4. 土壤微量元素动态变化

不种植和种植三七土壤有效铁含量均随季节变化呈周期性变化且有逐年上升的趋势，3 年后分别增加了 23.50%、29.07%，两种处理间差异不大，种植有效铁含量平均值较 CK 高 2.51%（图 5.25a）。两组处理土壤有效锰含量种植前后基本无变化，且随季节性变化趋势基本一致，第 1 年呈上升趋势，第 2、3 年呈下降趋势，整个种植间 CK 有效锰含量略微高于种植（图 5.25b）。第 1、2 年两组处理土壤有效铜含量均随季节变化基本呈上升趋势，第 3 年基本保持稳定，整个种植期间 CK 和种植分别增加 16.81% 和 14.09%；此外，不种植土壤有效铜含量前两年均高于种植组，而第 3 年则差异不明显（图 5.25c），种植三七土壤有效铜较 CK 高 2.99%。两种处理土壤有效锌含量 3 年后分别比初值增加 25.91%、26.47%，其中第 1 年呈大幅增加趋势，第 2 年增加幅度较小，第 3 年呈小幅降低趋势；整个种植期间种植三七土壤有效锌平均值较 CK 高 12.60%（图 5.25d）。

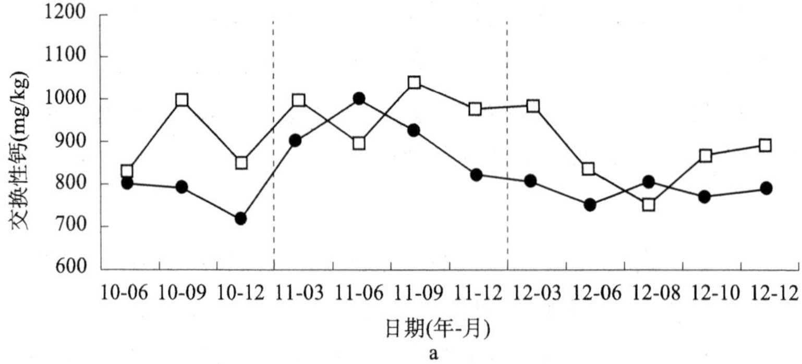

a

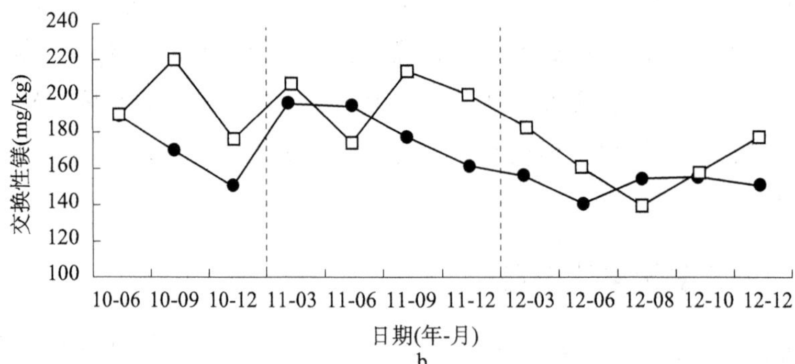

b

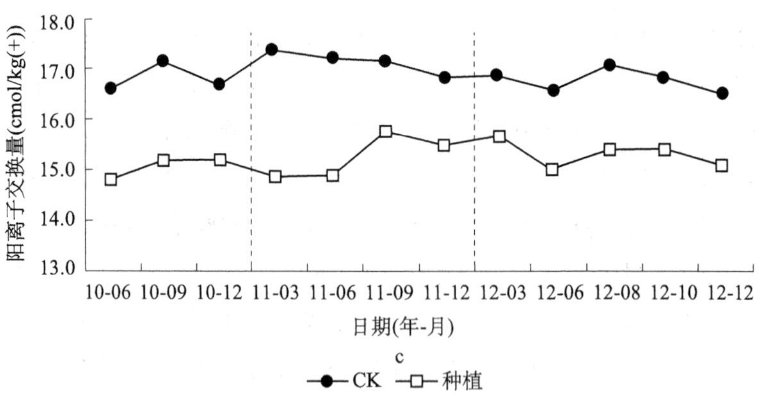

c

图 5.24　土壤交换性钙、镁及阳离子交换量的动态变化

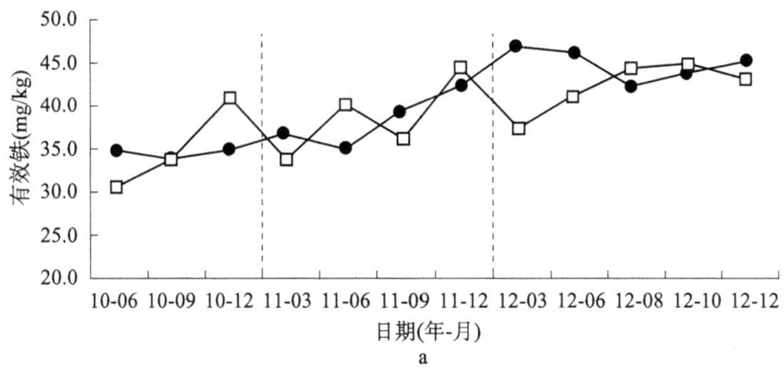

a

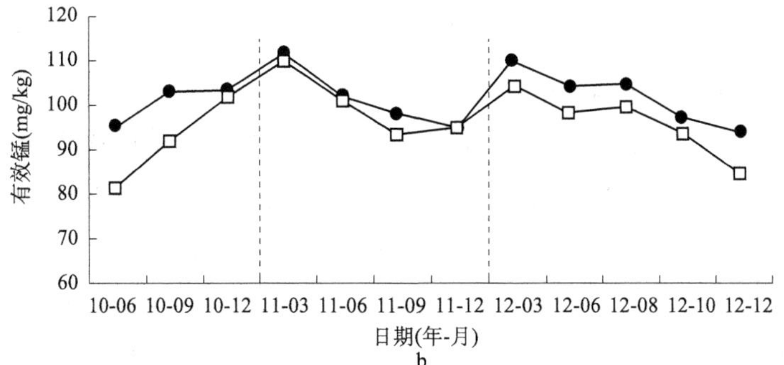

b

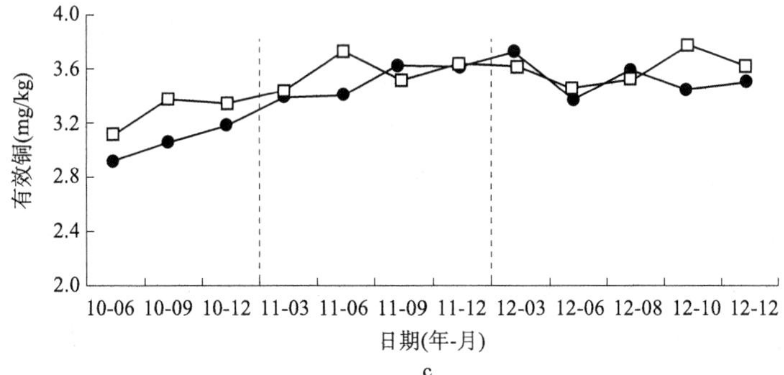

c

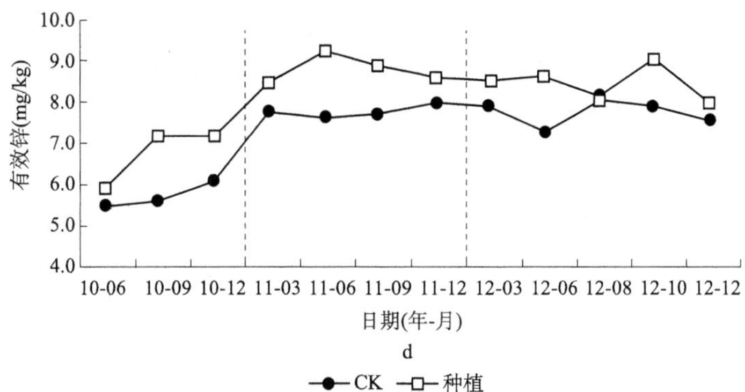

d

图 5.25　土壤有效铁（a）、锰（b）、铜（c）、锌（d）动态变化

5.4 三七的科学施肥

5.4.1 氮肥运筹对三七产量、品质及养分吸收与分配的影响

氮营养是植物生长发育的必需大量元素之一，合理的运筹模式可以增加作物产量、改善作物品质（姜丽娜等，2010）、提高氮肥利用率（苏伟等，2010）、增强作物抗倒性（魏凤珍等，2008）、减少环境负效应（武际等，2008）等。三七种植规模、模式都已随着现代农业技术的发展发生了巨大的改变（杨永建等，2008）。其中，在肥料的施用上，化学肥料逐步取代了传统的火土加有机肥（刘云芝等，2012），特别是氮肥的施用，其种类、施用量及施用方式均存在较大的差异（欧小宏等，2011）。王朝梁等（1989）以火土加农家肥研究了基肥用量及追肥次数对三七种苗产量的影响，结果表明基肥用量对三七种苗鲜产量有显著影响，但追肥次数为 2 次或 3 次却影响不显著。崔秀明等（2000）采用四元二次回归旋转组合设计，以尿素为氮源，1/2 基施，1/2 追肥，研究了密度及施肥对二年生三七产量的影响，得出二年生三七的最佳氮肥用量为 60 kg/hm^2。此外，同样以尿素为氮源，不施基肥，6 次追肥的施用方式，三年生三七适宜的氮肥用量为每公顷 337.5 ～ 450 kg（韦美丽等，2008b）；而 1/3 作基肥，1/3 于展叶期追施，1/3 于现蕾期追施，二年生三七适宜的氮肥用量为每公顷 165 ～ 270 kg（王朝梁等，2007）。实际生产中，七农三七施肥的传统经验一般是定植时不施基肥，而在 4 ～ 11 月的三七生长期每月追施 1 ～ 2 次高浓度复合肥（含量一般在 45% 左右），施用量为 0.025 ～ 0.05 kg/m^2。由此可见，化肥的种类、施用量及施用方式都是影响三七产量的因素。本节介绍了刘大会课题组对中等施氮量水平下，不同氮肥基追比例、追施次数和追施时期对三七产量、品质和元素吸收等影响的研究成果。

1. 氮肥运筹对三七产量的影响

刘大会等（2014）的研究表明，施用氮肥能明显提高三七单株生物量，其中地上部分生物量增加 42.9% ～ 71.4%，地下部分生物量增加 2.6% ～ 33.0%，总体生物量则增加 12.7% ～ 41.9%；施用氮肥对三七存苗率的影响不显著，而运筹模式却能显著影响存苗数；基肥用量为 50% ～ 100% 的处理，其存苗率与不施氮（CK）相比差异不显著；但基肥用量小于 50% 的处理（F4、F5），存苗

率比 CK 低 25% ～ 32%。施用氮肥能增加三七产量，但氮肥施用方式不合理反而会导致三七减产。当氮肥基施量为 50% ～ 100% 时，追肥次数为 1 ～ 2 次（F1、F2 和 F3）时，三七产量均比 CK 高，增产 16.4% ～ 32.7%；相反，基肥量小于 50%，追肥次数为 3 ～ 6 次，则会导致三七产量减产，减产 24.5% ～ 31.8%。此外，不同氮肥运筹模式下，随着基肥用量减少，追肥量及次数增加，三七产量亦呈先增加后减小的趋势，当基肥量为 70%，1 次追肥 30% 时，其产量达到最大（表 5.13）。上述结果说明，基肥量为 50% ～ 100%，追肥次数为 1 ～ 2 次是提高三七整株生物量及总体产量合理的氮肥运筹模式。

表5.13 氮肥运筹对三七存苗率、生物量及产量的影响

处理	存苗数（株/盆）	存苗率（%）	生物量（g/株）			地下部分产量（g/盆）
			地上部分	地下部分	总计	
CK	7.3 ± 0.5^{a}	91.0	0.91 ± 0.04^{d}	3.03 ± 0.02^{d}	3.94 ± 0.04^{d}	22.0 ± 0.2^{b}
F1	7.0 ± 0.8^{a}	88.0	1.40 ± 0.08^{b}	3.52 ± 0.30^{b}	4.92 ± 0.32^{b}	25.6 ± 2.6^{ab}
F2	7.3 ± 1.0^{a}	91.0	1.56 ± 0.04^{a}	4.03 ± 0.13^{a}	5.59 ± 0.14a	29.2 ± 3.8^{a}
F3	7.8 ± 0.5^{a}	98.0	1.32 ± 0.04^{c}	3.36 ± 0.17^{a}	4.68 ± 0.19^{bc}	26.1 ± 2.6^{a}
F4	5.3 ± 0.5^{b}	66.0	1.33 ± 0.02^{c}	3.11 ± 0.16^{c}	4.44 ± 0.15^{c}	16.6 ± 2.3^{c}
F5	4.7 ± 0.9^{b}	59.0	1.30 ± 0.02^{c}	3.22 ± 0.16^{c}	4.52 ± 0.16^{c}	15.0 ± 2.7^{c}

注：表中同列上标小写字母表示不同处理间差异达到 5% 显著水平。CK 代表不施氮肥；F1 代表基追比为 100：0；F2 代表基追比为 70：30（1 次追肥）；F3 代表基追比为 50：50（2 次追肥）；F4 代表基追比为 30：70（4 次追肥）；F5 代表基追比为 0：100（6 次追肥）。

三七传统种植较少施用基肥，而较多施用追肥。研究也表明，施用基肥更有利于三七种苗产量的形成（王朝梁等，1989），且根腐病发病率要低于无基肥处理（王朝梁等，2007）。三七产量的高低主要由收获时的存苗率及单株生物量决定。施用氮肥能显著提高三七单株生物量 12.7% ～ 41.9%，但其产量却因氮肥运筹模式的不同而存在显著差异。其主要原因是由于施氮量相同的情况下，不同氮肥运筹模式对三七单株生物量虽有统计学差异，但实际差异却较小。因此，存苗率就决定了三七产量高低，而在基肥量低于 50% 的氮肥运筹模式下，由于追肥量及次数过多而造成三七根腐病等发生率增加，进而致使存苗率显著低于不施氮肥处理 25% ～ 32%。因而，三七的单株生物量虽大于不施氮处理，但其产量却减产 24.5% ～ 31.8%。相反，适量基追比的氮肥运筹模式不仅能够获得较高的存苗率，而且也能显著促进三七单株生物量的提升，而当基肥用量为 50% ～ 100%，追肥 1 ～ 2 次时，三七产量增产 16.4% ～ 32.7%。因此，基肥量为 50% ～ 70%，追肥次数为 1 ～ 2 次，是提高三七产量适宜的氮肥运筹模式，尤以基追比为 70：30，追肥 1 次最佳。

2. 氮肥运筹对三七品质的影响

皂苷类成分是三七主要的品质成分，施用氮肥及其运筹模式均会对三七皂苷的含量及积累量产生影响。施用氮肥能增加三七皂苷 R_1 和人参皂苷 Rd 的含量，对人参皂苷 Rb_1 的含量影响不大，但却会减小人参皂苷 Rg_1 的含量和皂苷总和，其中皂苷总和减少量为 0.45% ～ 0.98%。而不同氮肥运筹模式下，三七皂苷 R_1、人参皂苷 Rb_1 和人参皂苷 Rd 的含量均随着氮肥基施量减少，追肥次数增加，而呈先增加后减小的趋势；但人参皂苷 Rg_1 的含量则随基肥用量减少有增加的趋势。此外，四种皂苷含量的总和在不同氮肥运筹模式下，也随基肥用量减少而呈先增加后减小的趋势，当基肥量为 70%，追 1 次肥（F2）时，其三七皂苷 R_1、人参皂苷 Rb_1、人参皂苷 Rd、皂苷含量总和均为最大值。与不施氮肥相比，施用氮肥且全部作为基肥，三七皂苷 R_1、人参皂苷 Rb_1 及人参皂苷 Rd 累积量均增加，而人参皂苷 Rg_1 却减小，但皂苷累积总和却增加。在不同氮肥运筹模式下，F2 各皂苷累积量均为最高，且继续增加追肥用量，其皂苷累积量有降低的趋势（表 5.14）。因此，上述结果说明施氮会降低皂苷含量，而基肥用量为 70%，追肥 1 次的氮肥运筹模式却能够最大限度地阻止其降低，甚至还可以增加每株三七的皂苷积累量。

表5.14　氮肥运筹对三七品质成分的影响

处理	皂苷含量（%）					皂苷积累量（mg/株）				
	三七皂苷R_1	人参皂苷Rg_1	人参皂苷Rb_1	人参皂苷Rd	总计	三七皂苷R_1	人参皂苷Rg_1	人参皂苷Rb_1	人参皂苷Rd	总计
CK	0.35 ± 0.01^{b}	3.13 ± 0.09^{a}	1.77 ± 0.10^{a}	0.48 ± 0.03^{ab}	5.73 ± 0.04^{a}	1.06 ± 0.04^{c}	9.48 ± 0.27^{ab}	5.35 ± 0.29^{bc}	1.45 ± 0.08^{bc}	17.34 ± 0.02^{bc}
F1	0.41 ± 0.01^{ab}	2.45 ± 0.17^{bc}	1.66 ± 0.10^{ab}	0.49 ± 0.04^{ab}	5.01 ± 0.12^{bc}	1.43 ± 0.09^{b}	8.58 ± 0.53^{bc}	5.86 ± 0.88^{b}	1.74 ± 0.29^{b}	17.61 ± 1.57^{b}
F2	0.45 ± 0.04^{a}	2.54 ± 0.18^{bc}	1.76 ± 0.07^{a}	0.51 ± 0.03^{a}	5.26 ± 0.23^{b}	1.82 ± 0.12^{a}	10.20 ± 0.57^{a}	7.08 ± 0.34^{a}	2.05 ± 0.14^{a}	21.16 ± 0.56^{a}
F3	0.37 ± 0.06^{ab}	2.57 ± 0.07^{bc}	1.54 ± 0.01^{bc}	0.43 ± 0.07^{b}	4.91 ± 0.09^{bc}	1.24 ± 0.19^{bc}	8.63 ± 0.51^{bc}	5.19 ± 0.22^{bc}	1.46 ± 0.25^{bc}	16.51 ± 0.78^{bcd}
F4	0.35 ± 0.05^{b}	2.62 ± 0.26^{b}	1.44 ± 0.03^{c}	0.42 ± 0.05^{b}	4.82 ± 0.30^{c}	1.10 ± 0.17^{c}	8.18 ± 1.19^{cd}	4.47 ± 0.28^{c}	1.29 ± 0.22^{c}	15.04 ± 1.70^{d}
F5	0.34 ± 0.10^{b}	2.31 ± 0.11^{c}	1.66 ± 0.22^{ab}	0.44 ± 0.05^{ab}	4.75 ± 0.40^{c}	1.10 ± 0.38^{c}	7.46 ± 1.09^{d}	5.36 ± 0.85^{bc}	1.43 ± 0.22^{bc}	15.34 ± 1.95^{cd}

注：表中同列上标小写字母表示不同处理间差异达到 5% 显著水平。CK 代表不施氮肥；F1 代表基追比为 100 : 0；F2 代表基追比为 70 : 30（1 次追肥）；F3 代表基追比为 50 : 50（2 次追肥）；F4 代表基追比为 30 : 70（4 次追肥）；F5 代表基追比为 0 : 100（6 次追肥）。

药材品质成分是植物次生代谢物，其合成代谢受环境因子如温度、光照、水分、养分等的影响（阎秀峰等，2007）。因此，施肥也会影响植物次生代谢物的含量，但对于不同种类的次生代谢物，施用氮肥对其的影响也不相同。如灯盏花（苏文华等，2009）、菊花（Liu D et al，2010）中黄酮的含量与其生长环境中氮素的含量呈显著负相关，即施氮会抑制黄酮类成分的合成代谢；而施氮量却对西洋参皂苷成分的含量却无显著影响（Beyaert R P，2005）。研究结果表明，施氮虽会降低三七皂苷类成分的含量，但基肥用量为70%，1次追肥30%的氮肥运筹模式却能有效减小因施用氮肥对三七皂苷类成分含量降低的作用；相反，还能增加三七皂苷类成分的累积量。因此，基肥用量为70%，追肥量为30%，追肥次数为1次，是保证三七品质合理的氮肥运筹模式。

3. 氮肥运筹对三七植株氮、磷、钾吸收与分配的影响

施用氮肥能显著提高三七氮含量、累积量，并且增加氮在地上部分的分配比例。不同氮肥运筹模式下，氮肥全部基施（F1），三七地上部分及地下部分氮含量与累积量均最低，且氮在地下部分的分配较小，而减少基肥用量，增加追肥量及次数，三七地上及地下部分氮含量和累积量均增大，且氮在地下部分的分配也随之增大。此外，当基肥量为70%，追肥30%（F2）时，三七地上部分氮累积量最大，地下部分氮累积量仅次于氮肥全部追肥（F5）（表5.15）。因此，增加追肥量及次数能增加三七氮素含量，但适宜的氮肥运筹模式却可以增加三七对氮素的累积作用。

表5.15　氮肥运筹对三七氮素含量、累积量及分配比例的影响

处理	氮含量（g/kg）		氮累积量（mg/株）			分配比例（%）	
	地上部分	地下部分	地上部分	地下部分	合计	地上部分	地下部分
CK	14.47 ± 0.07^{c}	9.67 ± 0.47^{d}	12.16 ± 1.29^{d}	30.32 ± 3.70^{c}	42.48 ± 2.99^{d}	28.62	71.38
F1	17.03 ± 1.10^{b}	9.31 ± 0.30^{d}	24.00 ± 2.31^{c}	32.80 ± 3.60^{c}	56.80 ± 4.03^{c}	42.25	57.75
F2	20.54 ± 1.22^{a}	12.83 ± 0.48^{c}	32.11 ± 2.52^{a}	51.67 ± 2.90^{b}	83.78 ± 4.23^{a}	38.32	61.68
F3	21.01 ± 1.17^{a}	13.56 ± 0.88^{c}	27.74 ± 1.15^{b}	45.71 ± 5.10^{b}	73.45 ± 5.02^{b}	37.77	62.23
F4	21.66 ± 0.20^{a}	16.39 ± 1.70^{b}	28.82 ± 0.33^{b}	51.08 ± 6.66^{b}	79.90 ± 6.48^{ab}	36.07	63.93
F5	21.42 ± 1.24^{a}	18.18 ± 0.75^{a}	27.86 ± 1.67^{b}	58.60 ± 4.41^{a}	86.45 ± 5.82^{a}	32.22	67.78

注：表中同列上标小写字母表示不同处理间差异达到5%显著水平。CK代表不施氮肥；F1代表基追比为100：0；F2代表基追比为70：30（1次追肥）；F3代表基追比为50：50（2次追肥）；F4代表基追比为30：70（4次追肥）；F5代表基追比为0：100（6次追肥）。

与不施氮肥相比，施用氮肥后三七磷含量、累积量减少，但磷在地上部分

的分配却增加。不同氮肥运筹模式下，随着基肥量减少，追肥量及次数增加，三七地上部分磷含量先增加后减小；地下部分磷含量则呈增加趋势（表5.16）。此外，不同氮肥运筹模式下，三七地上部分及地下部分磷累积量也随基肥用量减少呈先增加后减小的趋势，当基肥量为70%，追1次肥时，达到最大值，而不同氮肥运筹模式对磷的分配比例影响较小。

表5.16　氮肥运筹对三七磷含量、累积量及分配比例的影响

处理	磷含量（g/kg）		磷累积量（mg/株）			分配比例（%）	
	地上部分	地下部分	地上部分	地下部分	合计	地上部分	地下部分
CK	2.44 ± 0.32^{a}	2.79 ± 0.04^{a}	1.82 ± 0.17^{d}	9.52 ± 0.12^{a}	11.34 ± 0.29^{a}	16.05	83.97
F1	1.64 ± 0.04^{c}	2.03 ± 0.04^{c}	2.31 ± 0.11^{b}	7.15 ± 0.68^{bc}	9.46 ± 0.68^{b}	24.43	75.62
F2	1.74 ± 0.09^{c}	2.18 ± 0.09^{c}	2.72 ± 0.20^{a}	8.78 ± 0.58^{a}	11.50 ± 0.58^{a}	23.65	76.35
F3	2.03 ± 0.07^{b}	2.15 ± 0.16^{c}	2.68 ± 0.01^{a}	7.22 ± 0.33^{bc}	9.91 ± 0.33^{b}	27.08	72.92
F4	1.74 ± 0.06^{c}	2.21 ± 0.18^{c}	2.32 ± 0.11^{b}	6.85 ± 0.27^{c}	9.17 ± 0.27^{b}	25.29	74.71
F5	1.58 ± 0.04^{c}	2.45 ± 0.27^{b}	2.05 ± 0.04^{c}	7.90 ± 0.98^{b}	9.95 ± 0.96^{b}	20.61	79.39

注：表中同列上标小写字母表示不同处理间差异达到5%显著水平。CK代表不施氮肥；F1代表基追比为100∶0；F2代表基追比为70∶30（1次追肥）；F3代表基追比为50∶50（2次追肥）；F4代表基追比为30∶70（4次追肥）；F5代表基追比为0∶100（6次追肥）。

施用氮肥能显著增加三七钾含量、累积量，且能增加钾在三七地上部分的分配。然而，不同氮肥运筹模式下，随着基肥用量减小，追肥量及次数增加，三七地上部分钾含量和累积量均呈减小趋势，但地下部分钾含量和累积量却呈增加趋势，且钾在三七地下部分的分配比例也呈增加趋势，当基肥用量为70%，追1次肥（F2）时，三七植株钾累积总量达到最大（表5.17）。因此，施用氮肥能促进三七对钾的吸收，而适宜氮肥运筹模式却能促进三七对钾的积累及分配，进而促进三七块根的生长。

表5.17　氮肥运筹对三七钾含量、累积量及分配比例的影响

处理	钾含量（g/kg）		钾累积量（mg/株）			分配比例（%）	
	地上部分	地下部分	地上部分	地下部分	合计	地上部分	地下部分
CK	24.02 ± 0.35^{b}	14.07 ± 0.33^{e}	20.62 ± 2.01^{e}	46.41 ± 3.32^{c}	67.03 ± 1.52^{c}	30.76	69.24
F1	26.76 ± 0.41^{a}	15.43 ± 0.61^{d}	37.67 ± 1.80^{a}	54.22 ± 4.82^{b}	91.89 ± 5.52^{a}	40.99	59.01
F2	22.29 ± 0.30^{c}	15.60 ± 0.25^{d}	34.81 ± 0.61^{b}	62.79 ± 1.79^{a}	97.60 ± 1.80^{a}	35.67	64.33
F3	21.10 ± 0.84^{d}	16.42 ± 0.31^{c}	27.92 ± 1.87^{cd}	55.19 ± 1.87^{b}	83.10 ± 3.37^{b}	33.59	66.41
F4	20.39 ± 1.00^{d}	17.42 ± 0.40^{b}	27.13 ± 1.01^{d}	54.22 ± 3.89^{b}	81.35 ± 3.89^{b}	33.35	66.65
F5	22.80 ± 1.32^{c}	20.69 ± 0.44^{a}	29.66 ± 1.90^{c}	66.66 ± 4.07^{a}	96.32 ± 4.07^{a}	30.79	69.21

注：表中同列上标小写字母表示不同处理间差异达到5%显著水平。CK代表不施氮肥；F1代表基追比为100∶0；F2代表基追比为70∶30（1次追肥）；F3代表基追比为50∶50（2次追肥）；F4代表基追比为30∶70（4次追肥）；F5代表基追比为0∶100（6次追肥）。

施氮能促进三七对氮、钾的吸收和积累，但却对磷的吸收与积累有抑制作用，一方面可能是由于施用的氮肥为硝酸铵，三七更偏好于吸收硝态氮，因此，氮、钾间具有协同作用，而氮、磷间则有拮抗作用。另一方面，二年生三七对氮、磷、钾的吸收比例为3∶1∶4（欧小宏等，2011），对氮、钾的需求量较大，而对磷的需求较小。研究结果表明，氮肥全部作基肥一次施用时，三七植株氮素累积量显著低于有追肥的处理，主要是由于三七对氮肥的需求较小（欧小宏等，2011），减少氮肥基施量，增加追肥量及次数，能提高氮肥利用率、减少氮肥损失（苏伟等，2010；贺明荣，2005）。此外，适量的追肥（F2）还可以提高三七植株磷、钾的累积，但若追肥量及次数过多，反而会减小其磷、钾累积量，原因可能是由于适量的氮肥基追比更有利于三七单株生物量的累积，相应地提高了三七对磷、钾的需求量。当不施氮肥时，三七吸收氮、磷、钾后大部分分配于地下部分，只有少部分分配到地上部分，因而三七地上部分生长发育受到抑制，进而减少了光合产物向地下部分的转运；而施用氮肥后，氮、磷、钾吸收后向地上部分的分配量增大，促进了三七地上部分的生长发育，也向地下部分提供了更多糖类。因此，施用氮肥能促进三七对营养的吸收与分配，进而促进三七植株的生长，提高三七生物量及产量，而适宜的氮肥运筹模式也有利于三七养分吸收与分配。目前，关于三七养分吸收分配与干物质积累关系的研究甚少，仍待进一步深入研究。

5.4.2　三七施用磷肥效应

三七在整个生长过程中，对磷的需要量多少适宜一直人们比较关心的问题。为探索施用磷肥在三七上的效应，王朝梁等（2008）通过设置不同磷素营养水平，研究了磷素营养对三七生长发育的影响及磷的营养特性。本节将其研究结果介绍如下，以期为指导三七种植中的磷肥管理及合理施用磷肥提供科学依据。

1. 磷素营养对三七植株性状的影响

不同磷肥水平对三七植株的叶面积、株高和根重存在明显影响。从表5.18可看出，株高随磷肥用量增加，二年生三七变化较平缓，趋势不明显，三年生三七呈上升趋势；茎基粗随磷肥用量增加，二年生三七呈下降趋势，三年生三七呈上升趋势；叶面积随磷肥用量增加呈上升趋势，P-4最高；根长随磷肥用量增加变化趋势不明显，P-2最大；根粗随磷肥用量增加呈下降趋势，P-2 最大。综合三七植株的上述各项指标得出，磷肥中等营养水平有助于三七叶片伸展，提高三七叶面积，光合作用较强，其光合产物高，而磷素过高和过低营养水平下叶片伸展与光合作用受阻，从而影响三七的生长与干物质的形成。

表5.18 磷素处理植株农艺性状表

处理（P_2O_5，kg/亩）	二年生三七				三年生三七					
	根鲜重（g）	株高（cm）	茎粗（cm）	叶面积（cm^2）	根鲜重（g）	株高（cm）	茎粗（cm）	根长（cm）	根粗（cm）	叶面积（cm^2）
P-1（0）	17.4	18.7	0.444	65.58	23.0	28.3	0.680	2.9	2.139	116.50
P-2（7.5）	17.3	18.2	0.432	57.06	25.2	33.8	0.746	4.0	2.374	136.24
P-3（15）	14.5	17.3	0.417	59.66	31.1	37.1	0.826	3.7	2.352	131.38
P-4（22.5）	17.9	19.3	0.433	71.08	29.8	36.4	0.794	3.7	2.352	131.38
P-5（30）	15.8	17.6	0.399	63.70	25.4	32.5	0.706	3.4	2.357	140.74

磷是植物营养的主要来源之一，在土壤中容易被固定，作物难于吸收利用（崔秀明等，2000）。文山三七产区大部分土壤中的磷能满足三七生长发育的需要，但速效磷含量低，因此适量增施磷肥有利于提高三七植株的性状。研究结果表明，磷素营养对三七植株性状的影响较为明显，其中以株高、叶面积等植株性状影响最大。

2. 施磷对土壤磷含量的影响

施磷对土壤磷含量的影响不明显，土壤中磷含量并没有随磷肥的施入而增加（表5.19）。由于磷肥的分次追施，各处理间土壤中的磷含量变化不大，没有导致土壤中磷的积累，说明施入磷肥大部分被三七植株和块根吸收，这与同时期三七地上植株和地下块根磷含量增加相吻合。

表5.19 施磷对土壤磷含量的影响

处理	P-1	P-2	P-3	P-4	P-5
2005-6-15	0.11	0.115	0.132	0.123	0.1
2005-7-14	0.061	0.119	0.125	0.121	0.148
2005-9-8	0.095	0.118	0.139	0.116	0.122
2005-11-2	0.125	0.11	0.132	0.136	0.143

3. 不同磷素营养水平对三七单株根重和产量的影响

施用磷肥可有效提高三七单株根重，但各处理间的单株并无显著差异。在

P-1 ～ P-4 的施磷条件下，三七单株根重随着磷肥施用量的增加而逐渐增加，P-4 营养条件时达到最大，P-5 时，明显下降，但各处理均高于对照，在栽培过程中施用磷肥有助于提高三七的单株根重，但施肥量对其产量的影响不显著，较低和较高的磷素营养条件下三七的产量相对较低，磷素中等营养条件下有两个时期的产量较高，说明在三七生产中对磷肥的需要量各个生育时期是相对平稳的，过低和过高的磷肥均不利于三七生产，相反会造成肥料的浪费和增加生产成本。

施肥及改善栽培措施是提高三七产量的主要途径。王朝梁等（2008）研究结果表明，施用磷肥能有效提高三七单株根重，其随着磷肥施用量的增加而增加，但过量施磷反而会影响三七块根的生长，其施用量的增加对产量的影响并不明显，这种情况正好与生产相一致，说明在三七生产中对磷肥的需要量各个生育时期是相对平稳的，过低和过高的磷肥均不利于三七生产，适宜的磷肥范围为 P-4（22.5 kg/亩）。

5.4.3　不同钾肥品种及配施对三七产量和品质的影响

三七属喜钾植物，其体内氮、磷、钾比通常在 2 ～ 3∶1∶3 ～ 4（崔秀明等，1994），施用钾肥能显著促进三七植株生长和提高三七药材产量（欧小宏等，2012；张良彪等，2008），并推荐三七施肥的氮、磷、钾肥比例为 1∶0.75 ～ 1∶2 ～ 3.13，每 667 m^2 施用量为 30 ～ 45 kg K_2O（张良彪等，2008；王朝梁等，2007）。市场上钾肥品种主要有氯化钾和硫酸钾两种，其中氯化钾因生产容易，含钾量高，且价格便宜，比较经济实用，成为钾肥的主导品种。长久以来，三七被广大的农技工作者归属于“忌氯”植物（陆景陵，1994），广大七农在生产中不敢施用氯化钾作为三七的钾源，取而代之选择价格更高的硫酸钾作为三七钾源，这无疑大幅增加了三七的种植成本，降低了利润空间。刘大会与其研究组（郑冬梅等，2014）阐释了三七对氯的敏感性，钾肥对三七皂苷成分合成与积累的影响，指出了氯化钾和硫酸钾两种不同钾肥品种及其配施对三七植株生长和药材产、质量的影响，达到了为三七生产上合理施用钾肥提供指导的目的（郑冬梅等，2014）。

1. 对三七植株生长和产量的影响

施用氯化钾和硫酸钾及其两者配施均能显著促进三七植株生长，植株株高增加 5.91% ～ 25.00%、叶柄长增加 8.83% ～ 24.46%、叶片长增加 12.00% ～ 18.84%、叶片宽增加 11.00% ～ 21.74%、剪口长增加 35.68% ～ 64.58%、块根长增加 16.06% ～ 39.27%、块根粗增加 7.07% ～ 18.87%，其中增加效果最明显的为剪口长，其次为块根长，剪口粗增加效果不显著。两种不同钾肥品种间相比，对三七植株生长促进效果差异不大，说明施用氯化钾和硫酸钾对三七植株生长具有等效作用。将两种钾肥配合施用，有提高三七植株株高、块根大小的趋势，但差异不显著。上述结果进一步验证了前人施用钾肥可促进三七植株生长的试验结果（欧小宏等，2012；张良彪等，2008），且不同钾肥品种及其不同配比对三七植株生长的促进效果差异不大（表 5.20）。

表5.20 氯化钾和硫酸钾配施对三七农艺性状的影响（$\bar{\chi} \pm s$，n=6）

KCl/K_2SO_4	株高（cm）	叶柄长（cm）	叶片大小		剪口大小		块根大小	
			长（cm）	宽（cm）	剪口长（mm）	剪口粗（mm）	块根长（mm）	块根粗（mm）
CK	21.16 ± 0.63^{c}	8.83 ± 0.17^{b}	$10.67 \pm 0,33^{b}$	3.68 ± 0.13^{b}	15.50 ± 0.87^{c}	21.66 ± 3.65^{a}	21.11 ± 1.11^{b}	26.13 ± 3.07^{c}
100∶0	24.14 ± 0.72^{ab}	9.77 ± 0.19^{ab}	12.46 ± 0.63^{a}	4.07 ± 0.18^{ab}	21.03 ± 1.92^{b}	23.56 ± 2.80^{a}	25.63 ± 4.01^{ab}	30.71 ± 3.61^{ab}
75∶25	26.45 ± 1.33^{a}	9.61 ± 1.18^{ab}	12.68 ± 0.45^{a}	4.45 ± 0.43^{a}	23.67 ± 6.52^{ab}	21.67 ± 3.970^{a}	28.19 ± 5.61^{ab}	30.85 ± 0.77^{ab}
50∶50	22.41 ± 2.08^{bc}	10.09 ± 0.80^{a}	12.37 ± 0.97^{a}	4.33 ± 0.43^{a}	21.73 ± 1.33^{ab}	20.04 ± 2.96^{a}	24.50 ± 2.90^{ab}	32.21 ± 2.56^{a}
25∶75	25.95 ± 2.60^{a}	9.91 ± 1.07^{ab}	11.95 ± 0.59^{a}	4.16 ± 0.17^{a}	25.51 ± 1.17^{a}	21.58 ± 3.70^{a}	28.84 ± 8.34^{a}	30.49 ± 2.20^{ab}
0∶100	$23.34 \pm 2.09b^{c}$	10.22 ± 0.88^{a}	12.61 ± 0.43^{a}	4.48 ± 0.34^{a}	24.55 ± 1.73^{ab}	21.00 ± 2.83^{a}	29.40 ± 4.39^{a}	28.12 ± 1.44^{bc}

注：同列不同小写字母表示处理间显著差异（$P < 0.05$），下同。

施用钾肥也能显著提高三七不同部位生物量。同 CK 相比，单施氯化钾对三七茎叶、剪口和块根 + 须根三部位的增产率分别达到 55.32%、91.30% 和 44.41%，单施硫酸钾对三七上述部位的增产率分别达到 49.29%、56.21% 和 38.82%，均达到显著水平。等量钾肥条件下，单施氯化钾对三七不同部位生物量的增产率要优于单施硫酸钾处理。三七不同部位间相比，施用钾肥增产效果最大的是剪口，其次是茎叶，块根 + 须根最低；特别是单施氯化钾和氯化钾与硫酸钾配施对剪口的增产效果最佳。同 CK 相比，施用氯化钾和硫酸钾及其两者配施均也大幅提高了每盆三七的总产量，且不同钾肥品种及其配施之间差异一般不显著。但由于市场上氯化钾较硫酸钾的价格便宜 1/3 以上，因而换算成每盆三七的钾肥投入成本和每公斤三七产出（剪口和根）的钾肥投入成本，单施氯化钾的最低，分别仅为单施硫酸钾处理的近 1/2 成本投入。上述研究表明，不同钾肥品种对三七生物量和产量的影响不大，但因氯化钾价格便宜，施用氯化钾可大幅降低三七生产上钾肥的投入成本（表 5.21、表 5.22）。

表5.21　氯化钾和硫酸钾配施对三七植株生物量的影响（$\bar{\chi} \pm s$，n=6）

KCl/K_2SO_4	茎叶		剪口		块根+须根	
	平均株重（g/株）	增产率（%）	平均株重（g/株）	增产率（%）	平均株重（g/株）	增产率（%）
CK	2.82 ± 0.24^b	—	0.92 ± 0.16^b	—	6.08 ± 0.23^b	—
100：0	4.38 ± 0.26^a	55.32	1.76 ± 0.29^a	91.30	8.78 ± 0.95^a	44.41
75：25	3.98 ± 0.56^a	41.13	1.65 ± 0.04^a	79.34	8.36 ± 0.73^a	37.50
50：50	3.92 ± 0.29^a	39.01	1.79 ± 0.46^a	94.56	8.78 ± 1.43^a	44.41
25：75	4.11 ± 0.13^a	45.74	1.74 ± 0.32^a	89.13	8.30 ± 0.88^a	36.51
0：100	4.21 ± 0.47^a	49.29	1.44 ± 0.25^a	56.21	8.44 ± 0.68^a	38.82

表5.22　氯化钾和硫酸钾配施对三七植株产量的影响（$\bar{\chi} \pm s$，n=6）

KCl/K_2SO_4	茎叶		剪口		块根+须根		钾肥投入成本	
	总产（g/盆）	增产率（%）	总产（g/盆）	增产率（%）	总产（g/盆）	增产率（%）	（元/盆）	（元/kg）（剪+根）
CK	15.76 ± 1.63^c	—	5.11 ± 0.61^b	—	34.05 ± 3.72^b	—	—	—
100：0	23.76 ± 3.72^a	50.76	9.57 ± 2.45^a	87.28	47.19 ± 4.77^a	38.59	0.0206	0.3629
75：25	18.95 ± 1.72^b	20.24	7.94 ± 0.86^a	55.38	40.09 ± 5.08^b	17.74	0.0249	0.5184
50：50	21.14 ± 2.12^{ab}	34.14	9.56 ± 2.28^a	87.08	47.43 ± 9.69^a	39.30	0.0292	0.5124
25：75	23.05 ± 2.55^a	46.26	9.63 ± 1.17^a	88.45	46.28 ± 5.05^a	35.92	0.0335	0.5992
0：100	23.46 ± 1.97^a	48.86	7.98 ± 0.97^a	56.16	47.19 ± 5.39^a	38.59	0.0378	0.6852

注：硫酸钾（K_2O 50%）市场售价 3500 元/吨，相当于 7.00元/ kg K_2O；氯化钾（K_2O 60%）市场售价 2300元/吨，相当于 3.83元/ kg K_2O。

有些植物对氯离子非常敏感，当吸收量达到一定程度时，会明显影响产量和品质，通常称这些植物为“忌氯植物”。氯化钾因含有较高的氯离子，常会导致忌氯植物氯中毒，影响植物生长和品质，故而不推荐在一些高经济价值植物上使用。本文研究发现，在等钾量条件下，施用氯化钾和施用硫酸钾对三七植株生产、产量和品质具有等效作用，甚至施用氯化钾的产量和品质要略优于硫酸钾，说明三七植株对氯离子并不是非常敏感，三七生产上可以直接施用氯化钾，不必施用价格和成本更高的硫酸钾。

2. 对三七植株养分吸收的影响

施用氯化钾和硫酸钾及其两者配施能够显著促进三七植株对钾素的吸收，其地上部分钾含量比 CK 处理提高了 3.87% ～ 4.45%，地下部分钾含量比 CK 处理提高了 0.95% ～ 1.09%；同氯化钾相比，施用硫酸钾有促进三七钾素吸收，提高三七地上、地下部分钾含量的趋势，但差异不明显。同 CK 相比，施用氯化钾和硫酸钾及其两者配施有促进三七植株地下部分氮、磷养分吸收，而降低地上部分氮、磷养分吸收的趋势；说明施用钾肥可促进三七植株氮、磷养分向药用部位（根部）转移的作用；不同钾肥品种及其配施对三七植株不同部位氮、磷吸收的影响不大，说明施用氯化钾和硫酸钾对三七植株氮、磷养分吸收有等效作用。三七植株不同部位间相比，氮素营养是地上部分大幅高于地下部分，磷素营养地上、地下部分差异不大；而钾素营养，施钾处理是地上部分大幅高于地下部分（地上部分是地下部分的近 1 倍），CK 处理则是地下部分大幅高于地上部分，说明在缺钾的环境下三七植株会优先将钾营养累积到药用部位（根部），从而促进植株根部生长和成分累积。三七植株氮、磷、钾营养间相比，是钾 ＞ 氮 ＞ 磷，进一步验证了（崔秀明等，1994）三七对钾素营养需求最高的结果（表 5.23）。

表5.23　氯化钾和硫酸钾配施对三七植株氮、磷、钾含量的影响（$\bar{\chi} \pm s$，n=6）

KCl/K_2SO_4	地上部分（%）			地下部分（%）		
	氮	磷	钾	氮	磷	钾
CK	2.22 ± 0.12^a	0.15 ± 0.00^a	0.47 ± 0.11^b	1.10 ± 0.09^b	0.12 ± 0.01^{ab}	0.64 ± 0.05^b
100：0	2.15 ± 0.16^a	0.14 ± 0.1^{ab}	2.31 ± 0.05^a	1.22 ± 0.15^{ab}	0.13 ± 0.02^{ab}	1.25 ± 0.03^a
75：25	2.12 ± 0.04^a	0.13 ± 0.02^b	2.48 ± 0.16^a	1.30 ± 0.00^a	0.14 ± 0.02^a	1.34 ± 0.02^a
50：50	2.14 ± 0.04^a	0.14 ± 0.01^{ab}	2.35 ± 0.17^a	1.22 ± 0.09^{ab}	0.14 ± 0.01^{ab}	1.32 ± 0.06^a
25：75	2.11 ± 0.06^a	0.14 ± 0.01^{ab}	2.29 ± 0.38^a	1.19 ± 0.14^{ab}	0.12 ± 0.01^b	1.26 ± 0.12^a
0：100	2.17 ± 0.21^a	0.14 ± 0.01^{ab}	2.56 ± 0.30^a	1.23 ± 0.08^{ab}	0.13 ± 0.01^{ab}	1.32 ± 0.01^a

注：表中同列上标小写字母表示不同处理间差异达到 0.05 显著水平，下同。

3. 对三七药材皂苷成分的影响

皂苷是三七药材主要的药理活性成分和质量指标成分，施用钾肥也显著增加了三七药用部位（剪口、块根、须根）皂苷成分的含量（图 5.26）。同 CK 相比，施用氯化钾和硫酸钾及其两者配施均显著增了三七药材中三七皂苷 R_1、人参皂苷 Rg_1、人参皂苷 Rb_1、人参皂苷 Rd 及总皂苷的含量：其中 R_1 增加了 54.54% ～ 72.72%，Rg_1 增加了 11.15% ～ 37.55%，Rb_1 增加了 2.26% ～ 29.68%，Rd 增加了 10.34% ～ 51.72%，总皂苷含量增加了 13.85% ～ 25.52%。等施钾量条件下，氯化钾和硫酸钾配施时三七药材各单体皂苷和总皂苷含量最高，其中 KCl/K_2SO_4 为 75：25 时 R_1 和 Rd 含量最高，其次为单施氯化钾处理，单施硫酸钾时最低；而 Rg_1、Rb_1 和总皂苷含量是随着硫酸钾比例的增加呈先增加后降低的趋势，分别在 KCl/K_2SO_4 为 50 ∶ 50、25 ∶ 75 和 50 ∶ 50 时达到最大值，Rg_1 和总皂苷含量是单施氯化钾处理略高于单施硫酸钾处理，Rb_1 含量则是单施氯化钾处理略低于单施硫酸钾处理。上述结果表明，施用氯化钾不会降低三七药用成分（皂苷）的含量，相反，除人参皂苷 Rb_1 含量略低于施用硫酸钾处理外，其他皂苷成分和总皂苷成分均是施用氯化钾优于硫酸钾处理；而且将 KCl/K_2SO_4 配施的 KCl 比例不低于 50% 时，对各种单体皂苷和总皂苷含量提高效果最佳。

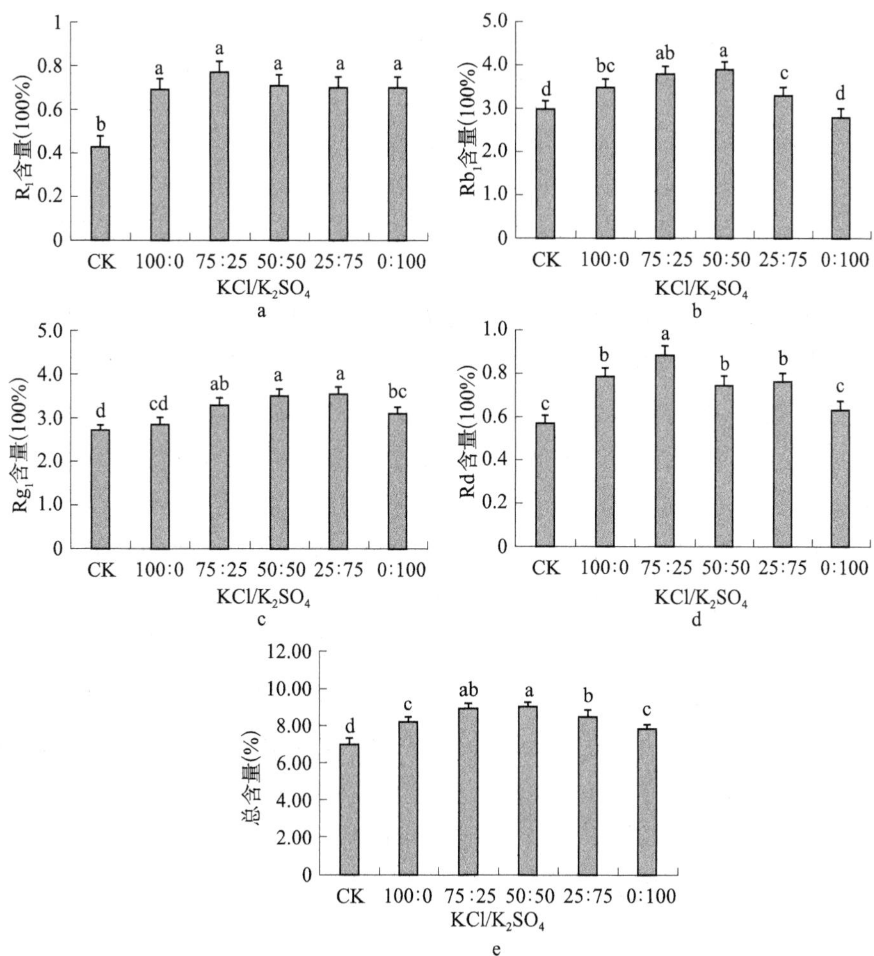

图 5.26 氯化钾和硫酸钾配施对三七药材皂苷成分含量的影响

a. 对三七药材皂苷 R_1 含量的影响；b. 对三七药材皂苷 Rb_1 含量的影响；c. 对三七药材皂苷 Rg_1 含量的影响；d. 对三七药材皂苷 Rd 含量的影响；e. 对三七药材总皂苷含量的影响

同 CK 相比，施用钾肥也可显著促进三七药材中各皂苷累积量。在施钾量相同的情况下，三七皂苷 R_1、人参皂苷 Rg_1、人参皂苷 Rb_1、总皂苷累积量随 SOP 所占比例的增加呈先增加后降低的趋势，且均在 KCl/K_2SO_4 为 50 ∶ 50 时最高；而 KCl/K_2SO_4 为 75 ∶ 25 时人参皂苷 Rd 累积量最高；单施氯化钾和硫酸钾时各单体皂苷和总皂苷累积量均显著低于配施。两种钾肥品种间相比，差异不大（表 5.24）。

表5.24　不同氯化钾和硫酸钾配比对三七药材皂苷累积量的影响（$\bar{\chi} \pm s$，n=6）

KCl/K_2SO_4	皂苷累积量（mg/株）				
	三七皂苷R_1	人参皂苷Rg_1	人参皂苷Rb_1	人参皂苷Rd	皂苷总量
CK	16.12 ± 1.85^c	88.12 ± 7.99^c	101.22 ± 8.45^c	18.83 ± 2.23^c	224.29 ± 19.04^c
100 ∶ 0	28.20 ± 3.26^b	143.37 ± 12.11^b	138.36 ± 4.11^b	29.99 ± 0.56^b	309.92 ± 16.75^b
75 ∶ 25	34.28 ± 3.38^a	149.92 ± 4.37^a	172.12 ± 8.83^a	38.16 ± 0.35^a	397.16 ± 7.34^a
50 ∶ 50	36.40 ± 4.93^a	162.71 ± 10.30^a	178.22 ± 22.14^a	36.25 ± 5.71^a	408.41 ± 34.38^a
25 ∶ 75	33.83 ± 6.38^a	162.02 ± 18.53^a	167.44 ± 12.96^a	35.37 ± 5.66^a	393.06 ± 29.25^a
0 ∶ 100	28.51 ± 4.63^b	146.59 ± 22.10^a	144.47 ± 20.62^b	30.07 ± 5.40^b	306.89 ± 24.9^b

注：表中同列上标小写字母表示不同处理间差异达到 0.05 显著水平，下同。

施用钾肥（氯化钾和硫酸钾）可以促进三七药材各种单体皂苷和总皂苷的合成，从而显著提高其含量和累积量。王静等（2012）也发现钾肥可提高桔梗总皂苷含量。三七皂苷成分属于达玛烷型萜类化合物，以碳、氢、氧三种元素为主，主要通过甲羟戊酸（MVA）途径经过一系列酶促反应进行合成（吴琼等，2009）。因此，植物体内糖类含量与皂苷含量有重要的联系。施用钾肥促进三七各种单体皂苷及总皂苷合成与累积，可能同钾肥促进三七植物光合作用，提高相关酶活性和促进同化产物合成与运输等有关（陆景陵，1994）。

将氯化钾和硫酸钾配合施用时，可以显著提高三七药材各种单体皂苷和总皂苷的含量和累积量，这同 Nurzynski J 在莴苣、菠菜上研究发现氯化钾和硫酸钾配施可显著改善品质的研究结果是一致的（Nurzynski J，1978）。其原因可能是除钾肥中的钾素营养能显著促进三七皂苷成分合成与积累外，氯化钾中氯营养和硫酸钾中硫营养同样也促进皂苷成分的合成与积累。但氯、硫营养对三七皂苷成分合成的促进作用也有待于下一步深入研究和证实。

参考文献

敖金成，刘世文，罗华元，等. 2013. 昆明烟区土壤速效养分及中微量元素丰缺状况分析. 西北农林科技大学学报（自然科学版），41（10）：193 ～ 199.

陈雪彬，杨平恒，蓝家程，等 . 2014. 降雨条件下岩溶地下水微量元素变化特征及其环境意义 . 环境科学, 35 (1) : 123 ～ 130.

陈昱君，王勇 . 2005. 三七病虫害防治 . 昆明 : 云南科技出版社, (增) : 57.

陈震，赵杨景，马小军 . 1990. 西洋参营养特点的研究Ⅱ . 氮、磷、钾营养元素对西洋参生长的影响 . 中草药, 21 : 212.

陈中坚，王勇，王朝梁，等 . 2000. 惠满丰有机活性肥在三七上的应用研究 . 特产研究, 4 : 20.

崔秀明，陈中坚，皮立原 . 2000. 密度及施肥对二年生三七产量的影响 . 中药材, 23 (10) : 596 ～ 598.

崔秀明，黄璐琦，郭兰萍，等 . 2014. 中国三七产业现状及发展对策 . 中国中药杂志, 39 (4) : 553 ～ 557.

崔秀明，雷绍武 . 2002. 三七 GAP 栽培技术 . 昆明 : 云南科技出版社, (增) : 51.

崔秀明，王朝梁 . 1991. 三七生长及干物质积累动态的研究 . 中药材, 14 (9) : 9.

崔秀明，王朝梁，李伟，等 . 1994. 三七吸收氮、磷、钾动态的分析 . 云南农业科技, 2 : 9.

戴万宏，黄耀，武丽，等 . 2009. 中国地带性土壤有机质含量与酸碱度的关系 . 土壤学报, 46 (5) : 851 ～ 860.

冯光泉，金航，陈中坚，等 . 2003. 不同营养元素对三七生长的影响 . 现代中药研究与实践, (增) : 18.

冯光泉，金航，陈中坚，等 . 2003. 不同营养元素对三七生长的影响研究 . 现代中药研究与实践, 17 : 18 ～ 21.

郝庆秀，金艳，刘大会，等 . 2014. 不同产地三七栽培加工技术调查 . 中国现代中药, 16 (2) : 39 ～ 45.

何振兴 . 1982. 对一、二年生三七施肥量的初步研究 . 中药材科技, (5) : 3.

贺明荣，杨雯玉，王晓英，等 . 2005. 不同氮肥运筹模式对冬小麦籽粒产量品质和氮肥利用率的影响 . 作物学报, 31 (8) : 1047 ～ 1051.

姜丽娜，郑冬云，王言景，等 . 2010. 氮肥施用时期及基追比对豫中地区小麦叶片生理及产量的影响 . 麦类作物学报, (1) : 149 ～ 153.

金航，崔秀明，陈中坚，等 . 2009. 三七栽培土壤地质背景分区特征 . 云南大学学报 (自然科学版), 31 (S1) : 440 ～ 445.

金航，崔秀明，朱艳，等 . 2006. 三七 GAP 基地土壤养分分析与肥力诊断 . 西南农业学报, 19 (1) : 100 ～ 102.

李洁，谭珊珊，罗兰芳，等 . 2013. 不同施肥结构对红菜园土有机质、酸性和交换性能的影响 . 水土保持学报, 4 (27) : 258 ～ 262.

李忠义，罗文富，俞盛甫．2000. 栽培措施对三七根腐病的影响．中药材，23（12）：731.

刘大会，王丽，崔秀明，等．2014. 三七不同间隔年限种植土壤氮、磷、钾含量动态变化规律研究．中国中药杂志，04：572 ～ 579．

刘铁城，刘惠卿，胡炳义，等．1987. 西洋参农田栽培施肥改土初步研究．中药材，（1）：8.

刘杏兰，高宗，刘存寿，等．1996. 有机－无机肥配施的增产效应及对土壤肥力影响的定位研究．土壤学报，33（2）：138 ～ 142.

刘义，何忠俊，陈中坚，等．2014. 三七种植区土壤肥力特征研究与评价．云南农业大学学报，19（2）：262 ～ 268.

刘云芝，王勇，武忠翠，等．2012. 不同肥料种类对三七生长及病害发生的影响研究．文山学院学报，25（6）：22 ～ 26.

刘占锋，傅伯杰，刘国华，等．2013. 土壤质量与土壤质量指标及其评价．生态学报，26（3）：901 ～ 913.

陆景陵．1994. 植物营养学．上册．北京：中国农业大学出版社．

陆欣．2002. 土壤肥料学．北京：中国农业大学出版社．

孟宪局，张平，刘铜．1999. 用 ^{15}N 示踪法研究人参吸氮及其对 ^{14}C 同化物分配的影响．核农学学报，13（1）：34.

欧小宏，金航，郭兰萍，等．2011. 三七营养生理与施肥的研究现状与展望．中国中药杂志，19（19）：2620 ～ 2624.

欧小宏，金航，郭兰萍，等．2012. 平衡施肥及土壤改良剂对连作条件下三七生长与产量的影响．中国中药杂志，37（13）：1905.

沈善敏．1998. 中国土壤肥力．北京：中国农业出版社．

史吉平，张夫道，林葆．1999. 长期定位施肥对土壤中、微量营养元素的影响．土壤肥料，（1）：3 ～ 6.

苏伟，鲁剑巍，李云春，等．2010. 氮肥运筹方式对油菜产量、氮肥利用率及氮素淋失的影响．中国油料作物学报，32（4）：558 ～ 562.

苏文华，张光飞，周鸿，等．2009. 短葶飞蓬黄酮及咖啡酸酯的含量与土壤氮供应量的关系．植物生态学报，33（5）：885 ～ 892.

孙玉琴，陈中坚，韦美丽，等．2008. 不同氮肥种类对三七产量和品质影响的初步研究．中国土壤与肥料，（4）：22.

孙玉琴，韦美丽，韩进，等．2008. 三七缺素症状初步研究．中药材，30（1）：4.

佟德利，徐仁扣．2012b. 三种氮肥对红壤硝化作用及酸化过程影响的研究．植物营养与肥料学报，18（4）：853 ～ 859.

佟德利，徐仁扣，顾天夏．2012a. 施用尿素和硫酸铵对红壤硝化和酸化作用的影响．生态与农村环境学报，28(4)：404 ～ 409.

王朝梁，陈中坚，孙玉琴，等．2007. 不同氮磷钾配比施肥对三七生长及产量的影响．现代中药研究与实践，21(1)：5 ～ 7.

王朝梁，崔秀明．1989. 不同底肥量及追肥时期对三七种苗产量和质量的影响．中药材，12(12)：11 ～ 13.

王朝梁，韦美丽，孙玉琴，等．2008. 三七施用磷肥效应研究．人参研究，02：29 ～ 30.

王静，王渭玲，徐福利，等．2012. 桔梗氮、磷、钾施肥效应与施肥模式研究．植物营养与肥料学报，18(1)：196 ～ 202 .

韦美丽，陈中坚，孙玉琴，等．2008a. 3 年生三七吸肥规律研究．特产研究，(1)：38.

韦美丽，孙玉琴，黄天卫，等．2008b. 不同施氮水平对三七生长及皂苷含量的影响．现代中药研究与实践，22(1)：17 ～ 20.

魏凤珍，李金才，王成雨，等．2008. 氮肥运筹模式对小麦茎秆抗倒性能的影响．作物学报，34(6)：1080 ～ 1085.

吴琼，周应群，孙超，等．2009. 人参皂苷生物合成和次生代谢工程．中国生物工程杂志，29(10)：102 ～ 108.

武际，郭熙盛，杨晓虎，等．2008. 氮肥施用时期及基追比例对土壤矿质氮含量时空变化及小麦产量和品质的影响．应用生态学报，19(11)：2382 ～ 2387.

许明祥，刘国彬，赵允格．2005. 黄土丘陵区土壤质量评价指标研究．应用生态学报，16(10)：1843 ～ 1848.

薛泽春，李永刚，李连之，等．2013. ICP-AES 测定卷烟烟气中 9 种金属元素含量．聊城大学学报，26 (1)：46 ～ 48.

薛振东，魏汉莲，庄敬华．2007. 有机肥改土对农田土壤结构及人参质量的影响．安徽农业科学，35(20)：6190.

闫湘，金继运，何萍，等．2008. 提高肥料利用率技术研究进展．中国农业科学，41(2)：450 ～ 459.

阎秀峰，王洋，李一蒙．2007. 植物次生代谢及其与环境的关系．生态学报，27(06)：2554 ～ 2562.

杨建忠，王勇，陈昱君，等．2006. 三七麻点叶斑病发生危害调查初报．云南农业科技，6：47.

杨野，王丽，郭兰萍，等．2014. 三七不同间隔年限种植土壤中、微量元素动态变化规律研究．中国中药杂志，39(4)：580 ～ 587.

杨永建，崔秀明，杨涛，等．2008. 文山三七规范化种植及其发展对策．云南农业大学学报：自然科学版，23（3）：402 ～ 406.

张良彪，孙玉琴，韦美丽，等 . 2008. 钾素供应水平对三七生长发育的影响 . 特长研究，30（4）：46.

张平，索滨华，郭世伟，等 . 1995. 基肥氮素水平与人参碳氮代谢 . 吉林农业大学学报，17（2）：63.

张汪寿，李晓秀，黄文江，等 . 2010. 不同土地利用条件下土壤质量综合评价方法 . 农业工程学报，26（12）：311 ～ 318.

赵宏光，寻路路，梁宗锁，等 . 2013. 土壤水分含量对三七叶片生长、抗氧化酶活性及渗透调节物质含量的影响 . 西北农业学报，22（12）：159 ～ 163.

郑冬梅，欧小宏，米艳华，等 . 2014. 不同钾肥品种及配施对三七产量和品质的影响 . 中国中药杂志，39（4）：588～593.

郑光植，杨崇仁 . 1994. 三七生物学及其应用 . 北京：科学出版社 .

Beyaert R P. 2005. Influence of nitrogen fertilization on the growth and yield of north American ginseng. Journal of Herbs，Spices & Medicinal Plants，11（4）：65 ～ 80.

Bi C J，Chen Z L，Wang J，et al. 2013. Quantitative assessment of soil health under different planting patterns and soil types. Pedosphere，23（2）：194 ～ 204.

Chen Y D，Wang H Y，Zhou J M，et al. 2013. Minimum data set for assessing soil quality in farmland of Northeast China. Pedosphere，23（5）：564 ～ 576.

Larson W E，Pierce F J. 1991. Conservation and enhancement of soil quality. Chiang Rai，Thailand：International Board for Soil Research and Management Inc（IBSRAM）.

Liu D，Liu W，Zhu D，et al. 2010. Nitrogen effects on total flavonoids，chlorogenic acid，and antioxidant activity of the medicinal plant Chrysanthemum morifolium. Journal of Plant Nutrition and Soil Science，173：268 ～ 274.

Liu Z J，Zhou W，Shen J B，et al. 2014. Soil quality assessment of acid sulfate paddy soils with different productivities in Guangdong province，China. Journal of Integrative Agriculture，13（1）：177 ～ 186.

Nurzynski J. 1978. The effect of chloride and sulphate of potassium on the quantity and quality of yields of some vegetable crop grown on garden peat. Hort. Abstr，48：1494.

Zhou J，Xia F，Liu X，et al. 2014. Effects of nitrogen fertilizer on the acidification of two typical acid soils in South China. J Soils Sediments，14：415 ～ 422.

第6章

三七的繁育

6.1 三　七　花

6.1.1 三七花概述

1. 三七花生物学特征

文山地区栽种的三七一般 5～6 月开始花芽分化，6 月底进入现蕾期，7～8 月进入开花期，开花期的提前或推迟与大气温湿度及光照有关。三七花为伞形花序，单生于茎顶，其中大多数为单生伞形花序，其形态有圆球形、椭圆形、波状形和不等长形四种，少部分为等长或不等长的复伞形花序。一般二年生三七的花序生小花 50～200 朵，但其结实率低，三年生三七的花序生小花 280 朵左右。一般二年以上三七植株就会开花结实，但是二年生三七的小花发育进度明显慢于三年生三七，并且所开的花结实率较低，而三年生三七开花就比较完全，结实率较高，花初开时呈淡绿色，盛开时呈白色。三七的花芽形成是连续分化的，其发育过程可分为花原基形成，萼片发生，花瓣发生，雄蕊的发生和发育，以及心皮的发生和发育五个过程。三七小花为两性花，由花梗、花萼、花瓣、雌蕊及雄蕊组成。其中，三七小花有 5 片花萼，浅裂，略呈三角形；花瓣 5 片，白色，椭圆形，呈复瓦状排列；雄蕊 5 个，花药向内纵裂，呈丁字着药；柱头 2 裂，子房下位，通常 2 室，少数 3 室。小花柄基部苞片狭披针形，花柄为绿色，通常花絮边缘的小花花柄较长，且越往中心越短，一般长 1～

2.5 cm。花序上的小花，由第一朵花开至全盘花谢需 21～30 d，而每一朵小花的开放时间则一般为 24～36 h 不等，花期长短一般与植株年龄、发育期完全程度、气候等因素有关。

2. 三七开花习性

在气候适宜的情况下，二年生三七一般 3 月份出苗，从出苗开始直至 5 月上旬，为三七的茎叶生长期，5 月中旬至 6 月下旬，即为三七的抽苔期，8 月初开始，进入了三七的开花期，8 月下旬为盛花期，9 月开始，三七进入结果期。孙玉琴等（2003）观察到二年生三七的抽苔期比三年生三七晚 7～8 d，并且二年生三七的开花期比三年生三七晚 10～12 d；孙玉琴等（2003）的观察结果还表明，从现蕾（即抽苔）至始花一般历时约 45 d，从始花至盛花需历时 22 d 左右。

花序上的小花，从第一朵花开至全部凋谢需 22～32 d。而何振兴等（1985）观察了广西靖西的三七，其小花从第一朵花开至全部凋谢所需时间比文山栽培的三七少 5 d 左右。一朵小花从裂蕾到凋谢需 27～32 h。开花时，一般是处于花序边缘的小花先开放，渐至中心，而处于中心的小花则先结果，且最边缘的小花一般不能结果。

晴朗天气条件下，三七一天开花数最多的时候为上午 9点，开花数最少时则为下午 15 点，三七开花高峰期集中在上午 7 点～10 点。温湿度对三七开花也有重要影响，高温和干燥的气候条件不利于三七花的开放，而其最适宜的温度则在 20～27℃，湿度则在 80%～90%。在晴朗天气下，三七花的散粉高峰期在上午 10 点至下午 14 点左右，若是在阴雨天气，散粉高峰期则会推后 3 h；同样，低温高湿天气对三七花散粉也是不利的，当温度小于 20 ℃，湿度大于 85% 时基本不散粉。三七的主要访花者为蜂类昆虫（彩图 5）。

3. 三七花粉活力的测定

何振兴等（1985）采用过氧化物酶法比较了广西靖西县栽培的二年生、三年生三七及不同气候条件下花粉的活力，发现三年生三七的花粉活力比二年生三七高，靠近中心的小花花粉活力比外围小花高，并且三年生三七中心的小花花粉活力高于二年生三七中心小花，因此提出气候也是影响三七花粉活力的重要因素。崔秀明（1988）采用夏尔达柯夫法分别对在室温和低温储存条件下的三七花粉进行了活力测定，发现低温条件下花粉活力保存时间要长一些。孙玉琴等（2003）采用 MTT 法对三七开花散粉后 30 h 内的花粉活力变化进行了测定研究。在三七花开放 2 h 后，花粉活力最高，且从刚开花到开花 10 h，花粉活力都在 60% 以上，开花 30 h 后，花粉活力只有 20% 左右。由于一些花粉虽具活力，但仍无法萌发，而染色法只能测定花粉活力，不能判断该花粉是否能萌发，离体萌发法就能弥补该不足。王定康等（2007）利用离体萌发法中常用的琼脂法测定其花粉活力，筛选出在 25 ℃条件下，硼酸浓度为 0.1% 的琼脂培养基上，三七花粉的萌发率最高。

6.1.2　三七花芽分化及小花发育生物学

1. 三七花芽生长特性

三七的花芽大约从 6 月初开始分化，持续到 7 月中旬后，可以明显看到分化出的花蕾，即进入了三七的现蕾期，伴随花芽分化的进一步完善，小花的发育也在这个时期逐步完成。从图 6.1 可看出，从花芽开始分化到小花开放时，花芽直径均平缓增加，但在开花、结果过程中，仍处于增加的趋势。花芽高度的增长可划分为平缓增长阶段和快速增长阶段，即从花芽开始分化到分化的 42 d 之内，增幅均在 10 mm 内，为花芽高度增长的平缓阶段，而从 42 d 开始，可明显看出三七的小花。此时，花芽高度的增长幅度也呈现急剧增长的趋势，由 32.72 mm 增至 49 d 的 56.58 mm，直至 84 d 的 206.61 mm。花芽直径与花芽高度的增长在 0.01 水平上的皮尔逊相关分析极显著（0.931）。

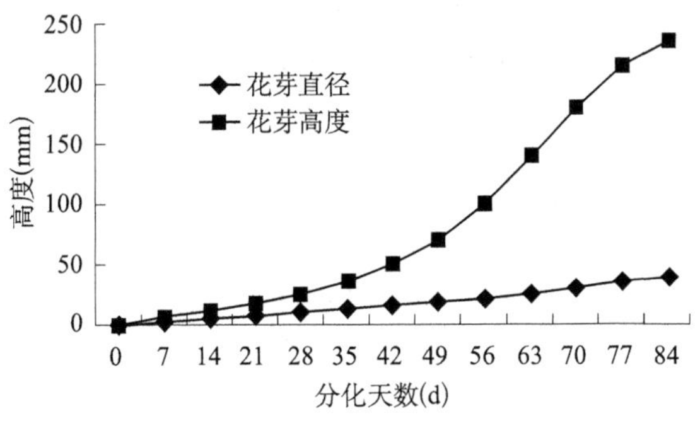

图 6.1　三七花芽分化趋势

三七为两性花，其花芽分化可分为花芽原基的形成、萼片原基发生、花瓣原基发生、小花原基出现、雄蕊原基形成及雌蕊原基形成六个阶段。

（1）三七花芽原基的形成

5 月底至 6 月初，三七开始生殖生长，此时三七茎顶端不再分化出叶茎，而出现了小突起，随着细胞开始迅速分裂，分化成花芽原基，如彩图 6a–1（横切面）所示，当花芽宽 3.58 mm，高 4.43 mm 时，花芽原基和小花原基的突起开始形成，并可看出部分花瓣原基和萼片原基（彩图 6b–1，为纵切面）。

（2）三七萼片原基、花瓣原基及小花原基发生

当花芽宽 4.15 mm，高 4.75 mm 时，小花原基明显形成，出现明显的乳状突起（彩图 6a–2、彩图 6b–2，为横切面），由于细胞分裂的加剧，花瓣原基和萼片原基开始加速形成（彩图 6b–2、彩图 6c–2，为横切面）。如彩图 6a–3（花芽的横切面）中所示，随着小花原基的进一步发育，萼片原基和花瓣原基也迅速生长，许多花瓣原基已基本分化成熟。此时，花芽宽为 4.83 mm，高为 5.13 mm。

（3）三七雄蕊原基与雌蕊原基的形成

如彩图 6a–4（为花芽的横切面）中所示，当花芽宽为 6.47 mm，高为 18.25 mm 时，小花原基基本分化成熟，并且可以看出成形的小花柄，在花柄上还出现了维管束，可以供应小花发育成熟所需的养料。同时，彩图 6b–4（小花的纵切面）出现了雄蕊原基，并且在雄蕊形成之后，在中央凹陷部位出现了两个突起，即心皮原基组织，表明雌蕊原基开始发生发育，此时花芽宽为 8 mm 左右，高为 30 mm 左右，即为三七花芽发育的 42 d，花芽开始迅速生长。彩图 6a–5、彩图 6b–5（小花的纵切面）中所示，小花原基、萼片原基及花瓣原基已分化成熟，并且细胞分裂迅速，两个心皮原基组织迅速分化，向中心上方生长。彩图 6a–6、彩图 6b–6（小花的纵切面）中所示，中心皮愈合，在心皮愈合的背缝线，形成雌蕊。

2. 三七小花生长特性

从 7 月中旬开始，即花芽分化至 42 d 时，已明显可见三七花蕾及花蕾上的外围小花，用小花高、小花宽、子房高及子房宽四个指标来表征外围小花的生长。小花发育时，各指标均呈平稳上升趋势，只是在其开始发育的 42 d 时各指标均有较大增幅，之后又趋于平稳，且各个指标的生长幅度都有很大的相似性（图 6.2a）。当三七的花芽分化到 56 d 时，三七的中央小花就发育成形，同样用小花高、小花宽、子房高及子房宽四个指标来表征中央小花的生长。和外围小

花相似，小花的各指标均呈现平稳上升趋势，到 42 d 时，各指标有较大幅度的增长，与外围小花不同的是，该幅度要比其明显（图 6.2b）。

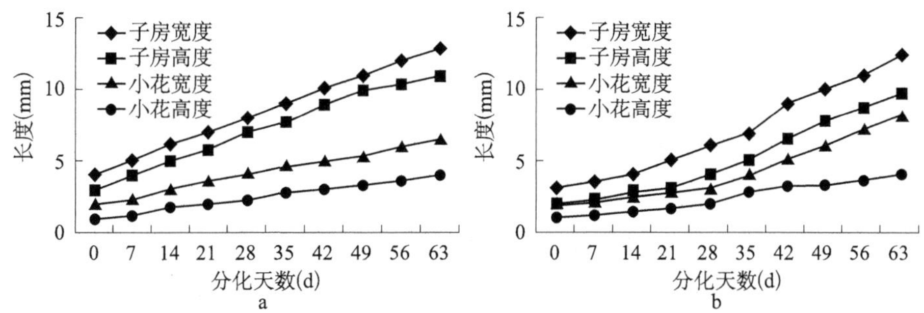

图 6.2　三七的生长趋势

a. 外围小花；b. 中央小花

小花高与小花宽（0.861）、子房高（0.902）、小花宽与子房高（0.867）的生长在 0.01 水平上均存在着极显著的相关性。

当三七小花高 0.95 mm，宽 0.94 mm，小花子房高 0.36 mm，宽 0.47 mm 时，萼片和花瓣已发育成熟，雄蕊原基进一步发育（彩图 7A），从顶端分化原表皮和孢原细胞，进而原表皮分化为表皮，孢原细胞分化为壁细胞和造孢组织，雄蕊的中间部位出现了药隔维管束原基（彩图 7a）。当三七小花高 1.07 mm，宽 1.07 mm，小花子房高 0.73 mm，宽 0.79 mm 时，雄蕊的造孢组织分化为花粉母细胞，而壁细胞也分化为花药壁的绒毡层、中层和纤维层（彩图 7B、彩图 7b）。从花粉母细胞开始出现后，就开始进行减数分裂，随着减数分裂的进行，花药壁上的中层开始变扁、消失，此时三七小花高 1.36 mm，宽 1.09 mm，小花子房高 1.07 mm，宽 0.98 mm（彩图 7C、彩图 7c）。花粉母细胞继续进行减数分裂，当进入单核靠边期时，出现小孢子，花药壁只有表皮、纤维层及绒毡层（彩图 7D–1、彩图 7D–2），中层解体消失。小花高、宽分别为 2.18 mm 和 1.57 mm，子房高为 1.85 mm，宽为 1.68 mm 时，花粉粒已基本发育成熟，两个药室分开，随着花粉的发育成熟，绒毡层也逐渐解体消失（彩图 7E–1、彩图 7E–2）。当小花高为 2.94 mm，宽为 1.98 mm，子房高为 1.85 mm，宽为 2.27 mm 时，花粉粒成熟，花药裂开，开始散播花粉，此时花药壁只有表皮层和细胞壁形成条状增厚，而细胞质、细胞核、细胞器解体消失形成纤维层（彩图 7F–1、彩图 7F–2）。

6.1.3 三七开花、抗氧化酶、可溶性蛋白和多糖含量变化

1. 三七开花期

三七花从 8 月底开始进入开花期，直至 9 月中下旬开花结束，历时 25 d 左右，可将其开花期分为始花期、盛花期和末花期三个时期。三七的伞状花序一般有 10 轮左右的小花，当基部的第 1～3 轮小花开始开放时，也标志三七进入了开花期，即始花期（彩图 8a）。经过 5～6 d 后，其中部及顶部的大部分小花开放时，也是三七进入盛花期阶段的标志，而其基部的几轮小花也基本凋谢，并且子房膨大，开始结实（彩图 8b）。经过了 10 d 左右的盛花期，三七的大部分花朵已经开放完全，开始结实，只有零星的小花还在继续开放，也就是开始了开花期的最后一个阶段——末花期（彩图 8c）。

2. 三七花期抗氧化酶、可溶性蛋白和多糖含量的变化

三七由始花期逐渐过渡到盛花期时，其花的过氧化物酶和过氧化氢酶活性也随之增加，即在开花后 10 d 左右（盛花期）达到了最大值。盛花期后，花的两种酶活性逐渐降低。三七开花的过程中，可溶性蛋白的含量呈增加的趋势，其最大值出现在末花期。但在末花期后，结实的小花增多，对可溶性蛋白的消耗也逐渐增加，因此末花期后，可溶性蛋白的含量开始减少。可溶性糖的变化呈先升后降的趋势。在始花期，其花中的可溶性糖含量由 1.434 mg/g 升至盛花期的 1.936 mg/g，随着末花期的到来，其含量也急剧下降到 1.343 mg/g（表 6.1）。

表6.1 三七开花不同阶段过氧化物酶的活性

花期	过氧化物酶［μ/（g · min）］	过氧化氢酶［mg/（g · min）］	可溶性蛋白(μg/g)	可溶性糖（mg/g）
始花期	144.5656**	12.2627*	0.0317*	1.434*
盛花期	687.8034**	22.9957*	0.0431*	1.936*
末花期	134.6068**	15.5752*	0.0463*	1.343*

** 表示差异极显著（$P < 0.01$）；* 表示差异显著（$P < 0.05$）。

6.1.4 三七的花粉流动趋势

植物的花粉流是指被子植物的花粉经风媒或者虫媒进行传播的一种植物基因流传播方式。在植物中，以花粉流动为主要基因流动方式的居群居多。而在花粉散播所致基因流传播的研究中，在20世纪80年代，就有专家学者开始研究，还采用了人工模拟法、遗传标点法、父系分析法、化学标记法等多种方法对花粉介导的基因流进行了测定。目前，随着科学技术的发展和分子生物学越来越广泛的应用，基因流的方法主要有等位酶法和分子标记法，SSR、AFLP及RAPD等分子标记技术得到了广泛应用，并且也能取得快捷、准确的检测结果。黄双全等（1998）利用RAPD方法对鹅掌楸的花粉流进行了父系分析。Nillsson等（1992）用微型标记的方法对兰科的花粉流进行了研究。孙亚光（2007）采用SSR分子标记技术，以鹅掌楸种源试验林及其4个半同胞220个子代为实验材料，通过自由授粉子代的父本分析，结果表明了鹅掌楸属树种在自由授粉的情况下，鹅掌楸以异交为主，其花粉散布距离为15～35 m。目前，对三七花粉流动趋势的研究是其育种工作的重要前期工作。本节介绍了利用RAPD的分子标记方法，对三七的花粉流动趋势的研究成果，对了解三七花粉扩散趋势和为三七育种、基因流动及三七生态研究具有一定意义。

1. 各母本与拟定父本的基因型差异分析

通过用引物A-16、E-02、Y-15、K-08、L-02和G-10（表6.2），对各母本与拟定父本进行扩增，筛选出了重复性较好的K.08和L-02可以扩增出父本含有，而母本不具备的特异条带的2条引物（图6.3、图6.4）。引物K-08对拟定父本的扩增条带数为4条，对12个母本均含有特异条带，但对于母本2、3、8、9、10及13来说无扩增条带，而对于母本4、5、6、7、11、12不仅能对其扩增出条带，且拟定父本在此引物的扩增下，含有母本4、5、6、7、11及12所没有的明显特异条带，因此可以用引物K-08作为母本4、5、6、7、11及12上所结种子的扩增引物。引物L-02对拟定父本的扩增条带数为5条，对12个母本均含有特异条带，但对于母本4、7、11及12无扩增条带，对于母本5和6只有2条不明显的扩增条带（表6.3）。而对于母本2、3、8、9、10及13引物L-02不仅能对其扩增出较明显的多条带，且拟定父本在此引物扩增下，含有母本2、3、8、9、10及13所不含有的明显特异条带，因此可以用引物L-02作为母本2、3、8、9、10及13上所结种子的扩增引物。

表6.2 筛选的引物序列

引物编号	引物序列
A-16	AGCCAGCGAA
E-02	GGTGCGGGAA
G-10	AGGGCCGTCT
K-08	GAACACTGGG
Y-15	TCGGCGGTTC
L-02	AGTCGCCCTT

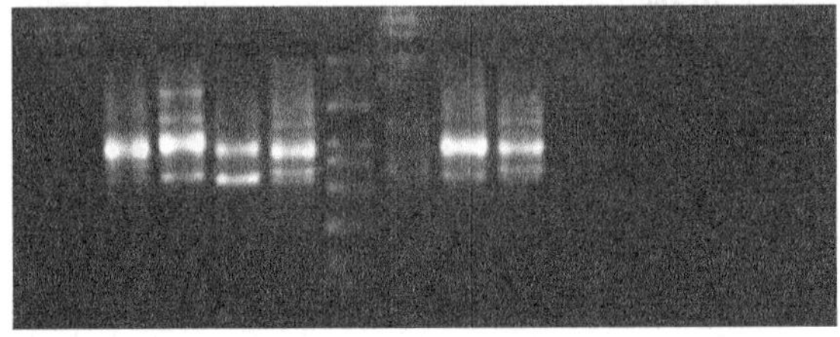

图6.3 K-08对拟定父本和各母本的琼脂糖凝胶电泳图

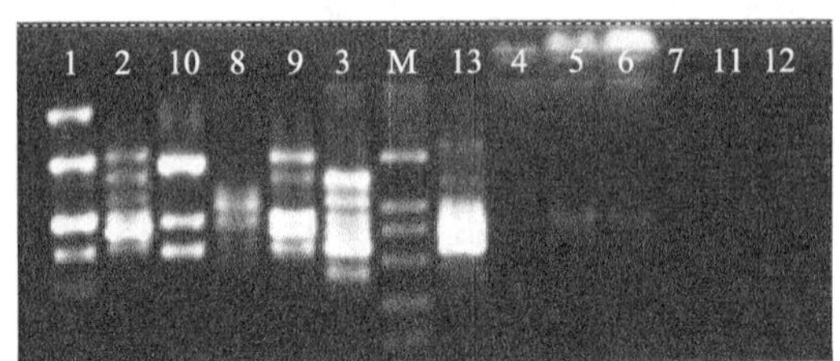

图6.4 L-02对拟定父本和各母本的琼脂糖凝胶电泳图

表6.3 引物K-08和L-02的碱基序列对拟定父本与各母本的扩增情况

引物编号	拟定母本代号	母本扩增条带数	拟定父本扩增条带数	拟定父本所含特异条带数
K-08	2	0	4	4
	3	0		4
	4	3		2
	5	2		2
	6	3		2
	7	4		1
	8	0		4
	9	0		4
	10	0		4
	11	4		1
	12	1		3
	13	0		4

续表

引物编号	拟定母本代号	母本扩增条带数	拟定父本扩增条带数	拟定父本所含特异条带数
L–02	2	5	5	2
	3	6		1
	4	0		5
	5	2		4
	6	2		4
	7	0		5
	8	5		2
	9	5		1
	10	3		2
	11	0		5
	12	0		5
	13	4		2

2. 引物 K–08 和 L–02 对子代的扩增结果

筛选出的引物 K–08 和 L–02 分别对母本 4、5、6、11 及 12 和 2、3、7、8、10、12 随机挑选的 30 粒种子 DNA，母本 9 上的 20 粒种子 DNA，以及 13 上的 19 粒种子 DNA 进行扩增。引物 L–02 对母本 2 植株上的 30 粒种子 DNA 进行扩增的琼脂糖凝胶电泳图中有 8 个样品含有父本所具的特异条带，占所检测样品的 26.7%（表 6.4）。随机编号的 5、6、7、8、9、10、16、17 的种子含有拟定父本 A 的特异条带，即第一条亮带（图 6.5）；而随机编号的 18、19、24、26 的种子却含有和母本一样的条带，可据此推断母本 2 存在自交结实。

引物 L-02 对母本 3 子代扩增的琼脂糖凝胶电泳图表明随机编号的子代 1、2、3、4、6、9、10、11、12、13、14、16、17、18、22、23、25 及 28 中具有拟定父本 A 的特异条带，占所检测样品的 60%（表 6.4），但是没有发现完全具备母本条带的个体（图 6.6）。引物 K–08 对母本 4 子代扩增的琼脂糖凝胶电泳图表明随机编号子代 2、4、5、6、7、8、9、10、11、12、16、18、19、20、21、22、23、25、26、27、28、29 和 30 具有拟定父本的特异条带（图 6.7），占所检测样品的 76.7%（表 6.4）。

表 6.4 中所示，具有拟定父本特异条带的个数比例从距离拟定父本 1.5 m 的 50.9%，减少至 3 m 的 31.3%，又由此减少至 4.5 m 的 24.9%，即离拟定父本越远的母本得到拟定父本的花粉越少，从而也可推断出三七花粉传播的距离可以达到 4.5 m，甚至更远。同时，虽然在相同距离的同心圆上的不同个体的比例

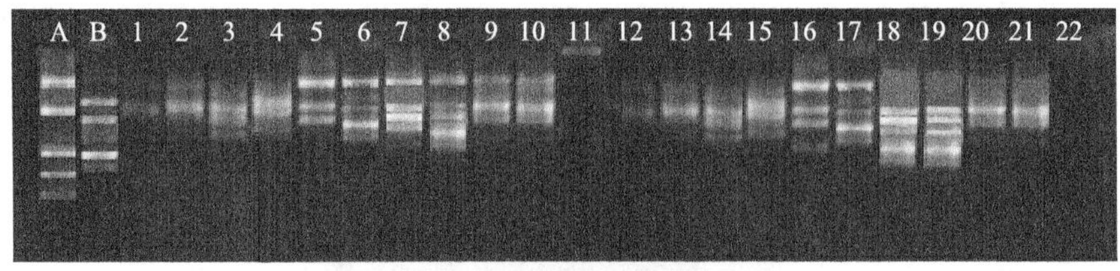

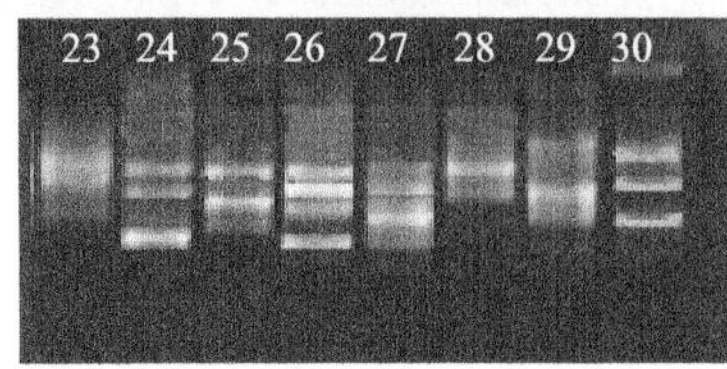

图 6.5 引物 L-02 对母株 2 子代 DNA 的扩增情况

图中字母“A”和“B”分别表示拟定父本与相应的母本（此为母本 2），标号 1～30 则表示所图注的母本 2 的 30 个子代，下同

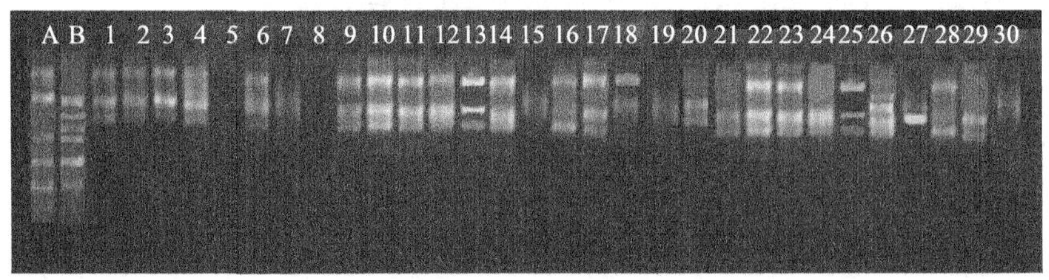

图 6.6 引物 L-02 对母株 3 子代 DNA 的扩增情况

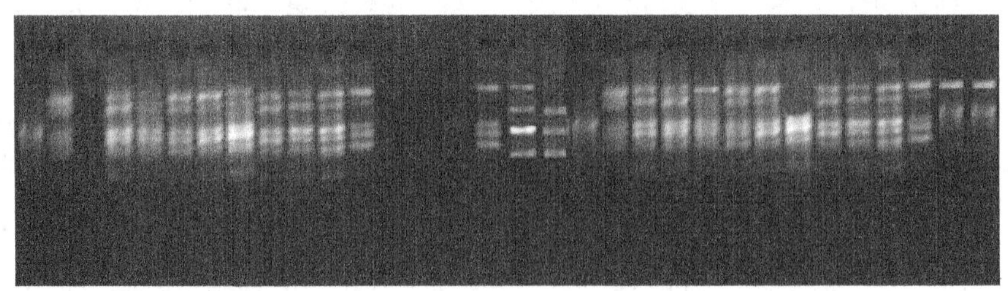

图 6.7 引物 K-08 对母株 4 子代 DNA 的扩增情况

表6.4 12 个母株种子DNA 的扩增条带情况

与拟定父本的距离	母本	具有拟定特异条带的个数	无扩增条带的个数	与母本条带相同的个数	具有特异条带的个数所占比例	各同心圆上总比例
1.5 m	2	8	2	4	26.7%	50.9%
	3	18	2	0	60.0%	
	4	23	6	0	76.7%	
	5	12	7	3	40%	

续表

与拟定父本的距离	母本	具有拟定特异条带的个数	无扩增条带的个数	与母本条带相同的个数	具有特异条带的个数所占比例	各同心圆上总比例
3 m	6	14	4	5	46.7%	31.3%
	7	5	8	10	16.7%	
	8	11	1	4	36.7%	
	9	5	3	2	25.0%	
4.5 m	10	6	6	0	20.0%	24.9%
	11	6	9	4	20.0%	
	12	10	6	2	33.3%	
	13	5	5	3	26.3%	

有多有少，但是总体的比例仍然是距拟定父本越远，含有特异条带的比例越低。但三七的花粉主要依靠虫媒传播，因而三七传粉的距离还可能与天气情况、昆虫的行为等诸多因素有关。

6.2 三七种子

6.2.1 三七种子概述

种子活力是种子生命过程中十分重要的特征，它与种子储藏寿命和劣变的生理过程有着紧密的联系。种子活力越高，其储藏寿命越长，劣变程度越低。一方面，种子活力会受遗传基因决定；另一方面会受环境因子、储藏条件等外界因素的影响。以种子为保存形式的种质保存，旨在提高和保持高水平的种子活力。因此，最大限度地延长种子储藏寿命，提高和保存种子储藏期间的活力是当前三七种植及生产中亟需解决的问题。三七种子是优质三七的生产源头。然而，由于三七生态适应性差、地理分布窄、生长周期长、繁殖系数低、种子寿命短，加上对三七种子的储藏特性、储藏条件、发育和后熟期间的生理变化规律不清楚，生产中常出现因储藏不当造成严重的经济损失。如在栽培种植方面，由于不了解种子在发育和后熟期间的生理变化规律，种子储藏不当，经常造成严重的经济损失，甚至是毁灭性的打击，而且目前大面积栽培的三七并非“育种学”意义上的品种，而是一个人工栽培群体，存在着品质参差不齐、整齐度差、遗传性状不稳定等诸多问题，这将直接影响到三七产业的可持续发展。当前三七的种质资源、品种选育及相关研究大大落后于人参和西洋参。本节主要概述三七种子在形态结构、生境特征、休眠与萌发、储藏与寿命等方面的研究成果，以期对今后三七种子的研究提供参考。

通常三七生长到第二年才能开花结果，在相同气候条件下，同一地区大致相同。果实一般秋冬成熟，结果时间的早迟，往往随三七年龄的增加而略有提前，结实的多少通常也会随年龄的增长而增加。二年生三七一般开小花近 100 朵，成果近 6～10 个。而三年生三七，一般结果 30～40 个，甚至有的高达 100 个。

三七果实为核果状浆果，呈肾形或球状肾形，极少数为三棰形。果实的成熟一般和颜色的改变相伴而生，果初成熟为紫红色，继而转为朱红色，成熟后变为鲜红色，有光泽。果实是成熟的心皮，或由心皮和其邻近的部分共同发育而成。根据果皮的构造和部位的不同可分为内果皮、中果皮、外果皮。内果皮为骨质，中果皮与外果皮是肉质构造，同是核果状的构造。果实中部具有横隔，将子房分为两室，每室内具有 1 粒悬浮的种子。

1. 三七种子的生态特征

云南省三七主产区地处低纬度高原，气候特点是夏长冬暖，热量比较丰富，年温差变化比较小，年平均气温为 15.8～19.3 ℃。夏季由于雨量集中，太阳辐射明显下降，形成 6～8 月的平均气温为 21.5～22.5 ℃。适宜的温度及水分条件为三七的生长发育提供优越的自然环境。冬季月平均气温为 11 ℃，地上部分的生长已经停止，但此时 5 cm 地温仍保持 14 ℃（地区平均值），这是三七茎叶在冬季仍能保持生机的原因，较高的地温有利于根部养分的积累，特别对已播种入土种子的种胚后熟的形态发育极为有利，种胚后熟期能够通过冬季阶段时自然完成。通过对不同温度条件下三七种子发芽率和发芽势的测定表明，三七种子的发芽温度范围为 10～30 ℃，最适宜温度为 20 ℃，三七种子的最佳储存方法为湿砂保存。三七种子的休眠期为 45～60 d，在自然条件下三七种子的寿命为 15 d 左右。

2. 三七种子的生物学特征

三七的果实为核果浆果状，呈肾形或球状肾形，极少数为三棰形。果初成熟时为紫红色，继为朱红色，成熟后呈鲜红色，有光泽。果实直径 7～9 mm，分为内果皮、中果皮和外果皮。内果皮为骨质，而中、外果皮是肉质构造。在果实的中部具有一横隔，将子房分成两室，每室内有 1 粒悬垂的种子，极少数有 1 或 3 粒种子（杨兴华，1985）。

三七种子外周有种皮包裹，种皮由珠被或珠被和珠心共同发育而成，呈黄白色，卵形或卵圆形渐尖，三角状卵形，直径 5～7 mm，表面粗糙。种子平直的一面有种脊，靠基部有一圆形吸水孔。二年生种子千粒重为 95～103 g，三年生种子千粒重为 98～108 g。种子含水量约 64%（崔秀明等，1993）。种皮厚而硬，为软骨质，有两层，分外种皮和内种皮。外种皮表皮细胞呈方形，表皮下有 10层左右的细胞，细胞较小，由圆形或方形细胞紧密排列而成，内有维管束，干后较硬。内种皮由 2～5 层薄细胞组成，排列较为疏松（郑光植等，1994）。

三七种子自母体脱落时，胚还尚未发育，故播种前需要经过 60～100 d 才能发育完全而成熟，形成叶、胚轴、胚根，并开始萌发。其发育程序如下：①幼胚期：此时胚尚未发育，仅是一团多细胞的椭圆体。胚的周围胚乳壁角质化，并充满了营养物质，使胚乳组织变硬，而不利于空气与水分进入，同样，种子的营养物质也不易转化为易吸收的溶解物质，种子进入休眠期。②器官形成期：胚经过休眠期后，即开始进行分化发育，形成胚轴和胚根，从而扩大及增长前胚的体积，此时的胚一般呈圆柱状，长约 520 μm。胚的外层形成原表皮，内部细胞逐渐形成原皮层。胚基部的顶端细胞经平周分裂，形成圆锥状的胚根，胚根外表皮层细胞形成根冠，细胞呈方形，为 6～7 层，胚根形成的同时，胚进一步发育成叶，经胚顶分生组织分裂后，顶端中央形成凹陷，在顶端形成两边，深埋在胚乳中，逐渐形成幼叶。③胚的成熟期：当叶达到一定长度时，其叶中央部分细胞分化形成中脉及两侧的侧脉。胚轴内的原形成层，有韧皮部及木质部的分化。胚发育到此时，已是成熟阶段。

3. 三七种子的休眠与萌发

三七种子具有休眠特性，休眠期为 45～60 d。段承俐等（2010）对三七种胚发育的形态进行了解剖观察，发现果实成熟时种胚尚未完成分化，处于心形胚阶段，种胚的发育始于盛花期后 40 d 左右，需经过 130 d 左右才能完成形态后熟；种胚各器官的生长曲线呈现出“S”型，即缓慢生长期 – 快速生长期 – 缓慢生长期 3 个阶段。崔秀明等（1993）测量了不同发育时期的三七种胚，胚原茎时胚长为（1.04 ± 0.18）mm，宽为（0.50 ± 0.10）mm，经过约 30 d 后，胚的各器官经过分化发育已基本形成，此时胚长（1.80 ± 0.36）mm，胚宽为（0.57 ± 0.06）mm。当种子在适宜的条件下保存 45～60 d 时，胚发育成熟，种胚长（3.31 ± 0.32）mm，宽为（1.13 ± 0.12）mm。崔秀明等（1993）还对三七种子的发芽温度、休眠期等进行过初步研究，认为三七种子的发芽温度为 10～30 ℃，最佳温度为 20 ℃。水分是三七种子发育的关键因子。土壤湿度需保持在 25%～30%，空气湿度 70%～85% 为宜。土壤湿度低于 20% ，影响种子发芽，高于 40%，会发生根腐病和死亡（王朝梁等，1998）。三七种子对光的反应非常敏感，传统认为需要自然光照 30% 才能正常生长发育，故三七荫棚有“三成透光，七成蔽荫”之说，也有认为三七棚透光度为 8%～12%，超过 17% 三七的生长就会受到不利的影响（崔秀明等，1993）。

激素对打破种子休眠具有显著的促进作用。崔秀明等（1994）研究了七种植物激素及生长调节剂对三七种子萌发及种苗发育的影响，发现 GA3 能打破三七种子休眠，使三七提前出苗，增加植株高度，但出苗率及产量均比对照明显下降。稀土、养植宝、三十烷醇等也能明显提高三七出苗率，增加种苗产量。

4. 三七种子的储藏与寿命

三七种子是顽拗性种子，不耐储藏。随着三七的社会需求量增加，三七种子的生产用量也随之大幅增加。由于三七种子在存放过程中经常出现劣变现象而造成品质下降，从而带来重大经济损失。崔秀明等（1993）报道在自然条件下三七种子的寿命仅为 15 d 左右。4 ℃冰箱干藏 30 d，仍有 80% 的种子有生活力，储藏 45 d，只有 10% 的种子有生活力。而湿沙储藏 45 d，出苗率为 85%。因此，三七种子最佳储存方法为 25% 的湿砂保存。三七种子含水量为 30% 左右时种子生活力开始受损，最低安全含水量为 17%。4 ℃和 20 ℃保存的种子，其生活力的下降趋势基本一致，保存 30 d 时种子生活力与初始基本相同，40 d 时开始下降，90 d 时完全丧失。在 –20 ℃和 0 ℃保存 10 d 后，种子生活力分别下降到 13.42% 和 15.81%，表明三七种子不宜低温储存（崔秀明等，2010a）。崔秀明等（2010b）进行了三七种子后熟期的生理生化的动态研究，考察了自然风干、25% 湿沙下室温（20～25 ℃）层积、4 ℃层积、室温与 4 ℃交替层积、–20 ℃层积四种储藏方法，发现室温层积较其他储藏条件更适合保持三七种子在后熟期间的种子活力，储藏物质可溶性糖、淀粉、蛋白质、粗脂肪含量均随储藏时间的延长而表现出逐渐下降的趋势，是其生理变化的显著特征之一，也是引起或加速三七种子在储藏过程中劣变的重要原因。脂肪代谢是三七种子后熟中的主要代谢途径，不饱和脂肪酸的自身氧化作用是引起三七种子生活力丧失的原因之一。

5. 三七种胚的形态发育

（1）三七种子的形态观察

浙江林学院萧凤回研究组对三七的种胚形态发育进行了较为细致的研究。三七种子为黄白色，呈卵形或卵圆形渐尖，种子长 5～7 mm，宽 4～6 mm，厚 3～5 mm，由种皮、胚乳和胚三部分组成（图 6.8）。种皮厚而硬，由外种皮和内种皮组成，外种皮有皱纹，表皮细胞呈方形，表皮下有 10 层左右的细胞，细胞较小，由圆形或方形细胞紧密排列而成，内有维管束，干后较硬。内种皮由 2～5 层薄细胞组成，排列较为疏松。

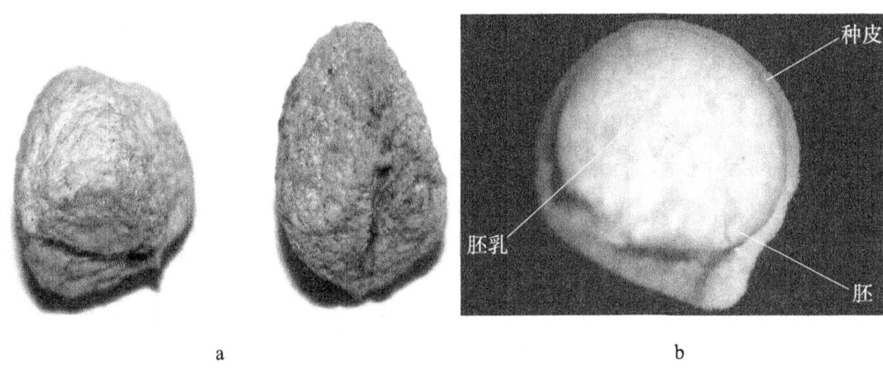

图 6.8　三七种子（a）及剖面（b）图（段承俐等，2010）

（2）三七种胚的形态发育过程

三七的种胚发育始于盛花期 40 d 天左右，需经过 130 d 左右的后熟发育才能成熟，三七种胚后熟发育过程根据其形态变化的差异，可分为球形期、心形期、鱼雷期、胚芽形成期、真叶原基形成期和叶柄形成期六个不同发育阶段。三七果实成熟时种胚尚未分化完全，处于心形胚阶段，这是三七种子休眠的主要原因（图 6.9）。

1）球形期：三七种胚的发育始于盛花期后 40 d 左右，用肉眼还难以发现，但在解剖镜下可观察到种胚的雏形，为扁长球形，长度不足 0.01 cm。盛花期后 50 d（绿果后期）的种胚呈扁形球体状（图 6.9a），解剖镜下可以明显看出胚胎分为两部分：上部扁球体状的胚胎本体和下部棍状的胚柄。此时整个胚胎的长度为 0.057 cm。盛花期后 60 d 的种胚仍然处于球形期，种胚长度为 0.079 cm，此时可在解剖镜下观察到胚根，长度为 0.007 cm，宽度为 0.024 cm。

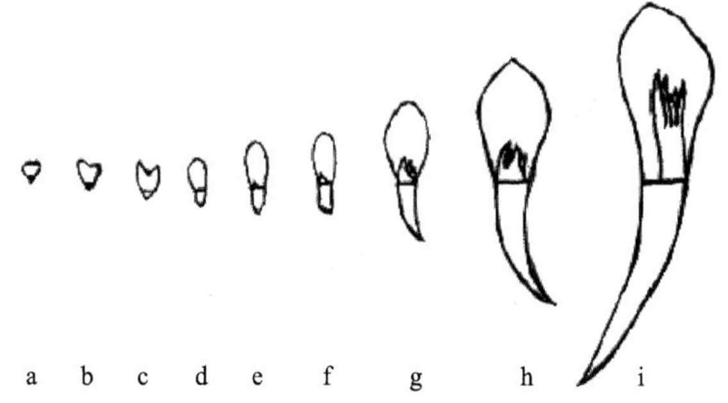

图 6.9 三七种胚形态后熟发育变化（段承俐等，2010）

a. 球形期；b～c. 心形期；d. 鱼雷期；e～f. 胚芽形成期；g. 真叶原基形成期；h～i. 叶柄形成期

2）心形期：盛花期后 70 d（果实红熟初期）的种胚长至 0.104 cm，呈心形状，称为心形期，此时可观察到两枚叶状结构的子叶原基（图 6.9b）。三七果实于盛花期后 80 d（果实红熟后期）左右成熟并收获，此时胚长至 0.138 cm，胚根长和宽分别长到 0.021 cm 和 0.050 cm（图 6.9c）。果实收获后，洗去果皮，晾干表面水分，将种子在室温下用湿砂层积。

3）鱼雷期：层积 10 d 的种子，种胚发育进入鱼雷期，子叶原基长至 0.100 cm，胚根原基和子叶原基已初步形成。此时，种子饱满，种内充满了供应种胚生长的内含物，种胚不易脱离种子。胚根原基与子叶原基长度相近，两片子叶原基明显分开，如图 6.9d 所示，种胚较小且发育不成熟，此时种胚约占种子总体积的 1/6。

4）胚芽形成期：层积 20～30 d 后的种子，子叶原基长 0.2 cm 左右。此时，子叶原基和胚根原基的交界处明显可见，子叶原基明显加宽，胚根原基出现弯曲。从侧面看，两片子叶原基的中部有一个峰状小突起，出现胚芽，呈现真叶原基产生势，如图 6.9e、图 6.9f 和图 6.10a 所示（图 6.9e 和图 6.10a 是层积 20 d 的种胚，图 6.9f 是层积 30 d 的种胚）。此时，种胚明显长大，子叶、胚根原基较第一时期的种胚变宽，在两片子叶中间出现了一个峰状小突起，此为胚芽。图 6.10e 和图 6.10f 的种胚虽在大小上无明显差异，但是图 6.10e 的真叶原基明显较图 6.10f 大。此时，种胚约占种子总体积的 1/4。

5）真叶原基形成期：层积 40～50 d 后的种子，子叶原基长 0.2～0.3 cm。子叶原基加宽，胚根原基有部分突出种皮。此时，种胚的生长处于快速生长期，如图 6.9g、图 6.10b 所示，种胚明显增大，胚根的弯曲幅度加大，在两片子叶中间，出现 3 个山峰状突起，其中 1 个较大，其余 2 个较小，真叶原基开始出现 3

个裂口，为真叶的 3 个小叶原基分化期即真叶原基形成期。此时，种胚约占种子总体积的 2/5。

6）叶柄形成期：层积 60～80 d 的种子，子叶原基长 0.5～1.0 cm。此时，胚根突出种皮 1～3 cm，根尖分化明显，并且根尖附近有棕黄色颗粒状物质出现，子叶已形成叶脉，子叶边缘向中间卷曲，种内的营养物质已经逐渐耗尽，种子干瘪，饱满度降低。此时可看出真叶与叶柄之间的界限，为叶柄形成期。如图 6.9h 所示，真叶原基出现 5 个裂口，胚根的弯曲程度进一步加大。图 6.10c 是层积 70 d 的种胚，已生长出 5 片真叶，在真叶着生的地方，形成叶柄。而在图 6.9i 中，真叶加长，可见明显的叶柄长大。此时，种胚占据种子的整个内部空间，胚乳中的营养物质已被胚完全吸收作为自身成长的营养消耗，种胚的形态后熟完成。层积 90 d 后，种子突破种皮开始发芽。

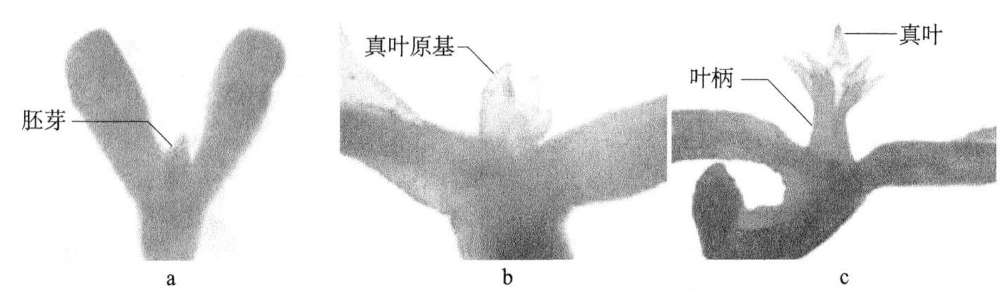

图 6.10　解剖镜下种胚发育后期的形态照片

a. 胚芽形成期；b. 真叶原基形成期；c. 叶柄形成期

（3）三七种胚的生长曲线

三七种胚各器官的生长曲线呈现出 S 型，即缓慢生长期 – 快速生长期 – 缓慢生长期三个阶段（图 6.11），生长曲线的转折点与种胚的形态发育是相一致的。在种胚发育的前 80 d，盛花期 40 d 左右三七种胚开始发育，之后种胚的生长非常缓慢，到果实成熟采收时，胚长、胚根长和宽仅为 0.138cm、0.021 cm 和 0.050 cm。种子进入层积阶段后种胚的生长速度有所加快，到层积 40 d 时三七的种胚长、子叶长、胚根长、子叶宽和胚根宽分别达到了 0.386cm、0.253cm、0.133cm、0.150 cm 和 0.087 cm。此阶段内子叶的长度始终大于胚根的长度。从层积 40 d 开始，种胚的生长开始出现快速生长的征兆。在真叶原基形成并逐步生长之后，种胚进入了快速生长期，到层积 80 d 时，种胚各种性状均增长了 4 倍以上，其中胚根从 0.133 cm 长至 1.060 cm，增长了 8 倍；在此阶段，胚根的生长速度比子叶大，从层积 60 d 开始，胚根长度为 0.620 cm，大于子叶长度 0.568 cm。真叶原基的分化和叶柄的形成也在此阶段完成。层积 80 d 后种胚的发育虽未停止，种胚形态后熟发育基本完成，但随着种子内营养物质的耗尽，种胚再次进入缓慢生长期，至层积 90 d 后种子开始发芽。此发育过程与西洋参和人参种胚的后熟发育较为相似（梁焕起等，1995），但三七种子的储藏特性却与后两者有较大差异（石思信等，2000；1994）。

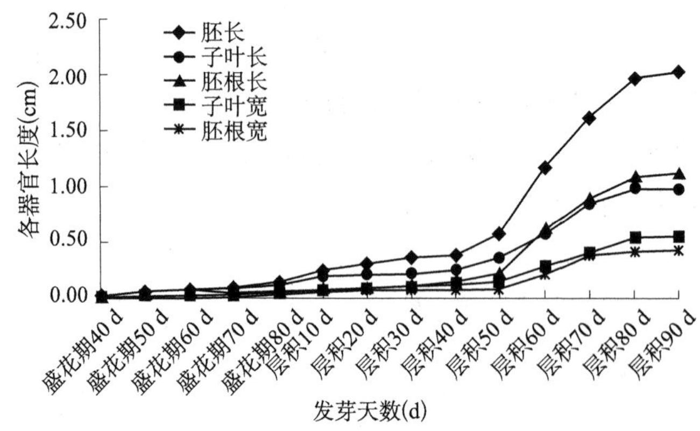

图 6.11　三七种胚的生长曲线（段承俐等，2010）

6. 三七种子的化学成分

周家明等（2008）利用大孔树脂、硅胶柱、RP-8 和 RP-18 柱对三七种子的脂溶性成分进行了化学研究，得到人参炔醇、β- 谷甾醇、胡萝卜苷、三棕榈酸甘油酯、羽扇豆醇、16β- 羟基羽扇豆醇、山柰酚 7 个化合物，其中人参炔醇为首次从三七种子中分离得到，三棕榈酸甘油酯为首次从三七植物中分离得到。宋建平等（2010）也进行了此项研究，得到了 8 种化合物，除周家明等报道的化合物外，还得到了人参皂苷 Rh_4，以及首次从天然产物中发现的羽扇豆 -20- 烯 -3β，16β- 二醇 -3- 阿魏酸酯。刘润民等（1990）用气相色谱法鉴定了三七种仁油的脂肪酸组成为棕榈酸 3.0%、硬脂酸 0.54%、花生酸 0.46%、棕榈油酸 0.53%、油酸 87.48%、亚油酸 7.07%、亚油烯酸 0.21%，从不皂化物中分离鉴定了羽扇豆醇、白桦脂醇、16β- 羟基羽扇豆醇。

6.2.2　三七果实发育期间生理生化变化

种子是一个活的有机体，它的生命力从旺盛时期经历衰老至死亡，是由不可抗拒的自然法则所决定的。当种子一旦达到生理成熟时，便开始经历老化过程，活力逐渐降低，即没有长生不死的种子。不管储藏条件如何理想，储藏时间超过一定限度，种子生命便会终止。若储藏条件适宜，仅可以延长种子寿命而已。种子生命力从旺盛时期经历逐渐衰老至最后死亡，是一个复杂的从量变到质变的连续过程。储藏种子产生劣变时，在发芽力消失之前，往往首先在生化反应上迅速表现出来。

1. 三七果实的生理变化

三七果实的发育过程可分为两个阶段，第一阶段为旺盛生长期，盛花期后10～40 d生长迅速（图6.12、彩图9a～d），盛花期40 d时果实的长度、宽度和厚度分别达到1.270 cm、0.859 cm和0.697 cm，平均日增长量分别达到0.022 cm、0.012 cm和0.011 cm。第二阶段为平稳生长期，盛花期40 d后直到果实成熟，果实的生长较为平稳，长度、宽度和厚度的平均日增长量仅为0.006 020 cm、0.006 608 cm和0.003 726 cm；此阶段也是三七果实变色的时期，从盛花期后50 d开始，果实由绿色开始变为朱红色（彩图9e），直至盛花期后80 d达到成熟时变为有光泽的鲜红色（彩图9h）。

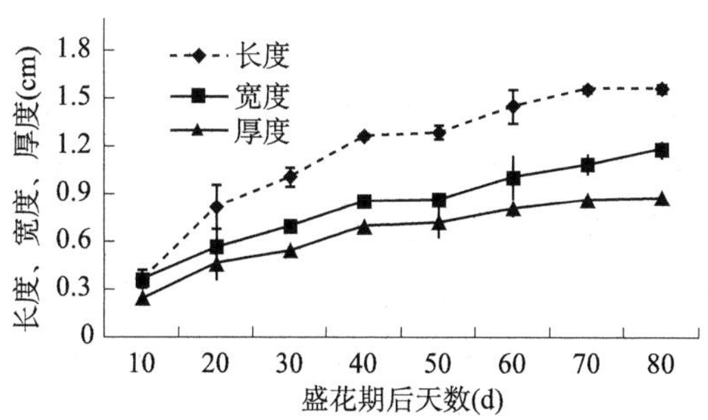

图6.12　三七果实发育期间的形态变化

从图6.13可看出，三七果实在发育过程中含水量的变化表现为先升后降，且不同时期的变化速率不同。在盛花期后第10～30 d内含水量以日平均0.231%的速率从79.50%迅速上升至86.42%；从盛花期后40 d开始含水量以日平均0.267%的速率缓慢下降，于盛花期后80 d时降至最低73.37%。

三七果实在发育过程中，鲜重的增长表现出两个高峰（图 6.14），在盛花期后 10～40 d 鲜重的增长呈直线上升，以日增重 8.365 mg/ 粒的速度从 16.1mg/ 粒迅速升至第一个峰值 350.7 mg/ 粒；随后的 10 d 内鲜重基本保持不变，紧接着在盛花期后 60 d 达到第二个峰值 508.1 mg/ 粒，此后鲜重的增加较为缓慢，直至盛花期后 80 d 达到最重 515.3 mg/ 粒。三七果实内干重与鲜重呈现出一致的变化趋势，干物质重量随着果实的生长发育而逐渐增加，但增重的幅度低于鲜重。果实发育前期干重的增重较快，盛花期后 10～40 d以日增重2.203 g/粒的速度从3.3 mg/ 粒迅速升至第一个峰值 69.4 mg/ 粒；随后的 10 d 内干重增长缓慢，紧接着在盛花期后 60 d 达到第二个峰值 113.6 mg/ 粒，此后干重的增加较为缓慢，直至盛花期后 80 d果实干重达137.2 mg/粒，随后果实重量基本保持稳定，变幅较小。由此可见，三七果实在盛花期后 80 d 达到成熟。

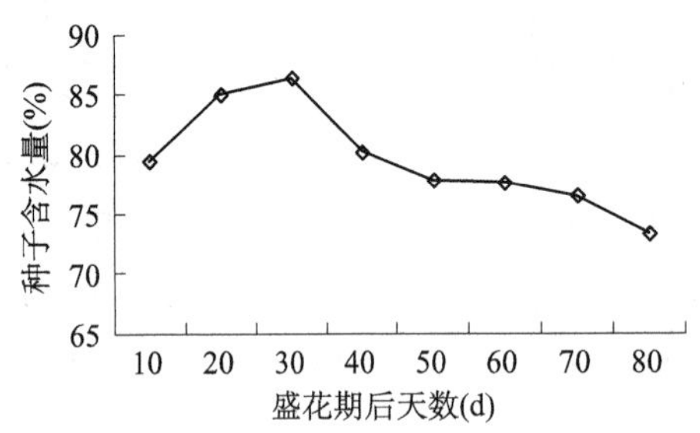

图 6.13　三七果实发育过程含水量的变化

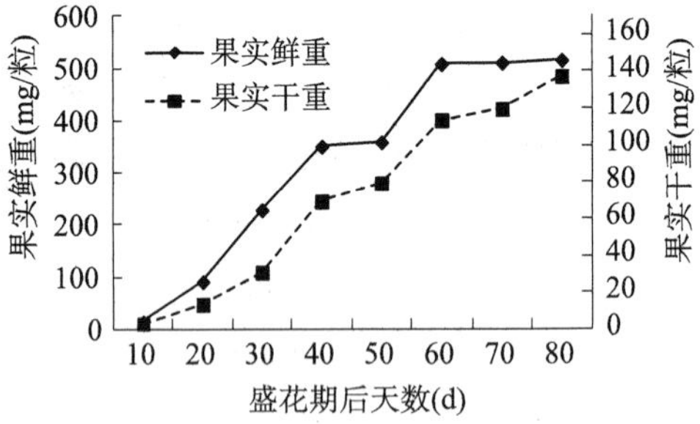

图 6.14　三七果实发育过程干鲜重的变化

2. 三七果实中储藏物质含量的变化

三七果实发育过程中可溶性糖含量表现为先升后降，盛花期后的前 20 d 增长较为缓慢，但在随后的 10 d 内可溶性糖含量由 16.67 mg/g 升至峰值盛花期后 30 d 的 90 mg/g，随后下降至盛花期后 40 d 的 33 mg/g，而后逐渐降低，于盛花期后 60 d 降至最低点 28 mg/g，这段时间也正是代谢过程中果实内营养物质被大量利用和果实鲜、干重增重最快时期；从盛花期后 60 d 可溶性糖含量又小幅上升，随后降至 43 mg/g。三七果实中淀粉含量随着果实的发育而增加，果实的发育后期增重较快，以盛花期后 50～60 d 内淀粉含量增加最快，日增量达到 1.25 mg/g；以后则以平均每天 0.4125 mg/g 的速度增至盛花期后 80 d 的最大值 34.25 mg/g。蛋白质含量在三七果实发育的前 30 d 无显著变化；在果实发育的中后期增重的幅度较大，以日平均 0.2326 mg/g 的速率由盛花期后 30 d 的 0.95 mg/g 迅速增至盛花期后 80 d 的 12.58mg/g（图 6.15）。

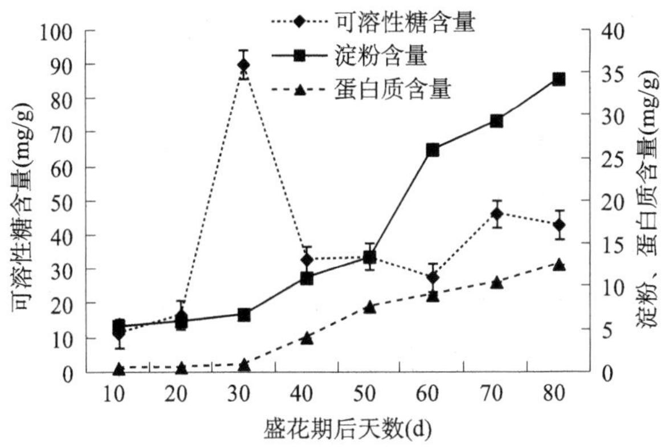

图 6.15　三七果实发育过程中可溶性糖、淀粉和蛋白质含量的变化

3. 三七果实中五种同工酶的变化

同工酶是指能催化同一种化学反应，但其酶蛋白本身的分子结构组成却有所不同的一组酶，它们是 DNA 编码的遗传信息表达的结果，与激素和环境相互作用，控制植物的生长发育。植物的同工酶在不同生育时期有明显的差异。

过氧化物酶是植物体内普遍存在的、活性较高的一种酶。它与呼吸作用、光合作用及生长素的氧化等都有关系。在植物生长发育过程中它的活性不断发生变化。因此，测定这种酶的同工酶，可以反映某一时期植物体内代谢的变化。在果实发育过程中，过氧化物酶同工酶的变化能够说明果实的成熟进程。

在三七果实生长发育过程中，过氧化物酶同工酶酶带数目无变化，但其染色程度和酶活性随果实的成熟而变浅、变低。在三七果实生长发育前期（图 6.16a、图 6.16b），过氧化物酶同工酶活性高，酶带较宽且清晰，染色好。随着果实逐渐发育成熟，果实内的过氧化酶同工酶发生变化，到接近果实成熟时（图 6.16c），酶含量及活性明显降低，表现为酶带变窄、染色浅，但在整个果实发育过程中，酶带数目没有发生变化，始终只有一条。

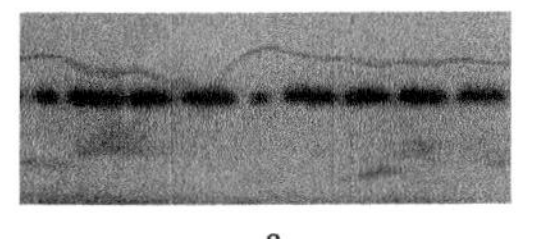
a

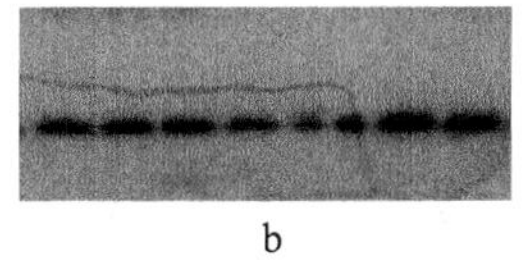
b

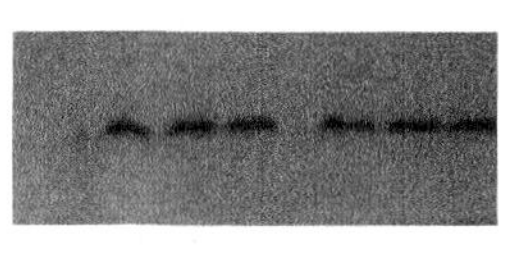
c

图 6.16　三七果实发育期间过氧化物酶同工酶的变化

a. 盛花期后 10～40 d；b. 盛花期后 40～60 d；c. 盛花期后 60～80 d

过氧化氢酶同工酶的变化在一定程度上也可以反映植物的生长发育情况。在三七果实生长发育过程中，过氧化氢酶同工酶的变化分为三个阶段：发育前期（图 6.17a），酶带清晰且染色好，数目为 4 条，表明此阶段酶活性高，果实体内代谢旺盛；到发育中期（图 6.17b）：酶带染色变浅，数目减少为 3 条；到果实成熟时（图 6.17c），酶带仅有一条。在三七果实生长发育过程中，过氧化氢酶同工酶酶带数目和染色程度深浅均呈规律性变化。果实发育初期，同工酶酶带数目多，酶活性高；随着果实的发育和成熟，酶带数目减少，酶活性降低。

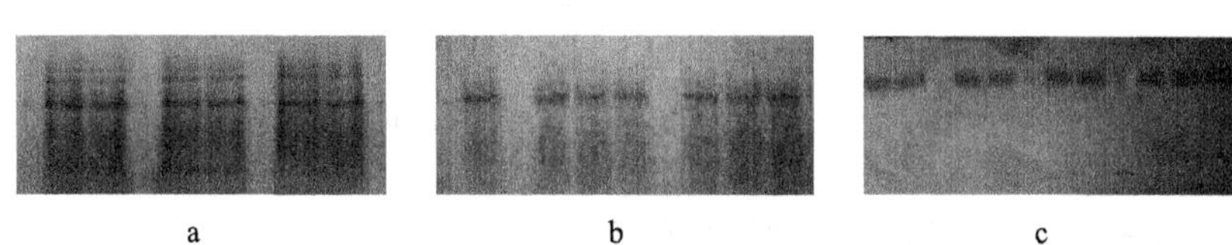

图 6.17　三七果实发育期间过氧化氢酶同工酶的变化

a. 盛花期后 10～40 d；b. 盛花期后 40～60 d；c. 盛花期后 60～80 d

淀粉酶同工酶的变化可以直接反映植物体内物质代谢的情况，若其活性高且变化大，表明植物体内各种代谢旺盛且活性较高。在三七果实生长发育过程中，淀粉酶同工酶的变化也可以分为三个阶段：发育前期（图 6.18a），酶带染色好，数目为 2 条，说明此阶段酶活性非常高，果实体内物质代谢旺盛，而相应地此阶段果实中淀粉含量也较低；到发育中期（图 6.18b），酶带染色变浅，数目减少为 1 条；到果实成熟时（图 6.18c），酶带染色较中期更浅，酶活性显著降低，但酶带数目没有发生变化。在三七果实生长发育过程中，淀粉酶同工酶酶带数目和染色程度深浅呈规律性变化。随着果实的发育和成熟，其染色程度、酶带数目和酶活性均随果实的成熟而变浅、变少和变低。

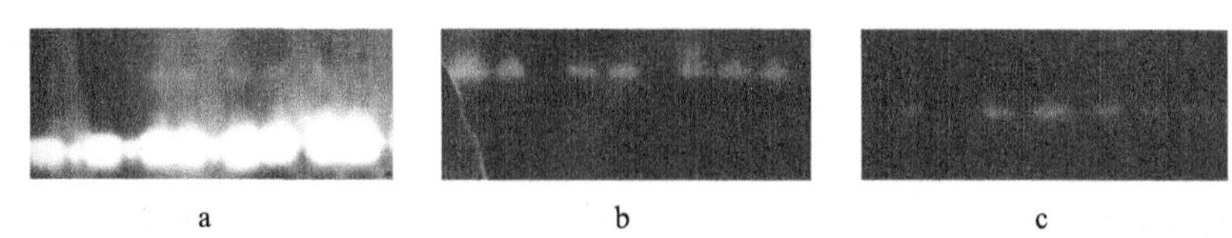

图 6.18　三七果实发育期间淀粉酶同工酶的变化

a. 盛花期后 10～40 d；b. 盛花期后 40～60 d；c. 盛花期后 60～80 d

酯酶在植物体内广泛存在，它与酯代谢、内膜系统的发育有关，也参与若干酶类的修饰、激活或钝化。果实的生长发育需要大量营养物质，这时期酯酶可将三酰甘油降解为脂肪酸及甘油，并通过乙醛酸循环转化成糖类，进一步生成蛋白质、核酸等与新细胞、新组织等有关的重要大分子物质。在三七果实生长发育过程中，酯酶同工酶一直保持较高的活性。在发育初期（图 6.19a），酶带清晰且染色好，数目为 3 条，酶活性较高，说明此阶段果实发育迅速，与果实鲜重、干重的增加趋势一致；到发育中期（图 6.19b），酶带数目增加到 5 条，酶活性与发育初期基本一致；到果实成熟时（图 6.19c），酶活性有所下降，酶带数目减少到 4 条。酯酶同工酶在三七果实生长发育过程中，在盛花期后 60 d 内一致保持较高的活性，到果实成熟时才有所下降。

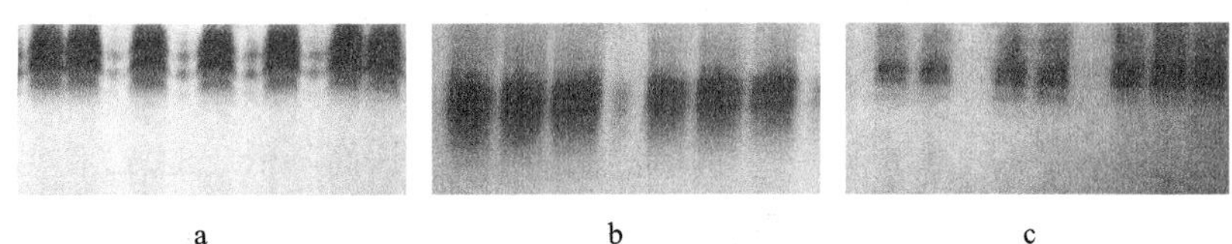

图 6.19 三七果实发育期间酯酶同工酶的变化

a. 盛花期后 10～40 d；b. 盛花期后 40～60 d；c. 盛花期后 60～80 d

超氧化物歧化酶同工酶与细胞分裂和分化有一定关系。但在三七果实生长发育过程中，超氧化物歧化酶同工酶一直活性较低，且在整个发育过程中无明显变化（图 6.20a、图 6.20b）。整个发育期间，仅有 1 条酶带出现，且清晰度较差，染色较浅。

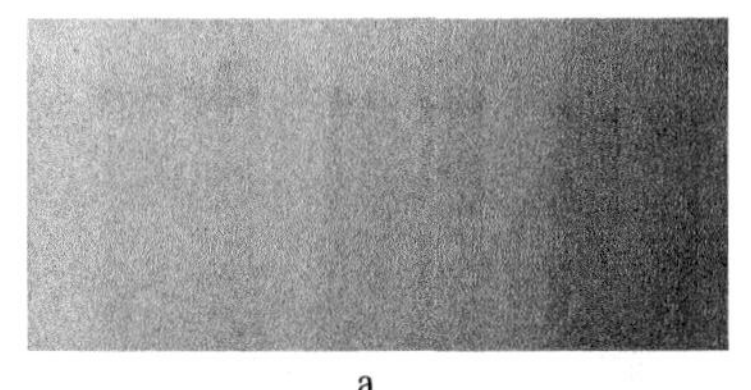

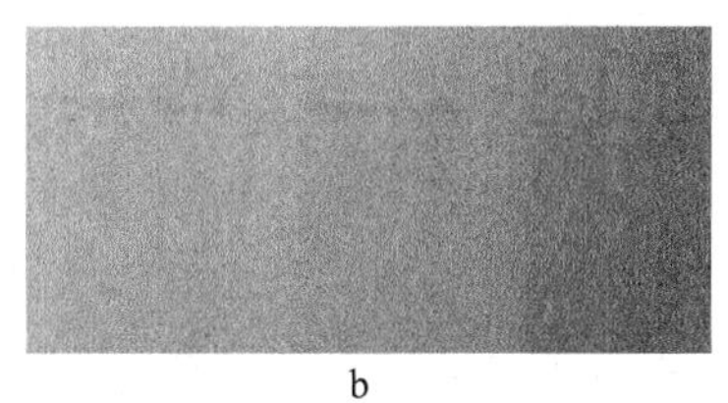

图 6.20 三七果实发育期间超氧化物歧化酶同工酶的变化

a. 盛花期后 10～40 d; b. 盛花期后 40～80 d

6.2.3 三七种子后熟期间生理生化变化

1. 不同储藏条件下三七种子的生理变化

三七种子在后熟期间的生活力变化因储藏条件的不同而不同，随着储藏时间的延长均表现为不同程度的下降（图 6.21a）。自然风干条件下层积 20 d 后，种子生活力由层积前的99.21%下降到48.76%，直到60 d时种子生活力完全丧失。–20 ℃层积储藏条件下，种子生活力在层积10 d后迅速减弱到20%，然后又以17%左右的水平维持40 d，到层积60 d时种子生活力全部丧失。室温层积储藏条件下，整个后熟过程中种子生活力变化趋于平稳，其值始终维持在92%以上。室温与4 ℃交替层积、4 ℃层积这两种储藏条件下，种子生活力的变化趋势基本一致，在前50 d中均有缓慢下降，由层积前的99.21%分别下降到88.67%和91.33%，之后又有一个明显且幅度较大的下降过程，到层积结束时室温与4 ℃交替层积的种子生活力降为64.67%，4 ℃层积的种子生活力则降到42.67%。可见，室温层积较其他三种储藏条件更适合保持三七种子在后熟期间的生活力。

四种储藏条件下种子含水量均随储藏时间的延长而降低（图6.21b）。自然风干条件下，三七种子的含水量在层积20 d时由层积前的63.39%迅速下降到17.66%，至60 d后降为0；室温层积条件下，层积10 d后三七种子的含水量从层积前的63.39%下降到49.36%，之后又缓慢升高，其含水量基本稳定在57%左右。4 ℃层积和–20 ℃层积两种条件下，三七种子含水量在整个后熟过程中的变化基本一致，前20 d含水量有小幅升高，分别达到66.68%和67.55%，以后缓慢下降，含水量分别保持在52%和56%左右。室温和4 ℃交替层积条件下，前30 d种子含水量缓慢上升，达到整个层积过程中的最大值67%，以后逐渐下降，到50 d时降为56.59%，保持至层积结束。

室温层积、4 ℃层积、室温和4 ℃交替层积三种条件下储藏80 d后，呼吸速率均表现为先升后降的变化趋势（图6.21c）。自然风干和–20 ℃层积条件下种子的呼吸速率均迅速下降。4 ℃储藏条件可以在一定程度上抑制种子的呼吸作用，呼吸速率较其他三种储藏条件下偏低。自然风干和–20 ℃层积条件下，层积10 d后三七种子的呼吸速率急速下降，由层积前的2.67 mg/（g·h）分别降为0.2 mg/（g·h）和0.1 mg/（g·h），到30 d时自然风干条件下的种子呼吸速率降为0，–20 ℃层积的种子呼吸速率到40 d时也降为0。室温层积、4 ℃层积及室温和4 ℃交替层积条件下，储藏前期种子呼吸速率均不断增大，室温层积条件下，20 d后种子出现第一个呼吸峰，呼吸速率达到3.53 mg/（g·h），之后又在层积50 d时出现第二个明显的呼吸峰，此时种子呼吸速率为4.0 mg/（g·h）；而4℃层积及室温和4 ℃交替层积这两种条件下储藏的种子在整个层积过程中只有一个呼吸峰，均在层积50 d时出现，其值分别为2.6 mg/（g·h）和3.0 mg/（g·h）。此后三种储藏条件下的种子呼吸速率均逐渐降低，至层积结束时，呼吸速率恢复至层积前的水平，说明在整个后熟过程中，种子内部进行着旺盛的物质代谢。

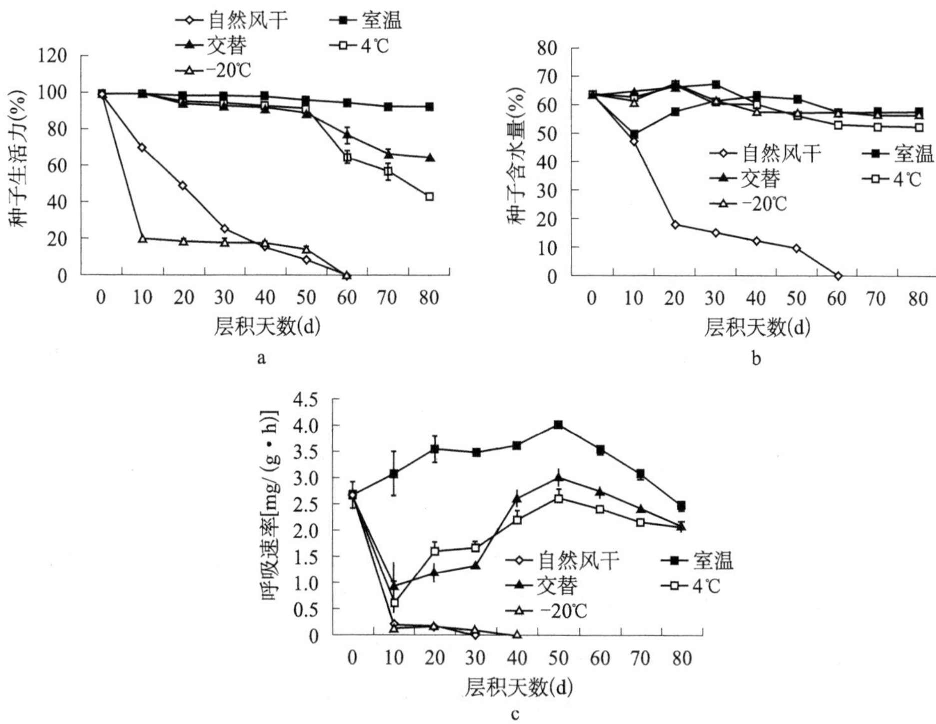

图 6.21　不同储藏条件下三七种子后熟期间生活力（a）、含水量（b）和呼吸速率（c）的变化

三七种子在不同条件下储藏 80 d 后，储藏条件对种子生活力、呼吸速率和含水量的影响均达到了极显著水平，且影响的主次为生活力＞呼吸速率＞含水量。五种处理对种子生活力的影响大小顺序是 $A_2 > A_3 > A_4 > A_1 > A_5$，对呼吸速率的影响大小顺序是 $A_2 > A_3 > A_4 > A_5 > A_1$，五种处理对含水量的影响大小顺序是 $A_3 > A_5 > A_2 > A_4 > A_1$（表 6.5）。

表6.5　不同储藏条件下三七种子生活力、呼吸速率和含水量的多重比较

	储藏条件	均值	5%	1%
生活力	室温层积（A_2）	96.505 56	a	A
	交替层积（A_3）	85.913 33	a	A
	4 ℃层积（A_4）	81.838 89	a	A
	自然风干（A_1）	29.700 00	b	B
	-20 ℃层积（A_5）	20.875 56	b	B

续表

	储藏条件	均值	5%	1%
呼吸速率	室温层积（A_2）	3.267 78	a	A
	交替层积（A_3）	2.103 33	b	B
	4 ℃层积（A_4）	1.993 33	b	B
	−20 ℃层积（A_5）	0.341 11	c	C
	自然风干（A_1）	0.336 67	c	C
含水量	交替层积（A_3）	61.052 96	a	A
	−20 ℃层积（A_5）	59.722 59	a	A
	室温层积（A_2）	58.652 59	a	A
	4 ℃层积（A_4）	58.498 89	a	A
	自然风干（A_1）	18.314 07	b	B

三七种子是一种高含水量的种子，在成熟收获后其含水量达 63% 左右，且在后熟的过程中含水量一直稳定在一个较高的水平。在自然风干状态下，由于水分丧失，种子活力迅速下降，说明三七种子在后熟过程中不耐脱水，不能在低含水量下储藏，这与三七种子在后熟过程中需要完成一系列的生理生化反应而需要保持足够的水分有关。水分作为植物体中最主要的构成成分，直接影响着胚后熟时的细胞分裂和细胞膨大，而且常使种子内酶处于活化状态，呼吸强度高，储藏物质水解作用快，而且高呼吸强度导致释放出大量的呼吸热，促进储温升高，以致种子内部代谢紊乱，造成各种生理伤害，并给各种病原菌的浸染提供可乘之机，这是三七种子不耐储藏和影响种子寿命的生理原因之一。三七种子的脱水敏感性和低温敏感性紧密联系在一起，不经脱水的三七种子，很可能因为组织的含水量太高，在低温下形成胞内大型冰晶，破坏细胞膜系统，引起种子活力下降或丧失，故三七种子成功保存的关键在于控制好种子储藏时的含水量，以便最大限度地保存种子中各种保护酶的活性和细胞膜的完整性，使种子具备更高的活力和发芽能力。但是种子含水量并非越低越好，因为在种子的细胞中，不饱和脂质降解时，在双键上所产生的自由基能与其他脂质起反应，从而破坏膜的结构；与蛋白质起反应，则钝化酶系统；与核酸起反应，则可引起染色体畸形或突变。因此，在含水量过低的种子中，一旦产生自由基就会促使种子失活。

2. 不同储藏条件下三七种子储藏物质含量的变化

种子中可溶性糖含量的高低，可在一定程度上反映种子的生理状况。自然风干条件下，三七种子的可溶性糖含量前 30 d 随时间的延长而逐渐降低，之后维持 16 mg/g 水平不变，而此时种子的呼吸速率也降为 0（图 6.22a），推测可能与种子内部生理代谢停止有关。室温层积、4 ℃层积、−20 ℃层积三种储藏条件下，三七种子可溶性糖含量的变化趋势基本一致，均表现为先升高后降低，层积的前 20 d 可溶性糖含量均达到整个后熟期间的最大值，分别为 44.0 mg/g、44.3 mg/g 和 40.0 mg/g，到层积 30 d 时又均迅速下降至 20.3 mg/g、21.0 mg/g 和 22.7 mg/g，此后变化平稳。在室温和 4 ℃交替层积的储藏条件下，层积 10 d 后种子可溶性糖含量第一次达到峰值 42.3 mg/g，到 30 d 时降为 21.6 mg/g，在层积 40 d 时达到整个后熟过程的第二个峰值 31.0 mg/g，之后基本维持在 19 mg/g 直到层积结束。四种储藏条件下三七种子可溶性糖含量变化趋势一致，表现为先升后降，不同的是室温和 4 ℃交替层积的储藏条件下种子可溶性糖含量在整个

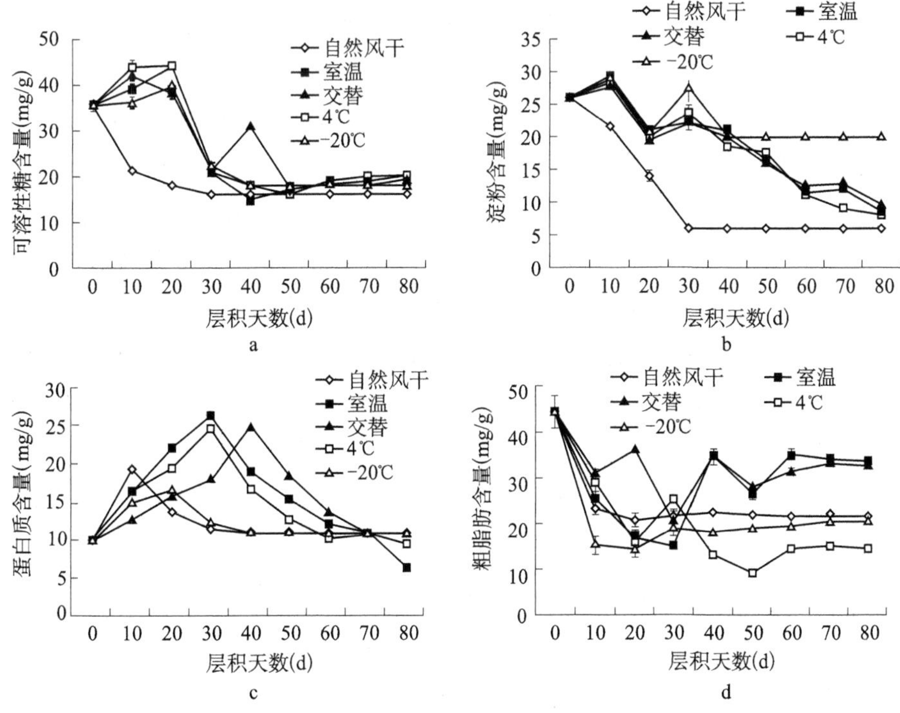

图 6.22　不同储藏条件下三七种子后熟期间储藏物质的变化

a. 可溶性糖；b. 淀粉；c. 蛋白质；d. 粗脂肪

层积过程中出现两次峰值。可溶性糖含量在储藏前期呈增加趋势是淀粉水解产生，在后期逐渐减少则可能是由于种子发生了劣变。

淀粉是种子中主要储藏物质之一，其含量的多少能反映种子在储藏过程中的生理状况。自然风干条件下，如图 6.22b，前 30 d 三七种子的淀粉含量随时间的延长而逐渐降低，之后便在 6.0 mg/g 这一水平保持不变，而此时种子的呼吸速率也降为 0，推测可能与种子内部生理代谢基本停止有关。–20 ℃层积储藏条件下，层积 10 d 后三七种子的淀粉含量逐渐升高，出现整个层积过程中的第一个峰值 29.0 mg/g，到层积 20 d 时降为 20.5 mg/g，层积 30 d 时又出现第二个峰值 27.5mg/g，淀粉含量至层积结束为 20 mg/g。室温层积、4 ℃层积、室温和 4 ℃交替层积三种储藏条件下，三七种子淀粉含量的变化趋势基本相似，表现为随层积时间的延长而逐渐降低，在层积 10 d 和 30 d 时，三种储藏条件下的种子淀粉含量均出现了两个峰值。室温及室温和 4 ℃交替层积条件下种子淀粉含量逐渐下降，在层积 70 d 后经过一个小幅回升，分别以 8.7 mg/g 和 9.5 mg/g 结束整个后熟过程。4 ℃层积储藏条件下的种子淀粉含量则一直下降。四种储藏条件下的三七种子淀粉含量变化趋势一致，均随着层积时间的延长而降低。不同的是 –20 ℃层积的储藏条件下，种子淀粉含量在层积 40 d 后就不再下降，并保持不变，而此时对应的种子淀粉酶活性也已丧失，说明种子中的淀粉不再发生水解作用。

蛋白质是种子中重要的储藏物质。自然风干条件下，三七种子的蛋白质含量（图 6.22c）呈先升高后降低的变化趋势，10 d 后含量从 9 mg/g 迅速上升到 18.3 mg/g，40 d 时降为 10 mg/g 并保持不变。–20 ℃层积的储藏条件下，20 d 后蛋白质含量从 9 mg/g 升高到 15.7 mg/g，40 d 后其含量降至 10 mg/g 并至层积结束；在室温层积、4 ℃层积这两种储藏条件下，种子的蛋白质含量变化趋势一致，层积 30 d 后都达到了各自在整个后熟期间中的最大值 25.3 mg/g 和 23.7 mg/g，到层积结束时分别降至 5.3 mg/g 和 8.3 mg/g。室温和 4 ℃交替层积储藏条件下，后熟前期种子蛋白质含量大幅上升，并于层积后 40 d 出现一个峰值，达到 23.7 mg/g，之后逐渐减低，层积结束后降为 5.3 mg/g。四种储藏条件下三七种子蛋白质含量变化趋势大体一致，均随着层积时间的延长而先升高后降低。不同的是，–20 ℃层积的种子于层积后 20 d 达到峰值，室温层积和 4 ℃层积的种子于 30 d 后达到峰值，而室温和 4 ℃交替层积的种子于 40 d 后达到峰值。

种子在脂肪酶的作用下，储藏的脂肪被水解为甘油和脂肪酸，所以脂肪含量越少，说明种子内部发生的代谢越旺盛。在自然风干条件下，三七种子的粗脂肪含量逐渐降低（图 6.22d），20 d 后，由初始的 44.23% 迅速下降到 20.58%，以后由于种子的物质代谢基本停止，故其粗脂肪含量基本维持在 21% 左右；在 -20 ℃层积的储藏条件下，层积 20 d 后，种子粗脂肪含量由 44.23% 急速下降到 14.23%，说明这段时间种子内的脂肪酶活性较高，脂肪水解作用大且快，以后其含量经过缓慢回升后，从层积 30 d 后种子粗脂肪含量的变化趋于稳定，基本维持在 19% 左右，一直到层积结束；在室温层积、室温和 4 ℃交替层积这两种储藏条件下，在整个层积过程中，三七种子的粗脂肪含量均呈起伏状下降，不同的是，室温层积下的种子于层积 40 d 和 60 d 时先后两次出现峰值，分别为 34.49% 和 34.98%，而在室温和 4 ℃交替层积下的种子则于层积 20 d 和 40 d 时先后两次出现峰值，分别为 35.93% 和 34.87%；在 4 ℃层积的储藏条件下，种子的粗脂肪含量变化基本呈下降趋势，在层积30 d时出现一次峰值25.19%之后，随着储藏时间的延长，其含量逐渐下降。

四种储藏条件下的三七种子粗脂肪含量变化趋势各不相同。在 4 ℃至室温之间，温度越低，种子内的脂肪酶活性越高，其水解脂肪的作用越大，种子内的脂肪含量越少。而 −20 ℃层积的储藏条件下，种子在层积 30 d 后基本无生命活力，内部的生理代谢活动微弱甚至停止，脂肪酶失活，导致种子的粗脂肪含量不再发生变化。

方差分析表明，在不同条件下储藏 80 d 后，储藏条件对种子各储藏物质影响的显著性不同，对淀粉、可溶性糖和粗脂肪含量的影响均达到了极显著水平，但对蛋白质含量的影响则不显著。多重比较结果显示（表 6.6），对种子的蛋白质含量来说，五种处理间无差异；储藏条件对三七种子淀粉含量的影响在不同处理间有着极显著差异，五种处理对淀粉含量的影响大小顺序是 $A_5 > A_2 > A_3 > A_4 > A_1$；储藏条件对可溶性糖的影响在不同处理间差异不完全显著，除 A_1 与其他各处理达到了极显著水平外，其余四种处理间无差异，五种处理对可溶性糖的影响大小顺序是 $A_3 > A_4 > A_2 > A_5 > A_1$。

表6.6 不同储藏条件下三七种子储藏物质含量的多重比较

储藏物质	储藏条件	均值	5%	1%
蛋白质	室温层积（A_2）	14.385 19	a	A
	交替层积（A_3）	13.500 00	a	A
	4 ℃层积（A_4）	13.459 26	a	A
	自然风干（A_1）	11.148 15	a	A
	−20 ℃层积（A_5）	11.074 07	a	A

续表

储藏物质	储藏条件	均值	5%	1%
淀粉	−20 ℃层积（A_5）	22.555 56	a	A
	室温层积（A_2）	18.666 67	b	AB
	交替层积（A_3）	18.462 96	b	AB
	4 ℃层积（A_4）	18.037 04	b	B
	自然风干（A_1）	10.833 33	c	C
可溶性糖	交替层积（A_3）	27.111 11	a	A
	4 ℃层积（A_4）	26.444 44	a	A
	室温层积（A_2）	25.222 22	a	A
	−20 ℃层积（A_5）	24.962 96	a	A
	自然风干（A_1）	18.962 96	b	B
粗脂肪	交替层积（A_3）	32.272 22	a	A
	室温层积（A_2）	29.300 00	ab	AB
	自然风干（A_1）	24.316 00	bc	BC
	−20 ℃层积（A_5）	21.084 44	c	C
	4 ℃层积（A_4）	19.905 56	c	C

糖类、蛋白质和脂肪是种子的三大主要储藏物质。糖类是最主要的呼吸基质，是种子胚生长发育的养料和能量来源；脂肪是胚细胞原生质的成分，较其他两类物质更容易水解和氧化，常因酸败而产生大量有毒物质，如游离脂肪酸和丙二醛等，对种子生活力造成极大威胁。脂肪酸败造成细胞膜的破坏，是种子死亡的重要原因；蛋白质也是原生质的主要成分，普遍存在于种子的活细胞中，既是营养成分，又起着控制和调节遗传物质的作用。所以，通过测定这三种指标的变化情况，可以了解种子所处的生理状态。

种子中储藏的糖类主要以淀粉的形式存在。种子后熟期间，淀粉在淀粉酶的作用下被水解为糖，一部分为胚的生长发育提供了养料和能量，另一部分作为呼吸的主要基质。因此，种子中糖类的存在状态与种子的生理状况有很大的关系。在三七种子后熟期间，可溶性糖的含量随层积时间的延长而逐渐减少，原因在于糖参与大分子化合物的构成而消耗了糖，而从淀粉的变化趋势来看，淀粉存在一个迅速分解之后重新合成的过程，这个过程对三七种胚后熟的作用有待于今后进一步研究。

三七种子中蛋白质含量随着储藏时间的延长而降低，降低水平与储藏条件有关。总体认为，蛋白质含量的减少可能有三个主要原因：①种子劣变过程中蛋白质发生降解；②在一定温度和含水量下，很多蛋白质分子不可避免会发生变性；③合成能力的变化，衰老种子降低了合成蛋白质和核酸的能力。很多情况下，糖类与蛋白质的合成能力下降超过 50% 后，才表现出发芽力或呼吸的下降，可见合成能力的下降是一个早期危险讯号，它预示种子开始劣变。

随着三七种子后熟作用的进行，种子中的脂肪水解为甘油和脂肪酸，故三七种子中粗脂肪含量随着储藏时间的延长而降低，且三七种子中主要以脂肪为主，其他含量较少，初步认为脂肪代谢是三七种子后熟中的主要代谢途径，这与人参种子基本一致（张连学，1995）。因为游离脂肪酸的增加可以引起种子发生不同程度的劣变，因此在储藏期间不饱和脂肪酸的自身氧化作用是引起三七种子生活力丧失的原因之一。

在种子丧失发芽力时，组织中仍有大量的储藏养料。在不同储藏条件下，即使种子已停止呼吸，且种子已失去生活力，其中仍含有一定的脂肪、蛋白质、可溶性糖及淀粉。

3. 不同储藏条件下三七种子抗氧化酶活性的变化

如图 6.23 所示，自然风干条件下，三七种子 SOD 活性迅速下降，层积 40 d 后酶活性降为 0。–20 ℃层积条件下，层积的前 30 d SOD 活性下降的幅度较自然风干条件下的略小，由 1.17 μ/g 降至 0.73 μ/g，到层积 60 d 时酶活性消失。室温层积、室温和 4 ℃交替层积条件下，SOD 活性前 30 d 呈现均出减弱的趋势，分别由 1.17 μ/g 降至 0.63 μ/g 和 0.75 μ/g，之后于 40 d 时分别达到 0.7 μ/g 和 0.78 μ/g，60 d 时降到各自整个后熟过程中的最低点 0.47 μ/g 和 0.54 μ/g，后熟完成时分别达到 0.75 μ/g 和 0.64 μ/g。在 4 ℃层积储藏条件下，SOD 活性在前 60 d 一直呈下降趋势，而后 20 d SOD 活性基本稳定在 0.35 μ/g。可见，–20 ℃的储藏条件不利于 SOD 活性的保持，而室温层积、室温和 4 ℃交替层积这两种储藏条件能保持种子中 SOD 活性维持在相对较高的水平上，保护膜系统避免受到自由基的伤害，从而有利于种子活力的保持。

自然风干条件下，三七种子 POD 活性到 40 d 时已失活。室温及室温和 4 ℃交替层积条件下，前 50 d 活性无显著变化，60 d 时达到整个后熟过程中的最大值，分别为 760 μ/（g · min）和 318 μ/（g · min），到层积结束时分别降为 135 μ/（g · min）和 68 μ/（g · min）。4 ℃层积储藏条件下，前 40 d 种子 POD 活性呈逐渐下降，第 50 d 时达到整个后熟过程中的最大值 79 μ/（g · min），层积结束时种子 POD 活性升至 73 μ/（g · min）。–20 ℃储藏条件下，种子 POD

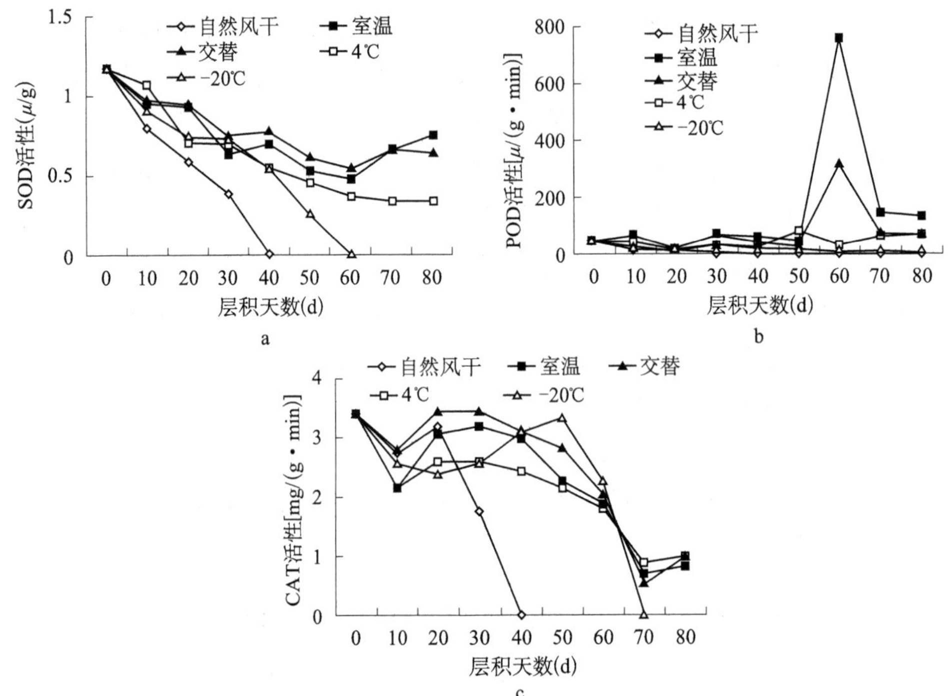

图 6.23　不同储藏条件下三七种子后熟期间 SOD、POD 和 CAT 活性的变化

a.SOD 活性；b.POD 活 性；c.CAT 活性

活性持续下降，到层积结束时酶失活。可见在 –20 ℃至室温之间，储藏温度越低，三七种子 POD 活性越低，4 ℃以下的储藏温度不利于三七种子在后熟期间的 POD 活性保持。低温在一定程度上抑制了种子 POD 活性。

自然风干条件下，层积的前 20 d 三七种子 CAT 活性呈直线下降，到 40 d 时即失活。室温层积、室温和 4 ℃交替层积、4 ℃层积条件下，10 d 后 CAT 活性从 3.4 mg/（g · min）分别降为 2.2 mg/（g · min）、2.8 mg/（g · min）和 2.2 mg/（g · min），层积 70 d 后酶活性均降到整个层积过程中的最低值，分别为 0.68 mg/（g · min）、0.51 mg/（g · min）和 0.85 mg/（g · min）。–20 ℃层积储藏条件下，CAT 活性呈现先降低后升高的变化趋势，层积的前 20 d 酶活性逐渐降低，以后开始随着层积时间的延长而升高，到层积 50 d 时达到 3.3 mg/（g · min），以后又开始迅速下降，到层积 70 d 时失活。在整个后熟过程中，0 ℃以下的储藏条件不利于三七种子 CAT 活性的保持，说明三七种子在后熟层积过程中，4 ℃至室温之间的温度对过氧化氢酶活性无显著影响。

方差分析表明，在不同条件下储藏 80 d 后，对 CAT 和 SOD 活性的影响均达到了极显著水平，但对 POD 活性的影响则不显著。多重比较结果显示（表 6.7），储藏条件对三七种子 POD 活性的影响不显著，五种处理对 POD 活性的影响大小顺序是 $A_2 > A_3 > A_4 > A_5 > A_1$；储藏条件对 CAT 活性的影响在不同处理间差异不显著，除 A_1 与其他各处理达到了极显著水平外，其余四种处理间无差异；储藏条件对三七种子 SOD 活性的影响在不同处理间差异极显著，五种处理对 SOD 活性的影响大小顺序是 $A_3 > A_2 > A_4 > A_5 > A_1$。

表6.7　不同储藏条件下三七种子酶活性的多重比较

	储藏条件	均值	5%	1%
淀粉酶	4 ℃层积（A_4）	1.173 67	a	A
	室温层积（A_2）	1.170 00	a	A
	交替层积（A_3）	1.122 56	a	A
	-20 ℃层积（A_5）	0.634 78	b	B
	自然风干（A_1）	0.445 00	b	B
POD	室温层积（A_2）	150.972 22	a	A
	交替层积（A_3）	77.013 89	ab	A
	4 ℃层积（A_4）	47.083 33	ab	A
	-20 ℃层积（A_5）	20.972 22	b	A
	自然风干（A_1）	10.763 89	b	A
CAT	交替层积（A_3）	2.502 67	a	A
	室温层积（A_2）	2.268 56	a	A
	-20 ℃层积（A_5）	2.177 78	a	A
	4 ℃层积（A_4）	2.108 00	a	A
	自然风干（A_1）	1.227 78	b	B
SOD	交替层积（A_3）	0.784 44	a	A
	室温层积（A_2）	0.754 44	ab	A
	4 ℃层积（A_4）	0.633 33	b	AB
	-20 ℃层积（A_5）	0.482 22	c	BC
	自然风干（A_1）	0.325 56	d	C

种子后熟期间需要的养料与能量主要来自储藏物质的转化与利用，而储藏物质的分解需要大量的酶参与，因此种子后熟时酶的变化较为明显。淀粉和脂肪的分解为幼胚的发育提供能量和碳源。种子后熟时淀粉酶将淀粉分解为糊精和麦芽糖，转化成胚能利用的形式。淀粉酶在三七种子后熟前期活性高且变化大，表明后熟前期各种代谢活性较高，胚利用胚乳营养能力强，迅速分解胚乳中的养分，供给胚的分化发育，种子中淀粉、粗脂肪含量呈下降趋势正是此代谢的体现。

近几十年来，随着生物膜理论和研究技术的进展，膜与衰老的关系日益受到人们的重视。在衰老的各种理论中，最有说服力的便是膜脂过氧化学说。大量的研究表明，植物在逆境胁迫或衰老过程中，细胞内自由基的平衡被破坏而有利于自由基的产生，过剩自由基的毒害之一是引发或加剧膜脂过氧化，造成膜系统的损伤，严重时会导致植物细胞死亡。超氧化物歧化酶（SOD）、过氧化物酶（POD）、过氧化氢酶（CAT）是植物抗氧化酶系统中三种重要的酶，在生物体内清除氧自由基、过氧化物，抑制自由基对膜脂的过氧化作用，避免膜的损伤和破坏等植物抗逆生理方面发挥着重要作用。从上述结果可见，随着层积时间的延长，膜脂过氧化加剧，主要表现在 SOD、POD、CAT 活性下降。其主要原因在于：①膜脂过氧化发生在一切细胞内；②在脂质过氧化过程中，产生许多潜在的毒物——自由基、H_2O_2、MDA 等；③正常情况下，种子内的自由基不断产生，又不断被 SOD、POD、CAT、维生素 C 等清除，两者处于动态平衡。当种子发生劣变时，由于 SOD、POD、CAT 等活性降低，自由基清除能力减弱，自由基产生与清除的平衡被打破，偏向于自由基的产生。自由基不断积累，它们攻击膜脂分子，引起过氧化作用，形成有机自由基。有机自由基一方面攻击其他脂肪酸链和蛋白质分子，另一方面自身进一步氧化为最终产物 MDA、碳氢化合物（如乙醇）及挥发性醛类，而这些最终产物又会毒害细胞膜系统、蛋白质和 DNA，最终导致细胞膜的降解和细胞功能的丧失。由此可见，膜脂过氧化是引起种子老化及劣变的重要原因之一。由 SOD、POD、CAT 活性变化曲线图可以看出，随着储藏时间的变化，酶活性变化趋势与种子生活力的变化趋势一致，即随着层积时间的延长，酶活性和种子生活力均呈逐渐下降的趋势。

4. 不同储藏条件对种子出苗的影响

三七与许多五加科植物种子相似，自然条件下其种子成熟时胚未分化，处于原胚状，一般需要经过 60～100 d 的层积处理完成形态后熟和生理后熟后才能萌发。自然风干条件下，三七种子于 60 d 后生活力完全丧失，种子失去发芽力。在四种储藏条件下，室温和室温与 4 ℃交替层积 80 d 后种子的生活力分别为 92% 和 65%。将种子分别置于 25 ℃室温条件下，并给予一定水分之后，种子陆续萌发，且幼苗生长势好，植株健壮，种子出苗情况见彩图 10 和彩图 11；而在 4 ℃和 –20 ℃层积的种子，层积结束后种子生活力分别为 42% 和 0，25 ℃给水后也未能萌发。

6.2.4　三七种子标准的制订

优质三七的源头是质量合格的种子，但三七生态适应性差、地理分布窄、生长周期长、繁殖系数低、种子寿命短，增加了优质三七种子的筛选困难。此外，三七种子的后熟过程中生理变化规律不清楚，更加加剧了三七种子筛选的难度。除此之外，还未见可行的分级标准，缺乏相应的检验方法和质量标准，无法对市场上的三七种子质量进行评价和控制。因此，制订三七种子标准至关重要。

1. 三七种子的农艺性状统计分析

昆明理工大学三七课题组对不同生长年限三七所结种子及不同采收批次三七种子农艺性状的统计如表 6.8 所示。不同生长年限三七所结种子的净度无显著差异，但千粒重、含水率、三轴和发芽率表现为三年生略高于二年生，二年生千粒重、含水率、长、宽、厚和发芽率分别为三年生的 97.50%、96.63%、98.45%、98.85%、99.24%、97.06%。

不同采收批次三七种子的净度和含水率无显著差异，但千粒重、三轴和发芽率等指标则表现为第二批＞第一批＞第三批。第一批和第三批采收种子千粒重、长、宽、厚和发芽率分别为第二批的 92.06% 和 91.63%、96.43% 和 94.65%、97.76% 和 96.63%、94.72% 和 95.61%、94.62% 和 94.41%。

表6.8　三七种子的农艺性状统计分析

种子样品	数据特征	净度（%）	千粒重（g）	含水率（%）	长（mm）	宽（mm）	厚（mm）	发芽率（%）
二年生	极小值	95.29	78.77	63.83	5.52	5.01	5.15	76.00
	极大值	98.05	88.98	72.60	5.94	5.48	5.60	83.00
	均值	96.90	84.70	66.51	5.73	5.18	5.29	78.88
	标准差	1.15	3.27	2.91	0.12	0.15	0.15	2.17
三年生	极小值	94.73	78.69	64.73	5.31	4.93	4.84	78.00
	极大值	98.72	93.54	73.06	6.25	5.42	5.59	86.00
	均值	96.91	86.87	68.83	5.82	5.24	5.33	81.27
	标准差	1.32	5.20	2.73	0.27	0.15	0.20	2.97
第一批	极小值	95.00	78.77	64.73	5.49	5.01	5.15	77.00
	极大值	97.91	84.57	72.60	5.94	5.38	5.39	81.00
	均值	97.00	82.31	67.83	5.68	5.23	5.27	78.67
	标准差	1.04	2.25	2.68	0.16	0.13	0.09	1.34

续表

种子样品	数据特征	净度（%）	千粒重（g）	含水率（%）	长（mm）	宽（mm）	厚（mm）	发芽率（%）
第二批	极小值	94.73	85.99	63.83	5.67	5.24	5.35	80.00
	极大值	98.49	93.54	71.69	6.25	5.48	5.60	86.00
	均值	96.29	89.40	67.50	5.89	5.35	5.50	83.14
	标准差	1.31	2.95	3.18	0.20	0.09	0.09	2.34
第三批	极小值	95.77	78.69	64.29	5.31	4.93	4.84	76.00
	极大值	98.72	84.59	73.06	5.79	5.31	5.50	81.00
	均值	97.54	81.92	68.30	5.58	5.17	5.26	78.50
	标准差	1.08	2.58	3.46	0.17	0.17	0.23	1.64

2. 三七种子后熟过程营养物质含量的变化

不同生长年限三七所结种子（同为第二批采收）和不同采收批次（同为三年生三七所结种子）三七种子后熟过程中可溶性多糖、可溶性蛋白、粗脂肪等营养物质含量的变化如图 6.24 所示。不同生长年限三七所结种子后熟过程中三种储藏物质均随后熟时间的延长而显著降低，但相同后熟时间条件下不同生长年限三七种子中三种物质的含量未见显著差异（图 6.24a1、图 6.24b1、图 6.24c1）。不同采收批次三七种子可溶性总糖、可溶性蛋白、粗脂肪含量亦均随后熟时间的延长而降低，相同后熟时间条件下不同采收批次间上述指标含量无明显差异（图 6.24a2、图 6.24b2、图 6.24c2）。由此可见，不同生长年限三七所产种子及不同采收批次对三七种子后熟过程可溶性总糖、可溶性总蛋白、粗脂肪等营养物质的含量无显著影响。

3. 三七种子后熟过程抗氧化酶和种子活力的变化

不同生长年限三七所结种子（第二批采收）和不同采收批次（三年生三七所结种子）三七种子后熟过程中抗氧化酶活性和种子活力的变化如图 6.25 所示。随着后熟时间的延长，SOD 活性虽有上升或下降变化，但整体比较平稳，不同生长年限三七所结种子和不同采收时间对种子的 SOD 活性无显著影响（图 6.25a1、图 6.25a2）。不同生长年限三七所结种子和不同采收时间三七种子后熟过程中 POD（图 6.21b1、图 6.21b2）、CAT（图 6.21c1、图 6.21c3）活性变化均表现为随后熟时间的延长而降低，不同后熟阶段均无显著差异。可见，不同生长年限三七所结种子和不同采收时间对种子后熟过程的抗氧化酶活性无显著影响。

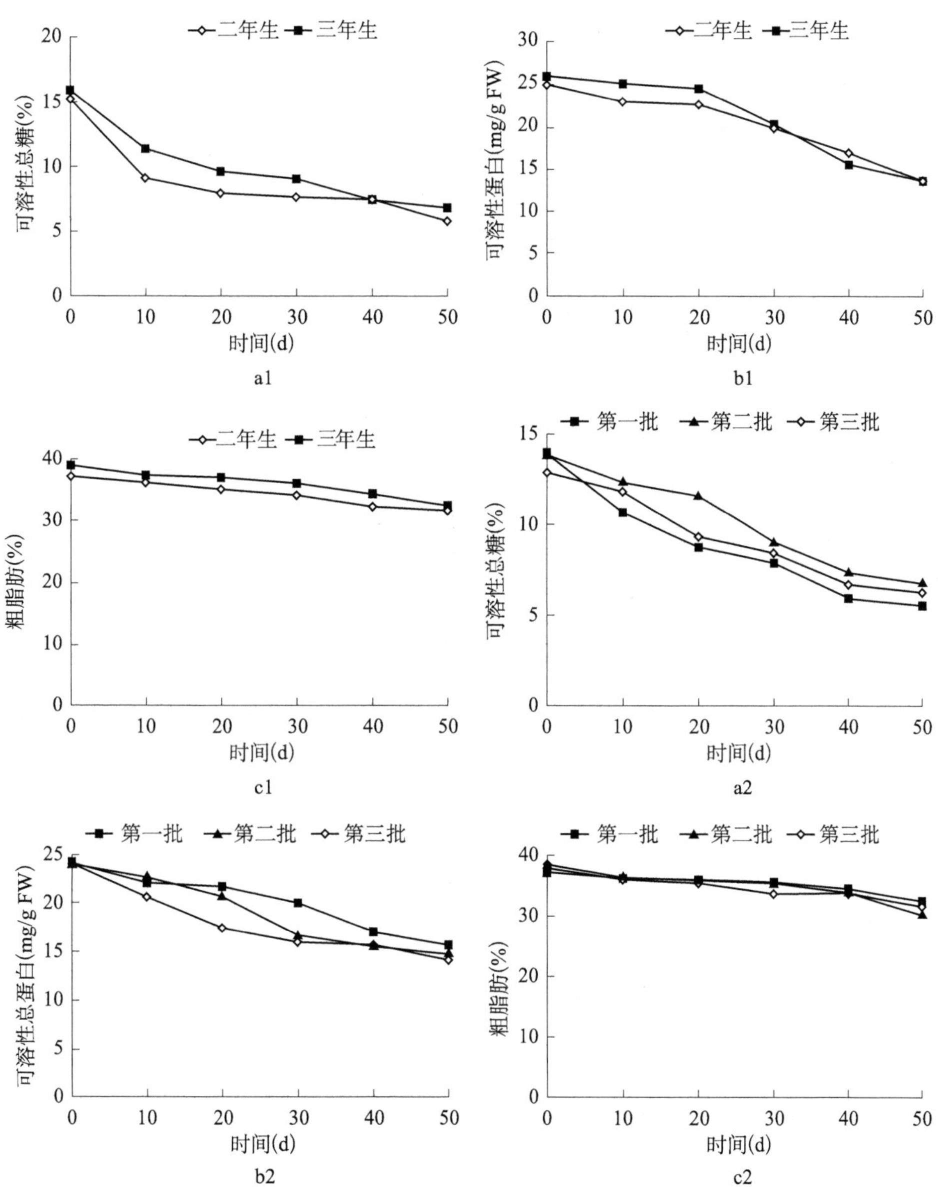

图 6.24　三七种子后熟过程中营养物质含量的变化

a. 可溶性总糖；b. 可溶性总蛋白；c. 粗脂肪

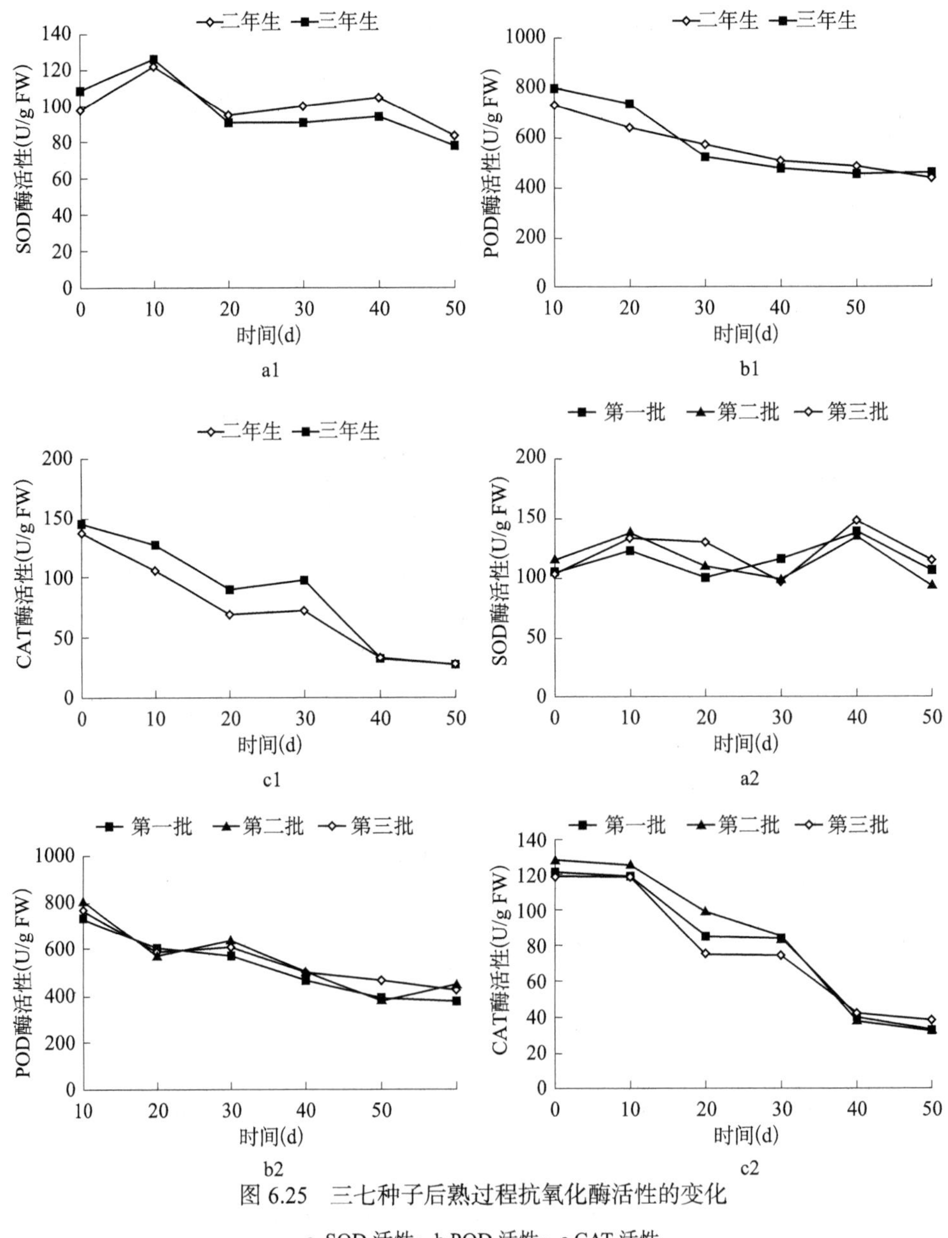

图 6.25　三七种子后熟过程抗氧化酶活性的变化

a. SOD 活性；b.POD 活性；c.CAT 活性

三七种子活力随后熟时间的延长而降低（图 6.26 a1、图 6.26a2），但下降幅度较弱，且不同生长年限三七所结种子和不同采收批次三七种子在不同后熟阶段均无显著差异。

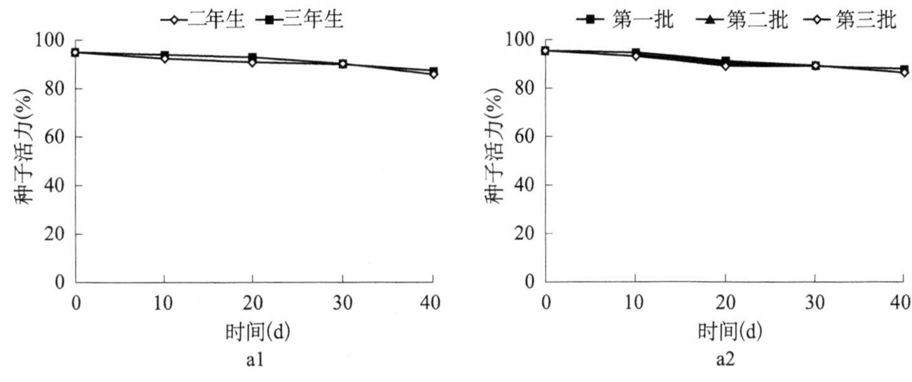

图 6.26 三七种子后熟过程中的活力变化

a1. 不同生长年限；a2. 不同采收批次

4. 三七种子标准的制订

由于生长年限和采收三七时期种子的生长环境、营养状况及母株的发育阶段不同，造成了种子的农艺性状的一定差异。但三七种子后熟过程中的营养物质含量、抗氧化酶活性无差异，对种子活力及发芽率亦无显著影响，因此可将不同生长年限三七所结种子及不同采收批次三七种子统一制订标准。

三七种子各农艺性状指标的相关性分析结果如表 6.9，可见千粒重与种子长、宽、厚、种子活力、发芽率均呈显著正相关，种子长与种子厚、活力、发芽率均呈显著正相关，种子宽与种子厚呈显著正相关，种子活力与种子发芽率呈显著正相关。

表6.9 三七种子的农艺性状指标相关性分析（n=19）

	净度	千粒重	含水率	长	宽	厚	种子活力	发芽率	生长年限	批次
净度	1	−0.268	−0.010	−0.122	−0.212	−0.326	−0.382	−0.244	0.004	0.178
千粒重	−0.268	1	−0.243	0.781**	0.617**	0.795**	0.696**	0.613**	0.019	−0.036
含水率	−0.010	−0.243	1	−0.234	−0.451	−0.404	−0.080	0.176	0.395	0.065
长	−0.122	0.781**	−0.234	1	0.170	0.639**	0.623**	0.522*	−0.024	−0.197
宽	−0.212	0.617**	−0.451	0.170	1	0.656**	0.228	0.205	−0.141	−0.166
厚	−0.326	0.795**	−0.404	0.639**	0.656**	1	0.398	0.213	−0.168	−0.010
种子活力	−0.382	0.696**	−0.080	0.623**	0.228	0.398	1	0.764**	0.103	0.122
发芽率	−0.244	0.613**	0.176	0.522*	0.205	0.213	0.764**	1	0.425	−0.024
生长年限	0.004	0.019	0.395	−0.024	−0.141	−0.168	0.103	0.425	1	0.134
批次	0.178	−0.036	0.065	−0.197	−0.166	−0.010	0.122	−0.024	0.134	1

** 在 0.01 水平（双侧）上显著相关；* 在 0.05 水平（双侧）上显著相关。

在种子质量分级指标中，因发芽率可直接反映种子的田间出苗率而成为重要控制指标，但由于三七种子具有后熟特性，检验周期长，不利于实际操作。三七种子发芽率与种子活力具有极显著的相关性，故将种子活力作为种子分级标准的重要指标。此外，三七种子发芽率还与千粒重具有显著相关性。千粒重则受种子的长、宽、厚直接影响，即外形体积大且饱满的种子具有较好的种子活力和发芽率。结合三七选种过程中的实际操作，将三七种子的三轴长作为衡量指标。三七种子净度、含水率与其他农艺性状不成显著相关性，因此不进行分级划分，采用大量测量数据，制订统一标准，即净度不低于95%，含水率不低于60%。

根据相关性系数数值及主成分分析，三七种子发芽率影响因子的主次关系为：种子活力＞千粒重＞长＞厚＞宽。通过SPSS19.0软件对所有三七种子进行K均值聚类分析，拟分为四类，根据K均值聚类最终中心值与最终聚类中心间的距离，最终制订三七种子分级标准如表6.10。

表6.10　三七种子分级标准

级别	千粒重（g）	宽（mm）	厚（mm）	长（mm）	种子活力（%）
一级	≥ 110	≥5.5	≥5.8	≥6.3	≥95
二级	80～110	5.0～5.5	5.3～5.8	5.5～6.3	90～95
三级	60～80	4.5～5.0	4.5～5.3	5.0～5.5	85～90
级外	＜60	＜4.5	＜4.5	＜5.0	＜85

6.3　三七种苗

6.3.1　三七种苗概述

三七在生产中必须进行1年的苗圃育苗，然后进行移栽，种植2年后方可采挖。种苗的质量直接影响三七的生长和发育，所以三七种苗的生物学特性对三七的生产有指导意义。三七种苗按形状可分为团形和长形两种，两者的形态特征有较大差别。团形种苗短而粗，根长1.20～1.80 cm，平均1.45 cm，根粗1.18～1.53 cm，平均1.39 cm，平均单株苗重1.67 g；长形种苗细而长，根长2.25～3.94 cm，平均3.58 cm，根粗0.89～1.28 cm，平均1.13 cm，平均单株苗重2.26 g。团形种苗与长形种苗的形成与土壤质地有较大关系。三七种苗萌发的三基点温度为最低10 ℃，最适15 ℃，最高20 ℃。因此，在三七生产中要因地制宜确定栽种时期；三七种苗出苗的土壤含水量为20%～25%，故生产中应注意适时灌溉，保证三七正常生长；三七种苗不耐储存，应及时采挖并移栽。此外，还发现三七种苗萌发的最高温度和最适温度均比种子低。

6.3.2　三七种苗标准的制订

中药材种苗生产贯穿于中药材生产的全过程，是药材产量和品质形成的重要前提和基础（魏建和等，2005）。种苗质量的优劣决定了其种植后能否使药材获得稳产、高产和达到国家药典规定可控指标，而种苗质量的标准化是达到上述目的的重要途径。但迄今为止，只有人参、菊花和紫花地丁三种中药材建立了国家标准或行业标准。这些研究虽然推动了药用植物种苗质量分级标准的研究进程，但相对于国内300多种家种中草药品种而言，种苗标准研究不足问题尤为突出。

当前三七种苗亦无完善、规范的标准。长期以来均采用七农自己留种、培育种苗，然后将种苗在市场上流通的方式。其存在问题如下：首先，种苗质量参差不齐，来源不清，产地不详，致使出苗率和壮苗率低，劣质苗比率大。其次，由于三七种苗无质量标准，造成了种苗交易过程中的无据可依和监督管理上的无理可循。因此，三七种苗质量不稳定将严重制约三七种植产业发展。

1. 三七种苗农艺性状测量

三七种苗外观形态如彩图12所示。三七种苗根长、根粗、芽长、芽粗、须根数和单株鲜干重等农艺性状指标大小均呈正态分布，且各项测定指标变异幅度较大，根长为0.8～6.3 cm，根粗为0.410～1.99 cm，芽长为0.1～2.9 cm，芽粗为0.201～0.767 cm，须根数为1～32根，单株鲜重为0.34～5.94 g。变异幅度大小表现为须根数＞单株鲜重＞根粗＞芽粗＞根长＞芽长（表6.11），说明不同产地三七种苗上述农艺性状存在较大差异。

表6.11　三七种苗根长、根粗、芽长、芽粗、须根数和单株鲜重统计结果（cm）

指标	根长（cm）	根粗（cm）	芽长（cm）	芽粗（cm）	须根数（根）	鲜重（g）
有效样本数（N）	36 000.000	36 000.000	36 000.000	36 000.000	36 000.000	36 000.000
极大值	6.300	1.990	2.900	0.767	32.000	5.940
极小值	0.800	0.410	0.100	0.201	1.000	0.340
平均值	2.600	1.050	1.030	0.506	10.000	1.830
标准差	0.640	0.420	0.150	0.200	4.000	0.760
变异系数（%）	25.700	39.800	14.300	38.700	44.300	41.200

2. 三七种苗根长、根粗、芽长、芽粗、须根数和单株鲜重的相关性分析

确定种苗分级关键农艺性状是制订种苗分级标准的前提。不同作物的植物学特性不同，故而影响种苗质量的关键农艺性状亦存在显著差异。如于福来等（2014）对知母的研究发现，种球直径和侧根数可作为其种苗质量分级指标，据此将知母种苗分为三个等级，并通过了田间栽培验证。唐玲等（2012）认为，金钗石斛组培苗的苗高是其主要分级指标，同时每丛组培苗中的植株数是影响成活率及产量的重要因素，因此最终将苗高和每丛的株数作为确定金钗石斛组培苗分级的主要指标，将其种苗划分为三个等级。张芳芳等（2012）观察记录丹参植株高度、地上分枝数、花序数目等生长指标，采用K类中心聚类法将丹参种苗分为三级。

三七种苗根长、根粗、芽长、芽粗、须根数、单株鲜重的相关性如表6.12所示。可见，单株鲜重与根长、根粗、芽粗呈极显著正相关（$P < 0.01$），与芽长和须根数呈显著正相关（$P < 0.05$），说明根长、根粗、芽粗、芽长和须根数直接影响三七种苗单株鲜重，即随种苗根直径的增粗、长度的增加，休眠芽直径的增大、增长，须根数的增多，单株鲜重也随之增加。单株鲜重与各指标的相关性由大到小依次为根粗（0.944）、根长（0.759）、芽粗（0.508）、芽长（0.107）和须根数（0.106），即上述各指标对三七种苗单株鲜重的影响逐渐变弱。根长与根粗呈极显著负相关（–0.434），与芽粗（0.190）和须根数（0.073）呈显著正相关，说明主根越长，根直径越小，这与三七种苗形态相符（彩图6.8）；同时，芽直径越大，须根数越多，主根也随之增长。根长与各指标相关性由大到小依次为根粗（–0.434）、芽粗（0.190）、须根数（0.073），即上述各指标对三七种苗根长的影响逐渐变弱。根粗与芽粗呈极显著正相关，与芽长和须根数呈显著正相关，说明芽粗、芽长和须根数影响三七种苗根粗，即随着种苗休眠芽直径的增粗、长度的增长，须根数的增加，根粗也随之增粗。根粗与各指标的相关性由大到小依次为芽粗（0.441）、须根数（0.084）、芽长（0.057），即上述各指标对三七种苗根粗的影响逐渐变弱。芽长、芽粗与须根数呈正相关，说明种苗须根数影响芽长和芽粗，即随着须根数增多，休眠芽增长、增粗。

表6.12　三七种苗各性状指标的相关性分析（n=36 000）

指标	鲜重	根长	根直径	芽长	芽粗
根长	0.759**				
根粗	0.994**	−0.434**			
芽长	0.107*	0.072	0.057*		
芽直径	0.508**	0.190*	0.441**	0.057	
须根数	0.106*	0.073*	0.084*	0.055*	0.067*

**$P < 0.01$；* $P < 0.05$。

3. 三七种苗性状指标主成分分析

三七种苗性状指标主成分分析（表6.13）说明单株鲜重、根粗、根长和芽粗四项指标对种苗质量起主要作用。

表6.13　三七种苗主成分分析

主成分	F_1	F_2	F_3	F_4		
特征根	1.878	1.070	1.035	0.914		
方差贡献率（%）	37.215	26.586	15.431	18.951		
累积方差贡献率（%）	37.215	63.801	79.235	98.186		
	0.999	−0.031	0.009	0.002	X1	鲜重
	0.997	0.077	0.015	0.005	X2	根粗
特征向量	0.989	−0.142	0.043	−0.013	X3	根长
	0.988	0.151	0.018	0.014	X4	芽粗
	0.068	0.024	−0.041	−0.048	X5	芽长

选择单株鲜重、根长、根粗、芽粗、芽长和须根数六个农艺性状进行三七种苗分级研究。相关性分析发现，三七种苗单株鲜重与根长、根粗、芽粗呈极显著正相关（$P < 0.01$），与芽长和须根数呈显著正相关（$P < 0.05$），说明根长、根粗、芽粗、芽长和须根数均为影响三七种苗单株鲜重的重要指标。根粗与芽粗呈极显著正相关，与芽长和须根数呈显著正相关，说明芽粗、芽长和须根数影响三七种苗根粗。芽长、芽粗与须根数呈正相关，说明种苗须根数影响芽长和芽粗。通过降维初步选出了单株鲜重、根粗、根长、芽粗和芽长五项指标作为进行主成分分析的新指标。结果表明，三七种苗根长、根粗、芽粗、单株鲜重四项指标累计方差贡献率达98.18%。因主成分个数一般由累计方差贡献率 ≥ 85% 确定，故上述四项指标为影响三七种苗质量的主成分，也就是说基本包含了三七种苗所有指标信息。因此，理论上单株鲜重、根长、根粗和芽粗对三七种苗质量起主要影响作用，可作为划分三七种苗等级的指标。综上所述，将根长、根粗、芽粗、单株鲜重和须根数作为划分三七种苗质量标准的初级指标。

4. 三七种苗主要性状指标 K 均值聚类分析

选择三七种苗单株鲜重、根长、根粗、芽粗及须根数作为初步划分三七种苗质量等级的指标。通过对所有种苗进行 K 均值聚类分析，拟将其分为四类，得到最终聚类中心值及最终聚类中心间的距离（表 6.14、表 6.15）。

表6.14　三七种苗主要性状指标K均值聚类最终中心值

指标	最终聚类中心值			
	一级	二级	三级	四级
单株鲜重（g）	1.590	2.680	0.950	0.620
根长（cm）	2.600	4.300	1.900	2.200
根粗（cm）	1.370	1.080	0.858	0.654
芽粗（cm）	0.504	0.629	0.332	0.236
须根数	15.000	25.000	8.000	4.000
集群数（*N*）	18 107.000	3 889.000	11 665.000	2 339.000
百分率（%）	50.300	10.800	32.400	6.500

表6.15　最终聚类中心间的距离

指标	最终聚类中心值			
	第1类	第2类	第3类	第4类
第1类		5.252	3.904	8.352
第2类	5.252		7.845	9.908
第3类	3.904	7.845		4.214
第4类	8.352	9.908	4.214	

根据各类种苗与第 4 类种苗中心间距离的大小，可将第 2 类归为一级三七种苗，第 1 类归为二级三七种苗，第 3 类归为三级三七种苗。

结合以上对三七种苗根长、根粗、芽长、芽粗、须根数和单株鲜重的分析，可将三七种苗初步划分为四类，如表 6.16 所示。

表6.16　三七种苗等级初步划分

等级	种苗指标				
	鲜重（g）	根长（cm）	根粗（cm）	芽粗（cm）	须根数
一级	≥2.68	≥ 4.3	1.08～1.29	≥0.629	≥ 25
二级	1.59～2.68	2.6～4.3	1.08～1.37	0.504～0.629	15～25
三级	0.95～1.59	1.9～2.6	0.858～1.08	0.332～0.504	8～15
四级	≤ 0.95	≤ 1.9	≤ 0.858	≤0.332	≤8

考虑到三七种苗大小与单株鲜重密切相关，而根长、根粗和芽长又是影响

单株鲜重的直接因素；且三七种苗须根数直接影响三七种苗的生命活力。因此，根据生产实际，可将单株鲜重和须根数简化为生产中指导三七种苗分级的最终指标。三七种苗简化质量分级标准如表 6.17 所示：一级苗单株鲜重不小于 2.7 g，须根数不少于 25 根；二级种苗单株鲜重 1.6 ～ 2.7 g，须根数 15 ～ 25 根；三级种苗单株鲜重 1 ～ 1.6 g，须根数 8 ～ 15 根；不合格种苗单株鲜重小于等于 1 g，须根数小于等于 8 根。

表 6.17 三七种苗质量最终分级标准

指标	种苗级别			
	一级	二级	三级	四级
单株鲜重（g）	≥2.7	1.6～2.7	1～1.6	≤1
须根数（根）	≥25	15～25	8～15	≤8

5. 不同等级、不同时期三七种苗出苗率和农艺性状的差异

不同等级三七种苗经小区种植试验后出苗率如图 6.27 所示。其表现为一级苗＞二级苗＞三级苗，且不同等级间出苗率存在显著差异。

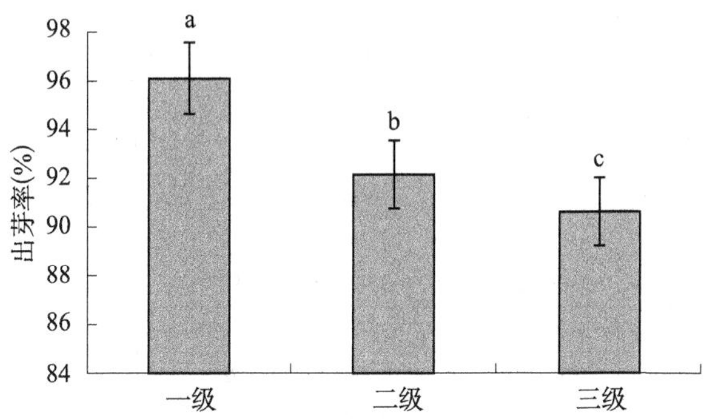

图 6.27 不同等级三七种苗的出苗率

三七种苗移栽 60 d、150 d 和 240 d 后株高、茎高、茎粗、根长、根粗、中叶长、中叶宽、须根数和 SPAD 值等农艺性状如表 6.18 所示。上述各项农艺性状在相同采样时期不同等级间、不同时期同一等级间存在显著差异，均表现为随三七种苗等级升高，种植时间延长，农艺性状参数也随之升高。与移栽后 60 d 相比，移栽后 150 d 植株各级别种苗农艺性状增长率平均分别为 45.76%（一级苗）、38.21%（二级苗）、28.81%（三级苗）；与移栽后 150 d 相比，移栽 240 d 后各级别种苗农艺性状平均增长率分别为 13.39%（一级苗）、12.41%（二级苗）、9.67%（三级苗）。可见，种苗生长速率随种苗级别的升高而升高，以及高级别

种苗长势优于低级别种苗。

表6.18　不同等级三七种苗不同时期农艺性状

农艺性状	19/3（日/月，2015年）			19/6（日/月，2015年）			19/9（日/月，2015年）		
	一级	二级	三级	一级	二级	三级	一级	二级	三级
株高（cm）	20.9 ± 2.04	20 ± 2.16	18.3 ± 2.35	24.8 ± 1.91	22.9 ± 2.23	19.7 ± 2.29	26.3 ± 2.11	24.1 ± 1.23	20.9 ± 1.09
茎高（cm）	11.7 ± 1.19	10.5 ± 1.16	9.1 ± 1.28	17.6 ± 2.08	15.9 ± 4.30	12.6 ± 1.94	20.9 ± 2.02	17.9 ± 1.52	13.8 ± 1.26
茎粗（cm）	0.372 ± 0.12	0.359 ± 0.12	0.323 ± 0.12	0.406 ± 0.05	0.389 ± 0.03	0.366 ± 0.02	0.449 ± 0.42	0.408 ± 0.22	0.379 ± 0.12
根长（cm）	3.8 ± 1.19	3.6 ± 1.03	3.1 ± 1.72	6.9 ± 0.67	6.0 ± 0.48	5.1 ± 1.53	7.1 ± 0.81	6.3 ± 0.46	5.6 ± 0.61
根粗（cm）	1.19 ± 0.21	1.13 ± 0.23	1.01 ± 0.51	1.65 ± 0.11	1.31 ± 0.15	1.27 ± 0.09	1.74 ± 0.25	1.45 ± 0.17	1.31 ± 0.19
中叶长（cm）	6.5 ± 1.53	5.8 ± 1.41	4.9 ± 1.66	9.6 ± 0.52	8.3 ± 0.50	6.4 ± 1.01	10.7 ± 0.45	9.1 ± 0.39	6.9 ± 0.52
中叶宽（cm）	2.3 ± 0.46	2.2 ± 1.06	2.1 ± 0.59	3.5 ± 0.54	3.0 ± 0.23	2.5 ± 0.23	4.1 ± 0.41	3.5 ± 0.32	2.9 ± 0.35
须根数	19 ± 3	13 ± 3	12 ± 3	33 ± 4	23 ± 4	17 ± 2	35 ± 5	27 ± 4	19 ± 3
叶绿素含量（SPAD）	29.9 ± 1.89	28.7 ± 1.06	26.8 ± 2.08	41.8 ± 1.26	37.5 ± 1.32	31.7 ± 1.09	59.4 ± 3.12	48.8 ± 2.78	37.8 ± 1.95

不同等级三七种苗干物质积累量（表6.19）由大到小表现为一级苗＞二级苗＞三级苗，且随种植时间延长，同一等级三七植株干物质积累量增加。

表6.19　不同等级三七种苗不同时期根、茎、叶干鲜重及鲜干比比较（kg，%）

根重		19/3（日/月，2015年）			19/6（日/月，2015年）			19/9（日/月，2015年）		
		一级	二级	三级	一级	二级	三级	一级	二级	三级
根	鲜重	3.25 ± 0.75	2.68 ± 0.37	1.59 ± 0.25	7.55 ± 1.12	5.93 ± 0.98	3.95 ± 0.77	9.33 ± 1.58	6.72 ± 1.12	4.97 ± 0.86
	干重	0.818 ± 0.27	0.531 ± 0.19	0.281 ± 0.09	2.16 ± 0.48	1.43 ± 0.37	1.13 ± 0.28	3.31 ± 0.86	2.12 ± 0.56	1.49 ± 0.34
	鲜干比	3.97 ± 0.77	5.05 ± 1.04	5.66 ± 1.11	3.50 ± 0.89	4.15 ± 1.02	4.31 ± 1.21	2.82 ± 0.38	3.17 ± 0.84	3.34 ± 0.91
茎	鲜重	0.88 ± 0.25	0.78 ± 0.19	0.52 ± 0.15	3.09 ± 0.31	2.47 ± 0.25	1.93 ± 0.09	3.48 ± 1.01	2.98 ± 0.89	2.52 ± 0.73
	干重	0.087 ± 0.009	0.074 ± 0.005	0.048 ± 0.005	0.592 ± 0.048	0.404 ± 0.035	0.296 ± 0.029	0.95 ± 0.08	0.718 ± 0.072	0.554 ± 0.035
	鲜干比	10.12 ± 1.77	10.54 ± 1.81	10.83 ± 2.02	5.22 ± 0.99	6.11 ± 1.08	6.52 ± 1.13	3.66 ± 0.45	4.15 ± 0.56	4.55 ± 0.62

续表

根重		19/3（日/月，2015年）			19/6（日/月，2015年）			19/9（日/月，2015年）		
		一级	二级	三级	一级	二级	三级	一级	二级	三级
叶	鲜重	1.07 ± 0.06	0.92 ± 0.05	0.67 ± 0.12	3.29 ± 0.32	2.74 ± 0.28	1.93 ± 0.19	4.11 ± 0.45	2.98 ± 0.35	1.52 ± 0.09
	干重	0.149 ± 0.016	0.068 ± 0.009	0.048 ± 0.006	0.87 ± 0.081	0.692 ± 0.041	0.452 ± 0.035	2.29 ± 0.56	1.48 ± 0.27	0.687 ± 0.047
	鲜干比	7.16 ± 1.07	13.53 ± 1.58	13.96 ± 1.62	3.78 ± 0.95	3.96 ± 1.01	4.27 ± 1.24	1.79 ± 0.37	2.01 ± 0.40	2.21 ± 0.19
总生物量		0.236 ± 0.035	0.142 ± 0.016	0.096 ± 0.011	1.462 ± 0.036	1.096 ± 0.027	0.748 ± 0.019	3.240 ± 0.352	2.198 ± 0.218	1.241 ± 0.205

6. 不同等级三七种苗光合作用的差异

不同等级三七种苗不同时期光合作用的差异如表6.20所示。相同时期不同等级间三七种苗光合速率、蒸腾速率和气孔导度、叶片水分利用率存在显著差异，表现为一级苗＞二级苗＞三级苗，胞间 CO_2 浓度均表现为一级苗＜二级苗＜三级苗。同一等级不同采样时期光合速率、蒸腾速率和气孔导度、叶片水分利用率均表现为随种苗种子时间延长而增强，胞间 CO_2 浓度均表现为随种植时间延长而降低，说明随着种苗等级的升高，种苗活力也随之升高。

表6.20　不同等级三七种 苗光合作用的测定结果

时间（日/月）	等级	净光合速率 [μmol/（m^2・s）]	呼吸速率 [mmol/（m^2・s）]	气孔导度 [mmol/（m^2・s）]	胞间 CO_2 浓度（μl/L）	叶片水分利用率
19/3	一级	3.265 ± 2.02	0.286 ± 0.35	13.06 ± 2.41	235.6 ± 9.33	11.42 ± 1.07
	二级	2.243 ± 1.06	0.266 ± 0.32	12.98 ± 2.83	277.1 ± 10.8	8.43 ± 1.43
	三级	1.996 ± 0.90	0.234 ± 0.29	12.78 ± 0.99	304.9 ± 13.19	8.52 ± 1.10
19/6	一级	5.941 ± 2.06	0.479 ± 0.39	19.74 ± 2.05	207.8 ± 8.12	12.41 ± 1.12
	二级	3.892 ± 0.93	0.409 ± 0.18	19.32 ± 2.51	256.5 ± 12.8	9.52 ± 1.37
	三级	2.269 ± 1.11	0.291 ± 0.11	18.98 ± 1.77	296.8 ± 13.86	7.79 ± 1.56
19/9	一级	6.911 ± 0.52	0.527 ± 0.06	19.71 ± 1.93	185.9 ± 11.08	13.11 ± 1.81
	二级	4.227 ± 0.33	0.423 ± 0.13	18.82 ± 1.75	228.4 ± 15.90	9.99 ± 1.53
	三级	2.655 ± 0.36	0.332 ± 0.03	18.57 ± 1.49	267.8 ± 18.56	8.01 ± 1.03

研究表明，三七种苗按照不同等级移栽后，不同时期植株在农艺性状和光合作用效率上差异显著，说明三七种苗的分级移栽可以提高种苗的农艺性状指标，等级越高，移栽后种苗的农艺性状越优，植株的生长发育越健壮。崔秀明等（1998）也发现三七种苗越大，果实与根的产量越高。

7. 种苗分级对三七生长和产量的影响

崔秀明等（1998）移栽后种苗成活率与种苗等级无关，均在 90% 以上。但三七的单株根重、株高、茎粗等主要植株性状对受种苗质量影响显著，表现为随种苗质量等次的提高而增加（表 6.21）。

表6.21 种苗对三七生长发育的影响（崔秀明等，1998）

	成活率（%）	单株根重（kg）	株高（cm）	茎粗（cm）	主根粗（cm）	主根长（cm）	中叶宽（cm）	中叶长（cm）	须根长（cm）
一级种苗	91.54	8.13 ± 3.83	24.14 ± 7.04	0.57 ± 0.10	1.92 ± 0.35	4.49 ± 1.12	3.72 ± 0.54	12.01 ± 1.96	12.83 ± 4.12
二级种苗	94.33	7.91 ± 2.74	24.04 ± 6.16	0.55 ± 0.10	1.98 ± 0.43	4.41 ± 1.3	3.98 ± 0.57	12.42 ± 1.54	14.00 ± 4.33
三级种苗	93.74	7.78 ± 2.30	22.74 ± 6.60	0.53 ± 0.07	2.13 ± 0.42	4.12 ± 1.40	3.80 ± 0.56	12.01 ± 1.45	13.47 ± 4.81

一级种苗的三七果实平均小区产量为 235.92 g，折合亩产 43.65 kg；二级种苗平均为 139.73 g，折合亩产 25.85 kg；三级种苗平均为 73.23 g，折合亩产 13.55 kg。各处理间差异达显著水平，一级种苗和二级种苗差异达极显著水准（表 6.22），说明三七种苗大小将直接影响二年生三七果实产量。

表6.22 种苗对三七果实产量的影响（崔秀明等，1998）

	小区产量（g）				差异显著性	
	重复Ⅰ	重复Ⅱ	重复Ⅲ	平均	5%	1%
一级种苗	247.00	215.19	245.57	235.92	a	A
二级种苗	117.06	127.27	174.85	139.73	b	B
三级种苗	57.42	94.07	68.20	73.23	c	B

注：不同小写字母表示差异极显著（$P < 0.01$）；不同大写字母表示差异显著（$P < 0.05$）。

三七产量随着种苗等级的提高而增加（表 6.23），尽管相邻级别的产量增长不十分明显，但种苗大小对三七生长和最终产量的影响显著。因此，培育健壮种苗对提高三七产量十分必要。

表6.23 种苗对三七产量的影响（崔秀明等，1998）

	小区产量（g）				差异显著性	
	重复Ⅰ	重复Ⅱ	重复Ⅲ	平均	5%	1%
一级种苗	698	618	693	669.67	a	A
二级种苗	605	592	593	596.67	ab	A
三级种苗	602	528	498	542.67	b	A

注：不同小写字母表示差异极显著（$P < 0.01$）；不同大写字母表示差异显著（$P < 0.05$）。

6.3.3 三七种苗培育与根腐病发病的关系

陈昱君等（2002）研究了不同三七种苗培育土壤及药剂处理对根腐病发病的影响。他们发现存苗率随时间的推移均呈现逐渐下降的趋势，但仍表现出新园种苗存苗率高于老园种苗，新园种苗 + 药剂处理（50% 多菌灵可湿性粉剂 + 20% 叶枯宁可湿性粉剂 + 水，按 1 ： 1 ： 50 配制的药液浸种 15 min）平均存苗率比老园种苗高 20%；新园种苗比老园种苗高 17%；老园种苗 + 药剂处理比老园高 14%（表 6.24）。各处理存苗率与时间呈显著负相关关系，发病率趋势表现为新园 + 药剂＜新园＜老园 + 药剂＜老园。新园种苗与老园种苗产量具有显著差异。

表6.24 不同处理存苗率（陈昱君等，2002）

时间（d）	存苗率（%）			
	新园+药剂	新园	老园+药剂	老园
10	95.27	98.14	95.38	90.49
20	91.36	90.93	90.55	80.75
30	88.48	84.33	84.45	74.43
40	82.72	77.73	74.58	68.58
50	70.16	66.70	64.71	58.85
60	64.81	61.65	59.45	51.99
70	61.93	58.35	55.88	45.13
80	57.82	54.85	49.37	38.27
90	54.53	50.72	45.59	30.09
100	52.88	43.92	35.92	25.66
平均	72.00	68.73	65.59	65.59

6.3.4 三七种苗对光的响应

三七为喜阴植物，对光照要求苛刻，光照过强或过弱均会导致药材产质量降低。三七种苗对光照更加敏感，因此深入探究光照对三七种苗的影响对提高种苗质量具有重要意义。崔秀明等（1993）研究发现，使用地膜覆盖技术时三七种苗生长的最佳透光率为 7% ～ 17%。匡双便等（2014）研究表明，在 21.0% ～ 5.5% 的透光率条件下，不同颜色生长棚下三七种苗的形态特征、生物量积累和分配具有不同的变化规律；在 10.0% 的透光率下，白膜生长棚内的三七种苗株高最高、根数最多、茎和主根最粗，根、茎、叶的生物量积累最多，三七种苗长势最佳；在蓝膜生长棚下，除株高、叶片数、主根直径和茎生物量外，其他指标均在透光率 21.0% 下达最大值，即此透光率下蓝膜生长棚内三七种苗生长发育较好；透光率为 10.0% 时，白膜生长棚内三七种苗株高、茎粗、主根直径、根数、各部位生物量及总生物量、根冠比、根重比和茎重比等指标均高于蓝膜生长棚内三七种苗对应值；透光率为 21.0% 时，蓝膜生长棚内三七种苗株高、茎粗、叶片数、主根直径、根长、根数、各部位生物量及总生物量、根冠比和根重比等指标均大于白膜生长棚内三七种苗对应值。

白膜生长棚内的透光率为 10.0% 时，根冠比、根重比及根、茎、叶生物量最高，可最大限度地平衡三七种苗对光能的利用效率和对土壤水分、无机养分的吸收能力；透光率为 21.0% 时，茎重比最高；透光率为 5.5% 时，叶重比最高，说明透光率的降低能促使生物量优先分配到叶部，以克服光资源短缺。在蓝膜生长棚内透光率较低时，叶重比和茎重比也较高，同样说明地上部分资源短缺时，植物利用生物量分配策略以获得最大资源。陈茵等（2015）研究认为，三七种苗出苗后地面覆盖黄色农膜对其株高生长有促进作用；绿膜则对其形态发育有相对抑制作用但能显著促进叶绿素相对含量的积累；橙色农膜有利于三七种苗生物量的积累，且能显著增加根质比。

参考文献

安娜，崔秀明，黄璐琦，等. 2010. 三七种子后熟期的生理生化动态研究Ⅱ. 代谢物质含量变化分析. 西南农业学报，23（4）：1090 ～ 1093.

陈茵，匡双便，张广辉，等. 2015. 彩色农膜对三七种苗生物量积累与分配特征的影响. 西南农业学报，28（1）：67 ～ 72.

陈昱君，王勇，伍忠翠. 2002. 种苗质量与三七根腐病关系. 中药材，25（5）：307 ～ 308.

崔秀明. 1988. 三七花粉生活力测定. 云南农业科技，（4）：26 ～ 27.

崔秀明，安娜，黄璐琦，等. 2010. 三七种子后熟期的生理生化动态研究Ⅰ. 不同贮存条件对种子活力的影响. 西南农业学报，23（3）：704 ～ 706.

崔秀明，王朝梁. 1994. 植物激素及生调节剂对三七种子的效应. 中药材，17（2）：3 ～ 5.

崔秀明，王朝梁，陈中坚，等. 1998. 种苗分级对三七生长和产量的影响. 中药材，21（2）：60 ～ 61.

崔秀明，王朝梁，贺承福，等. 1993. 三七透光度的初步研究. 中药材，16（3）：3 ～ 6.

崔秀明，王朝梁，李伟，等. 1993. 三七种子生物学特性研究. 中药材，12（16）：3 ～ 4.

崔秀明，张燕. 1993. 三七种子生物学特性研究. 中药材，16（12）：3 ～ 4.

段承俐，杨莉，萧凤回，等 . 2010. 三七种胚形态发育的解剖观察 . 种子，29（1）：1 ～ 3，7.

何振兴，邓锡青 . 1985. 三七开花结果习性的研究 . 广西植物，5（1）：65 ～ 70.

黄双全，郭友好 . 1998. 用 RAPD 方法初探鹅掌楸的花粉流 . 科学通报，43（14）：1517 ～ 1519.

匡双便，徐祥增，张广辉，等 . 2014. 不同颜色农膜对药用植物三七（*Panax notoginseng*）种苗生长的影响 . 中国农学通报，30（16）：231 ～ 237.

梁焕起，黄圣株，金基万，等 . 1995. 西洋参种胚形态后熟解剖观察 . 特产研究，(3)：4 ～ 10.

刘润民，张建萍，魏均娴，等 .1990. 三七种仁油的化学成分研究 . 中草药，(21) 6：2 ～ 5.

石思信，张志娥，肖建平，等 . 1994. 人参种子的贮存特性 . 种子，13（2）：4 ～ 5.

石思信，张志娥，肖建平，等 . 2000. 西洋参种子贮存习性的研究 . 中草药，31（10）：776 ～ 778.

宋建平，崔秀明，曾江，等 . 2010. 三七种子脂溶性化学成分研究 . 时珍国医国药，21（3）：565 ～ 567.

孙亚光 . 2007. 利用 SSR 分子标记检测鹅掌楸属树种交配格局与基因流 . 南京：南京林业大学 .

孙玉琴，陈中坚，王朝梁，等 . 2003. 三七开花习性观察 . 中药材，26（4）：235 ～ 236.

唐玲，张丽霞，王云强，等 . 2012. 金钗石斛种苗分级质量标准研究 . 中药材，35（1）：12 ～ 15.

王朝梁，崔秀明，李忠义，等 . 1998. 三七根腐病发生与环境条件关系的研究 . 中国中药杂志，23（12）：714 ～ 716.

王定康，孙桂芳，郭志明，等 . 2007. 三七花粉生活力测定研究 . 安徽农业科学，35（28）：8811 ～ 8812.

魏建和，陈士林，程慧珍，等 . 2005. 中药材种子种苗标准化工程 . 世界科学技术 - 中医药现代化，7（6）：104 ～ 107.

杨兴华 . 1985. 三七花的发育研究 . 云南农大科技，(1)：49 ～ 53.

于福来，钟可，王文全，等 . 2014. 知母种苗质量分级标准研究 . 种子，33（4）：110 ～ 112.

张芳芳，张永清，顾正位，等 . 2012. 山东地区丹参种苗质量分级标准研究 . 山东中医药大学学报，36（3）：236 ～ 239.

张连学 . 1995. 西洋参种子后熟特性 . 特产研究，(2)：33 ～ 35，39.

郑光植，杨崇仁 . 1994. 三七生物学及其应用 . 北京：科学出版社：40.

周家明，崔秀明，曾江，等 . 2008. 三七种子脂溶性化学成分的研究 . 现代中药研究与实践，22（4）：8 ～ 11.

Nilsson L A，Rabakonandrianina E，Pettersson B. 1992. Exact tracking of pollen transfer and mating in plants. Nature，360：666 ～ 669.

第7章

三七栽培技术

7.1 种植地选择与土壤耕作

7.1.1 三七种植地选择

1. 产地自然环境选择

建立优质中药材药源基地，是我国中药现代化的重要内容，而中药材生产的环境质量评价是建立生产基地必须开展的关键环节。近年来，三七的主要进口国对三七的原料进口提出了越来越高的要求，为了适应市场要求和提升三七药材市场竞争力，严控环境质量是建立基地优先考虑的重要步骤。对三七产地环境质量进行评价，选择优质三七产区对保证三七药材质量意义重大，为三七规模化基地建设提供科学依据。实践表明，只要严格按照规范进行生产管理，把好环境质量关，三七产品的各项指标均能达到标准要求。

2. 产地地理环境选择

三七生长喜欢土层深厚、肥沃、疏松的土壤。三七在海拔 760～2114 m 都有栽培，但海拔 2000 m 以上的三七长势较好，故选地对三七的生长较为重要。三七种植选地应遵循以下原则：三七不能重茬，不要选择 8 年内种过三七的地块，前作以玉米、花生或豆类为宜，前作是水田的三七长势普遍比前作是玉米、花生或豆类的差，并且病害较严重。地块要有一定坡度，栽培三七最好选择 5°～15°排水良好的缓坡地。选择向阳、背风、土质疏松、中偏微酸性（pH 6～7）的砂质壤土种植。土壤环境是直接影响中药材道地性的主要因素，土壤类型不同，三七总皂苷含量有较大差异，皂苷含量最高的是火山岩红壤，可能是与该类土壤中含大量的氟石有关。碳酸盐岩黄红壤皂苷含量较低，而文山州三七分布最广的泥质岩黄红壤三七总皂苷居中，平均总皂苷含量达 7.46%。从土壤 pH 来看，中偏酸性土壤的总皂苷含量高，而碱性土壤的总皂苷含量低。因此在选择地块时，以土质疏松、有机质含量较为丰富、排水和保湿的土壤为宜。选择长日照而低光强的三七种植地，透光率过小或过大都会使三七的规格偏小，且产量低，因此光照不仅影响三七的产量，还影响三七的质量。文山年日照时数平均达到了 201 518 h，日照百分率达到了 46%，该区空气清新，云层薄，污染小，短波辐射多，光质好，光照充足，总辐射量多。种植地的温度适宜，变化平稳。温度是三七生命活动的必需因子之一,三七体内的一切生理、生化活动及变化都必须在一定的温度条件下进行，并有其最高、最低、最适三基点。所以温度差异和变化，不仅制约着三七的生长发育速度，也影响着三七的地理分布。年温差 11℃左右是优质三七产出的适宜气温条件，所以生产中应选择适宜区进行栽培。种植地应选择离水源不远的地方。三七生长发育期要求比较湿润的环境，植株的正常生长要求保持 25%～40% 的土壤水分，并要求三七园内的相对湿度达到 70%～80%。雨季时可以依赖于大气降水，对于土壤渗透大地区，园内形成干旱就需要进行人工浇灌来维持一定的湿度。所以应当把水源条件作为重要问题来考虑。

7.1.2　三七种植地的耕作

三七种苗地播种前需进行 3 犁 3 耙，第 1 次耕作时间为 11 月初，以后每隔 15 d 耕作 1 次，耕作深度为 30 cm。结合整地每公顷施石灰 750 ～ 1500 kg，钙镁磷肥 600～900 kg，农家肥 1500～3000 kg（或硫酸钾 150 ～ 250 kg）。平地、缓坡地床高为 20～25 cm，坡地床高 15～20 cm，床宽为 120～140 cm，床间距（床沟）35～50 cm，床面做成龟背形，床土做到下松上实，提高土壤通透性。

7.1.3 三七荫棚的搭建

人工搭建荫棚必须做到透光均匀一致，透光率为 8% ～ 12%。塑料遮阳网按照 3m × 1.8 m 打点栽杈，用大杆（或铁丝）固定好之后，铺盖三七专用的塑料遮阳网，在顶面加放压膜线（即 8 号铁丝）于两排大杆中部；然后，每空再用细铁丝做“人”字状将压膜线拉紧，固定于中部，使荫棚呈“M”型，以便防风和排水。荫棚高度以距地面 1.8 m 左右，距沟底 2 m 左右为宜。园边用地马桩将压膜线拉紧固定，整个遮阳网面拉紧。目前多采用两层遮阳网建棚技术，方法是在以上建好的棚内，增加一层透光率较大（约 50%）的遮阳网，在三七生长到一定程度时可移除。传统荫棚的建棚材料多为杉树叶，建造方法如下：按 1.7 m × 1.7 ～ 2.0 m 打点栽杈，铺上大杆（或 8 号铁丝）固定，每空放置 4 ～ 5 根小杆，铺盖顶杉树叶，在顶面加 2 ～ 3 根压条，调整透光率为 10% ～ 12%。

基于传统七棚的结构特点，根据气候、栽培技术、地理位置、拟建规模等条件，选择不同结构的棚架材料，土洋结合，以简易、使用可靠、廉价、高效、具有规范性为原则来建造七棚。用镀锌管或包塑管和水泥座组合代替木桩（木杈），先按长 × 宽 × 高（300 mm×200 mm×350 mm）的标准制作成长方形水泥底座，底座中部制作 ϕ36 mm 的通孔与 ϕ33.5 mm 镀锌管配合。考虑底座与镀锌管配合的稳定性，底座与包塑管组合后预埋于畦边，不影响今后在畦面上整地或机械播种工作。适当增加七棚的高度，畦底与顶面的高度不低于 1.9 m。棚内向少柱或无柱方向发展，便于七农在棚内进行生产操作和管理。棚顶根据设计的要求，选用人字顶、半圆弧顶或平顶等，按一定标准选择所设计的横杆长度，采用螺钉、螺栓连接。如考虑到在适当的距离用 8 号钢丝代替一些横杆，在镀锌管上端面呈“米”字形方向焊接一些小铁环，张紧调节螺钉一端与铁环软接，另一端与 8 号钢丝固接，便于铁丝张紧。这一设施结构可以实现标准化、定型化，并具有一定的互换性。

用塑料遮阳网搭建的荫棚，由于覆盖在三七棚顶的遮阳网有一定的挠度，当下雨时，雨水将沿遮阳网斜面的网线向凹底处流动，最终使雨水集中在最低处汇合，流入畦面，对三七苗形成冲刷，致使三七根部裸露于畦面，影响三七的生长。用塑料遮阳网作围篱，由于透光率和通风不够，七农利用火烙的方法均布开了一些孔洞，以增加七棚的透光度和通风。因此，对目前所使用的塑料遮阳网，从结构形式、强度、耐久性、热物理性能及其他性能、光学性能和价格都应该根据三七生产的发展要求，在设计制造中加以考虑由专业工厂进行生产。将天棚遮阳网设计成带有接点的网眼，并在每接点处留有一段网线，靠网线的毛细作用将雨水变小下滴，避免了雨水对三七畦面的直接冲刷。在周边的围篱遮阳网眼可制成长形孔，在一定距离的地方，开一些可以关闭的小窗口，两端开两扇门，这样可以在三七生长的不同周期调节室内的湿度或温度。

7.2 三七播种与移栽

7.2.1 三七播种与移栽技术

每年 10～11 月，选 3～4 年生植株所结的饱满成熟变红果实，放入竹筛搓去果皮，洗净并晾干表面水分。用 65% 代森锌 400 倍液，或 50% 托布津 1000 倍液浸种 10 min 消毒处理。三七种子干燥后易丧失生命力，因此，应随采随播或采用层积处理保存。三七种子经沙埋熟后即可播种，播种时间最好选在 12 月中下旬至翌年 1 月中下旬。因为这个时间段避开了干燥的秋季，冬季也快过去了，空气的湿度和土壤的水分基本能满足种子发芽的需求。而且如果在 12 月中下旬至翌年 1 月中下旬播种三七种子，2～4 月就会出苗展叶；5 月以后，地下部分逐渐形成明显的块根和休眠芽；8 月前后，块根和休眠芽完全形成，并继续发育粗壮；在 11 月到翌年 1 月间呈半休眠状态，气候条件正好符合三七的生长要求。播种时，按 4 cm×5 cm 的规格自制模板，在畦面打出 2 ～ 3 cm 深的土穴进行点播，每亩播种量为 18 万～20 万粒，然后均匀撒一层混合肥（腐熟农家肥或与其他肥料混合），畦面盖一层稻草，以保持畦面湿润和抑制杂草生长。如播种浇水后采取覆盖银灰色地膜的方法，可起到明显的增产和良好的保水节肥等效果。

种苗移栽要求在 12 月至翌年 1 月现挖现移栽，移栽前应对种苗（子条）进行筛选分级。种植密度为 10～15 cm×10～15 cm，其方法亦用 10 cm×12.5 cm 或 10 cm×15 cm 的模板打穴，使其休眠芽向下移栽，种植密度为 2.6 万～3.2 万株/亩。

播种和移栽前须用 64% 杀毒矾 +50% 多菌灵 500 倍液作浸种处理，种苗定植时芽头向坡上方，子条根部保持舒展。放置种苗时要求全园方向一致，以便于管理。坡地、缓坡地由低处向高处放苗。栽完后覆盖火土或细土拌农家肥，至看不见播种材料为止。将作物秸秆切成 5～10 cm 或用松毛均匀覆盖于床土表面，以床土或基肥不外露为原则，达到保水、防草和防水冲击作用。三七栽种后应立即浇 1 次透水。由于三七播种后要到 3～4 月才出苗，其间需进行人工浇水（土壤有夜潮性的也可不浇），其方法需用喷头淋浇至畦面流水为止，一般一个月浇 2～3 次透水，直至雨季来临。

种苗的萌发对温度很敏感，温度低于 5 ℃不会萌发，10 ℃萌发率为 86.67 %，15 ℃萌发率达最高，为 93.33%，温度超过 20 ℃，三七种苗萌发率开始下降，30 ℃萌发率为 0，说明高温、低温均对三七种苗萌发不利，这也是三七种植区域受限的主要原因之一。三七种苗出苗率还与土壤水分含量密切相关，在土壤水分含量为 10%～15% 的范围内，种苗出苗率随土壤水分含量的增加而增高，当土壤水分含量大于 25% 时，出苗率达 96.67%，土壤水分含量过低，对三七种苗出苗不利。在土壤质地为壤土的试验条件下，最适三七种苗出苗的土壤水分含量为 20%～25%。因此，在三七生产中应注意适时灌溉，才能确保田间的出苗率。三七的萌发也与连作土壤有关：与新土相比，连作土壤处理下三七种子萌发最大速度增加，而种子的发芽势变化不大，发芽率、发芽指数和快速发芽期则呈降低或变短的趋势。此外，随土壤连作年限的增加，三七生长后期的成苗率和株高均显著下降。三七种苗的萌发还与储存时间有关。三七种苗不耐储存，取挖后储存时间越长，田间出苗率越低。据报道，种苗取挖当天移栽的出苗率为 81.67%，储存 10 d 后移栽的出苗率为 48.33%，储存 20 d 后降为 35%，说明三七种苗取挖后宜及时移栽，不宜储存时间过长，也不宜长途贩运。三七种苗出苗率也与三七种子是否去除果皮有关。种子采收后洗去果皮立即播种与室温沙藏法相比，出苗率及成苗率的差异均达极显著水平（$P<0.01$）。在生产实践中，最好是在三七种子采收后洗去果皮立即播种。

7.2.2 三七种子的包衣育苗技术

种子消毒处理是防治种传、土传病害及苗期地下、地上部病虫害等的最简便、经济和有效方法之一。陈中坚等（2001）研究了三七种子包衣的效果，发现种子包衣不仅可以提高三七出苗率（表7.1），还能提高三七种苗产量（表7.2），控制三七苗期病害（表7.3）。

表7.1　不同种衣剂及药种比对三七出苗率的影响

处理	小区成苗数			平均（株）	出苗率（%）	差异 5%
	Ⅰ	Ⅱ	Ⅲ			
E	148	134	136	139	100.00	a
C	115	134	137	129	92.81	ab
I	136	108	136	127	91.37	ab
G	129	119	126	125	89.93	ab
J	117	124	131	124	89.21	ab
B	116	132	115	121	87.05	ab
D	117	120	116	118	84.89	ab
F	117	127	107	117	84.17	ab
K	108	111	130	116	83.45	b
A	88	118	133	113	81.29	b
H	119	113	104	112	80.58	b

表7.2　不同种衣剂及药种比与成苗数

处理	小区成苗数			平均（株）	显著差异性	
	Ⅰ	Ⅱ	Ⅲ		5%	1%
E	98	99	122	106	a	A
C	96	99	114	103	a	AB
I	94	97	113	101	abc	AB
A	93	89	110	97	abc	AB
G	104	95	93	97	abc	AB
B	99	97	89	95	abc	AB
H	99	89	87	92	abc	AB
F	86	93	95	91	abc	AB
J	79	93	100	91	bc	AB
D	78	91	86	85	c	B
K	66	80	101	82		

表7.3　不同种衣剂及药种比与三七苗期病害

处理	A	B	C	D	E	F	G	H	I	J	K
发病率（%）	13.86	21.49	20.16	27.97	23.50	21.94	22.13	18.15	20.21	26.88	29.02
防效（%）	52.24	25.95	30.53	3.62	19.02	24.40	23.74	37.46	30.36	7.37	0

7.3 三七的冬季管理

凡不采挖的三七，冬季至翌年出苗这一阶段（一般指老七园）的田间管理，称为冬季管理。进入冬季，三七各种病虫害的发生流行减弱，田间管理往往被忽视。但是，三七冬管很重要，它是三七田间管理中不可缺少的一环，做好了事半功倍，可促进三七生长，提高产量和质量，以较小的投入，取得较大的经济效益。实践证明，不做冬季管理或不到位，翌年三七长势差，病虫害严重，品质和产量均会降低，所以必须进行冬季管理。三七冬季管理主要有以下技术措施。

7.3.1 修剪地上部植株

不论留种园或打蕓园，直播园或移植园，根据其生长情况，更主要是病虫害严重与否，决定去除或保留地上部茎叶。每年到 11 月底至 12 月间，由于气温不断降低，三七植株长势衰退，生长缓慢，叶片逐渐变黄，并陆续出现枯萎，植株光合作用减弱，营养物质减少。此时若七园内仍留下三七植株，将会消耗地下块根储藏的部分营养物质，影响到来年根茎上的剪口生长和出土。因此，在每年的 12 月初，应抓紧时间将园内的全部三七植株的地上茎叶平地面处剪除（留种七园应收完红籽后剪除），修剪方法为用锋利的镰刀，齐厢面略高一点飘割，或用果树枝剪剪断。但修剪不宜过早，生长好且无病的可保留至翌年 2 月底左右，保证新老地上部植株不同时生长即可。修剪下的地上部植株应清理出园外，晒干，集中烧掉（若留作药用或他用的茎叶可扎成小把晒干）或销售。切忌乱丢于七园内或七园附近，也不可沤肥后再返回七园，以减少病原传播。

7.3.2 三七园的清洁与消毒

清理三七园是冬季管理的主要工作。清理完地上部植株后，墒面的残枝败叶应全部清除干净，拿到园外集中烧毁处理。这是由于危害三七的各种病虫害往往潜伏在三七的枯残茎叶、杂草中过冬，来年气温上升后传播为害，如三七炭疽病、三七疫病、三七白粉病、三七短须螨等均为第二年三七病虫害发生的主要病菌和虫害的主要来源。为了杜绝病虫害越冬和在七园内传播，七园清洁后，园内外要进行一次全面、彻底消毒。以后每隔 15～20 d 坚持消毒一次。以达到预防次年病虫发生之目的。用药种类和方法：第一道药水可采用多菌灵 300 倍液或代森锌、代森铵、退菌特混合（1 ∶ 1 ∶ 1）300 倍液，对厢面、厢沟、走道、天棚全面喷药。该操作能杀死厢面病菌，减少来年发病，防止病菌侵染造成剪口腐烂。在三七出苗前，要注意喷洒亚胺硫磷或敌杀死、辛硫磷等杀虫剂防治地老虎和种蝇等地下害虫。

7.3.3 施盖芽肥及盖铺草

七园消毒后应及时追施一次盖芽肥。一方面可以保护休眠芽免受冻害或虫咬伤，使出苗后的幼苗能及时吸收到养分，健壮生长发育；另一方面，将根茎盖严对块根增重有较大的促进作用。盖芽肥的配比要求：火土 60%，厩肥 40%。达到充分发酵腐熟细碎，每公顷 75 吨以上。盖芽肥应施在茎秆的后方，关键是盖住根茎，以保护休眠芽安全越冬。盖芽肥施用结束后，应及时均匀撒一层铺墒草，以利于保温、保湿、保墒、保芽等。

7.3.4 调节光照

清园喷药后，在 12 月间尚未出现霜冻或霜冻较轻微的地区，可将天棚（阴棚）上的大部分盖草揭除，使园内透光度达至 80%～85%，阳光照射在园内长年阴湿条件下的土壤上，能够促进风化，提高土温，有利于改良土壤结构，增加土壤肥力，从而利于三七生长期吸收，并通过一段时间增大七园透光度，改变七园内的环境条件，还可以使一些病菌失去适宜的生存条件而死亡。

7.3.5 酌情浇水保湿

冬春干旱季节，要经常检查土壤湿度，并根据墒情适量、适时浇水，保持墒面土壤湿度，以防墒面龟裂，保证次年出苗整齐。有条件的七园，春节前后可浇一次清粪水，增加土壤肥力和水分，提高抗旱能力，使三七出苗健壮。

7.3.6 修整荫棚

除冬季新建七园外，无论已建盖一年或多年的七园，都要按要求修补调整加固，尤其多年的老棚，更应加强这一工作。搭建三七棚用的竹木七杈等材料经过一年时间的风吹、日晒、雨淋会发生不同程度的腐朽，遮阳网也会有破损。因此，每年清理七园后要进行一次全面的检查。对折断的七杈应进行更换，对破损的遮阳网应进行修补。

7.3.7 保温防冻

冬季气温较低、冷凉地区，以及突发降温情况下，应做好保温防冻工作。主要是修补天棚，关闭园门。地膜覆盖栽培可起到很好的保温防冻效果。

7.3.8 防鼠、防火、防盗

冬季由于田里庄稼收获，食物来源短缺，鼠害会转向七园。七园鼠害表现为偷食红籽，挖掏三七块根。发现鼠害时要及时采取防治措施。主要采取毒饵诱杀、器械捕鼠。七园多用草木材料建盖，多属易燃物品，最易引起火灾，特别是冬春干旱季节，多风干燥，一旦发生火灾很难扑灭。所以，一定要做好防火工作。七园内严禁吸烟，丢于园边的烟火应及时踩灭；守园工人应尽量避免在七园内用火；用电一定要注意接头处，切不可短路，更不能用裸线输电。三七专用遮阳网造园具有较好的防火效果。三七价值较高，所以一年四季都要加强防盗工作。

7.4 采收和加工

7.4.1 三七种子的采收

1. 常规生产的种子状况

《中华人民共和国种子法》（以下简称《种子法》）把主要农作物（玉米、小麦、水稻、大豆）种子按其选育、生产方式分为两大类：一类为杂交种子，一类为常规种子。所谓的常规种子是区别于杂交种子而言，也可理解为目前理论上所称的“自交作物种子”。三七不同于其他农作物有许多优良的品种可供选择，当今生产中栽培的三七仍为一个混杂群体，没有明显的品种之分，且现在所有三七种子均为常规种子。所以，从现有的栽培群体中生产出好的种子显得尤为重要。

2. 选留生产用种

三七种子质量的优劣直接关系到能否种出三七、出苗后三七质量的好坏。三七生产所用良种应采用“集团选择”的方法进行选育。具体方法为：在三七长势良好、无病害或病害较轻的七园中挑选植株高大、叶片厚实宽大、茎秆粗壮、无病的三年生三七为留种植株，并做好标记，精心管理。至 11 月中旬果实红熟时，开始收集，随红随采，用第一至第四批饱满、无病的果实留种。病害发生较多且严重的七园植株不能留种，否则会因种子带菌而导致苗期病害的发生。此外，尾籽发芽迟缓，生长势弱，抗病性较差，也不宜留种。每批种子应单独采收，分开保存。

三七红籽在每年 11 月或者 80% 以上成熟时选晴天一次采下，挑选出成熟饱满、无病虫害的种子去掉果皮，清洗干净。沙埋三七种子前应用 70% 甲基托布津可湿性粉剂 600 ～ 800 倍液消毒 15 min，捞出晾干后进行储藏，以促进三七种子通过休眠期完成其生理后熟作用。储藏时间一般可为 45 ～ 60 d。具体方法为：准备含水率为 20% ～ 30% 的细河沙，将用药剂处理过的三七种子与河沙分层放置于竹制容器中，并储藏于通风、洁净的环境中，河沙含水量应保持在 20% ～ 30%。且应注意每间隔 15 d 要检查一次，以清除腐烂、霉变的三七种子或是调节湿度以控制种子发芽情况。经储藏的种子一般在 12 月至翌年 1 月播种。

7.4.2　三七药材的采收加工

1. 采收时期

三七的主要药用部位是其根部，采挖过早过迟都会影响三七的产量与质量。确定三七的采收时间要从三七的产量和有效成分含量两方面来综合考虑。不同的采收时间，三七药材产量和质量差异较大。三七皂苷含量在 3 ～ 5 月最高，这是因为三七出苗后营养物质供应其他地上部分的生长，皂苷相对含量较高，而到 10 月皂苷含量又增加，此时三七的产量也已达到最大值，所以 10 月为三七较好的采收时间。三七分为春七和冬七。“春七”即采挖于开花前或打掉花蕾未经结籽的三七，其最适宜采收时间为 10 ～ 11 月，“冬七”即采挖于开花结籽后的三七，其最适宜采收时间为 12 月至次年 2 月。

2. 收获方法

三七采收用自制竹木、小棍撬挖，或用钉耙从床头开始，朝另一方向按顺序采挖。采挖时应防止损伤根和根茎，以保证三七块根完好无损，防止根须折断漏收，以及主根受伤影响产量和加工后商品的质量。采挖结束，应将有机械损伤的三七或病三七单独存放，以免造成三七在此阶段的病害传播。

3. 三七的产地加工

三七产地加工流程为：运输－清洗－分拣－晾晒－揉搓－筛灰－抛光－分级－商品三七。具体操作步骤如下：

1）运输：三七采收后，应该及时用运载工具运输到专门的场地进行加工处理。运输时采用洁净的麻袋进行装载，不得与农药、化肥等物质混载。

2）清洗：三七采挖后，应及时进行清洗，洗净根上附着的泥土。因为三七泥土中有含量较高的重金属等物，清洗后农药、重金属及灰分等均可被去除大部分。清洗是保证三七质量最简单且易操作的环节。

3）分拣：三七运回后不能堆置，及时在晾晒场（水泥或瓷砖地面，光照和通风条件好，清洁卫生，最好有防雨棚）摊开进行分拣。将病三七、三七叶、厢草及杂质拣出，选出健康的三七。然后将三七摘去残留的茎秆及杂物，再摘去须根。须根晒干后，即为商品三七根。将摘除须根的三七退放在太阳下或大棚中晾晒至开始发软，这时剪下侧根（也称支根、大根）和根茎（俗称“羊肠头”），分别晒干。侧根干燥后称为“筋条”，根茎干燥后称为“剪口”。

4）晾晒：三七分拣后，将剪口、主根、筋条、毛根部位直接摊开晾晒或 40 ～ 50 ℃烘烤。如果在棚内晾晒，由于温度可保持在较高水平，晾晒的时间会短一些。晾晒或烘烤期间，每日翻动 1 ～ 2 次，直至干燥三七含水率降至 14% 左右，并注意检查，如有霉烂，及时剔除霉烂、病株，除主根外无需进行分级，即可放入专门的仓库进行保管。注意三七的晾晒和加工场所应保持洁净卫生，并铺设于混凝土地面上，有条件的可以配备干燥设备。加工场地周围应杜绝污染源。

5）筛灰打磨：将晒干三七放在用铁丝及竹条制成的铁丝网筐或用篾条制作好的筛框内，将三七根上的泥土等杂质筛除干净。将经干燥筛灰后的三七主根与抛光物共置抛光器具中抛光至三七主根外表光净、色泽油润时取出，将三七主根与抛光物分离开，即可得出商品三七。抛光物有三种组合：一是粗糠、稻谷、干松针段组合；二是荞麦、干松针段组合；三是虫蜡、药用滑石粉组合。本工序可根据需要选用或不选用。抛光器具可用滚筒等。

6）分级及包装：将三七主根置于拣选台上，按个头大小进行分类，再按规格（俗称：头数）和感观进行分级。规格以 500 g / 头划分为：20 头、30 头、40 头、60 头、80 头、120 头、无数头等。然后用干燥、洁净、无污染的包装物进行包装。如果是公司生产的产品，在包装物上应注明产地、品名、等级、净重、毛重、生产者、生产日期及批号。

7.4.3　清洗方式对三七根皂苷和灰分含量的影响

近年来，三七重金属超标问题时有发生，降低了广大消费者对三七安全性的信任。三七根表泥沙中所含重金属是三七中重金属的主要来源（Liu et al., 2014）。因而，最大限度地清除三七原药材中的非药物质对保障重金属安全意义重大。

中药材中灰分主要来源于原药材中及表面附着的非挥发性无机盐和杂质。无外源污染物的情况下，一种药材的总灰分通常在一个确定的区间范围内，其含量的异常变化能够在一定程度上反映药材非挥发性掺假物的混入程度。如果药材中总灰分含量超过限定标准，说明其中一定混有外来污染物。因此，药材中总灰分的限量要求对保障药材质量具有重要意义。历版中国药典均将中药材中总灰分含量作为衡量药材质量的重要指标。2015 年版《中国药典》对 360 种中药材的总灰分含量进行了限定，占中药材总量的 58.25 %。

三七传统干燥方式为将新鲜采挖的三七在晒场上摊开、修剪（将剪口、主根和筋条分开）直至干燥，或将修剪后的剪口和主根在烤房中干燥。对于干燥后的三七，通常采用打磨的方式去除表面附着的泥土。因而，三七产地加工中鲜见清洗操作环节，仅少数饮片厂可见。三七采挖后经科学处理以减少人体对重金属的最终摄入量，对维护药材质量安全及保障消费者的身体健康具有重要意义。清洗是最有效的清除药材中杂质的方式。为了减少三七重金属超标事件的发生，在政府等有关部门加大监管力度的同时，中药材加工企业和生产者也需掌握科学的清洗方法，以有效去除三七中重金属和保障三七药材质量。但清洗对于去除三七中的杂质存在一定问题。这是由于三七中主要药效成分皂苷具有较好的水溶性，如何在有效清除三七表面杂质的同时又能减少皂苷损失是从业者所关心的问题。本节介绍崔秀明团队在不同清洗水温和清洗时间条件下三七皂苷损失量和灰分残留量等的研究成果，以期为指导三七产地加工中的清洗操作提供技术参数，达到在皂苷损失最低的情况下尽可能降低三七中重金属含量。

1. 不同清洗方式对三七剪口皂苷损失及灰分清除率的影响

同打磨处理相比，鲜三七和干三七（除 20 ℃清洗 10 min）经清洗处理后剪口皂苷含量均降低（表 7.4）。20 ℃处理下，鲜三七剪口皂苷损失率为 0.06%～12.73%，干三七皂苷损失率为 0.72%～13.27%；50 ℃处理下，鲜三七皂苷损失率为 6.43%～18.14 %，干三七皂苷损失率为 15.50%～25.77%。相同清洗时间下，剪口皂苷损失率随清洗用水温度的升高而升高。鲜三七分别清洗 10 min、30 min 和 60 min 后，50 ℃处理下三七皂苷损失率比 20 ℃处理下分别高 6.37%、10.97% 和 5.41%；干三七清洗 10 min、30 min 和 60 min 后，50 ℃处理下三七皂苷损失率比 20 ℃处理下分别高 16.27%、17.54% 和 12.50%。可见，三七剪口皂苷损失率随清洗时间的延长和水温的升高而上升；相同清洗条件下，鲜三七皂苷损失率低于干三七。即延长清洗时间、升高水温造成了剪口皂苷的损失。

鲜三七和干三七经清洗处理后，剪口总灰分含量均显著降低，打磨和鲜三七直接清洗总灰分含量均符合药典要求，干三七经 20 ℃水清洗 60 min 或经 50 ℃水清洗 30 min 后总灰分含量符合药典要求（表 7.4）。与打磨处理相比，20 ℃处理下，鲜三七剪口总灰分清除率为 5.55%～12.85%，干三七总灰分清除率为 –27.56%～3.99%；50 ℃处理下，鲜三七灰分清除率为 2.06%～16.21%，干三七灰分清除率为 –20.45%～8.841%。可见，三七剪口总灰分清除率随清洗时间的延长和水温的升高而上升；相同清洗条件下，鲜三七总灰分清除率高于干三七，即延长清洗时间、升高水温可降低剪口灰分含量。

2. 不同清洗方式对三七主根皂苷损失及灰分清除率的影响

同打磨处理相比，鲜三七（除 20 ℃清洗 10 min）和干三七经清洗后皂苷含量均降低（表 7.5）。20 ℃处理下，鲜三七皂苷损失率为 –1.27%～14.00%，干三七皂苷损失率为 3.73%～23.73%；50 ℃处理下，鲜三七皂苷损失率为 13.18%～25.73%，干三七皂苷损失率为 11.73%～32.73%。相同清洗时间下，皂苷损失率随清洗温度的升高而升高。鲜三七分别清洗 10 min、30 min 和 60 min 后，50 ℃处理下三七皂苷损失率比 20 ℃处理下分别高 14.45%、16.55% 和

表7.4　不同清洗方式对三七剪口皂苷和灰分含量的影响（%，n=5）

样品	水温(℃)	清洗时间(min)	皂苷含量							总灰分	清除率
			R_1	Rg_1	Re	Rb_1	Rd	总计	损失率		
打磨	—	—	1.61 ± 0.21	6.65 ± 0.78	1.62 ± 0.15	5.08 ± 0.46	1.69 ± 0.28	16.65 ± 2.38	—	5.77 ± 0.67	—
鲜三七	20	10	1.63 ± 0.13	6.45 ± 0.54	1.53 ± 0.12	5.38 ± 0.35	1.65 ± 0.19	16.64 ± 2.89	0.06 ± 0.00	5.45 ± 0.54	5.55 ± 0.73
		30	1.52 ± 0.11	6.15 ± 0.61	1.52 ± 0.17	5.32 ± 0.78	1.54 ± 0.23	16.05 ± 3.23	3.60 ± 0.29	5.27 ± 0.49	8.67 ± 1.25
		60	1.48 ± 0.09	5.40 ± 0.23	1.34 ± 0.09	4.95 ± 0.39	1.36 ± 0.17	14.53 ± 2.16	12.73 ± 1.89	5.03 ± 0.67	12.82 ± 2.44
	50	10	1.17 ± 0.08	6.41 ± 0.44	1.42 ± 0.16	5.03 ± 0.61	1.55 ± 0.16	15.58 ± 1.96	6.43 ± 1.28	5.62 ± 0.68	2.60 ± 0.37
		30	1.82 ± 0.22	5.86 ± 0.61	1.28 ± 0.19	4.23 ± 0.48	1.23 ± 0.09	14.42 ± 2.22	13.39 ± 1.52	5.20 ± 0.44	9.88 ± 1.26
		60	1.42 ± 0.09	5.52 ± 0.43	1.11 ± 0.16	4.42 ± 0.56	1.16 ± 0.15	13.63 ± 2.15	18.14 ± 1.45	4.84 ± 0.52	16.12 ± 3.21
干三七	20	10	1.78 ± 0.23	6.78 ± 0.59	1.51 ± 0.08	5.04 ± 0.43	1.66 ± 0.24	16.77 ± 2.69	−0.72 ± 0.18	7.36 ± 1.03	−27.56 ± 4.18
		30	2.44 ± 0.19	6.13 ± 0.47	1.23 ± 0.07	4.88 ± 0.37	1.2 ± 60.18	15.94 ± 2.17	4.26 ± 0.65	6.81 ± 0.88	−18.02 ± 2.26
		60	1.89 ± 0.15	5.82 ± 0.41	1.12 ± 0.15	4.59 ± 0.62	1.02 ± 0.07	14.44 ± 2.07	13.27 ± 189	5.54 ± 0.74	3.99 ± 0.52
	50	10	1.61 ± 0.11	5.63 ± 0.65	1.35 ± 0.18	4.24 ± 0.59	1.24 ± 0.15	14.07 ± 1.08	15.50 ± 1.26	6.95 ± 0.91	−20.45 ± 4.97
		30	1.59 ± 0.13	5.31 ± 0.48	0.98 ± 0.05	3.95 ± 0.28	1.19 ± 0.08	13.02 ± 1.29	21.80 ± 3.97	5.70 ± 0.68	1.21 ± 0.26
		60	1.47 ± 0.10	5.03 ± 0.59	0.87 ± 0.14	3.88 ± 0.53	1.11 ± 0.16	12.36 ± 1.89	25.77 ± 4.65	5.26 ± 0.65	8.84 ± 2.11

11.73%；干三七清洗 10 min、30 min 和 60 min 后，50 ℃处理下三七皂苷损失率比 20 ℃处理下分别高 8.00%、13.09% 和 9.00%。可见，三七主根皂苷损失率随清洗时间的延长和水温的升高而上升；相同清洗条件下，鲜三七皂苷损失率低于干三七，即延长清洗时间、升高水温可造成主根皂苷的损失。

鲜三七和干三七经清洗处理后，主根总灰分含量均显著降低，打磨、鲜三七或干三七直接清洗后总灰分含量均符合药典要求。与打磨处理相比，20 ℃处理下，鲜三七剪口总灰分清除率为 5.47%～9.77%，干三七总灰分清除率为 –36.33%～–17.97%；50 ℃处理下，鲜三七灰分清除率为 –9.37%～10.55%，干三七灰分清除率为 –21.48%～–15.23%，上述结果说明清洗对降低干三七灰分含量的效果低于打磨。可见，三七主根总灰分清除率随清洗时间的延长和水温的升高而上升；相同清洗条件下，鲜三七总灰分清除率高于干三七，即延长清洗时间、升高水温可降低主根灰分含量。

3. 不同清洗方式对三七筋条皂苷损失及灰分清除率的影响

三七筋条柔弱不适合打磨，传统三七生产中为将其用常温下的水清洗后晒干。根据剪口和主根的研究结果，将 20 ℃或 50 ℃水清洗三七 10 min 分别作为对照，比较研究了不同水温和不同清洗时间下鲜三七和干三七筋条皂苷和灰分含量（表 7.6）。鲜三七经 20 ℃水温清洗 30 min 或 60 min 后皂苷损失率分别为 4.48% 和 22.26%，干三七皂苷损失率分别为 8.50% 和 23.26%；50 ℃处理 30 min 和 60 min 后，鲜三七皂苷损失率分别为 16.30% 和 32.73%，干三七皂苷损失率分别为 16.34% 和 39.43%。相同清洗时间下，皂苷损失率随清洗温度的升高而升高。鲜三七分别清洗 30 min 和 60 min 后，50 ℃处理下三七皂苷损失率比 20 ℃处理下分别高 11.82% 和 10.47%；干三七清洗 30 min 和 60 min 后，50 ℃处理下三七皂苷损失率比 20 ℃处理下分别高 8.84 % 和 16.17%。可见，三七筋条皂苷损失率随清洗时间的延长和水温的升高而上升；相同清洗条件下，鲜三七皂苷损失率低于干三七，即延长清洗时间、升高水温可降低灰分含量但也造成了筋条皂苷的损失。

同 20 ℃水温清洗 10 min 处理相比，鲜三七和干三七筋条清洗 30 min 和 60 min 后灰分清除率为 6.67%～21.60%；同 50 ℃水温清洗 10 min 处理相比，鲜三七和干三七筋条清洗 30 min 和 60 min 后灰分清除率为 8.30%～30.35%。三七筋条灰分清除率表现为随清洗时间的延长和水温的升高而增加；相同清洗条件下，鲜三七筋条灰分清除率显著高于干三七。

表7.5 不同清洗方式对三七主根皂苷和灰分含量的影响（%，n=5）

样品	水温(℃)	清洗时间(min)	皂苷含量							总灰分	清除率
			R_1	Rg_1	Re	Rb_1	Rd	总计	损失率		
打磨	—	—	0.86 ± 0.12	4.69 ± 0.26	0.48 ± 0.05	3.88 ± 0.04	1.09 ± 0.09	11.00 ± 1.34	—	2.56 ± 0.37	—
鲜三七	20	10	0.92 ± 0.15	4.68 ± 0.39	0.59 ± 0.06	3.83 ± 0.04	1.12 ± 0.12	11.14 ± 1.22	−1.27 ± 0.09	2.42 ± 0.22	5.47 ± 0.48
		30	0.85 ± 0.09	4.63 ± 0.58	0.47 ± 0.05	3.68 ± 0.02	1.03 ± 0.08	10.66 ± 1.31	3.09 ± 0.39	2.35 ± 0.19	8.20 ± 0.97
		60	0.81 ± 0.06	4.17 ± 0.62	0.39 ± 0.02	3.25 ± 0.03	0.84 ± 0.07	9.46 ± 1.10	14.00 ± 1.21	2.31 ± 0.28	9.77 ± 1.25
	50	10	0.91 ± 0.13	3.80 ± 0.44	0.43 ± 0.05	3.45 ± 0.03	0.96 ± 0.07	9.55 ± 1.21	13.18 ± 1.42	2.80 ± 0.38	−9.37 ± 1.34
		30	0.79 ± 0.09	3.71 ± 0.37	0.31 ± 0.02	3.25 ± 0.02	0.78 ± 0.09	8.84 ± 0.67	19.64 ± 2.34	2.26 ± 0.15	11.72 ± 1.87
		60	0.85 ± 0.11	3.54 ± 0.42	0.25 ± 0.03	2.72 ± 0.03	0.81 ± 0.09	8.17 ± 0.73	25.73 ± 2.01	2.29 ± 0.30	10.55 ± 0.98
干三七	20	10	0.93 ± 0.15	4.74 ± 0.51	0.48 ± 0.06	3.61 ± 0.04	0.83 ± 0.05	10.59 ± 1.32	3.73 ± 3.51	3.49 ± 0.52	−36.33 ± 4.26
		30	0.86 ± 0.14	4.46 ± 0.48	0.37 ± 0.02	3.52 ± 0.03	0.71 ± 0.06	9.92 ± 0.75	9.82 ± 1.31	3.21 ± 0.48	−25.39 ± 3.34
		60	0.79 ± 0.16	4.21 ± 0.47	0.28 ± 0.01	2.47 ± 0.03	0.64 ± 0.07	8.39 ± 0.69	23.73 ± 3.08	3.02 ± 0.27	−17.97 ± 2.10
	50	10	0.89 ± 0.12	3.79 ± 0.42	0.50 ± 0.06	3.65 ± 0.04	0.88 ± 0.07	9.71 ± 1.11	11.73 ± 1.64	3.11 ± 0.25	−21.48 ± 1.78
		30	0.77 ± 0.09	3.38 ± 0.35	0.38 ± 0.04	3.19 ± 0.03	0.65 ± 0.05	8.37 ± 0.92	23.91 ± 3.33	2.95 ± 0.36	−15.23 ± 1.32
		60	0.64 ± 0.07	3.01 ± 0.28	0.27 ± 0.01	2.93 ± 0.02	0.55 ± 0.05	7.40 ± 0.65	32.73 ± 4.25	3.02 ± 0.24	−17.97 ± 2.13

表 7.6　不同清洗方式对三七筋条皂苷和灰分含量的影响（%，n=5）

样品	水温（℃）	清洗时间（min）	皂苷含量							总灰分	清除率
			R_1	Rg_1	Re	Rb_1	Rd	总计	损失率		
鲜三七	20	10	0.82 ± 0.07	3.17 ± 0.45	0.83 ± 0.06	2.34 ± 0.45	0.88 ± 0.16	8.04 ± 1.39	—	6.62 ± 1.21	—
		30	0.77 ± 0.04	3.12 ± 0.38	0.81 ± 0.12	2.2 ± 0.39	0.78 ± 0.13	7.68 ± 1.35	4.48 ± 0.67	5.84 ± 1.01	11.78 ± 2.13
		60	0.63 ± 0.08	2.56 ± 0.33	0.71 ± 0.09	1.81 ± 0.31	0.54 ± 0.08	6.25 ± 1.06	22.26 ± 3.45	5.19 ± 0.98	21.60 ± 3.58
	50	10	0.83 ± 0.06	2.42 ± 0.39	0.85 ± 0.09	2.00 ± 0.42	1.08 ± 0.20	7.18 ± 1.13	—	6.59 ± 1.13	—
		30	0.74 ± 0.08	2.03 ± 0.29	0.71 ± 0.08	1.81 ± 0.36	0.72 ± 0.09	6.01 ± 0.09	16.30 ± 2.32	5.70 ± 0.88	13.51 ± 3.47
		60	0.65 ± 0.04	1.88 ± 0.31	0.53 ± 0.09	1.23 ± 0.34	0.54 ± 0.09	4.83 ± 0.67	32.73 ± 5.67	4.59 ± 0.82	30.35 ± 4.19
干三七	20	10	0.79 ± 0.09	3.28 ± 0.30	0.78 ± 0.13	1.71 ± 0.33	0.62 ± 0.08	7.18 ± 1.16	—	6.80 ± 1.03	—
		30	0.74 ± 0.10	3.37 ± 0.42	0.67 ± 0.09	1.22 ± 0.28	0.57 ± 0.07	6.57 ± 0.97	8.50 ± 1.49	6.34 ± 1.12	6.76 ± 1.15
		60	0.66 ± 0.05	2.96 ± 0.35	0.60 ± 0.04	0.86 ± 0.11	0.43 ± 0.06	5.51 ± 0.91	23.26 ± 3.78	5.55 ± 0.69	18.38 ± 3.06
	50	10	0.80 ± 0.06	2.82 ± 0.33	0.73 ± 0.06	1.70 ± 0.29	0.62 ± 0.07	6.67 ± 0.83	—	6.75 ± 1.17	—
		30	0.68 ± 0.09	2.46 ± 0.36	0.58 ± 0.07	1.30 ± 0.19	0.56 ± 0.06	5.58 ± 0.45	16.34 ± 2.97	6.19 ± 0.89	8.30 ± 1.23
		60	0.53 ± 0.08	1.93 ± 0.25	0.43 ± 0.07	0.76 ± 0.06	0.39 ± 0.05	4.04 ± 0.61	39.43 ± 5.62	5.24 ± 0.74	22.37 ± 4.31

4. 不同清洗方式下三七皂苷与灰分的多元线性回归分析

双因素方差分析表明，清洗时间和温度与各部位皂苷和灰分含量呈负相关关系，并且两个自变量因子之间具有显著交互作用（表 7.7）。除鲜三七和干三七主根灰分与清洗时间和温度不成多元线性关系外（R^2 分别为 0.470 和 0.725，P 值分别为 0.386 和 0.144>0.05），其余组清洗后的灰分和皂苷含量与清洗时间和温度成显著多元线性关系。从预测值中可见，除主根外，清洗后剪口和筋条总灰分的最大值和最小值均为干三七 > 鲜三七；除剪口外，清洗后主根和筋条总皂苷的最大值和最小值均为鲜三七 > 干三七。可见，新鲜三七清洗后再干燥有利于降低灰分含量并减少总皂苷的损失，清洗条件以 20 ℃水温清洗 10 min 为宜。

表7.7 不同清洗方式下三七皂苷与灰分的多元线性回归分析

部位	三七	指标	多元线性拟合	预测值				R^2	P
				最小值	最大值	平均值	SD		
剪口	鲜三七	总皂苷	A=9.587−0.044X−0.042Y	14.898	18.293	16.665	1.181	0.975	0.004
		总灰分	B=5.665−0.001X−0.012Y	4.904	5.526	5.235	0.267	0.903	0.030
	干三七	总皂苷	A=18.763−0.086X−0.040Y	12.082	16.651	14.433	1.670	0.985	0.002
		总灰分	B=8.123−0.020X−0.035Y	5.048	7.377	6.270	0.845	0.934	0.017
主根	鲜三七	总皂苷	A=12.486−0.052X−0.031Y	8.036	11.135	9.637	1.101	0.988	0.001
		总灰分	B=2.491−0.003X−0.006Y	2.207	2.583	2.405	0.138	0.470	0.386
	干三七	总皂苷	A=11.888−0.038X−0.045Y	7.298	10.679	9.063	1.187	0.980	0.003
		总灰分	B=3.559−0.007X−0.005Y	2.885	3.364	3.133	1.167	0.725	0.144
筋条	鲜三七	总皂苷	A=9.587−0.044X−0.042Y	4.898	8.293	6.665	1.181	0.975	0.004
		总灰分	B=7.185−0.009X−0.034Y	4.723	6.674	5.755	0.776	0.961	0.008
	干三七	总皂苷	A=8.514−0.033X−0.043Y	4.283	7.424	5.925	1.110	0.964	0.007
		总灰分	B=7.178−0.000X−0.028Y	5.470	6.892	6.228	0.639	0.902	0.031

注：温度，X；时间，Y；总皂苷，A；总灰分，B。

三七剪口、主根和毛根均表现为皂苷损失率和总灰分清除率随清洗时间的延长和水温的升高而上升；相同清洗条件下，鲜三七皂苷损失率低于干三七，总灰分清除率则高于干三七。即对三七根的三个部位而言，延长清洗时间和升高水温可降低灰分含量但也造成了皂苷的损失。皂苷的损失可能主要归因于三七皂苷具有较好的水溶性，如相同提取时间下人参药材中 Rg 和 Re 的总量在温度从 10 ℃提高到 25 ℃后，提取率可提高 5～10 倍（文永盛等，2005）。许晨阳等（2013）研究认为，土壤团粒结构稳定性可随温度的升高而降低，故温水清洗可能造成了土壤团粒结构的相对不稳定，而造成崩解，从而增加了灰分的清除率。因而，在保障三七药材灰分含量符合药典规定的条件下应尽量降低清洗用水温度和清洗时间以减少皂苷损失。同时三七皂苷损失显著低于干三七。这是由于鲜三七比干三七具有好的细胞质膜完整性，因而在清洗过程中皂苷类物质跨膜溶出相对较少，而干三七则因为细胞质膜在干燥中完整性受到了破坏，故清洗过程的复水造成了皂苷的大量溶出。另外，干三七的灰分清除率显著低于鲜三七，这是由于三七在干燥过程中的失水使其表面形成褶皱，未经清洗的泥土被裹挟在褶皱中而难以清除。不仅如此，三七根表泥土黏性较大，干燥后对三七的黏附力增强，因而更加难以清除。

7.4.4 三七晾晒干燥过程的生理变化

三七药材质量除受产地、栽培技术等影响外，产地加工技术亦对其具有显著影响。文山地区三七种植户普遍采用的干燥方式为自然晾晒干燥。因此，习惯干燥过程为将采挖的鲜三七清洗后进行分拣（分为剪口、主根和筋条），再于晒场上分开晾晒。当前三七干燥研究较多，但主要集中于微波（高明菊等，2010）、冷冻（周国燕等，2013）及热风（区焕财等，2013）等新设备及相应新工艺上，而对于占比仍较大的传统晾晒干燥工艺却缺乏有效研究。如晾晒过程中三七的干燥特性，三七皂苷、多糖类成分含量变化规律如何、影响因素为哪些仍不明确。

根类药材的产地加工通常为切片后干燥或整根干燥。前者如何首乌（刘振丽等，2004），通常为切块或片后干燥，这样既可以简化操作程序，降低成本，又可以避免水溶性成分的流失；后者如麦冬（吴发明等，2015），因其含有大量黏液质，质地柔润，味甜发黏，在储藏中易受潮发热，极易生霉、泛油，通常为整根晒干后再经揉搓等方法去除须根，此法可防止麦冬块根受伤、沾水，受微生物的污染而霉变。当前的三七干燥方式均为分拣后干燥，整根晾晒干燥尚鲜见报道。本节介绍了三七的传统分拣晾晒和整根晾晒的干燥特性、抗氧化酶活性、淀粉酶活性、皂苷和糖等含量变化规律及差异。

1. 三七不同部位失水率变化

三七传统干燥过程为将新鲜采挖的三七分拣为剪口、主根和筋条三个部位，而后在晒场上晒干。自然晾晒下三七在干燥初期失水速率最大，而后逐渐趋于平稳（图 7.1）。随着晾晒时间的延长，分拣晾晒三七主根含水量于 10～11 d 后恒定；筋条 6 ～ 7 d 后恒定；而剪口则在 11 ～ 12 d 后达到恒定。整根晾晒三七失水率在 10 ～ 11 d 后达到恒定。可见，分拣晾晒三七筋条的干燥速率高于整根晾晒，而主根与剪口则低于整根晾晒。剪口由薄壁细胞构成，含水量高于主根和筋条，且其富含渗透调节物质，由于这类物质对水具有较强的结合能力，因而水分散失速度较慢。筋条因具有较大的比表面积，在干燥过程中易挥发水分，故其干燥时间相对较短。但鲜三七分拣比干三七分拣简单易行，且物料损失少，所以分拣晾晒较整根晾晒能够节约人工和降低物料损失。

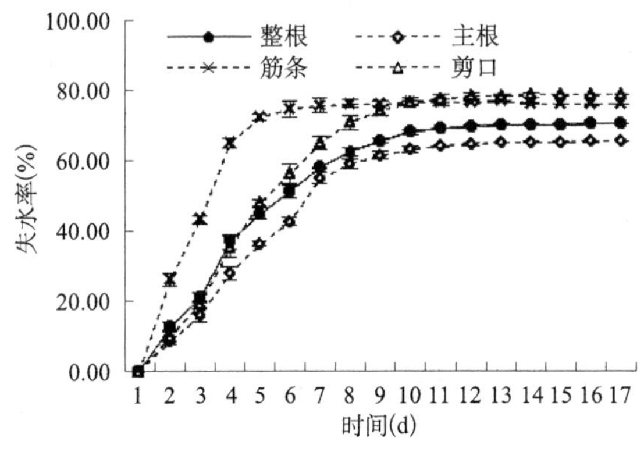

图 7.1　三七不同部位失水率曲线

2. 三七不同部位抗氧化酶活性变化

由于三七经晾晒 6 d 后各部位的抗氧化酶活性已无法测出，故此处只呈现晾晒 6 d 内抗氧化酶活性的变化。分拣晾晒与整根晾晒三七各部位 SOD 活性变化趋势一致（图 7.2a）。主根和筋条 SOD 活性在晾晒的第 2 d 达到最高，分拣晾晒的主根和筋条 SOD 活性分别为整根晾晒的 1.11 倍和 1.74 倍，之后随晾晒时间的延长而降低。分拣晾晒筋条中 SOD 活性的变化趋势较大，而整根晾晒的筋条中 SOD 活性的变化则相对平缓；剪口中 SOD 活性在晾晒第 2 d 小幅下降，第 3 d 酶活达到最大值，整根晾晒 SOD 活性为分拣晾晒的 1.12 倍。

分拣晾晒与整根晾晒三七主根 POD 活性的变化相同，均在晾晒第 2 d 显著下降，在第 3 d 有所回升，在第 6 d 持续下降，且两者曲线接近，说明 POD 活性无显著差异；整根晾晒与分拣晾晒剪口 POD 活性在第 3 d 显著下降，其中整根晾晒较第 2 d 降低了 97.33%，分拣晾晒较第 2 d 仅降低 42.42%，到晾晒第 6 d 有小幅上升；分拣晾晒与整根晾晒的筋条 POD 活性均表现为前三天缓慢上升，之后缓慢下降（图 7.2c）。

CAT 活性在三七三个部位中均表现为先下降后上升再下降，其中分拣晾晒的剪口中 CAT 活性最高，晾晒三天后是整根晾晒的 1.55 倍；整根晾晒的筋条 CAT 活性最低，在晾晒第 3d 时仅为分拣晾晒筋条的 63.9%；整根晾晒的主根在第 3 d 时其 CAT 活性上升幅度最大，为第 2 d 的 2.23 倍，其活性是分拣晾晒主根的 1.53 倍（图 7.2 b）。

由上可知，虽然不同酶在不同部位的活性变化不同，但分拣晾晒和整根晾晒并不会影响三七相同部位同种抗氧化酶活性的变化趋势。分拣晾晒三七中各部位抗氧化酶活性整体高于整根晾晒，说明分拣晾晒下三七各部位受胁迫程度高于整根晾晒。

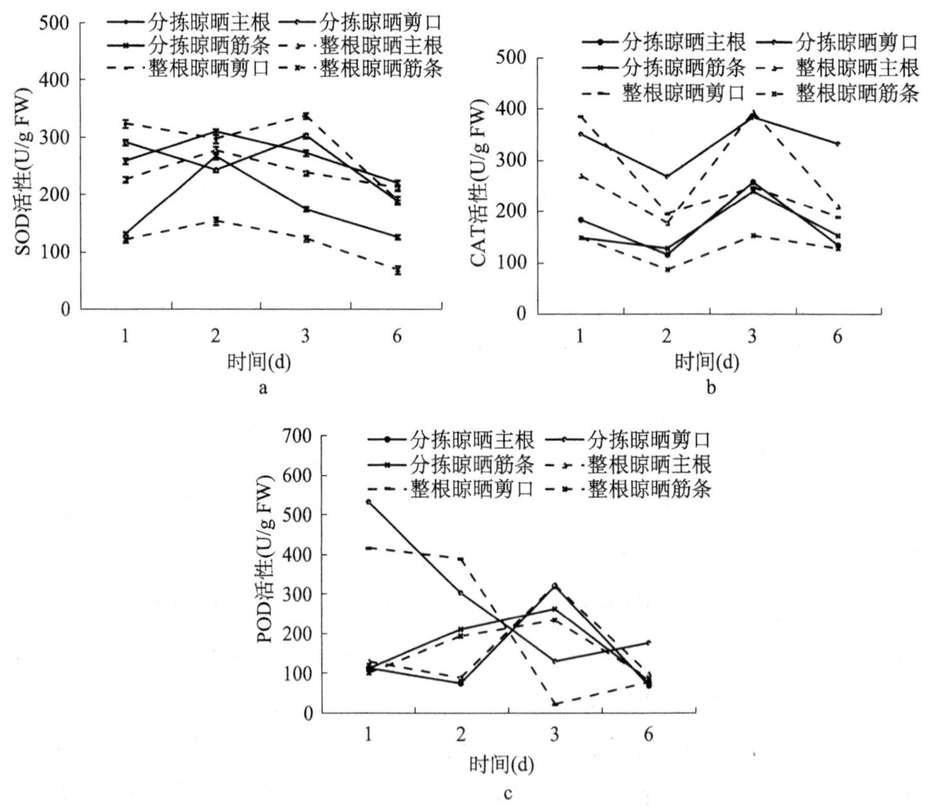

图 7.2 三七不同部位抗氧化酶活性的变化

a.SOD；b.CAT；c.POD

3. 三七不同部位淀粉酶活性的变化

分拣晾晒三七剪口、主根及筋条中 α－淀粉酶变化的趋势均为第 2d 上升，随后缓慢下降，其中筋条中 α－淀粉酶的活性变化最小，剪口的活性变化最大，第 2 d 的酶活性较第 1 d 上升了 143 %，到第 6 d 时仅为第 2 d 的 8.47 %；整根晾晒三七各部位 α－淀粉酶活性的变化趋势与分拣晾晒相同，在晾晒的前两天 α－淀粉酶活性持续上升，随后下降。剪口 α－淀粉酶的活性变化亦为整根晾晒三个部位中最显著的，其活性在晾晒第 2 d 时高达 56.68 mg/(g · min)。整根晾晒三七各部位的 α－淀粉酶活性均高于分拣晾晒（图 7.3a）。

三七各部位 β－淀粉酶的活性变化表现为分拣晾晒和整根晾晒下均在第 2 d 上升，而后随着晾晒时间的延长而逐渐降低。在晾晒六天后，剪口与筋条中 β－淀粉酶活性均降至极低，其中分拣晾晒的剪口与筋条中 β－淀粉酶均失活，整根晾晒筋条中 β－淀粉酶活性降为 0.51 mg/(g · min)，剪口中失活。主根中的 β－淀粉酶活性在晾晒第 6 d 时仍有活性，其中分拣晾晒的为 5.89 mg/(g · min)，整根晾晒的为 10.48 mg/(g · min)。虽然分拣晾晒三七的各部位在第 2 d 时其 β－淀粉酶活性大幅度上升，且高于整根晾晒三七，但随之均显著低于整根晾晒，说明整根晾晒三七具有较高的淀粉酶活性（图 7.3 b）。

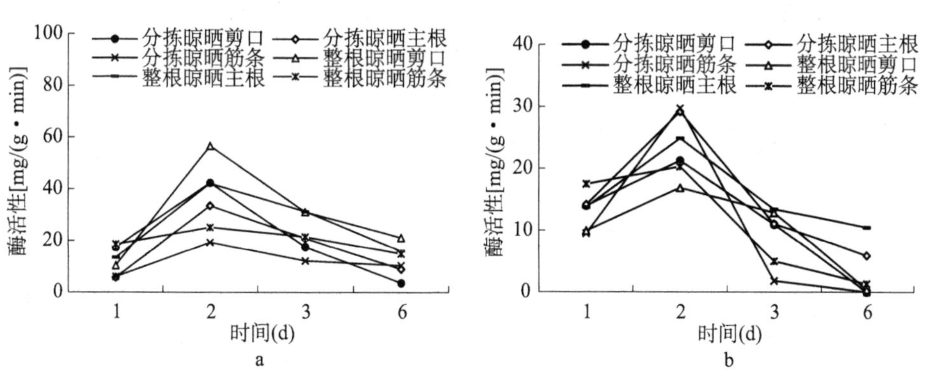

图 7.3　三七不同部位淀粉酶活性的变化

a. α－淀粉酶；b. β－淀粉酶

4. 三七不同部位多糖含量的变化

随着晾晒时间的增加，分拣晾晒和整根晾晒三七主根、筋条、剪口的可溶性糖含量呈随时间的延长而上升的趋势，且表现为主根 > 筋条 > 剪口。至三七干燥结束，分拣晾晒主根、筋条和剪口中可溶性糖分别为第 1 d 的 1.60 倍、1.61 倍、1.63 倍，整根晾晒分别为第 1 d 的 1.83 倍、2.06 倍、1.58 倍。分拣晾晒和整根晾晒下三七各部位可溶性糖含量表现为整根晾晒高于分拣晾晒（图 7.4a）。

与可溶性糖变化规律相似，分拣晾晒和整根晾晒下三七各部位还原糖含量亦随晾晒时间的延长而增加，且各部位同样表现为主根>筋条>剪口。至三七干燥结束，分拣晾晒主根、筋条和剪口中还原糖含量升幅分别为第 1 d 的 7.4 倍、6.4 倍、11.00 倍，整根晾晒分别为第 1 d 的 6.2 倍、6.7 倍、4.4 倍（图 7.4b）。由此可见，三七各部分多糖含量大小依次为主根>筋条>剪口，且可溶性糖含量>还原性糖含量，三七多糖含量随着晾晒时间的增加而上升，且还原糖增幅度远高于可溶性糖，分拣晾晒三七各部位糖含量低于整根晾晒。

α-淀粉酶和 β-淀粉酶活性表征植物体转化淀粉为糖类的效率，糖类的积累速率也真实地反映着淀粉酶的催化效率。多糖类成分也是三七重要药效物质，因此提高其含量具有重要意义。α-淀粉酶和 β-淀粉酶活性在失水胁迫条件下会有上升（0～2 d），但随着水分的散失活性会显著降低（3～6 d），可溶性糖和还原糖的含量虽持续增加，但表现为先显著上升而后缓慢上升。因此，深入探究淀粉酶活性的影响因素，延缓其活性降低速率，从而提高淀粉向糖的转化效率是提高三七药效的一个主要途径。此外，分拣晾晒三七由于受胁迫程度高，淀粉酶活性虽然在晾晒初期较高，可快速催化糖类的生成，但由于胁迫也造成了其快速失活，因而糖含量低于整根晾晒。

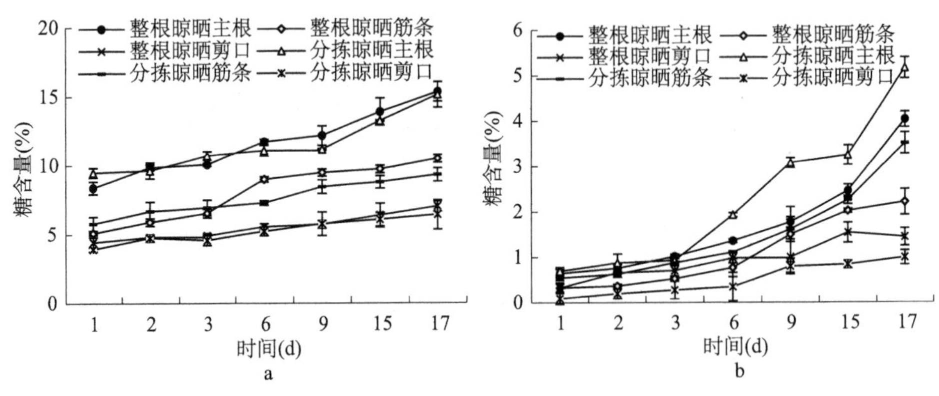

图 7.4　三七不同部位多糖含量变化

a. 可溶性糖；b. 还原糖

5. 三七不同部位皂苷含量的变化

分拣晾晒下，三七剪口、主根和筋条中各单体皂苷含量均随晾晒时间的延长而降低。主根中以 Re 降幅最大，达 86.28 %，降幅由大到小依次为 Rd（74.69 %），Rg_1（72.02%），R_1（71.87%）和 Rb_1（71.69%），5 种皂苷总损失率为 72.55%。

筋条中 R_1 降幅为 63.94 %，Rg_1 降幅最少为 47.72%，5 种皂苷降低了 54.17%。剪口中降低最多的单体皂苷为 R_1，其损失率高达 88.39 %，Re 损失率最低为 61.37%，5 种皂苷减少了 70.90%。整根晾晒三七中各皂苷含量变化也随晾晒时间的延长而降低。主根中 Re 减少最多为 83.75 %，Rg_1 降低最少为 67.62%，5 种皂苷降低了 70.25%。整根晾晒的三七筋条中 R_1 含量降低最多为 70.37%。剪口中 R_1 为降低最多的皂苷，降低了 84.17%，Re 含量降低较少，为 54.66%，5 种皂苷总和降低了 68.43%。可见，三七各部位皂苷含量均随晾晒时间的延长而降低。两种晾晒方式中，剪口中损失最多的单体皂苷均为 R_1，最少的均为 Re；主根中均为 Re 损失最多，除分拣晾晒三七筋条皂苷含量降幅低于整根晾晒外，其余各部位皂苷含量降幅均高于整根晾晒，分拣晾晒三七各部位皂苷含量亦均低于整根晾晒（表 7.8）。

表7.8　三七不同部位皂苷含量的变化

时间	部位	处理	R_1	Rg_1	Re	Rb_1	Rd	合计
1 d	剪口	分拣	0.65	13.67	0.40	13.72	3.65	32.09
		整根	0.77	13.84	0.65	14.25	3.82	33.34
	主根	分拣	0.41	11.69	0.76	12.15	3.01	28.03
		整根	0.44	13.48	0.75	13.55	3.62	31.84
	筋条	分拣	0.23	3.39	0.14	2.79	1.09	7.64
		整根	0.28	5.08	0.31	4.17	1.46	11.30
2 d	剪口	分拣	0.43	8.10	0.31	10.53	3.24	22.59
		整根	0.47	8.19	0.44	10.76	3.42	23.28
	主根	分拣	0.36	11.56	0.61	5.65	1.65	19.83
		整根	0.30	7.54	0.62	9.20	2.60	20.27
	筋条	分拣	0.17	2.93	0.12	2.66	0.96	6.84
		整根	0.20	3.60	0.18	3.34	1.03	8.35
3 d	剪口	分拣	0.30	6.39	0.22	7.50	2.28	16.70
		整根	0.35	8.05	0.37	7.03	2.24	18.05
	主根	分拣	0.18	9.44	0.16	5.60	1.26	16.64
		整根	0.30	6.45	0.31	5.85	1.93	14.83
	筋条	分拣	0.14	2.52	0.11	2.59	0.87	6.23
		整根	0.18	3.33	0.13	2.68	1.02	7.34
6 d	剪口	分拣	0.20	6.30	0.19	6.09	1.89	14.67
		整根	0.25	6.82	0.36	6.24	1.96	15.62
	主根	分拣	0.17	7.14	0.14	5.08	1.21	13.73
		整根	0.22	5.74	0.17	5.20	1.41	12.74
	筋条	分拣	0.11	2.44	0.09	2.18	0.68	5.50
		整根	0.15	2.98	0.13	2.54	0.92	6.71

续表

时间	部位	处理	R_1	Rg_1	Re	Rb_1	Rd	合计
9 d	剪口	分拣	0.16	6.09	0.18	5.91	1.62	13.96
		整根	0.17	6.74	0.31	6.10	1.72	15.04
	主根	分拣	0.14	5.23	0.11	4.86	0.98	11.32
		整根	0.19	4.97	0.16	5.04	1.28	11.64
	筋条	分拣	0.11	2.35	0.08	1.95	0.63	5.10
		整根	0.13	2.85	0.12	2.48	0.90	6.48
15 d	剪口	分拣	0.14	4.83	0.18	5.57	1.28	12.01
		整根	0.15	6.13	0.30	5.13	1.55	13.26
	主根	分拣	0.12	3.58	0.11	4.21	0.86	8.88
		整根	0.16	4.41	0.14	4.54	1.17	10.42
	筋条	分拣	0.10	2.28	0.07	1.65	0.57	4.68
		整根	0.12	2.59	0.11	1.75	0.79	5.37
17 d	剪口	分拣	0.08	3.27	0.15	4.55	1.28	9.34
		整根	0.12	4.04	0.29	4.85	1.21	10.52
	主根	分拣	0.12	3.27	0.10	3.44	0.76	7.69
		整根	0.13	4.37	0.12	3.96	0.96	9.54
	筋条	分拣	0.08	1.77	0.06	1.15	0.43	3.50
		整根	0.08	2.52	0.10	1.82	0.59	5.12

参考文献

崔秀明, 王朝梁, 贺承福. 1992. 三七地膜育苗研究. 中国中药杂志, 17(9): 526.

崔秀明, 王朝梁, 李伟, 等. 1999. 三七种子生物学特性研究. 中药材, 16(12): 3.

高明菊, 冯光泉, 曾鸿超, 等. 2010. 微波干燥对三七皂苷有效成分的影响. 中药材, 32 (2): 198.

郭徽, 杨薇, 刘英. 2014. 云南三七主根干燥特性及其功效指标评价. 农业工程学报, 30 (17): 305.

李正风, 张晓海, 刘勇, 等. 2006. 不同覆盖方式对植烟土壤温度和水分及烤烟品质的影响. 土壤肥料科学, 22(11): 224.

刘彦铎, 王昌利, 唐斌, 等. 2013. 不同干燥方法对天麻中天麻素含量的影响. 现代中医药, 33 (3): 108.

刘振丽, 宋志前, 李淑莉. 2004. 何首乌净选加工、切制和干燥方法对化学成分的影响. 中草药, 35 (4): 40.

罗群, 游春梅, 官会林. 2010. 环境因素对三七生长影响的分析. 中国西部科技, 9(9): 7.

区焕财, 毛文菊, 冯筱骁, 等. 2013. 三七热风干燥试验分析. 湖南农机, 40 (3): 28.

唐文文, 李国琴, 晋小军. 2014. 不同干燥方法对当归挥发油成分的影响. 中国实验方剂学杂志, 20 (3): 9.

王缠军, 郝明德, 折凤霞, 等. 2011. 黄土区保护性耕作对春玉米产量和土壤肥力的影响. 干旱地区农业研究, 29(4): 193.

文永盛, 万军, 周霞. 2005. 温度对人参皂苷在正丁醇中溶解性的影响. 中成药, 08: 970 ～ 971.

吴发明, 张芳芳, 李敏, 等.2015. 川麦冬产地干燥方法综合评价研究. 中药材, 38 (7): 1400.

许晨阳. 2013. 土壤电场对黏土矿物团聚体稳定性的影响. 重庆：西南大学.

赵忠华, 张晓海, 晋艳. 2011. 综合抗旱栽培技术对烤烟生长发育和产值量的影响. 中国农学通报, 27(12): 238.

周国燕, 张建军, 桑迎迎, 等. 2013. 三七真空冷冻干燥工艺研究. 中成药, 35 (11): 2525.

Liu Dahui, Xu Na, Wang Li, et al. 2014. Effects of different cleaning treatments on heavy metal removal of *Panaxnotoginseng*(Burk) F. H. Chen. Food AdditContam: Part A, 31(12): 2004 ～ 2013.

第8章

三七专用遮阳网栽培

三七为典型的喜阴植物，在栽培时需要人工搭建荫棚进行栽培，保证三七在人工环境条件下能够正常生长发育。荫棚搭建的材料、质量就成为传统三七种植中的关键技术之一。人工种植三七成功近 500 年来，直到 20 世纪 90 年代，三七的荫棚材料都采用山草、树枝、玉米杆等天然材料因地制宜建造。1993 年，云南文山三七研究所在云南省科技厅的支持下，开展了三七专用遮阳网栽培技术的研究并且取得了成功（崔秀明等，1993）。之后，通过 10 余年的推广，到 21 世纪初开始在生产中得到大面积推广应用，现在三七生产中 90% 以上的大田栽培采用了三七专用遮阳网栽培技术。

8.1　三七专用遮阳网栽培的理论依据

20 世纪 90 年代以前，由于对三七的研究不多，为了摸清三七光合作用的特点和适应性，了解其与环境条件的关系，以便在栽培中创造适宜条件，提高光合作用而达到高产的目的，刘丹等（1992）首先对三七光合作用特性进行了研究（图 8.1）。

如图 8.1 所示，三七 Pn 的光补偿点在 5.449～10.34 /（μmol · s）的光量子密度。三七的光补偿点非常低。而三七在开花期的 CO_2 补偿点为 146.1 ppm，属于 CO_2 补偿点比较高的植物。CO_2 补偿点常被用作判别光合途径的一种可靠指标（图 8.2）。

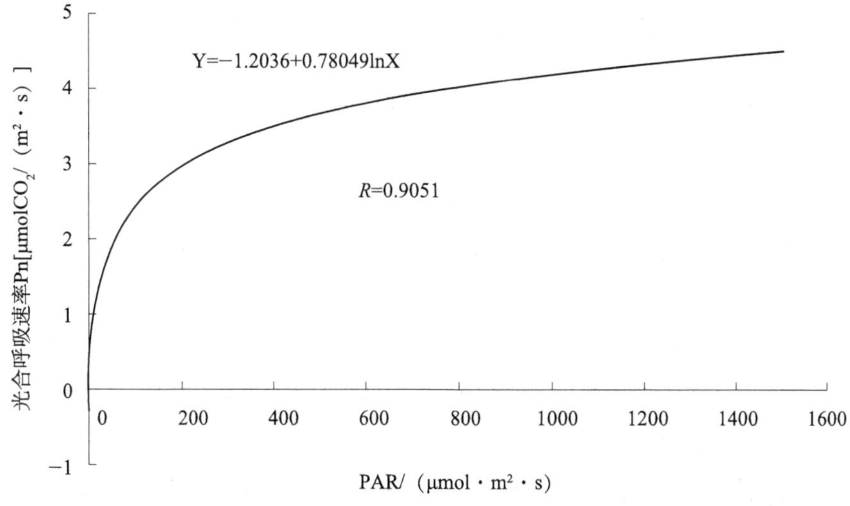

图 8.1　三七的 Pn 光反应曲线（刘丹等，1993）

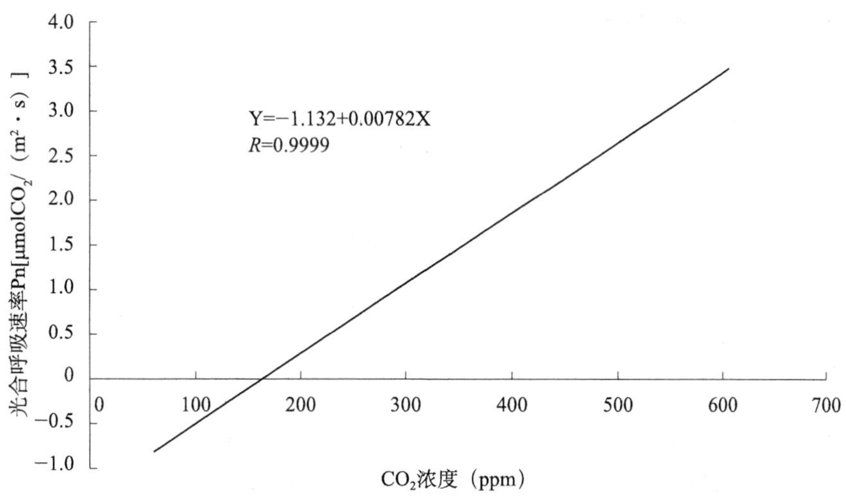

图 8.2　三七叶片 Pn 对 CO_2 浓度的反应曲线（刘丹等，1993）

阴生植物比阳生植物的光补偿点和光饱和点都低，与其内色素含量有很大的关系。从三七叶片净光合速率的低光补偿点和高 CO_2 补偿点分析，可以断定三七是比较典型的阴生 C3 植物。这一研究成果也为三七荫棚的改造和专用遮阳网的研究开发奠定了理论基础。

8.2 三七的荫棚透光度研究

传统生产经验表明，三七的生长、产量及病害发生与荫棚透光度有密切的关系。但三七的大田生产，一般都建立在传统经验之上。20 世纪 90 年代左右出版的三七书籍如《云南三七》(董弗兆等，1988)、《中国三七》(王淑琴等，1992)，都认为三七遮阳棚的透光度应该在 30% 左右；较早的资料甚至介绍需要 50% 左右的透光度三七才能正常生长（陆善旦，1986）。

20 世纪 90 年代初，崔秀明等（1993）对三七荫棚透光度进行了研究，发现不同荫棚透光度对三七产量有显著影响（表 8.1），其中 7%～17% 透光度范围内产量无明显差异，当增至 30% 时，产量明显减少。从单株产量来看，以透光度 17% 为最高，透光度 30% 为最低。存苗率则随透光度的增加而明显降低，由于三七是阴性植物，对光敏感，随着透光度的增加，存苗率下降，是导致产量下降的主要因素。当透光度增加到 30% 时，不仅群体产量显著减少，而且单株产量也明显下降。

表8.1　荫棚透光度对三七产量及存苗率的影响（崔秀明等，1993）

透光度（%）	产量（kg/m^2）	SSR		单株根重（g）	存苗数（株/m^2）	存苗率（%）	相对值
		5%	1%				
7	0.31	a	A	27.56 ± 10.27	25.83	84.93	153.22
12	0.31	a	A	25.47 ± 11.87	22.08	82.81	140.40
17	0.22	ab	A	30.60 ± 7.18	21.25	70.83	127.78
30	0.17	a	A	21.65 ± 8.05	16.53	55.43	100

注：单株根重为鲜重。

荫棚不同透光度对园内土壤温湿度及光照强度有明显影响，是影响三七田间小气候的关键因素，随着透光度的增加，5～15 cm 土壤温度亦增加（表 8.2）。

表8.2　荫棚不同透光度与土壤温度及光照强度的关系（崔秀明等，1993）

透光度（%）	土壤温度（℃）			光照强度（lx）
	5 cm	10 cm	15 cm	
7	23.41	22.76	21.77	25.60×10^2
12	23.61	22.89	21.86	42.26×10^2
17	23.88	23.05	21.90	59.46×10^2
30	24.72	23.79	22.49	105.46×10^2

注：表内数据均为日平均值。

荫棚透光度还影响三七叶片的色素含量，进而影响光合作用、蒸腾作用及气孔导度，表 8.3 的结果表明，叶绿素 a、叶绿素 b、类胡萝卜素随着透光度的增加而减少，叶绿素 a 与叶绿素 b 的比值则随透光度的增加而增加，说明光照强度增加，对叶绿素 b 的破坏程度大于叶绿素 a。随透光度增加，叶绿素与类胡萝卜素比值下降，叶色变黄。

表8.3　荫棚透光度与三七叶片色素含量的关系（mg/100g鲜重）（崔秀明等，1993）

透光度（%）	叶绿素a	叶绿素b	叶绿素a+b	类胡萝卜素	叶绿素a/叶绿素b	叶绿素/类胡萝卜素
7	201.70 ± 3.22	151.90 ± 9.55	253.60 ± 12.76	132.90 ± 6.33	1.33	2.66
12	177.70 ± 4.10	126.10 ± 6.19	312.80 ± 10.29	119.70 ± 1.10	1.40	2.53
17	126.40 ± 0.78	95.48 ± 5.55	231.90 ± 6.33	98.15 ± 2.48	1.42	2.36
30	85.00 ± 3.08	39.23 ± 0.18	124.29 ± 30.94	59.29 ± 11.69	2.17	2.10

荫棚不同透光度对三七净光合速率有明显影响（表 8.4），透光度 7% 与 12% 净光合速率差异显著，12% 与 17%、17% 与 30% 之间的差异达极显著水平。蒸腾速率和气孔导度均有随透光度增加而增加的趋势。

表8.4　不同荫棚透光率对三七光合速率、蒸腾速率、气孔导度的影响（崔秀明等，1993）

透光度（%）	净光合速率（μmol/m² · s）	SSR		蒸腾速率（μmol/m² · s）	气孔导度（μmol/m² · s）
		5%	1%		
7	0.549 0 ± 0.1072	A	A	0.000 8 ± 0.0002	0.032 9 ± 0.0071
12	0.796 6 ± 0.1248	B	A	0.001 0 ± 0.0002	0.355 0 ± 0.0060
17	0.416 0 ± 0.1801	C	B	0.000 9 ± 0.0001	0.033 3 ± 0.0014
30	0.099 ± 0.1979	D	C	0.001 0 ± 0.0002	0.058 6 ± 0.0037

荫棚透光度对三七的生长发育有着明显的影响（表 8.5），随着光照强度的增加，株高降低，叶片缩小，在透光度达 30% 时，块根的生长明显受阻，表现为块根根系发育不良，侧根数减少，块根明显呈不正常状态，地上部分则表现为叶片发黄、皱缩，叶面积明显缩小。从各处理植株生长发育状况来看，地膜覆盖栽培条件下 7%～12% 透光度表现最好，尤以 12% 透光度生长最为健壮。

表8.5　透光度对三七生长发育的影响（崔秀明等，1993）

透光度（%）	株高（cm）	茎粗（cm）	块根粗（cm）	块根长（cm）	侧根数	中叶宽（cm）	中叶长（cm）
7	21.87 ± 5.09	0.51 ± 0.08	1.95 ± 0.32	4.66 ± 1.08	12.00 ± 2.94	4.16 ± 0.43	10.88 ± 0.74
12	19.05 ± 7.53	0.46 ± 0.07	2.17 ± 0.37	4.10 ± 0.74	12.00 ± 2.43	3.77 ± 0.48	10.69 ± 2.48

续表

透光度（%）	株高（cm）	茎粗（cm）	块根粗（cm）	块根长（cm）	侧根数	中叶宽（cm）	中叶长（cm）
17	17.02 ± 3.63	0.51 ± 0.07	2.17 ± 0.31	4.75 ± 0.97	11.80 ± 2.97	3.78 ± 0.45	9.08 ± 1.04
30	15.14 ± 6.50	0.52 ± 0.10	2.01 ± 0.23	3.59 ± 0.77	10.59 ± 0.77	3.25 ± 0.06	8.29 ± 1.24

荫棚透光度对三七质量也有明显影响，在 7% 透光度条件下规格偏小，透光度增加，大规格三七比例增加，当透光度增加到 30% 时，三七规格又明显下降，说明荫棚透光度不但影响三七产量，也是影响三七商品质量的主要因素之一（表 8.6）。

表8.6　不同荫棚透光度对三七商品质量的影响（崔秀明等，1993）

透光度（%）/ 规格（头）	7		12		17		30	
	重量（g）	百分比	重量（g）	百分比	重量（g）	百分比	重量（g）	百分比
60	0	0	18.60	2.05	42.20	5.71	0	0
80	48.50	5.67	77.70	8.58	78.40	10.61	0	0
120	185.24	21.67	170.70	18.85	124.30	16.81	14.80	5.69
160	125.60	14.69	125.00	13.80	81.40	11.00	68.30	26.24
200	59.41	6.95	87.60	9.67	70.60	10.63	22.80	8.76
无数	81.20	9.50	86.40	9.54	49.40	6.18	66.40	25.51
大根	130.00	15.01	120.00	12.25	90.00	12.17	13.00	4.99
剪口	225.00	26.32	220.00	24.29	195.00	26.37	75.00	28.81
总计	854.94	100	905.60	100	731.30	100	260.30	100

注：处理 7%～17% 为 3 次重复总量，处理 30% 为 2 次重复总量。

光是植物生长的重要生态因子，对植物的生长发育起着重要的作用。特别对需要在遮荫条件下栽培的三七，荫棚透光度就成为诸生态因子中的主要制约因子。有研究指出，荫棚透光度不仅影响三七植株的正常生长发育，而且制约着如空气温湿度和土壤温湿度等田间小气候因子。因此在三七生长中，荫棚透光度的合理调整成为三七栽培技术中的一个关键技术。荫棚透光度以 7%～12% 为宜，透光度超过 17%，三七的产量就明显下降，在透光度 30% 的条件下，三七产量和质量都受到明显影响，植株生长已出现不正常状态，甚至出现死亡。初步认为，30% 透光度条件下的光照强度已超过三七对光的承受极性。因此认为三七的荫棚透光度应该在 15% 左右，根据不同的海拔及地形可以适当调整，因为自然光照强度受海拔、坡向等多种因素的影响，因而荫棚透光度也应随海拔、坡向等条件的改变而有所改变。

8.3　三七专用遮阳网栽培技术

8.3.1　遮阳网栽培对三七田间小气候和农艺性状的影响

崔秀明等（1999）经过6年的研究，按照三七的生理特点，开发出了一款三七专用遮阳网，与传统荫棚进行了对比研究。田间观察发现，两种荫棚的透光率有较大差异，遮阳网日平均透光率为8.61%（彩图13），传统荫棚为11.35%（彩图14）。遮阳网日平均光照强度为4667 lx，传统荫棚为7020 lx。遮阳网透光率和光照强度均比传统荫棚低。从透光率日变化情况看，遮阳网透光率变化不大，而传统荫棚透光率一天中却有较大幅度的变化（图8.3）。从田间三七生长情况来看，遮阳网透光和日变化更有利于三七生长。

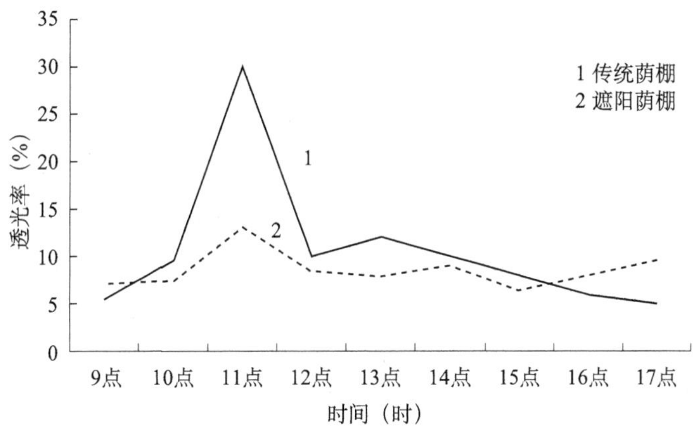

图8.3　遮阳网荫棚与传统荫棚透光率的日变化（崔秀明等，1999）

荫棚的改变对三七田间小气候会有一定影响，崔秀明等（1999）在云南砚山试验点（海拔1550 m）观测得到，遮阳网园内气温比传统荫棚提高1%～2%，距地130 cm（棚顶）气温比传统荫棚最高可相差2 ℃，但由于空气的不良导热性，在三七生长空间范围内（0～60 cm），这种差异已变得很小，甚至地表温度还略有降低。遮阳网园内的空气湿度与传统荫棚无异（表8.7）。之后又分别对不同海拔不同气候条件的文山平坝（海拔1890 m）、古木（海拔1340 m）等试验点进行观察，其结果与砚山试验点基本一致，说明遮阳网荫棚对七园内的田间小气候不会带来根本性影响。

表8.7 三七专用塑料遮阳网对七园内温湿度的影响（崔秀明等，1999）

处 理	地面温度（℃）	距地60 cm温度（℃）	距地130 cm温度（℃）	露地气温（℃）	园内空气温度（%）	露地空气温度（%）
遮阳网	21.76	25.03	26.86	26.61	87.33	81.33
传统棚	22.61	24.78	25.55	26.61	87.33	81.33

李忠义等（1999）进一步观察了遮阳网对光照强度的影响，遮阳网能明显降低光照强度，其透光率分别为6%～8.8%和11.2%～16.4%，传统遮荫棚为11.1%～24.1%，遮阳网透光度可以满足三七的生长需要（表8.8）。

表8.8 三七专用遮阳网对光照强度的影响（李忠义等，1999）

处 理	测定时间上午9点		测定时间中午13点		测定时间下午16点	
	光照强度（lx）	荫棚透光度（%）	光照强度（lx）	荫棚透光度（%）	光照强度（lx）	荫棚透光度（%）
遮阳网90%遮光度	3720	8.4	6540	8.8	2050	6.0
遮阳网85%遮光度	6560	14.8	12 190	16.4	3830	11.2
传统荫棚	5490	12.4	17 910	24.1	3800	11.1
露地	44 300		74 300		34 200	

遮阳网栽培提高了三七的出苗率和存苗率。由于透光均匀，各种病害的发病率较低，出苗率和存苗率均比传统荫棚有明显提高，分别提高4. 5%和14.75%（表8.9），而且三七田间生长情况优于传统荫棚（表8.10），小区及多点试验表明，三七专用遮阳网比传统荫棚增产可以达到17%，具有显著的增产效果（表8.11、表8.12）。

表8.9 三七专用塑料遮阳网对三七出苗和存苗的影响（崔秀明等，1999）

处理	出苗数（株）	出苗率（%）	存苗数（株）	存苗率（%）
遮阳网	83.0	80	80.0	65.0
传统棚	78.5	75.5	75.5	50.25

表8.10 三七专用塑料遮阳网对三七植株性状的影响（崔秀明等，1999）

处理	单株重量（g）	株高（cm）	茎粗（cm）	主根粗（cm）	主根长（cm）	中叶面积（cm^2）
遮阳网	11.43	35.88	0.61	2.81	3.65	29.32
传统棚	11.76	31.34	0.61	2.54	3.82	24.24

表8.11 三七专用塑料遮阳网对三七产量的影响（崔秀明等，1999）

处理	各重复小区产量（kg）				平均值	SSR	
	1	2	3	4		0.05	0.01
遮阳网	0.53	0.49	0.47	0.52	0.50	A	a
传统棚	0.49	0.40	0.39	0.38	0.42	B	a

表8.12　三七专用塑料遮阳网多点试验观察结果（崔秀明等，1999）

试验地点	海拔（m）	存苗率（%）		地下部分小区产量（kg）		增产（%）	果实小区产量（kg）		增产（%）
		遮阳网	传统棚	遮阳网	传统棚		遮阳网	传统棚	
平坝	1890	65.80	56.00	1.07	0.86	24.42	—	—	
小街	1810	72.70	66.40	0.97	0.90	7.78	—	—	
老回龙	1935	61.30	54.00	0.84	0.75	12.00	—	—	
古木	1340	82.80	53.30	0.52	0.46	13.04	0.55	0.38	44.24
西洒	1430	74.60	50.00	0.36	0.25	44.00	0.45	0.30	40.00
平均	1681	71.44	55.94	0.75	0.64	17.00	0.50	0.34	43.36

注：平坝、小街、老回龙等高海拔地区，因气温较低，生殖生长不良，故不留种。

8.3.2　经济效益分析

按多点试验测产平均的结果，遮阳网荫棚栽培每亩比传统荫棚栽培增加三七干产量 26 kg，按当时每公斤平均 80 元（2015 年 200 元）计算，每亩可增加产值 2080 元。此外，遮阳网荫棚可连续使用 4 年（两个生产周期）以上，每亩可比传统荫棚减少生产投入 500～800 元。两项合计，使用遮阳网荫棚栽培三七，可亩增效益 2500 元以上。

8.3.3　三七专用遮阳网栽培的优点

1）遮阳网荫棚仅需使用少数木桩（为传统棚的 50%），可大大减少因发展三七生产对森林资源的破坏。

2）遮阳网还具十分明显的防火作用，大大减少传统荫棚火灾隐患大的缺点，种植三七安全性得到大幅提高（彩图 15）。

3）可有效减少病虫危害，减少农药施用量，提高三七产品质量（彩图 16）。

4）采用 2～3 层遮阳网设计，可有效解决随三七生产季节不同而调整不同的透光率，明显提高三七产量（彩图 17）。

8.4　推广应用情况

通过三七专用遮阳网开发研究、并于 2004 年开始在三七生产上示范推广，推广应用范围已覆盖到文山州三七种植区域及文山周边三七种植区。示范推广面积逐年扩大，覆盖率从2004年的34.62%扩大到2011年的90%以上，累计推广应用面积达到27 033.8万公顷。经各年多点测产验收，应用推广区鲜三七加权平均单产为512.93 kg/667m^2，比对照单产479.24 kg/亩增产33.69 kg，增产7.03%；应用推广区三七种籽加权平均单产135.31kg/亩，比对照单产116.25 kg/亩增产19.06 kg，增产16.40%；三七地下块茎新增产值84 769.11万元；示范区种子新增产值273 505.33万元，合计新增产值358 274.44万元。合计新增生产费24 692.656万元，合计新增纯收入333 417.714万元，科研费投入为378.1万元。科技投资收益率达到1∶882.26，七农得益率为1∶13.51。随生产应用时间的延长，还将产生更大的经济效益、社会效益和生态效益。

参考文献

崔秀明，李忠义，王朝梁，等. 1999. 三七专用塑料遮阳网的栽培技术. 中国中药杂志，24（2）：80～82.

崔秀明，刘丹，王朝梁，等. 1993. 三七荫棚透光度初步研究. 中药材，16（3）：3～6.

董弗兆，刘祖武，乐丽涛. 1988. 云南三七. 昆明：云南科学出版社.

李忠义，陈中坚，任加喜. 1999. 遮阳网栽培三七的田间小气候研究. 人参研究，11（4）：6～7.

刘丹，崔秀明，王朝梁. 1992. 三七光合特征的初步研究. 西南农业学报，5（2）：41～43.

王淑琴，于洪军，官廷荆. 1993. 中国三七. 昆明：云南民族出版社.

第9章

三七仿生栽培

三七本身属于大自然的产物，原本就生长在原始森林之中。约 500 年前，人类为了治疗疾病的需要，在野生三七资源供不应求的情况下，开始了人工种植。目前市场上销售的三七，都是人工栽培的产品。随着人民生活水平的提高，天然绿色产品越来越受人们的青睐。三七回归大自然，开展林下栽培及仿野生种植开始成为三七种植的一个发展方向，也是未来生产高档三七产品的一种选择，是可以真正实现有机栽培的方式。

9.1　我国中药材仿生栽培的现状

9.1.1　林下栽培及仿生栽培的概念

1. 林下栽培

林下栽培（cultivation under forest）是指人工将作物播种到乔木、灌木、杂草组成的针阔叶混交的森林中，无人工干预，纯自然生长的一种栽培方式。充分利用森林高中低三层树种形成的自然屏障，既能遮挡强光，又能在散射光中进行光合作用。一般用于阴生植物的栽培，多用于经济价值较高的药用植物，如人参、天麻等。

2. 仿生栽培

仿生栽培（bionic cultivation）是指利用田间工程技术模仿生物结构和功能进行再创造（陈士林等，2006），模仿生物自然规律栽培植物的方法。现代农业在模仿工业的基础上，发展到模仿生物的自然规律。如根据果树发育阶段多、周期长、对生态要求高等进行集约栽培；模拟野生果林的结构和组成，进行密植、综合经营、加厚耕作层、覆盖免耕、综合防治病虫害；模拟生态系统物质循环，合理增施化肥、有机肥、生理活性物质及二氧化碳肥；根据植物异株克生进行合理间作、轮作、套作；以此克服短期行为造成的灾难，改善生态和生理状况，进一步提高栽培效益。

3. 生态仿生栽培

生态仿生栽培是仿生栽培的一种形式，指按模拟作物与外界环境的相互关系进行栽培。每一种作物都有其最适宜的生长发育环境，适地适作、土壤改良和设施栽培等即是一种生态仿生栽培。例如，模拟降水进行喷灌；模拟果树下层自然发育更新，进行荫棚育苗；模拟种子越冬进行低温处理或沙藏；利用大棚、温室、人工气候室创造较合适的气候条件进行保护地栽培；模拟土壤团粒结构和功能，施用土壤团粒结构促进剂，或进行沙土掺黏或黏土掺沙；模拟土壤胶体成分和功能，增施有机质或土壤吸水剂等。

9.1.2 中药材仿生栽培的概念

中药材仿生栽培是指根据药用植物生长发育习性及其对生态环境的要求，吸取传统农业的精华，运用系统工程方法再现药用植物与外界环境的关系，来进行的中药材集约化生产与管理。中药材仿生栽培的目标是根据药用植物生理和生态特性，主要从田间生态工程技术着手，采用现代农业生产技术，在不违背自然规律的基础上，通过仿生栽培，优化生态环境，改善药用植物的生理状况，促进生产系统物质和能量的转化，以提高生产力，达到最佳效果，并以此克服一些气象灾害，减轻中药材栽培上的短期行为对药材生长所造成的影响，保证药材的质量和产量，使药材的品质和疗效达到或接近野生药材的水平，从而显著提高生产效益，实现中药资源的可持续利用和中药农业的持续稳定发展（刘大会等，2009）。

9.1.3　中药材仿生栽培的基本特征

中药材仿生栽培是一种生态种植模式，同传统中药材生产相比，中药材仿生栽培具有地域性、安全性和效益性等基本特征。

1. 地域性

中药材仿生栽培的地域性在生产中主要表现为中药材的“道地性”。中药材生产讲求“道地性”，“道地药材”才是货真质优的药材。道地药材就是指在特定自然条件、生态环境的地域内所产的药材，且生产较为集中，栽培技术、采收加工也都有一定的讲究，以致较同种药材在其他地区所产者品质佳、疗效好、为世所公认而久负盛名者称之（谢宗万等，1990）。适生地的选择是中药材仿生栽培成功最重要的一个因子。“诸药所生，皆有其界”，中药材中的“道地”观念贯穿于中药材生产的全过程，道地产地是公认的药材优生地（黄璐琦等，2003）。因此，中药材仿生栽培必须选择在道地产区或与道地产区生态特征近似的地区，并且生产较为集中，采收加工技术比较讲究，有一定栽培技术基础的地区进行栽培。只有对一个地区的这些特性进行全面的调查和分析以后，考虑到自然条件的适合性、技术条件的可行性和社会与经济条件的合理性，因地制宜，才能建立起最佳的中药材仿生栽培方式。

2. 安全性

这主要包括五个方面：①进行中药材仿生栽培的基地选择在大气、水质、土壤无污染地区，其周围一定范围内没有各种污染源，并远离工矿业生产区、大城市、主要交通干线等区域，以保证中药材生产具有良好的生态环境质量。②进行中药材仿生栽培时，主要通过施用有机肥来提高土壤肥力，改善土壤结构，减少化肥施用量；并通过物理和生物防治方法来防治病虫、杂草，减少农药和除草剂的使用，从而避免药材受重金属、农药残留和微生物等有毒成分污染。③进行中药材仿生栽培时，通过优化生态环境，调节药用植物的生理状况，促进其有效成分形成，从而使药材的品质和疗效达到或接近野生药材的水平，保证了临床用药的安全有效。④实行中药材仿生栽培可保持基地药材生产力不易受外界因素变动而频繁变化，保证药材质量和产量的稳定，从而促进中药临床用药的稳定性。⑤实行中药材仿生栽培是清洁生产，减少人为活动对生态环境的破坏，促进生态系统的良性循环，保证了生态环境的安全。

3. 效益性

首先，实行中药材仿生栽培可为中药产业发展提供优质的原材料，使中药材生产比其他产业有更高的经济效益或是地方产业的重要补充或产业链环节，成为中药材种植产区的重要经济支柱，并在一定程度上带动了当地旅游、出口创汇等行业的发展，经济效益显著。其次，中药材仿生栽培是一种生态种植模式，它是在遵循自然规律和经济规律的前提下，全面规划，整体协调生产系统内部各生产要素之间的平衡，注重生产系统结构的优化、能量物质高效率运转和输入输出平衡，并通过各项生态效率的提高，克服了系统功能的失调、阻滞、内耗与浪费现象，实现中药材生产的优质、高效、低耗和良性循环，促进了中药资源的可持续利用，生态效益显著。另外，实行中药材仿生栽培有利于中药材道地产区地方农业产业结构的调整，有利于农民脱贫致富和农村劳动力再利用，有利于道地产区传统文化和产业的继承与发展，因而社会效益也非常显著。即中药材仿生栽培注重社会、经济和环境的整体同步可持续发展，即在保证环境不遭破坏和自然资源永续利用的基础上，使中药材生产能得到健康、稳步、协调的发展，最终实现生态、社会和经济三效益的统一。

9.1.4 中药材仿生栽培的基本生产原理

1. 整体效应原理

仿生学的基本研究方法使它在生物学的研究中表现出一个突出的特点，就是整体性（邓爱华，2004；杜家纬，2004）。从仿生学的整体来看，它把生物看成是一个能与内外环境进行联系和控制的复杂系统。它的任务就是研究复杂系统内各部分之间的相互关系及整个系统的行为和状态。生物最基本的特征就是生物的自我更新和自我复制，它们与外界的联系是密不可分的。生物从环境中获得物质和能量，才能进行生长和繁殖；生物从环境中接受信息，不断地调整和综合，才能适应和进化。长期的进化过程使生物获得结构和功能的统一，局部与整体的协调与统一。中药材仿生栽培就是要研究中药材生物体与外界刺激（生态环境）之间的定量关系，从而对整个栽培生产系统的结构进行优化设计，利用系统各组分之间的相互作用及反馈机制进行调控，使总体功能得到最大发挥，从而提高整个生产系统的生产力及其稳定性。即着重于数量关系的统一性，才能进行模拟。为达到此目的，采用任何局部的方法都不能获得满意的效果。因此，中药材仿生栽培必须着重于整体效应。

2. 生态位原理

生态位（ecological niche）是指有机体在它的环境中所处的位置，包括它发现的各种条件、所利用的资源和在那里的时间（A 麦肯齐等，2009）。每个物种都有自己独特的生态位，借以跟其他物种做出区别。在自然条件下，各种生物种群在生态系统中都有理想的生态位，随着生态演替的进行，生物种群数目的增多，生态位丰富并逐渐达到饱和，有利于系统的稳定。而在中药材栽培基地的生态系统中，由于人为措施，其田间生物种群单一，存在许多空白生态位，容易使杂草、病虫及有害生物侵入占据，因此需要人为填补和调整。中药材仿生栽培就是要利用生态位原理，使田间生产系统中生态位充实和功能高效，从而增强栽培系稳定性，提高整个生产系统的生产力。这包括两方面，一方面在中药材田间生产系统中要把中药材适宜的伴生生物（包括植物、动物和微生物）引入到生态系统，以填补空白生态位；另一方面是尽量在中药材田间生产系统中使不同物种占据不同的生态位，防止生态位重叠造成的竞争互克，使各种生物相安而居，各占自己特有的生态位，如立体种植、种养结合等。

3. 生态幅原理

美国生态学家谢尔福德于 1913 年提出耐受性定律（law of tolerance），即任何一种生态因子对每一种生物都有一个耐受性范围，范围有最大限度和最小限度（或称“阈值”），如果当一个或几个生态因子的质或量，低于或高于生物的生存所能忍受的临界限度时，生物的生长发育和繁殖就会受到限制，甚至引起死亡。其中，这种接近或超过耐性上下限的生态因子称作限制因子。且低于某种生物需要量的任何特定因子，是决定该种植物生存和分布的根本因素，即符合李比希最小因子定律。但对生物起作用的诸多因子是非等价的，其中必有 1 ～ 2 种是起主要作用的主导因子。每一个物种对各个生态因子适应范围的大小即生态幅（ecological amplitude）（曹凑贵，2006）。在生态幅中有一最适宜区，在最适宜区内生物体的生理状态最佳，生长发育良好，繁殖率最高，数量最多。但自然界中生物往往不处于最适宜环境中，这是因为生物间的相互作用（如竞争）

妨碍它们利用最适宜的环境条件。生态幅反映了生物对环境因素的适应能力，它由生物体遗传性决定，并受环境因子影响。通过自然驯化或人为驯化，生物对各生态因子的耐受性可变，使适宜生存范围向上、下限发生移动，形成新的最适度去适应环境的变化。这种驯化过程是通过生理调节实现的，即通过酶系统调整，改变了生物的代谢速率，从而扩大生物对生态因子的耐受范围，提高对环境的适应性。应当注意，这种内稳态只是扩大了生物生态幅的适应范围，并不能完全摆脱环境的限制。进行中药材仿生栽培时要充分考虑生物生态幅原理，弄清中药材生长发育和品质成分形成的限制因子，并遵循最小因子定律，不违背各种自然规律，利用各种田间工程技术调节生产系统中各生态因子在药用植物的适宜生态幅内，协调各限制因子，以促进药材的生长发育，提高药材质量和产量。药材品质的形成是基因型与环境之间相互作用的产物，可用公式表示：表型 = 基因型 + 环境饰变，其中表型是指药材可观察到的结构和功能特性的总和，包括药材性状、组织结构、有效成分含量及疗效等。大量研究证实，逆境会促进植物次生代谢产物的积累和释放。而中药材的药效成分通常都是次生代谢产生的小分子化合物，如酚类物质（黄酮、酚酸等）、生物碱、萜类等。因而，药用植物积累次生代谢产物所需的适宜生境与其生长发育的适宜生境可能并不一致，甚至相反，即药用植物生态适宜性概念与普通生物的生态适宜概念并不完全相同。为此，黄璐琦明确提出逆境能促进道地药材的形成，并进一步指出道地药材的这种“逆境效应”，可能导致其道地产区在物理空间上位于其整个分布区的边缘，并由此产生“边缘效应”（黄璐琦等，2007）。因此，在中药材仿生栽培时，还需根据药用植物有效成分次生代谢的生理生态基础，利用各种田间工程技术适当制造一些“生态逆境”来对药用植物进行人为驯化，调整其生态幅，从而促进药效成分的形成，提高药材质量。

4. 生物种群相生相克原理

任何一个生物和同种的其他个体，或和异种的个体之间，以及和所在的自然环境之间，必然有着生存竞争，就植物而言，主要是指个体之间为获得水分、养分和阳光等进行的竞争。同时，植物之间还存在着化学方面的相互作用，即化感作用（allelopathy）。一方面，自然生态系统中的多种生物种群在其长期进化过程中，形成对自然环境条件特有的适应性，并形成相互依存、相互制约的稳定平衡。但在中药材栽培时，由于人为措施造成物种相对比较单一，而大多数物种存在着专业化利用各种生物种群的相生相克现象，因此需组建合理高效的复合系统（如立体种植、间作和混作等），从而在有限的空间、时间内容纳更多的生物种，生产出更多的产品。另一方面，药用植物与其他植物的根本区别在于它们含有特定的生理活性物质，而这些物质又往往是植物的次生代谢物质，并分布在药用植物的各个器官，如根、茎、叶、花、果实、种子等，这一特点与植物能产生化感作用是一致的，所以药用植物更易产生化感物质，从而发生化感作用，而且产生的化感物质对中药材产量和质量的影响更为强烈。同时，中药材栽培上在追求药材质量的同时，可能会进一步加剧植物化感作用。中药材仿生栽培时，药用植物之间、药用植物与其他生物之间合理的种群格局是至关重要的。可采用农学上普遍运用的多熟制种植（间作、套种、混种、复种）及立体种植等种植方式，利用不同物种间的竞争互补关系来建立合理的群体结构，实现中药材高效生产的目的。同时，利用生物种间的相克作用，通过在田间种植绿肥或伴生植物，以及使用生物农药和仿生农药，可有效控制田间病、虫、草害。另外，还需运用现代生态学理论，研究中药材生产中的化感作用与连作障碍问题，采用轮作、混种、休养、晒田（夏晒、冬冻）、灌水、换土、合理施肥、接种内生真菌等物理和生物技术手段，促进药用植物的生长发育，提高药材质量和产量。

9.1.5 中药材仿野生栽培研究进展

1. 林下参栽培

林下人参栽培是最成功的仿生栽培模式。野山参价格十分昂贵，而且越来越稀少，于是人们根据野山参的生长发育习性和对生态环境的要求发明了林下培育人参的人参仿生栽培模式（金慧等，2007；李春艳等，2007；庞立杰等，2004），并制订了林下参仿生栽培的规范化生产标准操作规程（姜海平等，2007）。林下培育人参是一种高效复合生态经济系统模式，边育林边养参，缓解了参、林争地的矛盾，有效地控制和减少了伐林种参的面积，保护了森林资源，且能生产出具有野生人参特点的无污染、高价值的高档商品人参，从而缓解了高经济效益人参种植业与高生态效益的林业之间的矛盾，这种方式对于促进森林资源的可持续发展和参业生产的发展具有重要的意义。目前，我国林下参现有种植面积约 4 万平方千米，林下参产业呈现出加快发展的趋势。

2. 朝鲜淫羊藿林下仿生栽培

朝鲜淫羊藿是长白山区地道中药材之一。由于国内商品淫羊藿用量很大，连年大量采挖已导致淫羊藿野生资源锐减，商品收购降低。为保护开发野生淫羊藿资源，抚松县农业机械推广站利用林下空地资源，并采取适当的人工辅助措施，在林下模仿、创造出适宜朝鲜淫羊藿生长的自然环境条件，进行朝鲜淫羊藿人工栽培，从而摸索出一套朝鲜淫羊藿林下仿生栽培技术，使人工栽培的朝鲜淫羊藿在品质、产量、药效等方面接近或超过自然生长的野生资源（刘玉等，2006）。

3. 其他药材仿生栽培

胡小根等（2008）研究表明，通过杜英林仿生栽培及设施栽培朱砂根性价比分析，仿生栽培可降低成本达 16%～40%。

9.1.6　中药材仿野生栽培对药材品质的影响

仿生栽培能够提高有效成分含量，概述药材品质。采用仿野生栽培技术生产中药材时，由于植物生长在一个相对复杂的生物群落中，种间种内竞争加剧，有利于植物抗逆性的提高，生产出的药材性状与野生药材相似，有效成分含量达到甚至超过野生药材。采用无公害仿野生丹参生产技术规范化生产的丹参，皮色红赤如丹，药材质地坚密，皮厚木质芯细，纤维少，折断呈放射性菊花状，药效平稳而有力，其品质远超过野生和一般种植的品种（李楚源和曹金彬，2009），有效成分丹参酮ⅡA 含量高达 0.702%，丹酚酸 B 含量达 7.0%～9.0%，含量均高于现行版药典标准（马翠兰等，2011）。仿野生栽培 5～6 年的蒙古黄芪和同期同地域采收的野生黄芪相比，毛蕊异黄酮苷、芒柄花苷、黄芪皂苷Ⅰ、黄芪皂苷Ⅱ、黄芪皂苷Ⅲ的含量更高，相应的黄酮总量、皂苷总量均高于野生黄芪（胡明勋等，2012）。仿野生种植的天麻中天麻素含量达 0.14～2.28 g/kg，平均为 0.88 g/kg，比西藏波密县当地野生天麻中的含量高约 4 倍（刘涛等，2011）。仿野生栽培的刺五加叶的水提物含量、醇浸出物含量、可溶性多糖含量和总黄酮含量均接近甚至超过野生品种（曲春风等，2012）。

9.2　三七仿生栽培发展历史

9.2.1　林下栽培

三七的林下栽培最早开始于20世纪60年代末。据《中国三七》一书记载（王淑琴等，1993），红河州泸西县在1969年移栽了10余万株三七种苗到天然林下栽培，经过两年的观察，林下三七生长良好，正常开花结果，块根生长也不错。遗憾的是，当时没有产量记载。2004年，云南省文山州三七研究所崔秀明课题组在云南马关县古林箐原始森林中采用种子直播的方式，播种了200 kg三七种子，不采用任何人工干预，在大自然中任其自然生长，经过三年的观察，三七出苗良好，但由于原始森林蔽荫度高，三七生长偏弱，三年生三七尚没有人工栽培二年生三七健壮。2013年，普洱公司在昆明理工大学的指导下，在普洱开展了200亩三七林下仿野生种植的试验，2015年，新农网报道了云南省维和药业股份有限公司在大理州南涧县无量山开展三七林下种植的情况。公司于2014年12月公司在1750 m的海拔区核桃幼林地和稀疏林地内移栽三七苗360亩，通过采取加盖遮阳网等方式措施，移栽后成活率较高。第二年开花结实（彩图18）。

广西报道了在低海拔地区林下栽培三七的试验结果（姜成厚等，2012），试验地位于梧州市旺甫镇鹤垌村马尾松林地，海拔60 m左右（目前有文献报道的三七分布的最低海拔），坡度约20°，红黄壤土，pH值为5.8～6.5，总面积约222 m^2。2009年12月20日将试验林地翻耕，清除杂草，起畦开排水沟，建遮荫棚（透光率控制在8%～15%）。同年12月27日定植一年生三七种苗（定植前土壤及种苗均做灭菌处理，施放基肥），每亩定植3万株。出苗率达到了96%，全发病率均未超过1%，产量达到了168.4 kg/亩；总皂苷含量为6.5%（文献没有给出测定方法，总皂苷6.5%结果偏低，表9.1中列出的中国药典标准三七皂苷含量是指三七皂苷R_1、人参皂苷Rg_1、人参皂苷Rb_1三者之和）。这是到目前为止三七林下栽培最完整的文献报道（彩图19、表9.2）。

表9.1　广西林下栽培三七产量及质量分析结果（姜成厚等，2012）

测定项目	测定结果	中国药典标准要求（2010年版）
产量（kg/亩）	168.4	
水分含量（%）	12.2	≤14.0
总灰分（%）	2.9	≤6.0

续表

测定项目	测定结果	中国药典标准要求（2010年版）
酸不溶性灰分（%）	1.0	≤3.0
浸出物（%）	16.5	≥16.0
总皂苷（%）	6.5	≥5.0

表9.2　广西林下栽培三七有害物质含量分析（姜成厚等，2012）

测定项目	测定结果（mg/kg）	WMT1-2004标准值
铅	0.59	≤5.0
镉	0.16	≤0.3
铜	3.46	≤20.0
汞	0.06	≤0.2
六六六	0.00	≥0.1
DDT	0.002	≥0.1

从上述报道可以看出，目前三七林下种植分为两种模式，一种是完全的仿野生种植，就是人工将三七播种于自然生态环境中，之后不再采取任何人为干预措施，让三七在大自然中自然生长，这种模式产量低，生长慢，目前还没有确切的产量及成分分析的数据；另外一种方式是借助森林的遮阳条件，进行土地整理，甚至人工搭建荫棚，其他管理措施与人工大田栽培完全一致，这种模式三七产量高，产品质量达到国家药典标准应该没有问题。应该说两种模式各有所长，第一种模式种植的三七仿照东北的野山参，三七生长可能长达 10 年以上，产量也不可能高，是未来生产高端三七的一种有效方式；第二种模式与现有的大田栽培模式差异不大，但由于将三七种植于林下，可以有效减少农药施用量，也是未来三七种植发展的方向。

9.2.2　现代仿生栽培

按照前面仿生栽培的定义，实际上现在的人工栽培也是仿生栽培的一种。本章所讨论的是有别于现在人工大田栽培的仿生，也可以说是一种狭义的仿生栽培模式。现代仿生栽培出现在最近几年，是云南农业大学朱有勇院士提出，并且在生产中率先实施的一种现代设施栽培模式。

现代仿生栽培模式最早是为了解决三七常规种植带来的连作障碍问题，逐步发展成为一种集机械化技术、信息技术等现代技术为一体的自动化、现代化种植模式。这种模式的优点是：实现现代化管理，可以大大减少管理人工费用；

节约水资源；可以不施用农药，实现人工环境下的有机栽培；产品质量得到有效保障。不足之处是一次性投入大，种植成本偏高，只有有实力的企业才能承担，非一般农户能够种植（彩图 20）。

9.3　三七林下栽培技术

9.3.1　地点选择

1. 立地条件

（1）坡向、坡度

坡向以昼夜温差小的东坡、南坡为宜，以最大限度保持林分内的空气湿度达到恒定值。坡度 10°～25° 为佳。坡度太小则土壤持水量加大，通透性降低；坡度太大则土层厚度小，既不利于三七生长，又对七园管理及采挖造成困难。

（2）土壤

森林棕壤沙壤质或轻壤质，腐殖质厚度 3 cm 以上。

（3）土层厚度

30 cm 以上。

2. 森林条件

森林郁闭度 0.7 以上、树高 6 m 以上的中龄林；以天然次生阔叶林和针叶林为主。

（1）阔叶林

郁闭度 0.6～0.7 的异龄复层天然次生林，光线柔和最为适宜，单层林次之。

（2）针叶林

以云南松等树种为好，需要树林密度适宜，土壤疏松。

9.3.2　种植及田间管理

三七的林下种植与一般大田种植无显著差异，可参照第七章内容进行，本章不再阐述。为了减少农药使用量，建议三七林下种植密度比一般传统栽培要小，每亩考虑在 2 万苗左右。适当减少种植密度，可有效减少三七病害的发生，从而减少农药的施用，提高三七产品的质量。

参考文献

曹凑贵 . 2006. 生态学概论 . 第 2 版 . 北京 : 高等教育出版社 .

陈士林，肖培根 . 2006. 中药资源可持续利用导论 . 北京 : 中国医药科技出版社 .

崔秀明，雷绍武 . 2003. 三七 GAP 栽培技术 . 昆明 : 云南科技出版社 .

崔秀明，朱艳 . 2013. 三七实用栽培技术 . 福州 : 福建科学出版社 .

邓爱华 . 2004. 科学家聚焦仿生学 . 科技潮，4: 8.

杜家纬 . 2004. 生命科学与仿生学 . 生命科学，16（5）: 317.

胡明勋，陈安家，郭宝林，等 . 2012. 影响山西恒山野生蒙古黄芪质量的环境因素研究 . 中草药，43（5）: 984～989.

胡小根，雷珍，吴秋花，等 . 2008. 朱砂根仿生栽培研究 . 防护林科技，2: 12～14.

黄璐琦 . 2006. 分子生药学 . 第 2 版 . 北京 : 北京大学医学出版社 .

黄璐琦，陈关兰，肖培根 . 2004. 中药材道地性研究的现代生物学基础及模式假说 . 中国中药杂志，29（6）: 494.

黄璐琦，郭兰萍 . 2007. 环境胁迫下次生代谢产物的积累及道地药材的形成 . 中国中药杂志，32（4）:277～280.

黄璐琦，吕冬梅，郭兰萍，等 . 2003. 中药材 GAP 实施的复杂系统论——生产基地的选建 : 生态、文化和经济 . 现代中药研究与实践，17（6）: 8.

黄璐琦，张瑞贤 . 1997. “道地药材” 的生物学探讨 . 中国中药杂志，32（9）: 563.

姜成厚，林伟国，王金桥，等 . 2012. 梧州低海拔林下三七种植试验 . 南方农业学报，43（3）: 360～363.

姜海平，刘凤云，窦德强，等 . 2007. 林下山参规范化生产标准操作规程（试行）. 中国现代中药，9（10）: 34.

金慧，周经纬 . 2007. 林下参人工种植培育研究 . 人参研究，（4）: 2.

李楚源，曹金彬，赵宇，等 . 2009. 丹参药材生产基地的建设实践 . 亚太传统医药，5（10）: 3～7.

李春艳 . 2007. 林下参栽培技术 . 辽宁农业科学，（4）: 56.

刘大会，黄璐琦 ，郭兰萍，等 . 2009. 中药材仿生栽培的理论与实践 . 中国中药杂志，34（5）: 524～529.

刘涛，李春燕，陈蓉，等 . 2011. 西藏仿野生种植天麻与野生天麻中天麻素含量的对比分析 .

安徽农业科学，39（8）: 4548～4549.

刘玉，李道红 . 2006. 长白山区朝鲜淫羊藿林下仿生栽培技术 . 农业与技术，6（5）: 103.

马翠兰，吴杰 . 2011. 仿野生中药材种植初探 . 光明中医，26（9）:1929～1930.

A 麦肯齐 . 2009. 生态学（中译本）. 第 2 版 . 北京 : 科学出版社 .

庞立杰，孙涛，董宇，等 . 2004. 无公害规范化栽培林下参研究 . 人参研究，16（4）: 31～32.

秦海音，谭立平，栾京铭，等 . 2007. 林下参 GAP 种植技术规程 . 中国林副特产，（6）: 35.

曲春风，张倩，田芯，等 . 2012. 野生与仿生栽培刺五加叶浸出物中多糖与黄酮含量分析 . 浙江农业科学，1: 39～41.

王淑琴，于洪军，官廷荆 . 1992. 中国三七 . 昆明 : 云南民族出版社 .

谢宗万 . 1990. 论道地药材 . 中医杂志，10（3）: 43～46.

第10章 三七机械化栽培

农业机械是农业高新技术和现代农艺技术实施的载体，是实现农业机械化、规模化和标准化，提高土地产出率、劳动生产率、资源利用率的物质基础。三七栽培机械化可降低三七生产成本，提高劳动生产率，可实现规模化和标准化作业。针对三七栽培过程中的各个环节，本章主要介绍铧式犁、旋耕机、种子去皮机、精密播种机、喷雾机和收获机等农业机械装备与技术。

10.1 铧 式 犁

三七种植栽培的选地、整地是种植三七的重点之一,三七种植地要求非常高，它不像玉米、大豆等作物的种植。三七多栽培于山脚斜坡、土丘缓坡或人工荫棚下。在三七种植前，首先要进行选地，并提前对选好的土地进行翻耕。土壤耕作是对土壤进行耕翻和疏松，其目的是为三七的种植和生长创造良好的环境条件。耕地机械主要是铧式犁和圆盘犁，铧式犁由于其优良的翻土和覆盖性能得到最广泛的应用。

10.1.1 主要性能技术指标

铧式犁根据挂接方式的不同可分为牵引犁、悬挂犁、半悬挂犁。悬挂犁通过悬挂架与拖拉机的三点悬挂机构连接，靠拖拉机的液压提升机构升降。悬挂犁结构紧凑、机动性强，是生产中应用最广的类型。手扶拖拉机犁也都采用悬挂式，结构紧凑，重量轻。铧式犁技术指标如表 10.1 所示。

表10.1　铧式犁技术指标

项目	参数
设计耕深（mm）	270
耕深适宜范围（mm）	250～290
单犁体幅宽（mm）	350
总幅宽（mm）	1400
相邻两铧尖的纵向距离（mm）	700
犁体水平基面距犁架底的高度（mm）	500
外形尺寸（长×宽×高）（mm）	3370×1690×1570
质量（kg）	480
配套动力（kW）	58.8～73.5

10.1.2　主要结构和工作原理

1. 铧式犁的构造

铧式犁具有犁架、圆犁刀、小前犁、主犁体等主要部件。圆犁刀协助犁体切出侧面沟壁；小前铧将表层右前方的表土层和残茬杂草翻至沟底，提高覆盖性能；主犁体和圆犁刀、小前犁一起，完成对土壤的切割与翻转工作。除了以上部件外，铧式犁还可有限深轮、调节机构、安全装置、升降机构等附件（彩图21）。

（1）犁体

犁体是犁的主要工作部件，一般由犁铧、犁壁、犁侧板、犁柱、犁托等组成，通过犁柱顶部平面以带螺纹的U形卡固定在犁架主梁上，如图10.1所示。

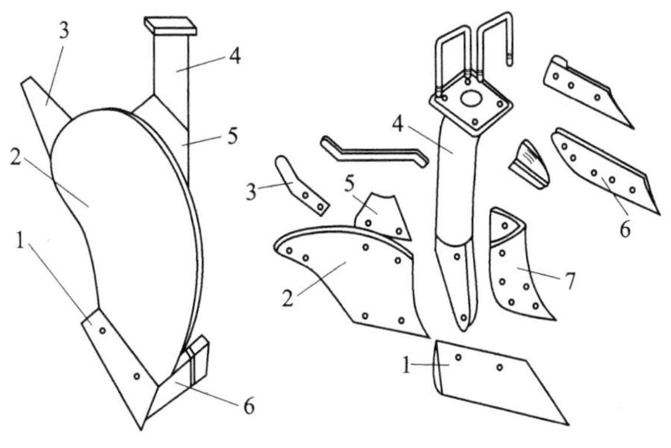

图10.1　犁体

1. 犁铧；2. 犁壁；3. 延长板；4. 犁柱；5. 滑草板；6. 犁侧板；7. 犁托

犁铧和犁壁的工作面组成犁体曲面，具有切土和翻垡的作用，从工作上来说是一个整体。由于工作时犁铧承受较大负荷，磨损较大，所以犁铧和犁壁应分开制造，以便于修理和更换犁铧。犁侧板在工作中靠在沟墙上，平衡土壤对犁的侧向力，保持耕宽稳定。犁托是一连接件，将犁铧、犁壁、犁柱等主要零件固定在一起。

1）犁铧：主要具有入土、切土的作用。常用的有凿形、梯形、三角形三种。犁铧一般采用坚硬、耐磨，即具有高强度和韧性的钢材。刃口部分须经热处理。

2）犁壁：与犁铧前缘一起组成犁胫，是犁体工作时切出侧面犁沟墙的垂直切土刃。胫刃线一般为曲线，对沟墙起挤压作用，以利于沟墙的稳定。

3）犁侧板：基本作用是平衡侧向力，因此其最常用的形式是平板式。犁侧板安装时，一般使其与沟底和沟壁成一定角度，而构成只有铧尖与犁踵接触土壤的情况，增加了犁铧刃对沟底的压力及犁胫刃对沟墙的压力，从而使犁在工作时始终有一种增大耕深与耕宽的趋势，这样犁侧板和其他触地部分才能起到稳定耕宽及耕深的作用。这两个安装角度由犁体的水平间隙和垂直间隙度量，如图 10.2 所示。

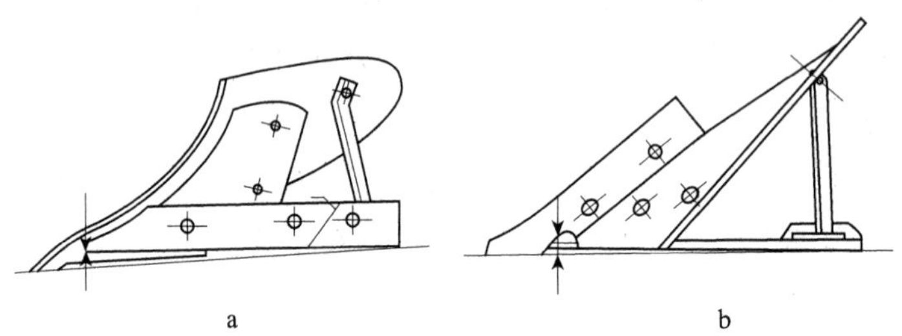

图 10.2 犁体间隙

a. 垂直间隙；b. 水平间隙

4）犁柱：连接犁体和犁架，是犁的传力部件。通常做成空心圆或椭圆直犁柱或实心扁钢弯犁柱。空心犁柱重量较轻、强度好、安装简便。

5）犁托：是一连接件，把犁铧、犁壁、犁侧板、犁柱组成犁体总成。

（2）犁刀

犁刀有直犁刀和圆盘刀两种，安装在犁体前方靠未耕地的一侧，用以垂直切开土壤，使犁体耕起的土垡整齐，耕翻后犁沟清晰，有利于提高耕地质量。最常用的犁刀是圆犁刀。

（3）小前犁

小前犁的作用是在土垡被犁体耕起前，先将靠未耕地一侧上层部分的土壤耕起并翻入犁沟内，随后由犁体耕翻的土垡将其覆盖，从而可使表层杂草大部分埋在下面。小前犁的类型有铧式、切角式、圆盘式和覆草板式四种。

（4）犁架

犁架是犁的主要部件，犁的绝大多数零部件都直接或间接地装在犁架上，因此犁架应有足够的强度来传递动力。最常见的犁架是空心矩形管焊接架。这种犁架结构简单、强度好、重量轻、制造容易，故得到广泛应用。

（5）安全装置

安全装置是当犁碰到意外的障碍时，为防止犁损坏而设置的超载保护装置。并不是所有犁都需要设置安全装置，因为这样做会增加制造成本，并且使犁的结构变得复杂。一般轻型犁、在没有障碍物的地上使用的犁都不用设置安全装置。而在多石地或开荒地上使用的犁，为保护犁体，则应设置必要的安全装置。

安全装置有整体式和单体式两类。整体式在整台犁的牵引装置上，而单体式则装在每个犁上。

1）摩擦销式安全装置：当障碍物的阻力与工作阻力之和大于销子的剪应力及纵拉板与挂钩间的摩擦力时，销子被剪断，犁与拖拉机脱开。这种装置是牵引犁上广泛采用的一种整体性安全装置，结构简单可靠。

2）单体式犁体安全装置：随着犁的耕地速度提高及工作幅度增加（犁体数增加），单一犁体超载对总体的影响减小，整体式安全装置对单个犁体的保护作用降低。因此有必要在每个犁体上装设超载安全装置。常有的有：①销钉式：当碰到障碍物引起异常载荷时，销钉被剪断，起到保护作用；②弹簧式和液力式：犁体在障碍的异常载荷作用下会克服弹簧或液力油缸的力而升起，越过障碍后，自动复位。

2. 铧式犁的工作原理

土垡的翻转过程，大致上可分为翻垡型和窜垡型两种形式。假设土垡在翻转过程中不发生变形，不破碎，始终保持矩形断面。

翻垡型犁体曲面由犁体的水平切刃和垂直切刃将土壤从水平方向和垂直方向切开，形成垡块，此垡块在犁体曲面的强迫作用下进行侧翻。垡块在侧滚翻时，第一步是绕棱角扭转至直立状态，然后再绕棱角倾倒，翻靠到前面耕出的垡块为止，地表形成瓦鳞状，从而完成侧滚翻工作过程。此种翻法，把肥沃底土翻到地面上来，而把含有残茬、病虫和结构已被破坏的表土覆盖下去，有利于恢复地力，这是铧式犁所广泛采用的一种翻土形式。

窜垡型犁体曲面在犁体把土垡切出后，土垡不是绕某一棱角滚翻，而是迅速沿犁体曲面向上窜升，并在窜升过程中逐步扭转和侧移，当土垡升到一定高度时，扭转和弯曲进一步加剧，使土垡重心离开犁体曲面，于是在重力和惯性力的作用下，逐条断裂成较短的土块，并向右前方扣翻，靠在前面翻出的土块上，呈架空状铺放。此种翻法虽然覆盖性能差一些，但对于黏重、且长期泡在水中的土壤，更有利于通风、晒垡，故在耕水田为主的铧式犁上被广泛采用。

10.1.3 安装与使用

1. 铧式犁的总装技术要求

1）铧式犁处于工作状态时，犁的总工作幅宽偏差不大于设计幅宽的 2.5%。各犁体水平基面到犁梁底面高度与设计值之差不大于 1 %。各相邻犁体铧尖沿前进方向的水平距离值与设计值之差不大于 1 %。

2）犁壁、犁铧、犁侧板与犁托应贴合紧密，犁壁和犁托的局部间隙允许上部为 6 mm，中下部为 3 mm，但连接螺栓的部位不应有间隙存在，否则应加垫消除间隙。

3）小前犁的安装高度应使其耕作深度不小于 100 mm，一般要求是主犁耕深的 1/2。

4）小前犁、圆犁刀、滑草板的安装位置应保证在最大和最小设计耕深时能正常工作。圆犁刀盘平面在犁体垂直基面未耕地侧的横向调节量不小于 30 mm。

5）铧式犁的工作和运输位置的交换，应由拖拉机液压机构来实现。犁上自带的油路系统（油缸、阀、油管及接头等）应经过耐压试验，并应有单独的耐压试验合格证。

6）有单体安全装置的犁，每个犁体在脱解力作用下应能抬起到位。

7）铧式犁非工作表面应涂漆。涂层质量，旱田铧式犁应符合 NJ/Z3 规定的普通耐候层，水田犁应符合耐水涂层的要求。工作表面只涂防锈剂。

8）铧式犁的外观质量应达到铸、锻件表面平整、无毛刺，割焊件去毛刺、残渣，周边整齐，焊缝无焊渣。

2. 铧式犁的调整

（1）犁的入土行程的调整

悬挂犁入土性能通常用入土行程来表示，如图 10.3 表示。犁的入土行程是犁耕机组工作的起始阶段，通常是指最后一个犁体从铧尖碰到地表至到达要求的耕作深度，犁所经过的水平距离。入土行程越短，表明犁的入土性能越佳。特别是对于南方丘陵山区的小块旱地及水田来说，优良的入土性能更是衡量犁的性能好坏的重要指标。

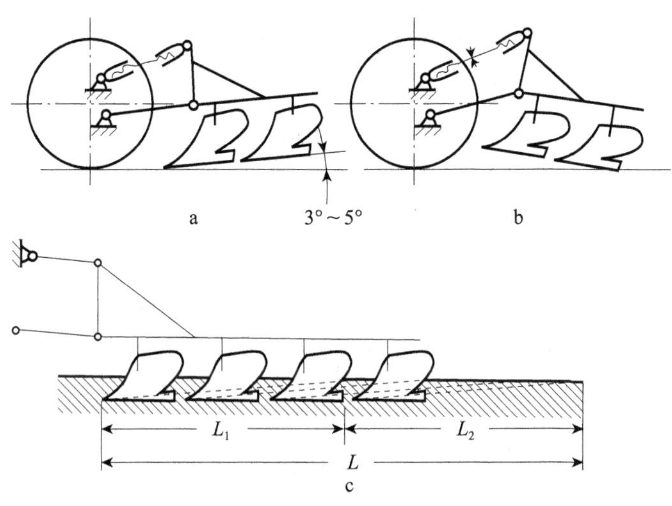

图 10.3 犁的入土角和入土行程的调整

a. 正确调整；b. 不正确调整；c. 犁的入土行程

（2）耕深调整

悬挂犁调整耕深的方法，与拖拉机液压系统的构造有关。

整体式液压系统的拖拉机，其液压系统具有力调节功能，进行耕深调节时，只要改变拖拉机力调节手柄的位置即可。将手柄向“深”的方向扳动的角度越大，则耕深就越大。把犁调节到规定的耕深后，应将手柄固定。耕地时，此液压系统能够以调好的耕深为基准，根据犁的阻力变化，自动地调节犁的升降。当遇到坚硬的土壤，阻力增大时，上拉杆受到的压力增加，传入液压系统后，液压装置便把犁稍稍升起，使耕深变浅。直至阻力降至预调值为止；反之，犁稍稍降低，耕深变深。这种耕深调节法，称为力调节法，又称阻力调节法。

分置式液压系统的拖拉机，其液压系统只具有升降犁的功能，耕地的深度，由限深轮来调节。耕地时，液压升降手柄应放在“浮动”位置上，限深轮与犁之间的相对位置改变后，犁的耕深就改变。把限深轮相对于犁架提高，耕深增加；反之，耕深减小。限深轮调节耕深时，由于它的工作部件对地表的仿形性能好，就能比较容易地保持耕深一致，但同时它又因耕深与阻力间无调节关系，拖拉机必须有较多的储备牵引力才行。这种耕深调节法，称为高度调节法。

（3）耕宽调整

犁耕时，不仅要使耕深稳定，同时还要保持耕宽的稳定。若犁架在水平面内偏斜，将会造成重耕或漏耕，并增大牵引阻力，加速犁的磨损，同时还会造成拖拉机转向困难。耕宽调整是通过调节手柄来实现的，如图 10.4 所示。调节手柄多采用偏心曲拐式，偏心角为 5°～7°。如犁产生漏耕时，耕宽增大，则可将调节手柄顺时针方向转动，便能减少漏耕；反之，逆时针方向转动，便可减少重耕。

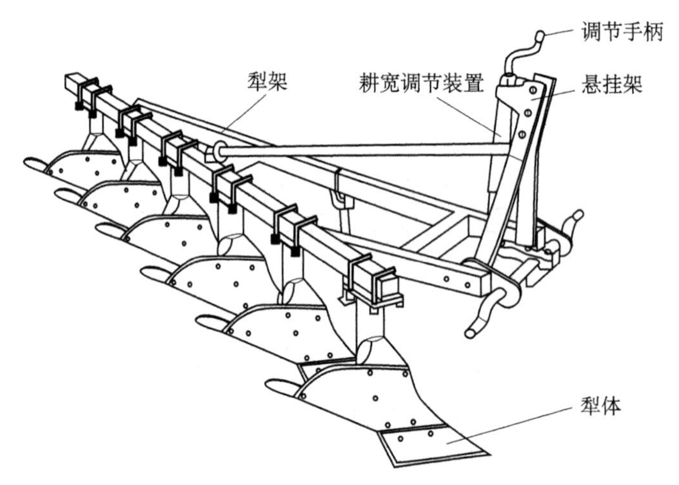

图 10.4　铧式犁耕宽调整

经上述调整，若还存在重耕或漏耕，可移动悬挂轴，改变机架相对于悬挂轴的位置。若有漏耕，悬挂轴向右移动，若有重耕，悬挂轴向左移动。移动前应先松开固定悬挂轴的 U 形卡，待移动好重新紧固。

3. 铧式犁的使用与维护

1）定期清除黏附在犁曲面、犁刀及限深轮上的泥土和缠草。

2）每次使用结束后，应检查所有螺栓固定的各零件的紧固情况，松动的螺母必须拧紧。

3）对犁刀、限深轮及调节丝杆等需要润滑处理，每天注润滑脂 1～2 次。

4）定期检查犁铧、犁壁、犁侧板等易损件的磨损情况，根据磨损情况及时修理或更换。

5）长期停放时，应将整台机器清洗干净，犁曲面应涂上防锈油，停放在无积水且地势较高的地方，并用防水布进行覆盖。有条件的地方，应将犁存放在棚下或机具库内。

6）犁在使用过程中，不能对犁进行检查和修理，需检修时，必须停车处理。

7）在使用过程中，犁上不能坐人，如果由于犁体自重不足导致的入土性能不理想时，添加的配重要紧固在犁架上。

8）犁在田地间进行运输时，都应慢速行驶，如拖拉机带悬挂犁长途运输时，应将犁升到最高位置，并将升降手柄固定好，下拉杆限位链条应收紧，以减少悬挂犁的摆动。

9）悬挂犁运输时还应缩短上拉杆，使第一铧犁尖距离地面应有 25 cm 的间隙，以防止铧尖碰坏。

4. 铧式犁的故障排除

铧式犁的故障现象和解决方案如表 10.2 所示。

表10.2　铧式犁的故障分析

故障现象	故障原因	解决方案
犁不入土	犁铧刃口过度磨损	修理或更换新犁铧
	犁自重太轻	在犁架上增加配重
	土质过硬	更换新犁铧，调节入土角和增加配重
	限深轮没有升起	将限深轮调整到适当的位置
	下拉杆限位链条拉得过紧	放松链条
	耕深过大	调整升降调节手柄或用限深轮减小耕深
	犁架因偏牵引上下移动歪斜	重新调整
耕作阻力过大	犁柱变形	校正或更换犁柱
	犁铧严重磨损	修理或更换
	犁柱或犁架变形	修理或更换
犁入土过深	液压调节系统失灵	检修调整
	上拉杆安装位置不当	重新安装及调整
重耕或漏耕	犁架因偏牵引歪斜	调节悬挂轴
	犁体前后距离安装不当	重新安装

10.2 旋 耕 机

根据三七的种植需要，三七的育苗地至少应翻耕 2～3 次，以便将各土层中的病菌及虫卵翻出土面，以减少病虫害的发生，同时也可以使土壤细碎疏松。有条件的地方，可在翻地前铺草烧土进行土壤消毒和增加肥力，或每亩施生石灰 100～200 kg 进行土壤消毒。为了能有效地切断植被并将其混合于耕作层中，也为了能使化肥、农药等在土中均匀混合，可以使用旋耕机来进行作业。旋耕机的作业质量好、工效高，在我国南北方对于不同作物都有广泛应用。

10.2.1 主要性能技术指标

旋耕机的主要性能指标如表 10.3 所示。

表10.3 旋耕机主要性能技术指标

项目	参数
耕深（mm）	≥80
传动方式	中间齿轮传动
工作幅宽（mm）	1250
刀辊最大回转半径（cm）	195
旋耕刀数量（把）	26
外形尺寸（长×宽×高）（mm）	940×1360×990
质量（kg）	194
配套动力（kW）	22

10.2.2 主要结构和工作原理

1. 旋耕机的组成

旋耕机按照耕整地的幅宽分成许多型号，小型的挂接在手扶拖拉机上，大中型的与四轮拖拉机挂接。旋耕机一般由工作部件、传动部件和辅助部件组成：工作部件由刀轴、刀片、刀座等组成；传动部件由万向节、传动箱、齿轮箱等组成；辅助部件由机架、挡土罩、平土拖板等组成，如图 10.5 所示。

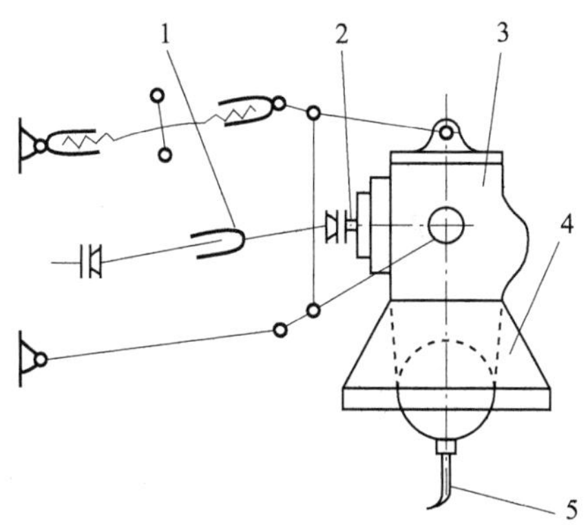

图 10.5　旋耕机的结构示意图

1. 万向传动轴；2. 动力输入轴；3. 传动箱；4. 机罩；5. 刀具

（1）工作部件

1）旋耕刀：是旋耕机的主要工作部件，刀片的形状和参数对旋耕机的工作质量、功率消耗影响很大。一般使用的旋耕刀，按结构形式分，主要有凿形刀、直角刀和弯刀三种。

旋耕刀在刀轴上的排列应遵循下述原则：①在同一个回转平面内，若配置两把以上的旋耕刀，每把刀的进距应相等，使之切土均匀。②整个刀轴回转一周的过程中，在同一相位角上，应当只有一把刀入土（受结构限制时，可以是一把左刀和一把右刀同时入土），以保证工作稳定和刀轴负荷均匀。左刀和右刀应尽量交替入土，以保证刀辊的侧向稳定。③轴向相邻的刀座（或刀盘）的间距，以不产生实际的漏耕带为原则，一般均大于单刀幅宽。④相继入土的旋耕刀的轴向距离越大越好，以免发生干扰和堵塞。⑤一般凿形刀、直角刀等按双头单向螺旋线排列，中央传动式刀辊，可分左、右段排列，以简化结构参数。

2）刀辊：由刀轴及安装在刀轴上的旋耕刀组成，有整体式和组合式两种，如图 10.6 所示。旋耕刀在刀轴上的安装有刀座和刀盘两种形式，刀座又有直线型和曲线型两种，曲线型刀座滑草性能好但制造工艺复杂。用刀座安装旋耕刀时，每个刀座只装一把刀片；用刀盘安装旋耕刀时，每个刀盘可以根据不同需要安装多把刀片。

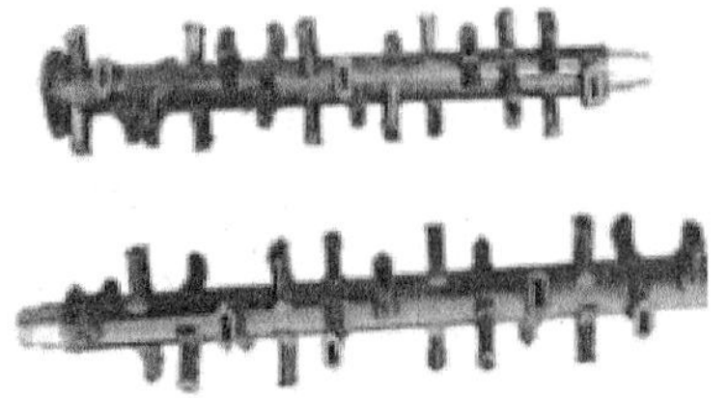

图 10.6　旋耕机的刀辊

（2）传动部件

1）传动箱：拖拉机的动力传至齿轮箱后，再经侧边传动箱或中间传动箱驱动刀轴。传动方式有侧边链轮传动、侧边齿轮传动和中间传动三种形式。链轮传动零件数目少、重量轻、结构简单，但链条易磨损断裂，使用寿命短。齿轮传动可靠性好，但加工精度高，制造复杂，成本贵。耕幅较窄的旋耕机多采用侧边传动，耕幅较宽的旋耕机则采用中间传动，但中间传动箱下部会造成漏耕，影响作业质量。为解决这个问题，可在传动箱下边装一把松土铲或采用其他防漏耕装置。

2）万向节：在悬挂式旋耕机上，拖拉机动力输出轴通过双万向节把动力传递给齿轮箱。为适应旋耕机升降及深浅调节的需要，万向节的传动轴采用能在方套管内自由伸缩的方轴。安装万向节时，应使方轴及方套管的夹叉位于同一平面内，如方向装错，易使旋耕机振动加大并损坏机件。

（3）辅助部件

1）机架：包括齿轮箱壳体，左、右主梁，侧板及侧边传动箱壳体。采用中间传动的旋耕机，左、右主梁长度相同。侧边传动的旋耕机，因侧边传动箱较重，故传递动力一侧的主梁较短，这样有利于整机平衡。主梁上还装有悬挂架，以便与拖拉机连接。

2）挡土罩及平土拖板：挡土罩弯成弧形安装在刀辊的上方，其作用是挡住旋耕刀切削土壤时抛起的土块，将其进一步破碎，并保护驾驶员的安全。平土拖板的前端铰接在挡土罩上，后端用链条连接到机架上，其离地高度可以调整。拖板的作用是增加碎土和平整地面的效果。

2. 旋耕机的工作原理

旋耕机的工作部件是直形或弯形刀片，由多把刀片按一定规律固定在刀轴上。旋耕机工作时，一面在拖拉机的牵引下前进，同时拖拉机输出的动力经传动部件驱动刀辊旋转，旋耕刀在前进和旋转过程中不断切削土壤，并将切下的土块向后抛掷与挡土罩相撞击，使土块进一步碰碎后落到地面，并利用平土拖板将地面刮平达到碎土充分，地表平整。

10.2.3 安装与使用

1. 旋耕机的安装

旋耕机通过传动轴与拖拉机的输出轴连接来驱动旋耕刀片。在进行连接悬挂时，应先切断拖拉机动力输出轴动力，取下输出轴罩盖。要在旋耕机上装好万向节、安全销，同时在拖拉机上装好另一个万向节，在拖拉机下悬挂提升到与旋耕机悬挂销同样高度时倒车，倒车时安装传动轴、挂上下悬挂、按上锁销、按好上悬挂。从而，完成旋耕机的挂接。

2. 旋耕机的调整

旋耕机连接检查后，为了使其耕深、碎土和平土符合农业要求，还要进行调整。

（1）耕深的调整

一般来说，旋耕机工作深度不应小于 10 cm。与手扶拖拉机配套的旋耕机，通过改变尾轮高度，调整耕地深度，调整时转动调节手柄即可。与轮式拖拉机配套的旋耕机，耕深由液压系统控制，调整耕深以前，先调整拖拉机上拉杆的长度，直到旋耕机与传动轴基本在一个平面为止，再调整液压油缸活塞杆上的卸位器，设置旋耕机的入土深度。

（2）水平的调整

1）左右水平调整：将带有旋耕机的拖拉机停在平坦地面上，降低旋耕机，使刀片距离地面 5 cm，观察左右刀尖离地高度是否一致，以保证作业中刀轴水平一致，耕深均匀。若不一致，则调节右悬挂杆的高度，使旋耕机刀尖离地高度一致，以保证左、右耕深一致。

2）前后水平调整：将旋耕机降到需要的耕深时，观察万向节夹角与旋耕机一轴是否接近水平位置。若万向节夹角过大，可调整上拉杆，使旋耕机处于水平位置。

（3）提升高度调整

旋耕作业中，万向节夹角不允许大于 10°，地头转弯时也不准大于 30°。因此，旋耕机的提升，对于使用位调节的可用螺钉在手柄适当位置拧限位；使用高度调节的，提升时要特别注意，如需要再升高旋耕机，应切除万向节的动力。万向节向上的倾角如超过 30°会增加万向节的功率损耗，也容易损坏万向节，如地头转弯时，如果先切断旋耕机的动力再提升将影响工作效率，所以需要在传动中提升旋耕机，但必须限制提升高度，一般提升到刀尖离地 15～20 cm 为好。

（4）刀片的调整

根据不同的耕作要求，刀片的安装调整方法有三种：

1）混合安装：旋耕刀的安装一般采用最常用的混合安装。混合安装就是指在同一个平面上各安装一把左右的弯刀，刀外轴两外端的刀片全向里弯，使土块不抛向两侧，耕后进行土地平整和耙平。

2）向外安装：刀轴两外端的刀片向里弯，中间的刀片都向外弯称为向外安装。向外安装耕后土块抛向两侧形成一条浅沟，适于拆畦作业，如图 10.7 所示。

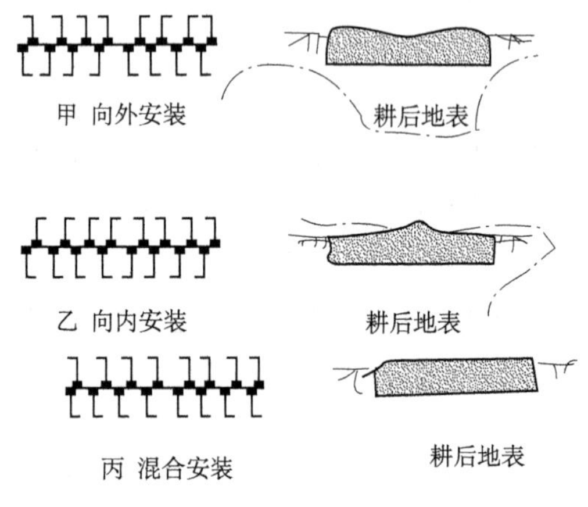

图 10.7 刀片的安装

3）向内安装：刀片都向刀轴中间弯，耕后中间齐隆，适于作畦前的耕作也可使机组跨沟作业，起天沟作用。注意：重新排列刀片时，刀片刃口应与刀轴转动方向一致，否则旋耕机在工作中会发生抖动，严重时会损坏机件。

3. 旋耕机的使用操作

1）拖拉机起步时，旋耕机应处于提升状态，刀尖离地 20 cm，不必过高。

结合动力装置输出轴运转时，观察各传动部位有无异常现象。待旋耕机达到预定转速后，放松离合器，拖拉机缓慢起步，同时操作液压升降调节手柄，使旋耕机缓慢降下，逐渐入土，直到达到耕深为止。

2）在作业中，应尽量低速慢行，这样既可保证作业质量，又可减轻机件的磨损。耕作时前进的速度，旱田以每小时2～3 km为宜，在已耕翻或耙过的地里以7 km/h为宜，前进速度不可过快，以防止拖拉机超负荷，损坏动力输出轴。旋耕机工作时，拖拉机轮要位于旋耕机轮工作幅宽以内，走在未耕地上，以免压实已耕过的田地。

3）旋耕机入土后，严禁中途转弯，地头转弯时应将旋耕机提升出土，距地20 cm即可，以避免刀片变形、断裂，并适当降低发动机转速。注意在田间地头转弯时，即使旋耕机在升起状态，也禁止拖拉机原地急转弯，避免箱体连接部位损坏。

4）在倒车、过田埂和转移地块时，应将旋耕机提升到最高位置，并切断动力，以免损坏机件。如向远处转移，要用锁定装置将旋耕机固定好。旋耕刀入土后严禁倒退，工作中若需倒车，必须提升旋耕机，避免拖板倒卷入土，与刀片相撞，造成损坏。

4. 旋耕机的维护保养

1）检查旋耕机时必须先切断动力，维修和保养旋耕机时，必须将拖拉机熄火。

2）定时检查刀片有无折断、丢失、有无严重磨损或变形，必要时进行更换。

3）检查刀轴两侧油封有无损坏及轴承的磨损情况，必要时拆开清洗、添加润滑油或更换轴承，清理刀轴及机罩上台的残草、积泥和油污。

4）拖拉机通过沟渠、田埂时，应先切断旋耕机动力使旋耕机停转，并低速直线通过，沟渠一般应添高、较高的田埂应削低平通过，以防拖拉机通过时后部上台而打伤人。

5）耕作时，如果清除缠草，紧固螺母或排除故障，必须先切断旋耕机动力，停车熄火后再进行。

6）每季工作结束后，应彻底清洗机体和传动箱，然后加入新润滑油，清洗轴承，检查油封，检查刀片并涂上黄油或废机油防锈，如长期停放则应停在室内。

7）应在每天工作结束后，向十字轴处加注润滑脂，定期检查万向节十字轴是否因滚针磨损而松动，或因泥土转动不灵活，必要时拆开清洗并重新加满润滑脂等。

5. 常见故障及排除

1）旋耕机负荷过大：常因耕作过深或土壤黏重、过硬造成，可减少耕深、降低机组前进速度和犁刀的转数。

2）旋耕机工作时跳动：这是由于土壤坚硬或刀片安装不正常引起的，可降低机组前进速度和刀片转速，并正确安装刀片。

3）旋耕机间断抛出大土块：这是由于刀片弯曲变形、折断、丢失或严重磨损引起，可校正或更换刀片。

4）犁刀变速箱有杂声：常见的原因有安装时有异物落入变速箱或轴承、齿轮牙齿严重损坏，需设法取出异物或更换损坏的轴承或齿轮。

5）旋耕机工作时有金属敲击声：主要原因有传动链条过松后与传动箱体碰擦，犁刀轴两端刀片、左支臂或传动箱体变形后相互碰撞或刀片固定螺钉松脱等，可检查调整传动链长紧度，校正或更换严重变形零件，拧紧松脱螺钉。

6）旋耕机犁刀轴转不动：这是由于齿轮或轴承咬死、左支臂或传动箱体变形、犁刀轴弯曲变形、传动链条折断或犁刀轴缠草堵泥严重等原因所造成的，可校正、修复、更换严重变形损坏的零件，清除缠草积泥。

10.3 种子去皮机

种子去皮机，顾名思义，目的是将三七果实进行去皮、果皮的回收、水的回收使用。种子去皮机首先人工地将采摘后的三七果实进行去蒂处理，得到均匀饱满的红籽，然后对三七果实进行去皮，去皮后将种皮与种子进行分离。三七去皮的机械化不仅大大降低了去皮所耗费的时间和人工成本，同时保证了去皮的质量。

10.3.1 主要性能技术指标

种子去皮机的主要性能技术指标如表 10.4 所示。

表10.4 种子去皮机的主要性能技术指标

项目	参数
外形尺寸（长×宽×高）（mm）	50×30×80
主轴转速（r/min）	80～320
破损率（%）	0.9%
去皮率（%）	99.1%
配套动力（kW）	1.5
生产效率（kg/h）	16

10.3.2 主要结构和工作原理

去皮机的主要结构包括动力系统、传动系统和去皮系统，如彩图 22 所示。

1. 动力系统

去皮机的动力由电机提供。选用 Y180L–4 型电机，满载电机转速为 1460 r/min。该电机为封闭式电机。封闭式电机的防护设施较好，可以防止灰尘、铁屑或其他杂物进入到电机内部。电机配有变频，通过变频器来控制电机的转速，以调节搅拌轴的转速，来控制去皮的速度。

2. 传动系统

传动系统包括齿轮、链轮，都安装于机架上，主要为去皮工序提供动力。因三七去皮机工作环境较为恶劣，工作时需要使用水，因此工作环境会非常潮湿，采用了链传动与齿轮传动相结合的方式来设计整个传动装置，在机器的动力输入端采用链传动，可以保证精确的平均传动比。电机到动力输入采用了齿轮传动，动力通过齿轮降速传递到机器工作部件上，有效地保证了传动比。

3. 去皮系统

去皮系统包括入料口、去皮箱体、搅拌轴，如图 10.8 所示。去皮箱体内设有搅拌轴，其伸出去皮箱体的一端与齿轮连接，带动搅拌轴旋转，使三七果实在内部相互挤压、红籽与箱体的接触摩擦及三七果实与搅拌轴的旋转作用下进行去皮。去皮部件内部结构如图 10.8 所示。

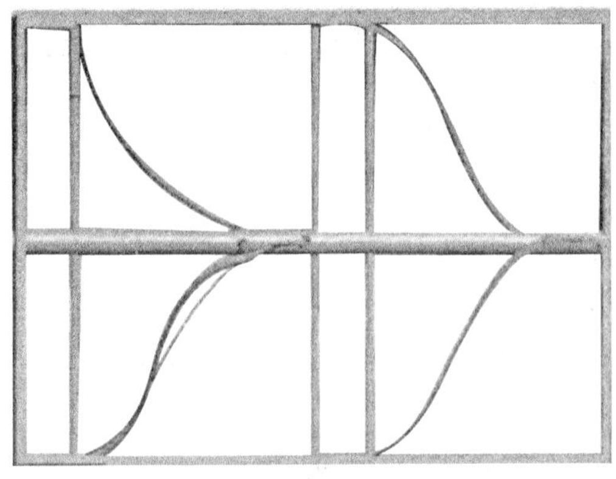

图 10.8　去皮部件内部结构

（1）搅拌轴

机器中加入搅拌轴，从而增加了物料与物料、去皮箱体之间的摩擦次数，从而提高了物料的去皮率。搅拌轴中有四个带有弧度的部分，其弧度为 π/6。搅拌轴如图 10.9 所示。

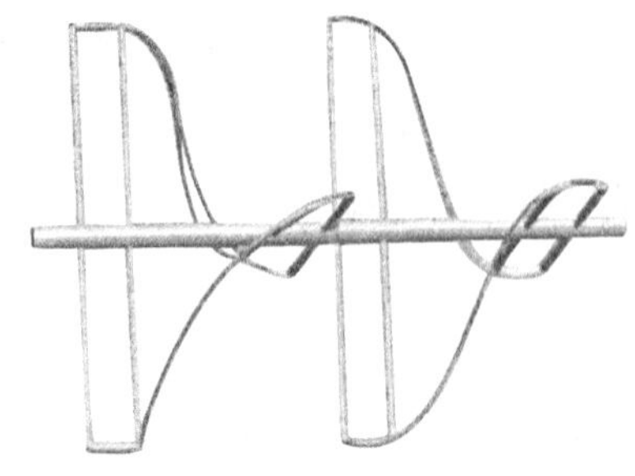

图 10.9　搅拌轴

（2）去皮箱体

三七果实加工中，红籽被去皮后，种子需经过处理后进行播种。如果三七果实去皮过程中受到损伤，播种之后，不但影响发芽率，长大后的植株也不会健壮。因此为了提高去皮率降低伤碎率，去皮箱体采用下方带有弧度的倾斜式，这样有助于降低种子损伤，上部采用矩形加高防止轴转速过高时种子被甩出。去皮箱体还设有筛孔，以便达到种皮与水被排出箱体外的目的。为保证去皮过程中三七种子不会从箱体筛孔处漏出，筛孔的宽度尺寸要小于种子的最小尺寸。确定筛孔尺寸为 40 mm × 4 mm。

（3）三七去皮机的工作原理

首先给水槽中加满水，接通电源，让箱体上部喷水，使其先开始工作，再通过入料口加满三七种子，启动电机，通过链轮传动电机的动力，在齿轮的作用下，主轴带动搅拌轴旋转工作，三七果实在内部相互挤压、红巧与箱体的接触摩擦及三七果实与搅拌轴的旋转作用下达到去皮目的，在此过程中，去皮箱体上部抽水管一直喷出高压水柱，与种子分离的果皮在水柱的冲刷作用下，与水一起通过筛状仓底的筛孔流至出去皮箱体，工作 14～16 min 后去皮完成，关闭电机电源，通过人工将脱皮箱体中干净的种子倒出。三七种子去皮机箱体工作状态如彩图 23 所示。

机器通过去皮种箱内三七果实之间相互挤压作用、红籽与箱体内壁的接触摩擦及与搅拌轴的旋转作用来脱去种皮，机器去皮速度快，同时去皮箱体容积大，一次能够完成去皮的种子多。三七去皮机工作效率高、设备成本低廉、结构简单、操作简便，大大降低了去皮所消耗的时间和人工成本，同时保证了去皮的质量，去皮彻底。

（4）三七去皮机的特点

①所用材料符合 HACCP 要求；②搅拌轴采用特殊热处理，经久耐用，不易变形；③设备有效去皮宽度比同类设备宽，单位时间产量可翻番；④加工量大，每台设备的作业量达到 40～60 人的工作量；⑤节省劳动力，短期内回收设备成本。

10.3.3　安装与使用

1. 三七去皮机的总装技术要求

1）必须按照设计、工艺要求及本规定和有关标准进行装配。

2）电机、搅拌轴、去皮箱体必须检验合格方能进行装配。

3）装配环境必须清洁：零件在装配前必须清理和清洗干净，不得有毛刺、飞边、氧化皮、锈蚀、切屑、砂粒、灰尘和油污等，并应符合相应清洁度要求。

4）相对运动的零件，装配时接触面间应加润滑油（脂）。

2. 三七去皮机的使用

1）机器开动前，将三七从入料口放入。

2）打开进水开关，向去皮箱体内冲水，适当调节进水量，放置上箱体盖，启动开关。

3）在其工作过程中，保持向箱体内注水。可以通过变频器来调节搅拌轴的转速，刚开始时转速不易过快，防止将三七种子搅出箱体。

4）机器正常运行 15 min 后，关闭电源开关与进水开关，观察三七种子脱皮情况，若三七种皮已脱净，用水冲击箱体，使种皮尽可能多地从筛孔处筛出，以便收集的都是三七种子。在去皮箱体下面放置好容器，将箱体旋转，三七在自身重力的作用下，从入料口处自动掉落之前放置好的容器，打开进水开关，用水来清洗箱体内部，确保三七种子都进入容器。

5）每次用完去皮机后，在箱体底部仍将积存一部分三七种皮，这时将箱体盖取下，用水将种皮冲洗干净。

3. 三七去皮机的维护

周期性及细心地维护机器可以延长机器的使用寿命，确保机器的安全使用。

1）使用完去皮机，依附在箱体底部、搅拌轴处、筛孔处的种皮应清理掉，防止因种皮堆积产生的对去皮机效率及安全的影响。

2）每次使用结束后，应检查所有螺栓固定的各零件的紧固情况，松动的螺母必须拧紧。

3）每次使用前必须对链轮、链条等需要进行润滑的地方进行润滑。

4）定期检查易损件的磨损情况，根据磨损情况及时修理或更换。

5）每次使用结束后，应进行一次全面检查，修复或更换磨损和变形的零部件。

6）操作机器时，请尽量把它放置在平坦、稳定的地面上。

7）机器存放时请尽量避免潮湿、阴暗的环境。

4. 维护时的注意事项

为避免移动造成的意外伤害，在平坦、水平的地面上对机器进行保养。

1）机器运转过程中决不能润滑或保养，等机器关闭之后并且所有的运动部件完全停止运动之后再进行保养。

2）如果去皮机在恶劣的环境中作业，维护操作应该更加频繁。

3）机器作业过程中，禁止人触碰机器。

10.4　精密播种机

目前常用的三七精密播种机以小型、轻便的机型为主，分为双幅和单幅两种作业机型，主要有昆明理工大学现代农业工程学院研制的2BQ–24型双幅三七精密播种机和2BQ–13型单幅三七精密播种机。该类机型主要针对三七种植土地不平整、土壤黏度大、荫棚内空间狭窄和播种密度大的问题，采用排种器、开沟器交错布置的方式，实现开沟、播种、覆土联合作业。实际应用表明，该类播种机播种合格率高，适应性好。

10.4.1　2BQ–24型双幅三七精密播种机

2BQ–24型双幅三七精密播种机如彩图24所示。该机采用芯铧式开沟器进行开沟，采用窝眼轮式排种器进行排种，整机结构紧凑，制造成本低，安装调试方便。如彩图25所示，根据三七特有的种植模式，采用双幅三七精密播种机进行播种作业，可同时对两侧垄半面进行播种，一次完成24行开沟、排种和覆土作业，作业效率高。通过手扶拖拉机驱动，人驾驶拖拉机在垄沟内行走，左右两行走轮分别行走在垄面上，播种后不会踩踏或碾压垄面，同时可避免与垄中间的立柱发生碰撞，确保整机的稳定性。该机配备的前置仿形机构使两行走轮具有足够的附着力，确保行走轮的动力能够平稳地传递到排种系统。

1. 主要性能技术指标

2BQ–24型双幅三七精密播种机的主要性能技术指标如表10.5所示。

表10.5　2BQ–24型双幅三七精密播种机的主要性能技术指标

1）外形尺寸：2 200 × 1 500 × 1 300 mm	6）播种深度：2～5 cm可调
2）配套动力：7.5马力单缸汽油机	7）播种行距：3～5 cm可调
3）作业速度：0.4～2 km/h	8）播种株距：5 cm
4）作业幅宽：150 cm	9）整机重量：120 kg
5）播种行数：24行	

2. 结构和工作原理

2BQ–24型双幅三七精密播种机主要由手扶拖拉机、开沟器、排种器、行走轮、单铰接仿形机架和传动机构组成。如图10.10所示，播种机左、右两侧机架的12组排种器和开沟器前后两排交错排布在排种器安装支架上，并且利用位置调节螺钉将排种器安装支架固定，通过调节开沟器固定螺栓将开沟器固定在合适的位置上。仿形机架通过销轴与手扶拖拉机安装架上对应的安装孔连接在一起。

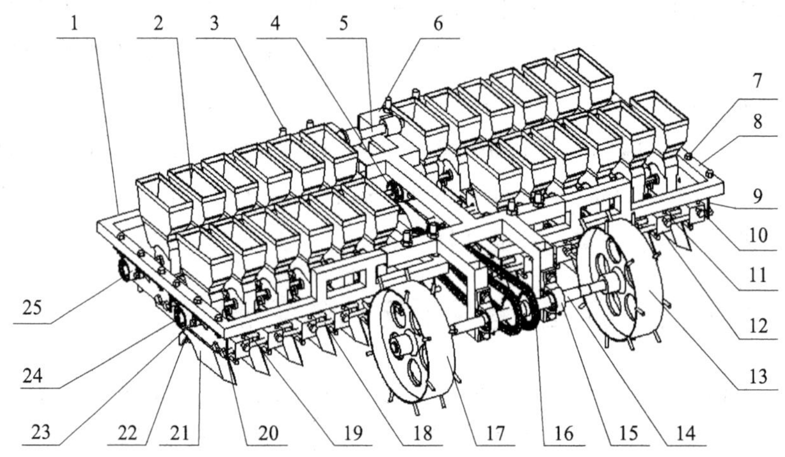

图 10.10 2BQ-24 型双幅三七精密播种机的结构

1. 左侧机架；2. 排种器；3. 紧定螺钉；4. 二级传动机构；5. 销轴；6. 仿形机架；7. 侧板连接螺栓；8. 右侧机架；9. 侧板Ⅰ；10. 开沟器固定螺栓；11. 位置调节螺钉；12. 排种器安装支架；13. 行走轮Ⅰ；14. 行走轮轴；15.UCP205 轴承；16. 一级传动机构；17. 行走轮Ⅱ；18. 支撑轴Ⅰ；19. 支撑轴Ⅱ；20. 侧板Ⅱ；21. 开沟器；22. 覆土器；23. 固定螺栓；24. 排种轴；25.UCP202 轴承

排种器作为播种机的核心部件，其性能直接影响到播种机的播种质量。2BQ-24 型双幅三七精密播种机和 2BQ-13 型单幅三七精密播种机均采用单体式窝眼轮排种器，该排种器的长、宽、高分别为 176 mm、72 mm 和 240 mm，结构简单、质量轻，排种合格率高能满足三七播种窄行距播种要求。排种器主要由毛刷、种箱、窝眼轮、清种器、护种板等组成，如图 10.11 所示。

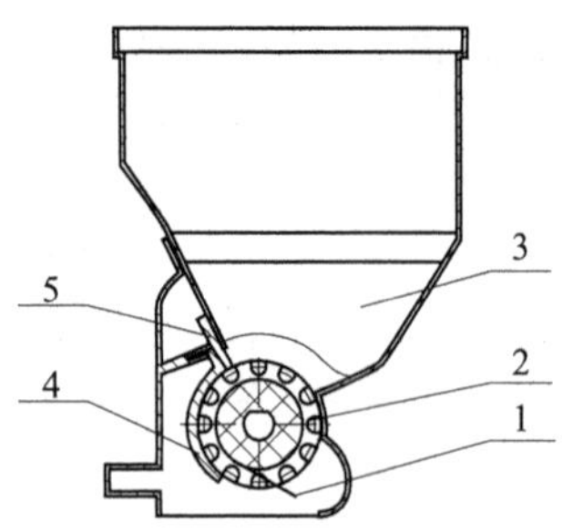

图 10.11 排种器结构示意图

1. 清种器；2. 窝眼轮；3. 种箱；4. 护种板；5. 毛刷

传动系统的主要作用是确保排种器的精确排种，传动系统的动力来源主要通过播种机前进过程中行走轮转动将动力逐级传递来实现。行走轮带动主轴转动，主轴通过一级链传动将动力传送给第一排排种轴，第一排的排种轴在确保第一排排种器正常工作的前提下，通过二级传动带动第二排排种器转动，如图 10.12 所示。

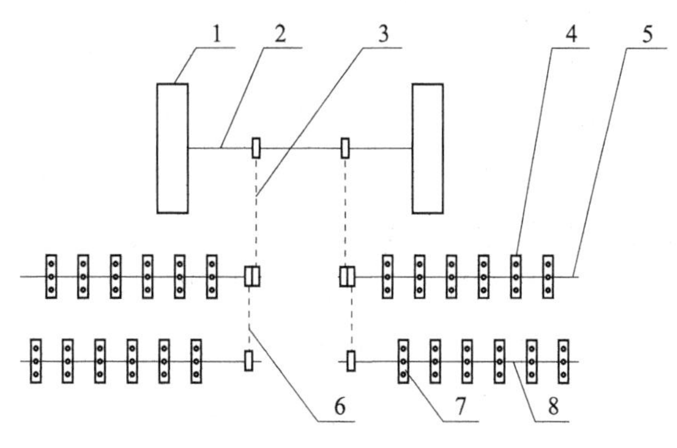

图 10.12　传动系统

1. 行走轮；2. 主轴；3. 一级传动；4. 一级窝眼轮；5. 一级排种轴；6. 二级传动；7. 二级排种轴；8. 二级窝眼轮

工作前，将三七种子放入种箱内，启动发动机，挂入低速档，松开离合，手扶拖拉机驱动整机向前行驶，行走过程中行走轮与地面摩擦产生旋转运动，通过传动机构将动力传递给窝眼轮，窝眼轮在行走轮带动下顺时针旋转，种子在自身重力作用下从种箱落入窝眼轮的型孔内，随窝眼轮旋转，当运动到毛刷处时，型孔内多余的种子被毛刷清除，随后种子随窝眼轮运动，经过护种板到达清种器位置，种子在自身重力作用下脱离窝眼轮型孔，不能自行落下的种子被清种器强制从型孔内推出。开沟器在手扶拖拉机推动力的作用下在土壤中开出深浅一致的种沟，排种器排出的种子落入种沟内，随后经覆土器覆土，完成播种。

3. 安装与使用

（1）安装调试

进行作业前根据三七种植农艺要求，调节开沟器垂直高度，将开沟深度调整为 3 cm；根据不同等级的三七种子选用合适的窝眼轮，以保证播种合格率。对于双幅三七精密播种需要根据垄沟深度和垄面宽度分别对行走轮高度和左右两侧机架宽度进行调整，以保证每一行种子带以同一深度均匀地分布在垄面上。检查发动机机油液面位置，必要时进行补充。在汽油机油箱内加入足量的汽油。检查三角带的张紧度，皮带过松应进行调整。检查轮胎气压，气压过低时要补足。

（2）使用

开始工作之前，确保排种器种箱内没有沙粒、石块、机械配件等杂物，以免损伤排种器部件，确保行走轮、驱动轮和传动机构没有被绳索、丝带、杂草等物体缠绕。检查开沟器，确保开沟器未被堵塞。启动汽油机，操纵播种机匀速前进，根据种植环境调节播种机前进方向。完成整行播种后，需要两人辅助进行掉头，掉头时确保行走轮完全离开地面，以免行走轮旋转带动排种器排种，种子随地散落造成浪费。每次掉头后，应检查开沟器是否被土壤堵塞，出现堵塞时应及时清除，以防落种不畅，出现断条。播种完成后由人工对每行起始和终止处的漏播段进行补种，以保证土地最大利用率，有利于后期管理。在播种过程中，手扶拖拉机的驱动轮在垄沟内行走，避免了对完成播种的种床进行碾压，影响种子发芽率。

（3）维护

每次使用完毕要清理排种器内剩余的种子，清理驱动轮、行走轮和开沟器上黏附的杂草和泥土，擦净各部件上的灰尘。每工作 100 h，在轴承座注油孔处用黄油枪注入黄油，更换机油。每工作400 h，对减速器和链传动机构进行清洗，添加润滑油。定期更换三角带、空气滤清器和机油，长期存放前要放出油箱内的汽油，将播种机存放在干燥、通风、清洁的库房里，用塑料布遮盖防止灰尘，以备下次使用。

10.4.2 2BQ-13型单幅三七精密播种机

2BQ-13 型单幅三七精密播种机如彩图 26 所示。该机可在垄的半面进行播种，具有结构紧凑、质量轻、操作轻便灵活的特点。可配合 2BQ-24 型双幅三七精密播种机对边角垄面和复杂地形的田间进行播种。排种器与开沟器间距小，调节开沟深度时排种器和开沟器整体移动，投种高度小，种子落入种沟的弹跳小，播种合格率高。行走轮与驱动轮为一体式钢制轮，与土壤接触面积大，对土壤压实小，与土壤摩擦力大，不易打滑，强度大，耐磨损。

1. 主要性能技术指标

2BQ–B 型单幅三七精密播种机的主要性能技术指标如表 10.6 所示。

表10.6　2BQ–B型单幅三七精密播种机的主要性能技术指标

1）外形尺寸：1 760 × 820 × 970 mm	6）播种深度：3～7 cm可调
2）配套动力：4.0马力单缸汽油机	7）播种行距：3～5 cm可调
3）作业速度：1～3 km/h	8）播种株距：5 cm
4）作业幅宽：65 cm	9）整机重量：73 kg
5）播种行数：13 行	

2. 结构和工作原理

如图 10.13 所示，2BQ–13 型单幅三七精密播种机主要由行走轮、排种机构、GX160 汽油机、离心式联轴器、摆线针轮减速器、离合操纵杆、驱动轮和开沟覆土装置组成。该机采用与 2BQ–24 型双幅三七精密播种机相同的排种器，排种器和开沟覆土装置同样采用两排交错布置的安装方式。

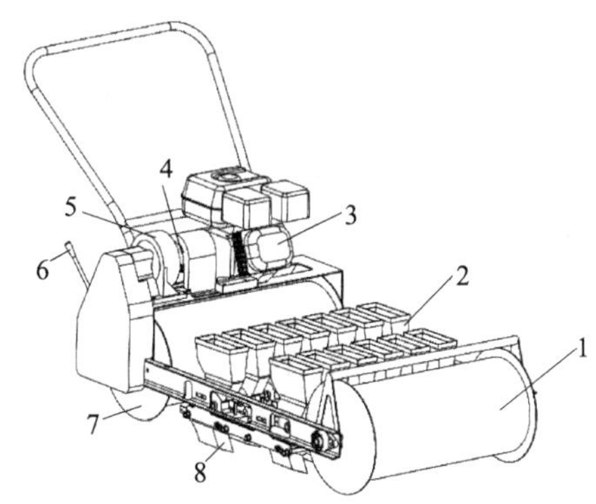

图 10.13　2BQ-13 型单幅三七精密播种机的结构

1. 行走轮；2. 排种机构；3. 汽油机；4. 离心联轴器；5. 摆线针轮减速器；6. 离合操纵杆；7. 驱动轮；8. 开沟覆土装置

离心式联轴器使汽油机在带速状态下避免摆线针轮减速器运转，增大减速器使用寿命，此外，离心式联轴器还具有过载保护的作用。汽油机在怠速状态下，汽油机输出轴转速较低，离心式联轴器的主动盘摩擦块处于收缩状态，不与从动盘接触，摆线针轮减速器输入轴静止不动，无动力输出；当加大汽油机油门，汽油机输出轴转速升高时，主动盘摩擦块在离心力作用下张开，与从动盘接触，通过摩擦力将动力传递给摆线针轮减速器，减速器将输入转速降低后通过带传动传递给驱动轮。通过离合器操纵杆可切断或连接发动机动力。工作时，驱动轮驱动整机向前移动，在驱动力和土壤摩擦力的作用下行走轮开始转动，通过第一级链传动将动力传递给第一排排种轴，第一排排种轴再通过第二级链传动将动力传递到第二排排种轴。

3. 安装与使用

（1）安装调试

播种前，需要根据三七种植的农艺要求和种植环境对播种机进行调整。根据播种株距，更换合适的窝眼轮和链轮。松开位置调节螺钉调整排种器、开沟器横向位置，对行距进行调整，调整结束后拧紧位置调节螺钉。松开开沟器、排种器安装架与机架的连接螺栓可对开沟深度进行调节。检查汽油机机油和变速器油液面，检查三角带松紧度和磨损情况，清除种箱内的异物，检查传动机构连接状况。启动汽油机，确保汽油机运行状况良好。

（2）使用

作业前，在各个种箱内加入适量的种子，盖上种箱盖，以免灰尘、土块等异物进入种箱内，同时可以防止转弯过程中种子散落。工作时，启动汽油机，待发动机运行平稳以后松开离合器操纵杆，转动油门操纵旋钮，使播种机向前行驶，人在垄沟内行走，从侧边控制播种机前进速度和方向。转弯时，关闭汽油机油门，用力向下压操作把手，使行走轮离开地面，稍微转动油门操纵旋钮，使驱动轮旋转，双手控制转弯方向，即可完成转弯。行走轮离开地面可以防止在转弯过程中行走轮转动，种子散落，造成浪费。当通过垄沟或其他障碍物时需要其他人辅助进行转弯。每次掉头结束后，应检查开沟器是否被土壤堵塞，及时清除驱动轮和行走轮上黏附的泥土，以免影响播种精度。若发现旋转部件被杂草、绳索等杂物缠绕，要立即停机，关闭发动机，清除缠绕物。

（3）维护

2BQ-13 型单幅三七精密播种机的维护方法与 2BQ-24 型双幅三七精密播种机的维护方法一致。

10.5 喷 雾 机

在农业中，植物保护是农林生产的重要组成部分，是确保三七丰产丰收的重要措施之一。为了经济而有效地进行植物保护，应发挥各种防治方法和积极作用，贯彻“预防为主，综合防治”的方针，把病、虫、草害及其他有害生物消灭于危害之前，不使其成灾。喷雾机作为一种常见的农业机械，常被用于植保喷雾施药。

10.5.1　主要性能技术指标

喷雾机械可分为如下类型：

1. 按施用农药剂型和用途分类

三七植保机械按施用农药剂型和用途分类，可分为喷雾机、喷烟机、毒饵撒布机和土壤消毒机等。

2. 按配套动力分类

三七植保机械按配套动力分类，可分为人力手动植保机械、畜力植保机械、小型动力植保机械、大型牵引、悬挂和自走式植保机械。

3. 按操作、携带和运载方式分类

三七植保机械按操作、携带和运载方式分类，可分为手动式、小型动力式、大型动力式等类型。手动式三七植保机械又可分为手持式、手摇式、肩挂式和踏板式等。小型动力式三七植保机械又可分为手提式、背负式、担架式和手推车式等。大型动力式三七植保机械又可分为悬挂式、牵引式和自走式等。

4. 按施药量分类

根据施药液量的多少，可将喷雾机械分为高容量喷雾机、中容量喷雾机、低容量喷雾机及超低容量喷雾机等多种类型。各类喷雾机的施液量标准及雾滴直径的范围如表 10.7 所示。

表10.7　施液量标准及雾滴直径

名称	符号	雾滴直径（μm）	施液量（L/hm^2）
超超低容量	U-ULV	10～90	＜0.45
超低容量	ULV	10～90	0.45～4.5
低容量	LV	100～150	4.5
中容量	MV	100～150	4.5～450
高容量	HV	150～300	＞450

10.5.2 主要结构和工作原理

因三七荫棚的特殊性，三七的植保主要使用人力及小型动力式喷雾机。下面就来介绍三七常用的植保机械。

1. 人力喷雾器

人力手动喷雾器是一种不使用任何动力源，由人力进行驱动的喷药机械。三七植保中使用的人力喷雾器主要有背负式手动喷雾器、肩挂压缩式喷雾器和踏板式喷雾器等。人力喷雾机结构简单、价格低廉、适应性强。直至今日，在三七种植过程中还有应用。人力喷雾器又分为液泵式喷雾器与气泵式喷雾器，下面主要介绍液泵式喷雾器。

液泵式喷雾器主要由活塞泵、空气室、药液箱、胶管、喷杆、滤网、开关及喷头等组成，如图 10.14 所示。工作时，操作人员将喷雾器背在身后，通后手压杆带动活塞在缸筒内上、下移动，药液即经过进水阀进入空气室，再经出水阀、输液胶管、开关及喷杆由喷头喷出。这种泵的最高工作压力可达800 kPa（8 kgf/cm^2）。为了稳定药液的工作压力，在泵的出水管道上装有空气室。由于这类喷雾器都由人背负在身后工作，故又称为手动背负式喷雾器。

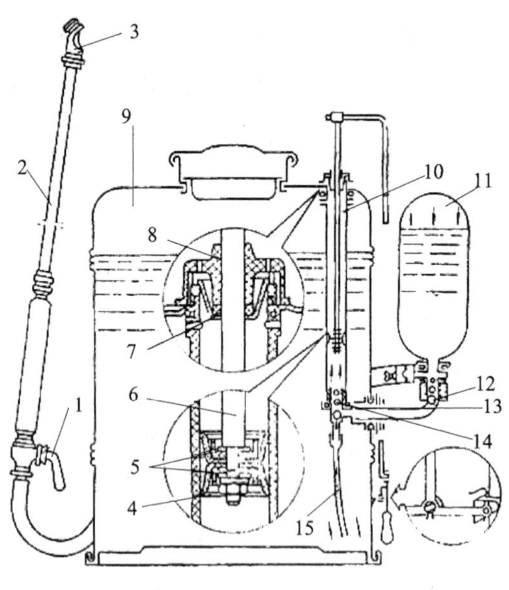

图 10.14　手动背负式喷雾器

1. 开关；2. 喷杆；3. 喷头；4. 固定螺母；5. 皮碗；6. 塞杆；7. 毡垫；8. 泵盖；9. 药液箱；10. 缸筒；11. 空气室；12. 出水球阀；13. 出水阀座；14. 进水球阀；15. 吸水管

液泵式喷雾器的工作原理：

1）吸液过程：当活塞向远离空气室方向移动时，由于胶碗与泵缸内壁摩擦阻力的作用，胶碗托暂时不移动，即胶碗托与孔阀片产生相对位移，于是出现一间隙，三角套筒与孔阀片构成通道，吸液阀开启，活塞继续向远离空气室方向移动，孔阀片带动胶碗托一起移动，同时排液阀在弹簧的压迫下关闭，这时泵缸左腔形成真空，因此右腔的药液就通过平阀片与胶碗托端面的间隙、三角套筒与胶碗托间的通道和孔阀片的圆孔被吸入泵的左腔，完成吸液过程。

2）排液过程：当活塞向空气室方向移动时，与上述情况相反，胶碗托暂时不移动，待平阀片贴拢胶碗托端面消除间隙。这时，泵缸左腔的药液受活塞移动的压力将排液阀顶开，进入空气室和排液管完成排液过程。液泵如此循环往复工作，便将药液脉动地压出，并在空气室内建立起压力，便可连续不断地供给稳定的高压药液，经喷头喷出。

2. 小型动力式喷雾机

机动喷雾机是目前三七植保中使用普遍的农业喷洒设备，常用的有背负式机动喷雾机和担架式喷雾机。三七病虫害防治中常用的是喷雾，使用较少。

（1）背负式机动喷雾机

背负式机动喷雾机是三七植保中逐步推广普及应用的机动喷雾器。目前全国背负式机动喷雾机生产厂家有20家左右，年产量达到几十万台，定型品种有10多种，结构大同小异。其中使用最多的是东方红-18型背负式机动喷雾机。

1）背负式机动喷雾机的特点：背负式机动喷雾机采用气压输液、气流输粉、气流喷雾方式，机器结构简单，工作可靠，操作方便。并且该类机型在喷雾时，只要更换一下喷头，即可分别实现低容量或超低容量喷雾，喷雾时雾滴细，附着力强，喷雾均匀。用于因风机风速、风量均较大，可将粉剂充分扬开，喷洒均匀，并可在离地面1 m左右的空间内形成一片粉雾，并能保持一段时间，从而提高了粉雾的熏蒸作用，提高防治效果。该类机型操纵轻便、灵活、生产效率高，不受地理条件和坡度的限制，只要是人可以走入，该机就可以使用，特别适用于山区、丘陵、不同大小地块三七种子区域的病、虫、草害防治，并可用于喷洒叶面肥和生长调节剂等。

2）背负式机动喷雾机的主要性能：3WS-1800型的主要性能技术指标如表10.8所示。

表10.8　3WS-1800型的主要性能技术指标

项目	参数
风机转速（r/min）	7000
药箱容积（L）	16
射程（m）	≥18
配套动力	1E54F
排气量（cc）	82.4
标定功率（kW）	4
耗油率[g/（kW·h）]	≤450
燃油配比	20：1
点火方式	无触电
启动方式	拉绳反冲启动
整机重量（kg）	14
机器尺寸（mm）	510×410×700

3）背负式机动喷雾机的工作原理：背负式机动喷雾机的离心风机与汽油机的动力输出轴直接相连，在进行喷雾作业时，汽油机带动风机叶轮旋转，所产生的高速气流，其中大部分经风机出口流往喷管，而少量气流经进风阀门、进气塞、进气软管和滤网，流入药液箱内，使药液箱内形成一定气压，药液在压力作用下，经粉门、药液管和开关，流到喷头，从喷嘴周围的小孔以一定流量流出，先与喷嘴叶片相撞，初步雾化，接着再在喷门中受到高速气流冲击，进一步雾化，弥散成细小雾粒，并随气流吹到很远的前方三七植株上。

（2）担架式喷雾机

担架式喷雾机，是一种将各个工作部件装在似担架式机架上的喷雾机。由于作业时可由人抬着担架进行地块转移，故而得名，如彩图27所示。

1）担架式喷雾机的特点：担架式喷雾机一般装在似担架式机架上，也可将药箱和喷雾机统一装在拖拉机上进行转移。特点是喷射压力高，射程远，喷量大，可以在三七荫棚内进行作业和转移，适宜于周围有水源的三七种植区中进行各类病、虫、草害防治。缺点是需要较长的喷雾胶管，人工拉拽不方便。

2）担架式喷雾机的主要结构：喷雾机主要由液泵、喷头、药箱、过滤器和喷杆构成。

A. 液泵：是喷雾机的心脏，在一定的气压下提供足够的药液，供应喷头、搅拌，为防止泵磨损后可能造成的减压，需保留一定的安全系数，流量一般以50～80 L/h为宜，泵的压力需要5～10个大气压；液泵要装调压阀，可按需调节压力；要耐腐蚀，封闭严密，不滴漏，常用液泵可分为两类。一类是容积式泵，包括活塞泵、柱塞泵、隔膜泵；另一类是离心式泵，包括叶片泵、齿轮泵、滚子泵、离心泵。应用较广泛的为隔膜泵、离心泵。

B. 喷头：一般分两类：扇形喷头和锥形喷头。喷杆喷雾机喷洒农药选用扇形喷头，关键在于选好扇形喷嘴。

扇形喷嘴的材质有铜、尼龙、不锈钢、刚玉瓷、陶瓷。喷嘴寿命取决于喷嘴的材料、药液的理化性质、喷雾压力、剂型等多种因素。喷嘴磨损及损伤以后会导致流量、喷雾角度、雾滴大小都要发生变化。喷嘴的质量主要体现在喷孔的尺寸精密度、材料和光洁度，材料决定使用寿命；光洁度好可减少堵塞；喷孔尺寸精密度决定流量、喷雾形状、雾滴大小及分布均匀性等关键因素。喷洒除草剂用扇形喷头，喷洒杀虫剂、杀菌剂用锥形喷头（彩图 28）。

C. 药箱：作用是盛放药液或药粉，根据进行的作业不同，药箱内的结构会有所变化，更换部分零件就可变为药液箱或药粉箱，从而使机器完成喷雾或喷粉。药箱的主要部件有药箱体、药箱盖、过滤网、粉门、进气管、吹气管和输粉管等，药箱的制造材料为耐腐蚀塑料或橡胶，强度要好，形状应有利于药液或粉剂的排净，各连接部分要具有良好的密封性能，以保证正常输液和排粉，要求在 10 kPa 的气压下，不得有泄漏。

D. 过滤器：喷雾器内装几种不同的过滤网和过滤器。在药箱进口处装粗过滤器，应有 2～3 层滤网。配有加水器的喷雾机，通常在加水器总成处装过滤网。管路过滤器，在药箱和液泵之间装过滤器，可防止沙粒、土块等杂质等对液泵的损坏。调节器内装气压过滤器，可阻止杂质进入喷头。喷头过滤器有多种：如圆桶形，包括本体、盖和滤网；杯形过滤器。不同的喷嘴过滤器如彩图 29 所示。

3）担架式喷雾机的工作原理：动力机启动后，经传动部件带动液压泵运转，水从水源经过吸水部件、液压泵、喷洒部件喷出，由液压泵调压阀调节出水压力。自动混药器一般装在液压泵出水口处，工作时，液压泵排出高压水流，通过喷射嘴后进入渐扩管，经喷雾胶管，由喷枪射出。药液混合浓度由调节杆的不同孔径进行调节。

10.5.3 安装与使用

1. 施药前技术规范

（1）施药的气象条件

1）喷除草剂风速应低于 2 m/s；喷杀虫剂、杀菌剂风速应低于 4 m/s；风速大于 4 m/s 时不得进行施药作业。

2）喷洒作业时气温应低于 30 ℃，以防药液蒸发造成人身中毒和环境污染。

3）晴天应在早、晚时间喷雾，阴天可全天喷雾，避免在降雨时进行喷洒作业，以保证良好的防效。

（2）机具准备与调整

1）喷杆式喷雾机与拖拉机的连接应安全可靠，所有连接点应有安全销。悬挂式喷雾机与拖拉机连接后，应调节上拉杆长度，使喷雾机在时雾流处于垂直状态；牵引式喷雾机与拖拉机连接前应调节牵引杆长度，以保证机组转弯时不会损坏机具。

2）喷头的选用和安装：横喷杆式喷雾机喷洒除草剂做土壤处理时，应选用 110 系列狭缝式刚玉瓷喷头。喷头的安装应使其狭缝与喷杆倾斜 5°～10°；喷杆上喷头间距为 0.5 m。进行苗带喷雾时，应选用 60 系列狭缝式刚玉瓷喷头。喷头安装间距和作业时离地高度可按作物行距和高度（m）决定。

3）喷雾机至少应有三级过滤：即加水口过滤、喷雾主管路过滤、喷头过滤。各过滤网的孔径应逐级变细，喷头处的滤网孔径不得大于喷孔直径的 1/2。

4）按使用说明书要求做好机具的其他准备：如液泵及各运动件加注机油、黄油；对轮胎充气等。

（3）喷头流量校核

由于喷头磨损、制造误差等原因，会导致喷量不一致。因此，施药前应对每个喷头进行喷量测定和校核。测定时，药箱装清水，喷雾剂以工作状况喷雾，待雾状稳定后，用量杯或其他容器在每个喷头处接水 1 min，重复 3 次，测出每个喷头的喷量。如喷量误差超过 5%，应调换喷头后再测，直到所有喷头喷量误差小于 5% 为止。

2. 施药中技术规范

1）有自动加水功能的机具应先在药箱中加少量清水，再按使用说明书要求启动机器加水，与此同时将农药按一定比例倒入药箱。对于乳油和可湿性粉剂一类的农药，应事先在小容器内加水混合成乳剂或糊状物，然后倒入药箱。

2）启动前，将液泵调压手柄按顺时针方向推至卸压位置，然后逐渐加大拖拉机油门至液泵额定转速，再将液泵调压手柄按逆时针方向推至加压位置，将泵压调至额定压力，打开截止阀开始。

3）作业时驾驶员必须保持机具的速度和方向，不能忽快忽慢或偏离行走路线。一旦发现喷头堵塞、泄漏或其他故障应及时停机排除。

4）停机时，应先将液泵调压手柄按顺时针方向推至卸压位置，然后关闭截止阀停机。

5）田间转移时，应将喷杆折拢并固定好。切断输出轴动力。行进速度不宜太快，以免颠坏机具。悬挂式机具行进速度应为 12 km/h；牵引式机具行进速度应为 20 km/h。

3. 施药后技术规范

1）每班次作业后，应在田间用清水仔细清洗药箱、过滤器、喷头、液泵、管路等部件。下一个班次如更换药剂或作物，应注意两种药剂是否会产生化学反应而影响药效或对另一种作物产生伤害。

2）当防治季节过后，机具长期存放时，应彻底清洗机具并严格清除泵内及管道内的积水，防止冬季冻坏机件。

3）拆下喷头清洗干净并用专用工具保存好，同时将喷杆上的喷头座孔封好，以防杂物、小虫进入。

4）牵引式喷杆喷雾机应将轮胎充足气，并用垫木将轮子架空。

5）将机具放在干燥通风机库内，避免露天存放或与农药、酸、碱等腐蚀性物质放在一起。

10.6　收　获　机

三七传统的收获方式是人工采挖，使用削尖的竹签或木棍，从垄的一端开始按顺序撬挖，以防遗漏。采挖的过程还要注意防止主根、须根被挖断或损伤。完好的主根才能保证产量和加工后的商品质量。近几年来随着三七产业化的不断壮大，采挖三七的农民自制一种采挖工具钉耙，用来代替竹签和木棍这种原始劳动工具，在一定程度上提高了收获效率。

三七主要种植在一定坡度的荫棚里，三七主根一般分布在地面以下 100～150 mm，须根分布在更深的土壤中，因此对于人工收获来说，生产效率低，劳动强度大，生产成本高，完全满足不了三七收获产业的农艺要求。针对目前三七收获存在的问题，三七收获机械的出现可大大提高生产效率，降低劳动强度，减少生产成本。

10.6.1 主要性能技术指标

三七收获机的工作性能、可靠性指标，参考根茎类作物收获机性能的基本工作要求，如表 10.9 所示。

表10.9 根茎类作物收获机的性能要求

序号	名称	性能指标
1	明根率	≥96%
2	伤根率	≤5%
3	纯工作小时生产率	不低于设计值90%
4	可靠性	≥90%

三七收获机在收获过程中采挖、输送、清土、收集等都是关键环节，为了提高作业顺畅性和可靠性，减阻降耗，降低收获损失。参照《根茎类作物收获机械作业质量评定办法》等相关标准和我国三七种植实际，三七收获机应达到如下性能指标，如表 10.10 所示。

表10.10 三七收获机的技术参数及性能指标

项目	参数
外形尺寸（长×宽×高）（mm）	2800×1200×750
悬挂方式	三点悬挂
配套动力（马力）	50
工作幅宽（mm）	1200
作业速度（km/h）	2.37～5
一次性可收获（畦）	1
入土深度（mm）	0～300
生产效率（hm^2/h）	0.432

除此之外，还要注意以下各评价指标：

（1）挖掘深度

种植的两年以上的三七根系都在地表以下的 300 mm 深的土壤中；通过犁沟从剖面看，须根数量杂多而且分布不均匀，主要集中在 250 mm 深、水平延伸 250 mm 的土层中。选择 300 mm 以上的深度为研究对象，同时根据以上数据分析，认为较为理想的三七采挖深度为 250～300 mm。

（2）损伤率

三七的损伤率主要考虑两种情况：首先是折断损伤，这些主要是在挖掘过程中产生的；其次是遗漏损失，这些主要是在分离和输送过程中产生的。从收获质量角度来讲，所设计的三七收获机的损失率应该不大于 3 %。

（3）损伤率

三七的损伤率依然主要考虑一种情况，就是折断损伤。在三七采挖过程中，为了保证植株的完整性，应尽量降低损伤率以保证药材的品质和市场价格。

（4）工作效率

由于三七的块根埋在土里的部分较长，因此在采挖时深度也较大。最大深度不小于 300 mm，还必须保证较低的损失率，因此工作效率一般不高。

10.6.2　主要结构和工作原理

1. 三七收获机的组成

三七收获机的组成包括悬挂架、机架、动力传送系统、挖掘装置、一级输送装置、碎土装置、二级倾斜输送装置、收集箱；悬挂架的一端外接悬挂行走装置，另一端与机架的前端连接，机架后端两侧设置有行走轮；收集箱设置在机架后端，如彩图 30 所示。该机结构简单、操作方便，能一次性完成挖掘、输送、土壤一次分离、碎土、土壤二次分离、块根收集，解决了三七收获劳动强度大、工作效率低、人工成本高等关键问题，大大提高了生产效益。

（1）机架

机架是三七收获机十分重要的部件，它对于整个机器来说，相当于骨骼对于人的身体，起到了支撑和连接整个机器各个部件的作用。因此，机架设计得合理与否，直接影响着整机的装配与工作效果。

进行机架设计时，在满足机架设计准则的前提下，必须根据机架的不同用途和所处环境，考虑以下各项要求：

1）设计的机架要结构合理，便于制造。

2）强度、刚度要好，具有好的稳定性，能够保证工作时各部件不变形、不位移。

3）在保证工作效率的前提下，使机架的重量尽量轻，材料选择合适，成本低。

4）设计的结构应使机架上的零部件便于安装、调整、修理和更换。

5）耐腐蚀性、耐磨性、抗震性能要好。

（2）挖掘铲

挖掘铲的作用是以最少的带土量来挖掘三七根－土混合体，进而松碎土垡，当通过铲托后延时将分离掉一部分土壤，然后在旋转推送栅和土壤推送的作用下将剩下的三七根－土混合体运往后方的抖动输送链。然而，要想使挖掘铲能够顺畅且高效地完成挖掘工作，设计时需要满足以下要求：

1）在挖掘尽量浅的土层的情况下，需要将所有三七根挖出且不被破坏。

2）在挖掘深度稳定的情况下，尽量将少量混有土壤的三七根通过铲面并送达后方的抖动脱土装置。

3）尽可能破碎土垡，以有利于抖动脱土装置快速清土。

4）设计合适的挖掘铲结构和入土角度，尽量减少壅土现象。

5）在保证不漏三七根的前提下，对于铲托后延，栅条间距不能太大，并应该尽量使其间距增大，使那些小于栅条间隙的土壤颗粒提前漏下，从而减少进入抖动脱土装置的土壤量。

针对壅土现象及工作阻力大等问题，结合常见挖掘铲的形式，设计了栅条式挖掘铲，如图 10.15 所示，它主要由四部分组成，分别是侧板、栅条、固定板及挖掘铲。栅条与挖掘铲固定板焊接在一起，挖掘铲固定板两侧分别用螺栓与挖掘铲侧板相连接，挖掘铲侧板上开有螺栓孔，挖掘装置通过两侧的挖掘铲侧板上的螺栓孔用螺栓与机架侧板连接。

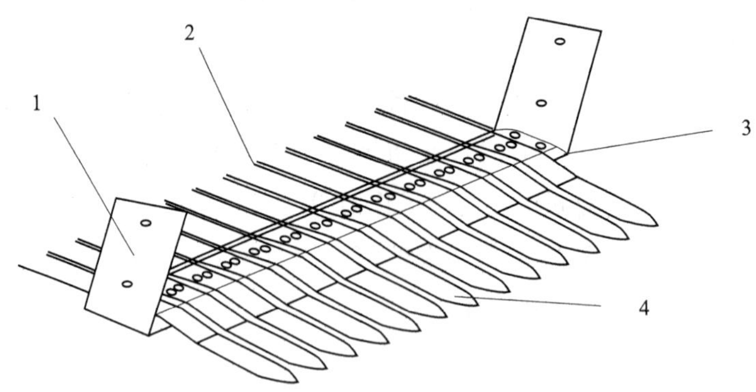

图 10.15　掘铲结构图

1. 固定力臂；2. 栅条；3. 固定铲面；4. 挖掘铲

在采挖过程中，首先挖掘铲将三七撅起，三七块根与土壤的夹杂物沿铲面上升，通过栅条输送到分离装置上，由于栅条与挖掘铲面是线接触，因此在输送过程中具有很好的碎土作用，部分土壤通过栅条间距漏下，可以大大减小土壤分离量和挖掘阻力；为了使固定刀臂在采挖过程中有较好的强度，在挖掘铲的侧面固定了加强板，从而使结构更加稳定可靠。

（3）传送分离装置

三七收获机传送分离装置的作用是将三七从挖掘铲输送来的混合物中分离出来。由于挖掘深度过深，三七与土壤的混合物体积、质量大，因此为保证及时将混合物顺利输送，就必须保证一级传送分离装置的传送速度必须大于等级机具的行进速度，安装一级传送分离装置时传送链条给予适当的松紧度，确保机具工作期间传送链条的自激震动，如图 10.16 所示。二级传送分离装置与一级传送分离装置的区别就在于安装角度和传送链条上带有间隔的刮板，如图 10.17 所示。二级传送分离装置的作用是对一级传送装置输送来的根土混合物进行二次分离，同时提升输送物的垂直高度使其顺利进入收集箱，刮板的存在能够避免块根滚落。

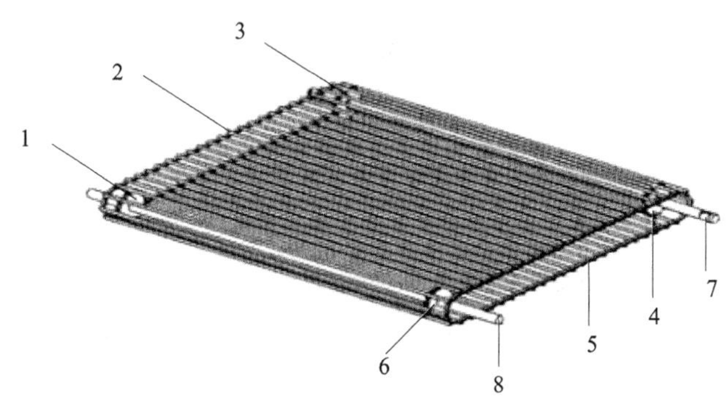

图 10.16 一级传送分离装置

1. 一级传送链轮Ⅰ；2. 带耳栅条Ⅰ；3. 一级传送链轮Ⅱ；4. 一级传送链轮Ⅲ；5. 链条Ⅰ；6. 一级传送链轮Ⅳ；7. 轴Ⅱ；8. 轴Ⅲ

2. 三七收获机的工作原理

该三七收获机可与拖拉机液压悬挂支架通过销连接，动力也由拖拉机提供。拖拉机放下液压支架，此时需要调整入土角调节手柄，整个收获机与地面保持一定的入土角度并接触地面。通过挖掘装置上的挖掘铲把三七及泥土的混合物铲

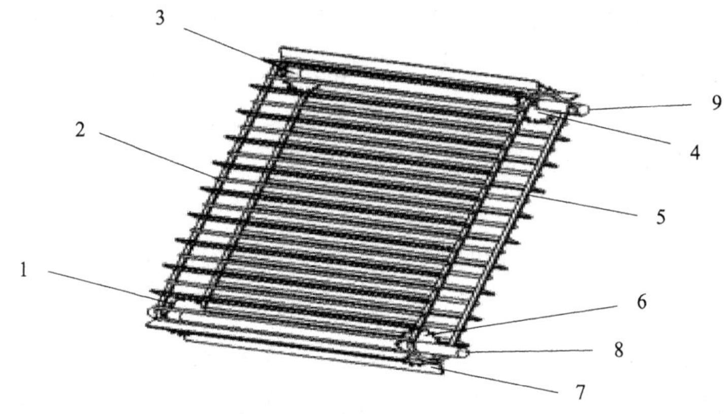

图 10.17 二级传送分离装置

1. 二级传送链轮Ⅰ；2. 带耳栅条Ⅱ；3. 二级传送链轮Ⅱ；4. 二级传送链轮Ⅲ；
5. 链条Ⅱ；6. 二级传送链轮Ⅳ；7. 刮板；8. 轴Ⅴ；9. 轴Ⅵ

出，传送到一级输送装置的带耳栅条上往后传送，且一部分泥土从带耳栅条上分离出去，三七及泥土的混合物传送到一级输送装置末端的时候，由于惯性斜向后上方抛送经碎土装置上的碎土栅条把土块打碎的同时把三七和泥土再次分离，余下的泥土和三七的混合物传送到二级倾斜输送装置上，通过二级倾斜输送装置斜向上传送，且余下的泥土从带耳栅条上分离出去，剩余的三七则落入机架后端的收集箱中。

10.6.3 安装与使用

1）悬挂架的一端外接悬挂行走装置，另一端与机架的前端连接，变速箱一侧外接动力机构的输出轴，另一侧与轴相连，轴的一端设有传动带轮，传动带轮通过一级输送装置传送带与一级输送装置的轴一侧由带轮连接；一级输送装置带轮通过碎土装置传送带与碎土装置的轴一侧设置的碎土装置带轮相连，碎土装置带轮通过二级倾斜输送装置传送带与二级倾斜输送装置的轴一侧设置的二级倾斜输送装置带轮连接；机架后端两侧设置有行走轮，收集箱设置在机架后端。

2）挖掘装置包括挖掘铲侧板、栅条、挖掘铲固定板、挖掘铲，栅条与挖掘铲固定板焊接在一起，挖掘铲固定板两侧分别用螺栓与挖掘铲侧板相连接，挖掘铲侧板上开有螺栓孔，挖掘装置通过两侧的挖掘铲侧板上的螺栓孔用螺栓与机架侧板连接。

3）一级输送装置由一级传送链轮、带耳栅条、轴组成；一级传送链轮结构完全相同，且一级传送链轮通过平键与轴连接在一起。每一根带耳栅条两端均通过螺钉与链条连接组成栅条传送链；栅条传送链与四个链轮啮合构成一级输送装置；每一根带耳栅条两端均用两个螺钉与链条连接组成栅条传送链，栅条传送链分别与一级传送链轮啮合构成一级输送装置，一级输送装置通过轴承固定在机架前半部分设置的侧板的前、后两侧。

4）碎土装置包括碎土栅条、轴。碎土栅条设置在轴上，碎土装置固定在机架上。

5）二级倾斜输送装置包括二级传送链轮、带耳栅条、链条、轴。轴和链轮都由平键连接。每一根带耳栅条两端均通过螺钉与链条连接组成栅条传送链；栅条传送链与四个链轮啮合构成一级输送装置；二级倾斜输送装置倾斜地安装在机架的后半部分，二级倾斜输送装置两侧的机架上安装有筛网。

6）碎土栅条垂直交叉地焊接在轴上；碎土装置上的轴通过左右两端的轴承固定在机架上。

7）二级倾斜输送装置还包括刮板，刮板有间隔地焊接在带耳栅条上，使得带耳栅条与焊接有刮板的带耳栅条交替排列在链条上组成栅条刮板传送链，栅条刮板传送链与二级传送链轮啮合组成二级倾斜输送装置。

8）机架的前端设置有一个固定拉杆，且固定拉杆的一端与悬挂架连接，另一端固定在机架上。

9）行走轮通过调节支架安装在机架上，调节支架上安装有调节手柄，通过调节手柄来调节行走轮的高度进而调节挖掘装置中的挖掘铲的入土角度。

参考文献

北京农业机械化学院 . 1981. 农业机械学 . 北京 : 中国农业出版社 .

胡子武，马文鹏，邢金龙，等 . 2016. 基于响应曲面法的窝眼轮式三七精密排种器性能试验 . 南农业大学学报，(5) : 109～116.

江苏工学院 . 1988. 农业机械学（上册）. 北京 : 中国农业机械出版社 .

赖庆辉，周金华，苏微，等 . 2015. 一种前置仿形式三七播种机 . 中国，CN105052314A，2015.11.18.

李宝筏 . 2003. 农业机械学 . 北京 ：中国农业出版社 .

任双燕 . 2015. 三七果实去皮机的研制及其试验研究 . 昆明 ：昆明理工大学 .

王建民 . 1991. 铧式犁的安装检查与维护保养 . 新疆农垦科技,（1）: 35～36.

肖宏儒，权启爱 . 2012. 茶园作业机械化技术及装备研究 . 北京 : 农业科学技术出版社 .

于洪海 . 2016. 铧式犁作业前的主要技术状态检查 . 现代农业装备,（1）: 59～60.

于进川 . 2016. 悬挂式三七挖掘收获机的研制与试验 . 昆明 ：昆明理工大学 .

张曼丽，谢洪昌，赵世宏，等 . 2011. 评价灭茬旋耕联合整地机作业质量的指标及检测方法 . 现代化农业,（10）: 42～43.

张兆国，赵菲菲，张丹 , 等 .2016. 一种悬挂式联合收获机 . 中国 . CN205017849U，2016.02.10.

赵菲菲 .2016. 牵引式三七收获机的设计与试验研究论文 . 昆明 ：昆明理工大学 .

赵金枝 . 2015. 旋耕机的使用与日常维护 . 科技农业机械,（6）: 229.

周金华 . 2016. 动力式三七精密播种机的设计与试验研究 . 昆明 ：昆明理工大学 .

第11章

三七的立体栽培

立体栽培是通过设计、加工特种支架结构、栽培槽，并采用栽培基质，使作物的生长环境人为得到改善的栽培模式。其主要优点体现为改善了栽培土壤、提高了日光照射量和作物的感温层及 CO_2 雾化层，同时降低了作物病虫害的发生（陈一飞等，2013）。立体栽培技术是现代设施农业技术的综合体现，打破了传统农业对土地的依赖，该技术已在多种水果、蔬菜和观赏植物中应用，并取得了良好的效果（张豫超等，2013；罗育才等，2010）。目前立体栽培技术已在中药种植中进行了一定应用。如铁皮石斛在立体栽培下，可将土地利用率提高 2.74 倍，茎、叶总鲜重与干重、浸出物、多糖含量均显著高于地栽（斯金平等，2014）。采用立体栽培技术能有效改善党参田间通风、透气、透光条件，提高产量和品质，与传统平作相比，立体栽培技术增产显著（何春雨等，2004）。

由于三七存在连作障碍，为了解决三七连作障碍，本书介绍了昆明理工大学崔秀明团队和昆明圣火药业（集团）有限公司在通过立体栽培解决连作障碍上做出的有益尝试。现就其在三七的立体栽培模式下的光照、温度、光合特性及土壤养分和微生物等对三七生长的影响研究结果介绍如下，以期为三七的栽培措施改进提供研究方向和理论依据。

11.1 立体栽培三七的光温效应及对光合的影响

三七种植于大棚内，棚宽 5 m，长 21 m，棚肩高 4 m，棚顶高 5.8 m。大棚苗床结构如图 11.1 所示，苗床为三层，床宽 1.2 m，长 3.2 m，层高 0.8 m，每层苗床土壤厚 25 cm（图 11.1）。

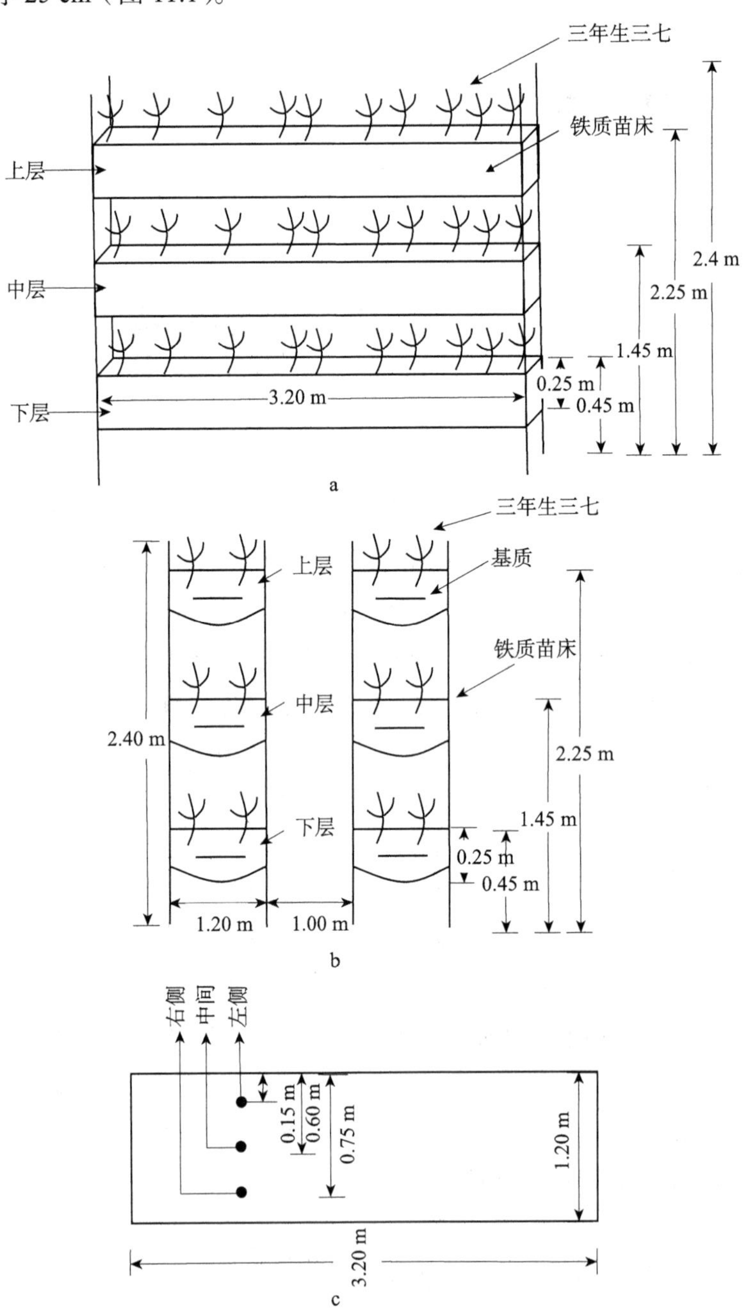

图 11.1　三七立体栽培架结构图及取样位置图

a. 正面图；b. 侧面图；c. 取样点

11.1.1　不同层高及相同层高不同位置光照强度和透光率的日变化

同层不同位置光照强度的差异表现为：上层苗床左、中、右侧光照强度均从 7 点～13 点呈持续上升趋势，至 13 点分别升至 9260.0 lx，9140.0 lx 和 9060.0 lx，从 13 点～19 点呈持续降低趋势。中层和下层光照强度表现为：左侧和右侧相同，高于中间位置。从 7 点～13 点，中层左侧从 141.6 lx 升至 1489.0 lx，中间从 77.5 lx 升至 558.6 lx，右侧从 177.3 lx 升至 1476.0 lx，13 点之后下降，左、中、右侧分别降至 147.6 lx、22.6 lx 和 147.3 lx。从 7 点～13 点，下层左侧从 79 .0 lx 升至 1057.0 lx，中间从 16.2 lx 升至 482.5 lx，右侧从 92.6 lx 升至 1075.4 lx，至 19 点左、中、右侧分别降至 147.6 lx、22.6 lx、147.3 lx，说明上层不同位置光照强度相近，中下层各自左右两侧光照强度相近，由于中下层中间位置受上层遮挡，光照强度显著低于左右两侧（图 11.2）。

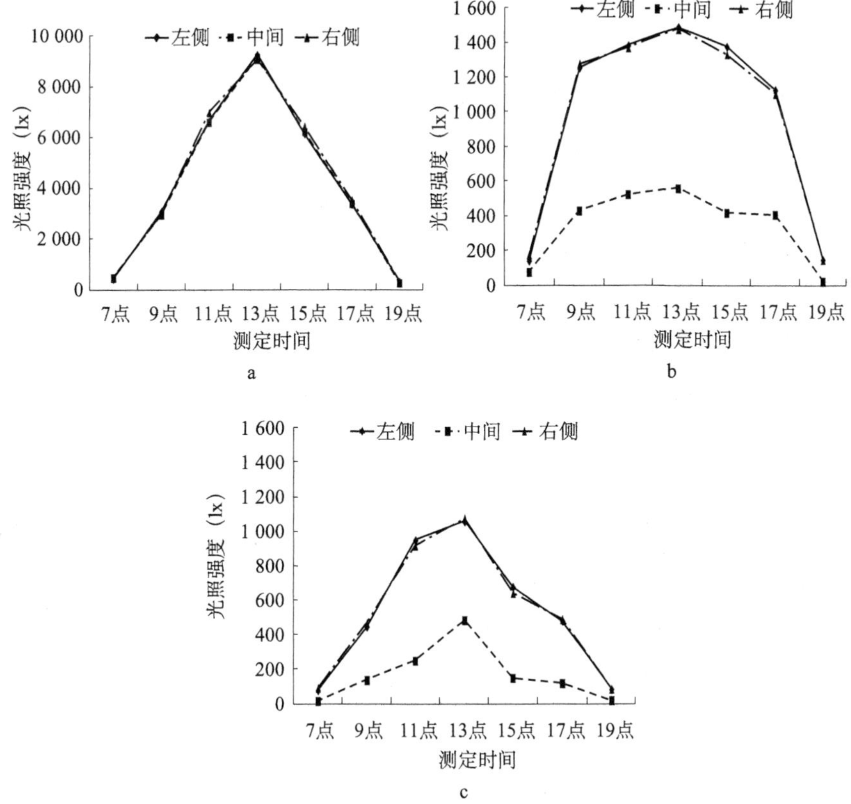

图 11.2　相同层高苗床不同位置光照强度的日变化

a. 上层；b. 中层；c. 下层

三七为喜阴植物，对光照要求苛刻（陈中坚等，2001），光照过强或过弱均会导致三七产质量降低（王朝梁等，2000）。立体栽培模式下苗床的光照强度和透光率均表现为上层显著高于中下层，中层略高于下层，中下层的左右两边显著高于中间位置（王尧龙等，2015）。左端阳等（2014）认为三七最佳的透光率为5%～10%，此时地下部干重显著高于其他透光率下干重，也有研究认为三七的最佳透光率为12%～15%，当透光率超过17%时，三七产量便明显降低（罗群等，2010）。王尧龙等（2015）研究发现，无论参照上述何种研究结果，该立体栽培模式下仅上层的光照强度和透光率满足三七生长对光的要求，中下层的透光率和光照强度显著不足。这是由于该垂直层叠栽培模式下，上层对中下层苗床具有显著的遮蔽作用，而同时由于苗床过宽，受太阳投射角影响，中下层苗床中间位置也均受上层苗床的遮蔽，全天只能获得散射光。由此可见，该立体栽培结构设施在采光设计上需要加以改进，如将层与层间的垂直构建方式改造为“A”字形（陈宗玲等，2011），以及通过减小层宽等方式增加中下层的光照强度。

11.1.2 不同层高及相同层高不同位置气体温度的日变化

三七对温度极为敏感，而光照是三七设施栽培中的重要热源，因此在探究三七立体栽培的光照特征后本小节又对室内气体温度日变化进行了研究。王尧龙等研究表明，温室内气体温度日变化范围为22～34 ℃，上层气体温度比中、下层分别高0.8 ℃和2.5 ℃。从7点～11点，上、中、下层气体温度均小幅升高，之后迅速上升，15点时达到最大值，分别为33.4 ℃、33.0 ℃和32.8 ℃，之后呈下降趋势，17点后迅速降低（图11.3），说明立体栽培结构下气体温度表现为上层 > 中层 > 下层。

相同层高不同位置气体温度的日变化规律表现为：上、中层不同位置的气体温度无显著差异，但下层不同位置（左、中、右）的气体温度差异显著，最高温差可达4.1℃，说明立体栽培结构的苗床宽度对中、上层不同位置的气体温度无显著影响，但显著影响下层不同位置的气体温度（图11.4）。

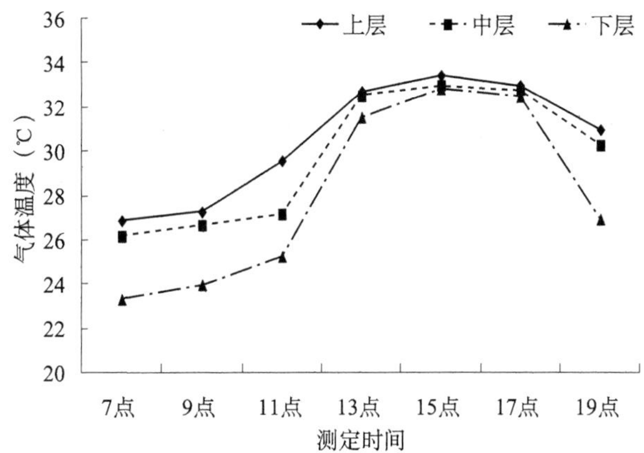

图 11.3 不同层高苗床气体温度的日变化

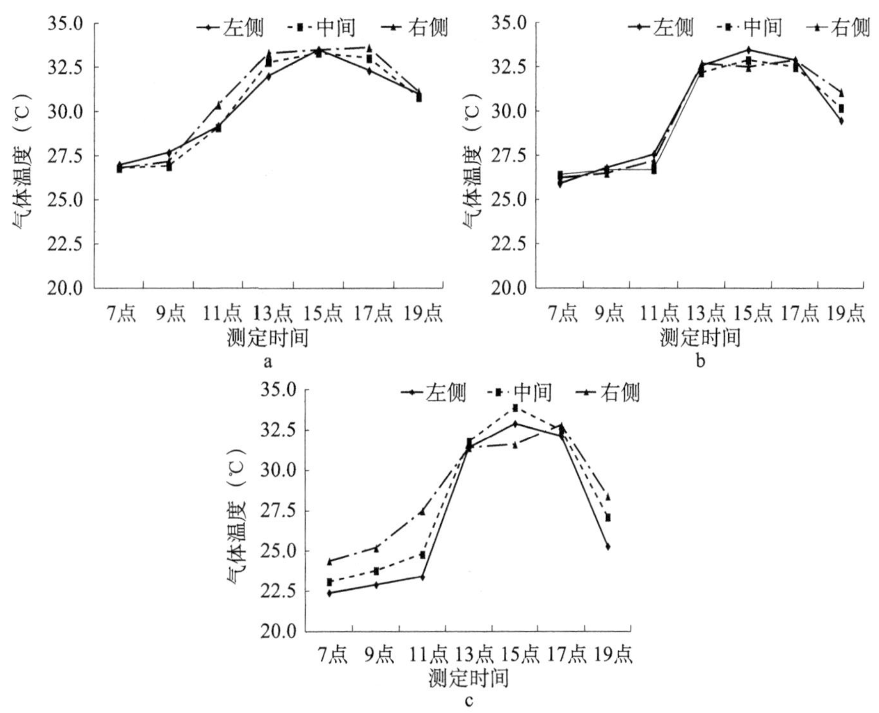

图 11.4 相同层高苗床不同位置气体温度的日变化

a. 上层；b. 中层；c. 下层

气体温度直接影响植物的光合作用特性及种植土壤的温度和水分状况，是作物栽培中极受关注的指标。有学者研究发现，温室大棚内立体栽培结构的上层苗床温度最高，中层和下层次之，这是由于受太阳辐射的影响，热空气在大棚内上升积聚，而造成白天温度由上至下逐渐降低。三七生育期最佳的气温为20～25 ℃，长时间的气温超过 33 ℃会对三七苗造成危害（李忠义等，2000）。有研究发现，上中下层苗床最高温度为 32.8～33.4 ℃，每日持续时间为 4 h，定会对三七造成危害。因此，在管理中应注意排风降温，减少热伤害。

11.1.3 不同层高及相同层高不同土层深度三七栽培土壤温度的日变化

太阳直辐射光、散射光及气体温度等均会对三七栽培土壤温度产生显著影响，而土壤温度是影响三七发育的重要因素。不同层高及相同层高不同土层深度土壤温度的日变化如图 11.5 所示。可见，三层苗床土壤温度日变化为 15～22 ℃；从 7 点～17 点，三层均呈持续上升趋势，上层从 17.2 ℃升至 21.9 ℃，中层从17.5 ℃升至 21.4 ℃，下层从 15.1 ℃升至 17.3 ℃；从 17 点～19 点呈回落趋势，上、中、下层分别降至 21.2 ℃、20.4 ℃和 16.6 ℃。各层土壤温度的日变化表现为：上层和中层变化趋势相近，但显著高于下层，平均温差达 2～5 ℃，说明立体栽培结构的层高对下层土壤温度具有显著影响。

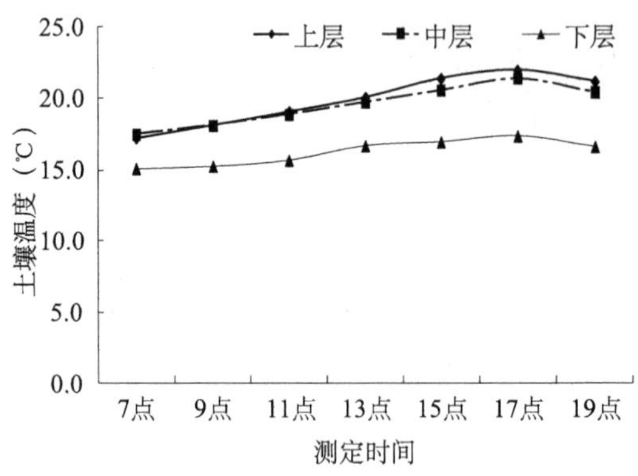

图 11.5 不同层高苗床土壤温度的日变化

同层苗床的不同土层深度土壤温度的日变化规律一致，但同时间点不同土层深度土壤温度存在显著差异。表现为上、中层 20 cm 深土层温度显著高于同时段其他土层，且日温差最大分别为 7.2 ℃和 7.3 ℃，4 cm 和 16 cm 深土层温度次之，8 cm 深再次，12 cm 深最低，同一时间点，上层和中土壤垂直最大温差分别为 4.7 ℃和 5.0 ℃；下层苗床不同土层深度温度变化表现为 4 cm 最高，20 cm 次之，8 cm 和 16 cm 土壤温度接近，12 cm 最低，同一时间点，土壤垂直最大温差为4.2 ℃。各层苗床不同土层深度土壤日最大温差上层>中层>下层。上、中、下层苗床不同深度的土层温度表现为上下两侧温度显著高于中间，说明当前栽培模式对苗床土壤垂直方向日温差具有显著影响，呈“两端热，中间凉”的夹心模式（图 11.6）。

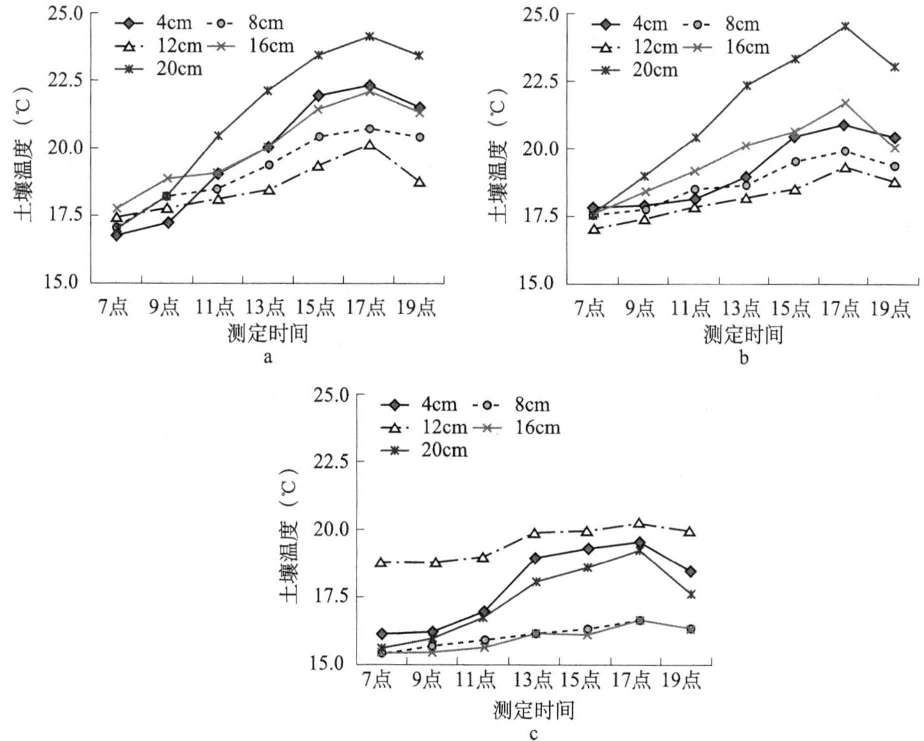

图 11.6 相同层高苗床不同位置土壤温度的日变化

a. 上层；b. 中层；c. 下层

土壤温度影响植物根系的生长从而影响植物对水分和矿质元素的吸收和运输，进而影响植株的发育（冯秀藻等，1994）。三七种植土壤温度的改变还可诱导土壤中微生物种群分布量的变化，从而间接诱导三七发生病害（官会林等，2010）。王尧龙等认为上层和中层土壤温度相近，且显著高于下层，最高温差达5 ℃（图 11.6）。这是由于上层和中层气体温度高，受太阳直接辐射大，故土壤温度也显著高于下层。三七生长期最适宜生长的土壤温度为 17～22 ℃（官会林等，2010），而当前栽培模式下上层和中层土壤日均温分别为 19.9 ℃和 19.5 ℃，适宜三七生长，下层土壤均温为 16.2 ℃，为次适宜生长温度。因此，通过改进三七立体栽培结构，从而增强下层的光照辐射，提高土壤温度应为今后努力的方向。同时有研究也发现，不同土层深度土壤日温差较大，表现为每个苗床的底层和上层显著高于中间层，上层苗床的最大温差可达 5.4 ℃，而笔者试验同日监测的大田土壤不同土层深度（4～20 cm）日最大温差仅为 2.5 ℃。这是由于其研究中所用的苗床较薄，加之土壤比热小，故吸热放热快，温度上升下降速度也随之变快。官会林等（2010）研究认为，土壤温差过大是三七病害暴发的诱因之一，立体栽培下三七病害死苗率显著高于大田。因此，对苗床进行加厚，降低土壤日温差是提高立体栽培三七存苗率的有效途径。

11.1.4 不同层高及相同层高不同位置三七叶片温度的日变化

叶片是光合作用的主要场所，其温度的高低影响叶片的光合特征，而叶片温度则主要受气体温度影响，在探究三七立体栽培条件下的气体温度后，又对三七叶片温度进行了测定。结果表明，叶片温度日变化趋势与气温一致，变幅为 22～34 ℃，上层苗床三七叶片温度比中、下层分别高 0.8 ℃和 2.5 ℃。日变化表现为：从 7 点～9 点，叶片温度小幅上升，之后迅速上升，15 点均达最大值，之后呈下降趋势，17 点后显著降低，说明苗床层高对叶片温度具有显著影响（图 11.7）。

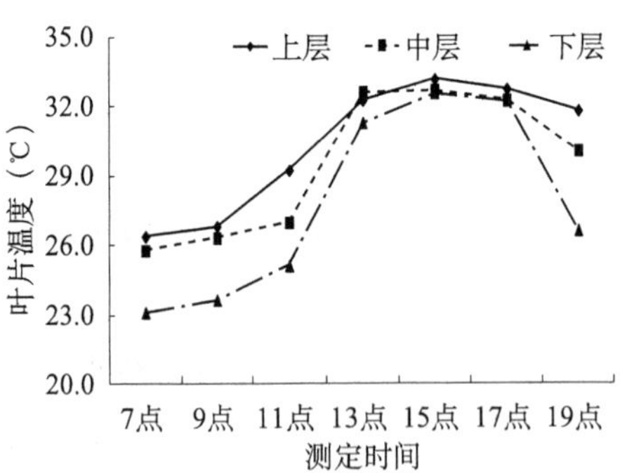

图 11.7　不同层高苗床叶片温度的日变化

相同层高不同位置三七叶片温度的日变化规律表现为：中、上层不同位置叶片温度无显著差异，但下层不同位置（左、中、右）叶片温度存在显著差异，同时间点最高温差可达 4.9 ℃（图 11.8），说明立体栽培结构对中、上层不同位置的叶片温度无显著影响，但下层不同位置显著受影响。

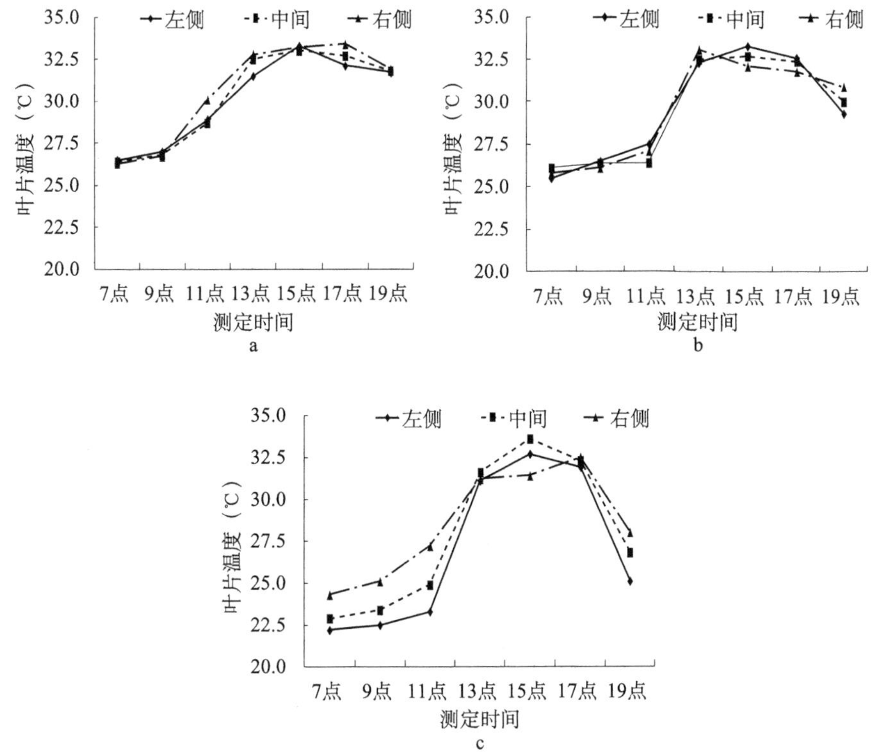

图 11.8　相同层高苗床不同位置叶片温度的日变化

a. 上层；b. 中层；c. 下层

11.1.5　不同层高及相同层高不同位置三七叶片气孔导度的日变化

气孔导度对光合作用、呼吸作用及蒸腾作用等均具显著影响，有研究对不同栽培模式下三七叶片的气孔导度变化进行了研究。结果表明，上、中、下层叶片气孔导度存在显著差异，表现为上层＞中层＞下层。叶片气孔导度日变化规律为：从 7 点开始呈持续上升趋势，至 13 点达峰值，上、中、下层分别为 29.3 mmol/（m²·s）、21.7 mmol/（m²·s）和 18.2 mmol/（m²·s），13 点后呈下降趋势，19 点后分别至 15.7 mmol/（m²·s）、12.5 mmol/（m²·s）和 5 mmol/（m²·s）（图 11.9），说明立体栽培结构对不同层苗床三七叶片气孔导度具有显著影响，表现为上层最高，中层次之，下层最低。

同层不同位置三七叶片气孔导度的变化表现为上层左、中、右各点无显著差异，同时间点最大差值为 2.1 mmol/（m²·s）。中层和下层左右两侧的气孔导度亦无显著差异，但显著高于中间位置，最大差值分别为 7.1 mmol/（m²·s）

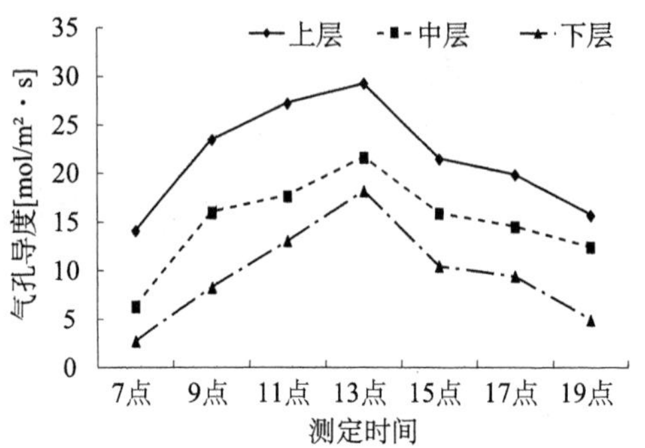

图 11.9　不同层高苗床三七叶片气孔导度日变化

和 8.0mmol/（m²·s），说明三七立体栽培结构对中下层不同位置叶片气孔导度具有显著影响（图 11.10）。

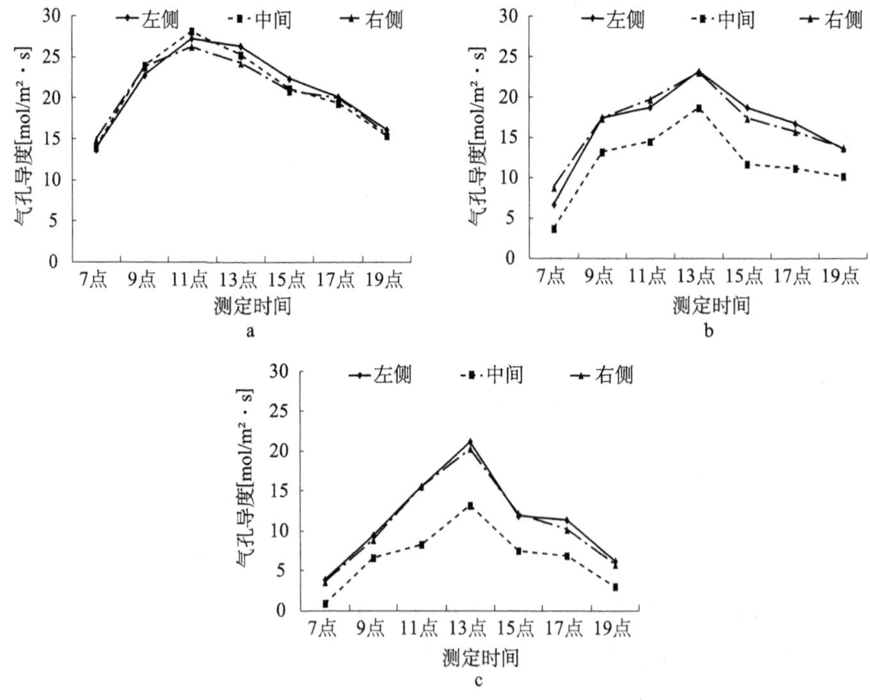

图 11.10　相同层高苗床不同位置叶片气孔导度的日变化

a. 上层；b. 中层；c. 下层

11.1.6　不同层高及相同层高不同位置三七叶片蒸腾速率的日变化

不同层高三七叶片蒸腾速率变化如图 11.11 所示。不同层苗床三七叶片蒸腾速率存在显著差异，表现为上层最高，中层次之，下层最低，分别为 0.60 mmol/（m²·s）、0.45 mmol/（m²·s）和 0.27 mmol/（m²·s）。蒸腾速率日变化表现为：从 7 点～13 点，三层均呈持续上升趋势，13 点达最大值，分别为 0.90 mmol/（m²·s）、0.75 mmol/（m²·s）和 0.62 mmol/（m²·s），从 13 点后蒸腾速率呈下降趋势，19 点时上、中、下层分别降至 0.41 mmol/（m²·s）、0.36 mmol/（m²·s）和 0.15 mmol/（m²·s），说明三七立体栽培结构对不同层间三七叶片蒸腾速率具有显著，表现为上层最高，中层次之，下层最低。

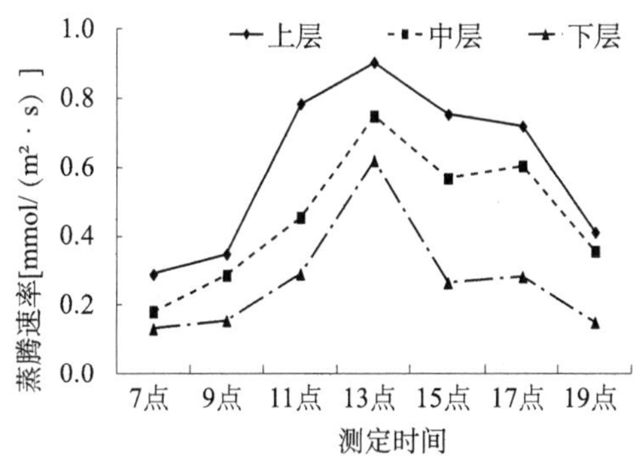

图 11.11　不同层高苗床三七叶片蒸腾速率的日变化

相同层高不同位置三七叶片蒸腾速率表现为：上层左、中、右位置蒸腾速率无显著差异，同时间点最大差值仅为 0.072 mmol/（m²·s）。中层和下层左右两侧的蒸腾速率均无显著差异，但显著高于中间位置。同时间点，中层左右两侧蒸腾速率最大差值为 0.046 mmol/（m²·s），而左右两侧与中间位置最大差值分别为 0.36 mmol/（m²·s）和 0.34 mmol/（m²·s）。同时间点，下层左右两侧蒸腾速率最大差值为 0.029 mmol/（m²·s），中间位置比两侧分别低 0.24 mmol/（m²·s）和 0.23 mmol/（m²·s）（图 11.12）。该变化趋势与光照强度一致，说明受立体栽培结构的影响，上层左中右位置光照均匀，蒸腾速率一致，中下层苗床两侧光照充足，蒸腾速率较高，光照不足的中间位置则较低。

11.1.7　不同层高及相同层高不同位置三七叶片胞间 CO_2 浓度的日变化

不同层高三七叶片胞间 CO_2 浓度日的变化如图 11.13 所示。胞间 CO_2 浓度从 7 点～11 点处于下降趋势，11 点到达谷底，上、中、下层分别降至

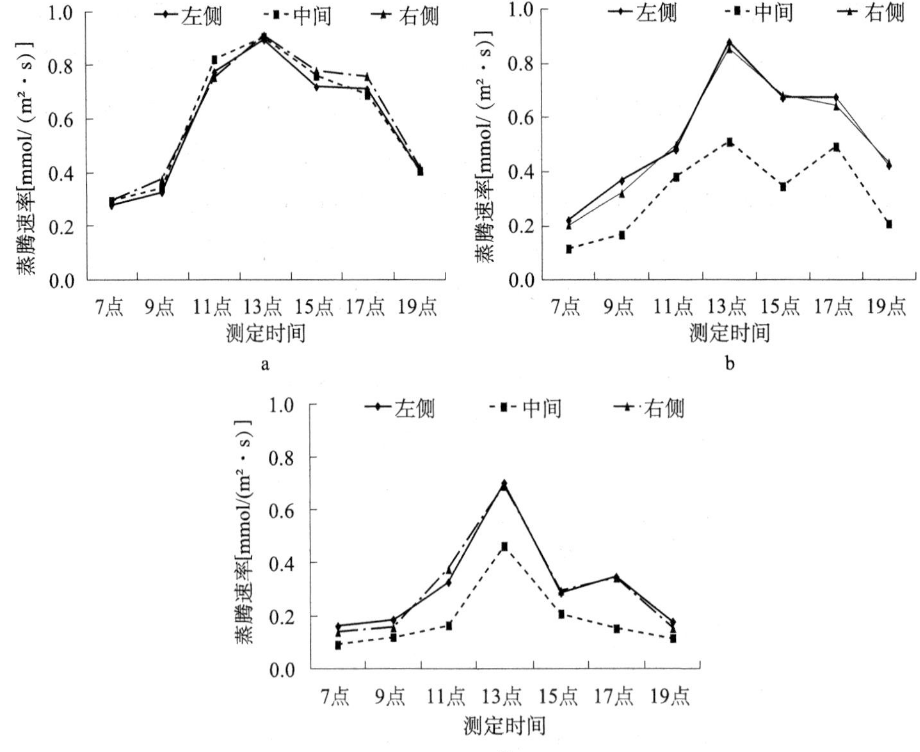

图 11.12　相同层高苗床不同位置叶片蒸腾速率的日变化

a. 上层；b. 中层；c. 下层

223μmol/（m²·s）、241μmol/（m²·s）和 271μmol/（m²·s），11 点过后又逐渐增加。相同时间点，胞间 CO_2 浓度大小表现为下层＞中层＞上层，分别为 389μmol/（m²·s）、362μmol/（m²·s）和 338μmol/（m²·s），说明三七立体栽培结构对不同层高三七叶片胞间 CO_2 浓度具有显著影响。

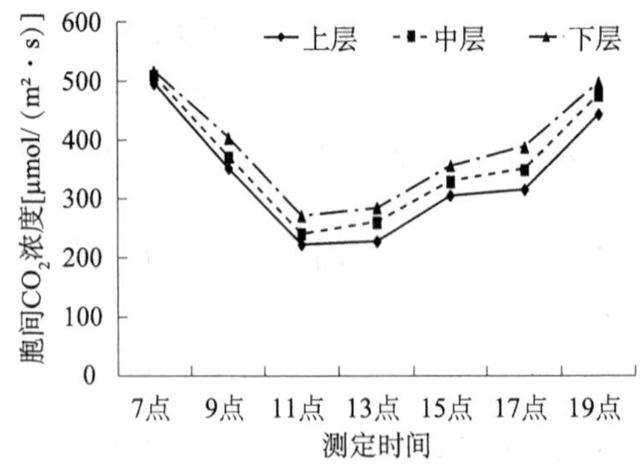

图 11.13　不同层高苗床三七叶片胞间 CO_2 浓度的日变化

相同层高不同位置三七胞间 CO_2 浓度表现为：上层左中右位置无显著差异，同时间点最大差值为 45 μmol/（m²·s）。中层和下层左右两侧胞间 CO_2 浓度无显著差异，但显著低于中间位置，中层左右两侧胞间 CO_2 浓度均较中间位置低 30 μmol/（m²·s）。下层左右两侧胞间 CO_2 浓度分别较中间位置低 31 μmol/（m²·s）和 29 μmol/（m²·s），说明三七立体栽培结构下的层宽对三七叶片胞间 CO_2 浓度具有显著影响（图 11.14）。

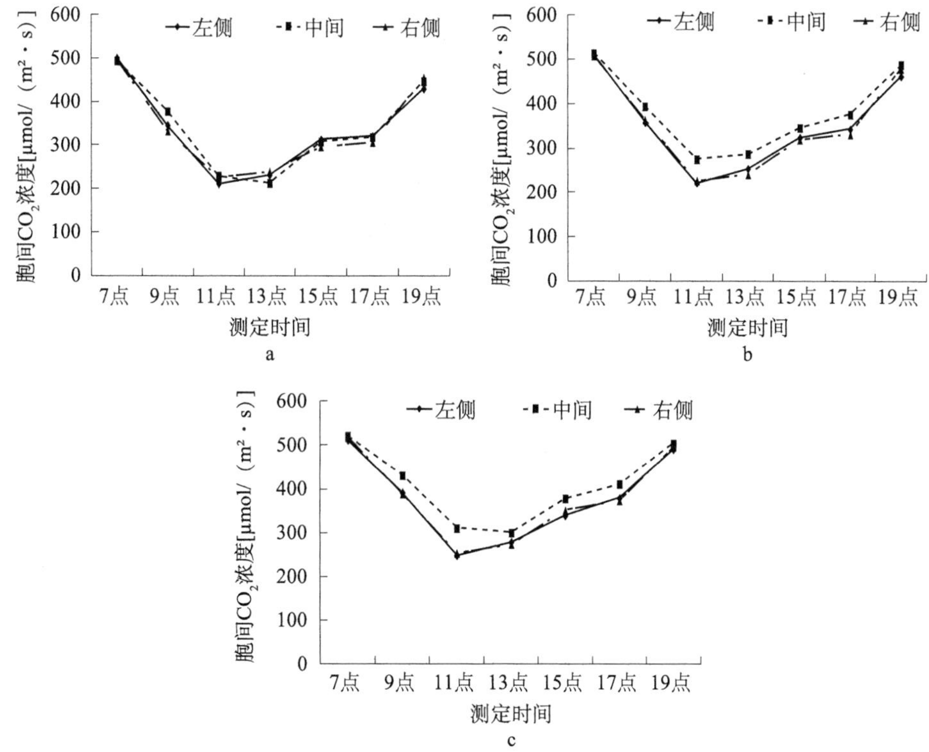

图 11.14　相同层高不同位置叶片气孔导度的日变化

a. 上层；b. 中层；c. 下层

11.1.8　不同层高及相同层高不同位置三七叶片净光合速率的日变化

不同层高三七叶片净光合速率的日变化如图 11.15 所示。上、中、下层净光合速率日变化趋势相同，为单峰曲线，由 7 点～9 点迅速升高，9 点～13 点上升幅度变缓，13 点时达到峰值，上、中、下层分别为 3.0 μmol/（m²·s）、2.6 μmol/

(m²·s)和2.3 μmol/(m²·s),从13点～19点,三层光合速率均显著降低,分别降至1.0 μmol/(m²·s)、0. 9 μmol/(m²·s)和0.3 μmol/(m²·s)。三七的净光合速率表现为上层>中层>下层,平均分别为2.1 μmol/(m²·s)、1.6 μmol/(m²·s)和1.3 μmol/(m²·s),说明立体栽培模式的层高对净光合速率具有显著影响,苗床越低光合速率越低。

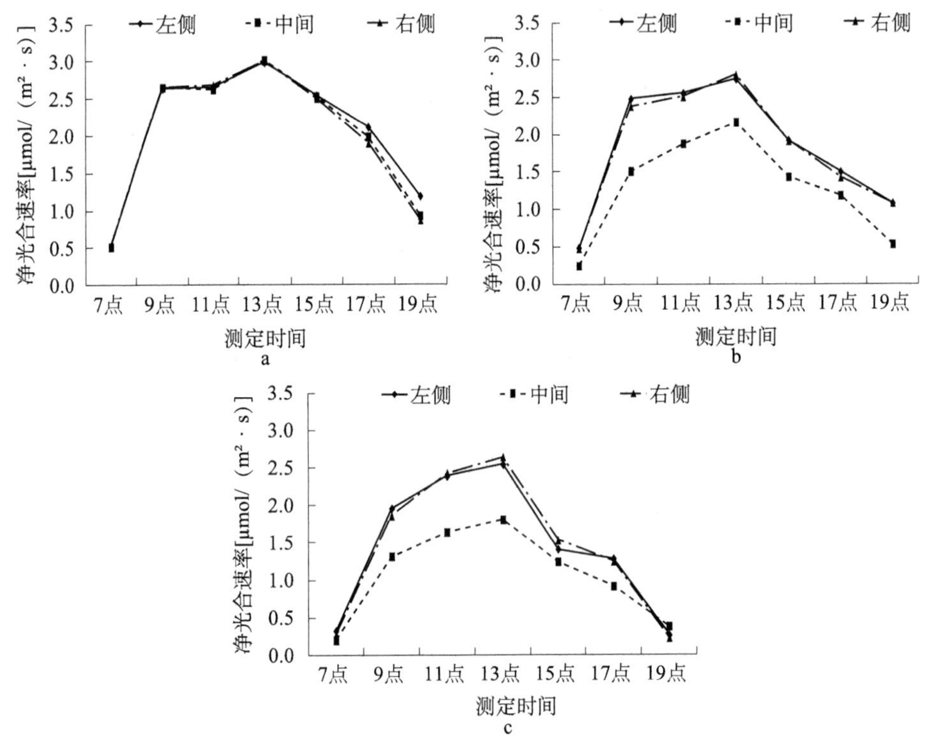

图 11.15 相同层高不同位置叶片净光合速率的日变化

a. 上层;b. 中层;c. 下层

11.1.9 环境因素与三七叶片气体交换参数的相关性

对不同环境因素与三七叶片气体交换参数的相关分析表明(表 11.1),叶片温度与气体温度和土壤温度显著相关,气孔导度、胞间 CO_2 浓度和净光合速率与光照强度显著相关,蒸腾速率则与光照强度和气体温度显著相关。叶面温度、气孔导度、胞间 CO_2 浓度及蒸腾速率是植物净光合速率的主要影响因素,有研究认为,光照强度、气体温度及土壤温度均对上述四因素具有显著影响,从而间接影响三七叶片的净光合速率,说明光照强度是影响三七叶片净光合速率的直接因素，气体温度和土壤温度对净光合速率具有间接影响。

表11.1　环境因素与三七叶片气体交换参数的相关性分析

种植位置	环境因素	叶片温度	气孔导度	胞间CO_2浓度	蒸腾速率	净光合速率
上层	光照强度	0.415	0.852*	−0.930*	0.898*	0.873*
	气体温度	0.987*	0.212	−0.513	0.778*	0.387
	土壤温度	0.953*	0.018	−0.299	0.539	0.190
中层	光照强度	0.147	0.862*	−0.934*	0.881*	0.920*
	气体温度	0.844*	0.455	−0.328	0.849*	0.200
	土壤温度	0.931*	0.339	−0.246	0.694	0.076
下层	光照强度	0.435	0.981*	−0.066	0.856*	0.950*
	气体温度	1.000*	0.529	−0.142	0.583	0.263
	土壤温度	0.930*	0.358	−0.387	0.424	0.060

*$P < 0.05$。

11.1.10　立体栽培模式下三七叶片光合特性的变化及与环境因素的关系

光合作用是植物生长发育的基础，也是植物产量和品质构成的决定因素，同时又是对环境条件变化十分敏感的生理过程，温度、光照等均对其具有重要影响（王海波等，2013）。王尧龙等（2015）研究认为，气体交换参数受立体栽培结构影响显著，除胞间CO_2浓度表现为随苗床的升高而降低外，其他参数（叶片温度、气孔导度、蒸腾速率、净光合速率）均表现为随苗床的升高而升高，且除叶片温度外，气孔导度、蒸腾速率、胞间CO_2浓度和净光合速均表现为中下层的左右两侧显著低于中间位置，说明立体栽培结构的层高及层宽均对气体交换参数具有显著影响。有学者认为这是由于立体栽培结构造成的不同位置环境因素的差异而导致的气体交换参数的不同。

净光合速率是上述气体交换参数效率的集中反映，直接体现了植物光合作用效率的高低。王尧龙等（2015）研究表明，上中下层苗床三七叶片净光合速率与光照强度显著相关。由此可见，净光合速率受光照强度直接影响，而通过气体温度和土壤温度对其他气体交换参数的间接影响而调控光合作用。殷毓芬等（1995）研究发现，净光合速率与气孔导度和胞间CO_2浓度具有显著的相关性，说明气孔导度和胞间CO_2浓度是影响三七叶片净光合速率的直接因素。故通过增加气孔导度和降低胞间CO_2浓度的方式可提高三七叶片净光合速率。这与王静等在桂花上的研究结果一致（王静等，2010）。

综上所述，笔者认为三七立体栽培模式可行，上中下层三七均可正常生长。但仍存在中午温度过高、中下层中间位置光照不足、土壤日温差大及光合速率偏低等问题。建议通过改变苗床架构模式，增加苗床厚度及加强通风等方式提高立体栽培模式下三七的种植质量。

11.2 立体栽培对三七生长及产量的影响

立体栽培技术无疑对其具有重要指导价值。故在此介绍了立体栽培模式下三七的产质量变化及栽培基质土壤的大量元素年度变化及在各器官中的分配特征，其对三七立体栽培的可行性和为克服三七连作障碍奠定理论和技术基础具有十分积极的意义。

11.2.1 立体栽培对三七农艺性状的影响

不同栽培模式下三七不同器官农艺性状如表 11.2 所示。可见，与大田栽培三七相比，立体栽培三七叶片长宽均显著降低，上中下层三七叶片长表现为中层最长，上层次之，下层最短，各层间叶片宽则无显著差异。三七叶柄长度和株高均表现为大田 > 上层 > 中层 > 下层；各层间茎粗无显著差异，但显著低于大田。叶片 SPAD 值则表现为大田 > 下层 > 中层 > 上层。筋条数表现为上层 > 中层 > 大田 > 下层，而筋条长度则表现为大田 > 下层 > 中层 > 上层。主根长和宽均表现为大田 > 上层 = 中层 > 下层。剪口长和粗无显著差异，但均显著低于大田。各器官鲜重和干重均表现为大田 > 上层 > 中层 > 下层，但大田栽培和立体栽培模式下三七干重或鲜重地上部 / 地下部值均维持在 1∶2.22～1∶2.34 和 1∶1.71～1∶2.11，地下部折干率为 3.37～3.55。上中下层和大田的三七药材理论产量（种植密度 × 单株药材平均产量）分别为 360 kg/ 亩、243 kg/ 亩、167 kg/ 亩和 419 kg/ 亩。可见，同大田栽培相比，立体栽培三七长势和产量均显著降低，三层长势表现为上层 > 中层 > 下层。

表11.2 立体栽培三七不同部位农艺性状（长度单位为mm，重量单位为g）

种植位置	叶片				叶柄			茎			株高	SPAD
	长	宽	鲜重	干重	长	鲜重	干重	粗	鲜重	干重		
上层	94.73	28.43	5.24	1.7	80.15	1.02	0.25	3.47	4.17	0.78	2625.53	52.22
中层	107.91	31.68	3.30	0.99	78.01	0.9	0.28	3.45	3.45	0.52	2405.21	54.35

续表

种植位置	叶片				叶柄			茎			株高	SPAD
	长	宽	鲜重	干重	长	鲜重	干重	粗	鲜重	干重		
下层	86.90	29.09	2.76	0.75	66.58	0.64	0.11	3.49	2.51	0.44	2 201.67	55.26
大田	130.56	38.34	6.28	1.95	100.35	1.35	0.31	6.52	5.23	0.88	3 531.42	58.22

种植位置	筋条				主根				剪口			
	数量（条）	长	鲜重	干重	长	宽	鲜重	干重	长	粗	鲜重	干重
上层	11.33	115.87	4.91	1.15	31.86	20.21	11.08	3.52	25.74	17.87	6.09	1.54
中层	9.63	140.55	3.94	1.06	32.42	20.06	6.66	2.24	24.97	17.09	3.53	0.89
下层	6.85	158.88	2.65	0.69	26.97	18.48	4.81	1.66	24.02	16.53	2.66	0.54
大田	8.23	172.31	5.68	1.43	38.23	25.64	13.07	4.16	28.35	22.36	6.89	1.64

作物栽培技术先进与否的直接反映即为其产质量的优劣，三七立体栽培亦不例外。立体栽培三七株高、叶片长宽、块根和剪口的大小、毛根的长短等指标均显著低于大田，说明该栽培模式下三七的长势和相同面积产量均降低。但上中下层三七药材产量之和（770 kg）显著高于同等占地面积大田栽培（419 kg），即立体栽培虽降低了单产，但通过提高土地利用率的方式能够提高总产。同时也说明立体栽培模式在三七产量提升上存在较大空间，提高单层产量有助于提高三七立体栽培总产。

11.2.2　立体栽培对三七皂苷含量的影响

立体栽培三七的剪口、主根和筋条中5种主要皂苷含量如表11.3所示。可见，立体栽培同层三七不同部位的皂苷含量表现为剪口＞主根＞筋条；相同部位，不同层皂苷含量表现为上层＞大田＞中层＞下层。上中下层剪口、主根和筋条中5种皂苷总和分别与大田进行比较发现，上层含量分别为大田的101.96%、109.39%和126.08%，中层含量分别为大田的89.14%、88.63%和115.05%，下层含量分别为大田的81.86%、87.64%和86.74%。可见，与大田栽培相比，立体栽培三七上层剪口、主根和筋条皂苷含量均升高，而中层和下层皂苷含量则降低。

表11.3　立体栽培三七植株剪口、主根和筋条中的皂苷含量（%）

	种植位置	R_1	Rg_1	Re	Rb_1	Rd	合计
剪口	上层	0.22	5.25	1.68	6.63	1.34	15.12
	中层	0.18	4.90	1.15	6.01	0.97	13.22
	下层	0.12	4.10	1.24	5.94	0.74	12.14
	大田	0.22	6.86	1.51	4.86	1.38	14.83

续表

	种植位置	R_1	Rg_1	Re	Rb_1	Rd	合计
主根	上层	0.16	3.77	0.85	3.34	0.73	8.85
	中层	0.14	2.97	0.89	2.56	0.61	7.17
	下层	0.10	2.79	0.73	3.03	0.43	7.09
	大田	0.11	3.58	0.63	3.02	0.76	8.09
筋条	上层	0.06	3.69	0.68	3.38	0.65	8.46
	中层	0.07	3.21	0.71	3.22	0.52	7.72
	下层	0.07	2.65	0.62	2.11	0.36	5.82
	大田	0.11	3.33	0.58	2.18	0.51	6.71

三七皂苷含量是衡量其品质的重要指标。三七根相同部位皂苷含量表现为上层＞大田＞中层＞下层。可见，与大田栽培相比，立体栽培三七上层剪口、主根和筋条皂苷含量均升高。这可能是由于立体栽培三七上层含水率相对较低（上层为18.67%，大田为24.35%），受到了轻微干旱胁迫，而干旱胁迫能够造成三七皂苷含量的上升（赵宏光等，2013）。由于立体栽培可以灵活控制土壤含水量，因此可通过控水的方式营造轻微干旱胁迫环境以提高三七皂苷含量。

11.2.3 立体栽培三七土壤有机质和pH年度变化

立体栽培三七土壤有机质和pH年度变化如表11.4所示。可见，有机质年度变化表现为随种植时间的延长而不断降低，其中下层土壤降幅最大，为54.18%，上层降幅最小，为39.68%；土壤有机质含量表现为下层＞中层＞上层＞大田。土壤pH年度变化表现为随种植时间的延长而逐渐降低，6～9月降幅最大，其中下层降幅最大，为4.34%，大田降幅最小为3.38%。土壤pH表现为大田＞上层＞中层＞下层。立体栽培上中下层及大田土壤pH与有机质含量相关系数分别为0.97**、0.79*、0.82*和0.95**。[①] 可见，与大田相比，立体栽培土壤有机质含量虽偏高，但降幅较大；立体栽培土壤pH偏低，降幅亦较大。

表11.4 立体栽培三七土壤有机质和pH值年度变化

	种植位置	4月	5月	6月	7月	8月	9月	10月
有机质（g/kg）	上层	32.21	29.87	29.05	24.34	23.31	19.89	19.43
	中层	38.59	34.33	32.43	29.63	27.95	21.78	21.60
	下层	40.25	35.61	33.60	31.11	29.35	22.89	18.44
	大田	35.64	30.34	28.06	22.32	21.37	17.51	17.50

① $**P < 0.01$；$*P < 0.05$。

续表

	种植位置	4月	5月	6月	7月	8月	9月	10月
pH值	上层	6.68	6.67	6.65	6.51	6.53	6.48	6.41
	中层	6.69	6.65	6.63	6.42	6.39	6.45	6.45
	下层	6.67	6.63	6.58	6.39	6.38	6.40	6.38
	大田	6.79	6.82	6.71	6.61	6.58	6.53	6.56

所有栽培模式下三七种植土壤有机质和 pH 年度变化均表现为随种植时间的延长而降低。这是由于随着种植时间的延长，土壤中有机质被不断分解，其含量必然随之降低。不同栽培模式下有机质含量表现为下层＞中层＞上层＞大田，这是由于土壤微生物活性表现为大田＞上层＞中层＞下层（前期研究结果），即有机质随土壤微生物活性的增加而被分解。如吴克侠等（2015）研究表明，冬小麦种植土壤的有机质含量随外源土壤微生物活性的升高而降低，说明上层土壤有机质消耗较快，应注意增施有机肥。

有机质的分解能够造成土壤 pH 的短暂降低，两者具有显著的相关性。如祖超等（2012）研究发现，酸性土壤中的土壤有机质含量越高，土壤 pH 越低。土壤有机质与 pH 具有显著相关性，且上层和大田中的两者相关性极显著，说明土壤有机质分解是造成土壤 pH 降低的原因之一，因此应注意调控土壤 pH。不同栽培模式下土壤 pH 表现为大田＞上层＞中层＞下层，其变化趋势与有机质相反，说明立体栽培模式下的不同层间 pH 差异并非由土壤有机质含量差异引起，其诱因仍需进一步探索。但这足以说明，同大田种植相比，立体栽培土壤 pH 缓冲能力较弱，应加强其 pH 的监测与调节。

11.2.4　立体栽培三七土壤全量氮磷钾养分的年度变化

不同栽培模式下三七种植土壤全量氮磷钾养分年度变化如表 11.5 所示。立体栽培和大田栽培土壤中全量氮磷钾养分年度变化均呈随种植时间延长而降低的趋势，氮素上中下层和大田降幅分别为 38.46%、30.48%、17.88% 和 37.72%；磷素上中下层和大田降幅分别为 45.41%、40.90%、12.35% 和 27.78%；钾素上中下层和大田降幅分别为 13.42%、10.58%、19.00% 和 14.42%。可见，与大田栽培相比，氮素上层降幅较大，磷素上层和中层降幅较大，钾素下层降幅较大。立体栽培全量氮磷钾元素含量均表现为上层＞中层＞下层。大田土壤氮素和钾素含量低于上层和中层，但显著高于下层；磷素含量显著低于立体栽培中所有土壤。可见，与大田相比，立体栽培下层土壤的全量氮钾消耗较快。

表11.5 立体栽培三七土壤全效养分年度变化（g/kg）

	种植位置	4月	5月	6月	7月	8月	9月	10月
全氮	上层	1.89	2.05	1.79	2.14	1.30	1.77	1.16
	中层	1.65	1.95	1.67	2.07	1.32	1.59	1.15
	下层	1.23	1.45	0.97	1.53	1.32	1.56	1.01
	大田	1.67	1.88	1.43	1.89	1.57	1.75	1.04
全磷	上层	0.31	0.39	0.30	0.41	0.32	0.37	0.17
	中层	0.22	0.38	0.26	0.35	0.18	0.21	0.13
	下层	0.24	0.29	0.22	0.28	0.17	0.18	0.21
	大田	0.18	0.26	0.19	0.25	0.15	0.20	0.13
全钾	上层	8.85	8.79	8.63	8.63	8.35	7.95	7.68
	中层	8.41	8.35	8.08	8.08	8.23	7.79	7.52
	下层	8.26	7.88	7.68	7.68	7.25	6.67	6.69
	大田	8.32	7.99	7.80	7.80	7.68	7.40	7.12

大田土壤全氮、全钾含量及速效氮、速效钾含量低于上层和中层，但显著高于下层，全磷和速效磷含量显著低于立体栽培中所有土壤。这是由于大田三七干物质累积量较大，因而对土壤中养分耗竭相对较高。而立体栽培下层三七干物质累积少，相应养分耗竭少，故而养分含量相对较高。

11.2.5 立体栽培三七土壤速效氮磷钾养分的年度变化

立体栽培三七土壤速效氮磷钾养分的年度变化如表 11.6 所示。立体栽培和大田栽培土壤中速效氮磷钾养分的年度变化均呈随种植时间延长而降低的趋势，氮素上中下层和大田降幅分别为 11.04%、2.31%、4.23% 和 10.77%；磷素上中下层和大田降幅分别为 11.68%、8.10%、4.07% 和 2.59%；钾素上中下层和大田降幅分别为 4.96%、4.99%、5.07% 和 4.92%。可见，与大田栽培相比，氮素上层降幅较大，磷素上中下层降幅均较大，钾素降幅无显著差异。立体栽培速效氮磷钾元素含量均表现为上层＞中层＞下层。大田土壤氮素和钾素含量低于上层和中层，但显著高于下层；磷素含量显著低于立体栽培中所有土壤。

表11.6 立体栽培三七土壤速效养分的年度变化（mg/kg）

	种植位置	4月	5月	6月	7月	8月	9月	10月
速效氮	上层	82.79	92.38	75.68	90.95	80.15	86.45	73.65
	中层	69.56	78.21	72.45	81.85	72.62	79.45	67.95
	下层	65.31	69.45	58.74	76.31	62.65	71.75	62.55
	大田	76.33	82.45	71.05	78.45	69.65	72.95	68.11

续表

	种植位置	4月	5月	6月	7月	8月	9月	10月
速效磷	上层	48.22	51.03	42.52	50.45	47.50	55.77	42.59
	中层	38.63	45.59	37.53	45.31	42.54	50.06	35.50
	下层	38.11	42.51	37.57	42.50	40.01	47.50	36.56
	大田	32.85	33.31	27.56	35.78	30.50	39.55	32.00
速效钾	上层	446	464	440	434	430	480	424
	中层	439	449	432	426	420	459	417
	下层	420	431	416	392	404	459	399
	大田	433	441	427	420	413	461	412

立体栽培三七土壤全量和速效氮磷钾养分的年度变化均表现为随种植时间的延长而下降。这是由于三七在生长过程中通过从土壤中吸收养分而维持干物质的累积。立体栽培模式下土壤全量和速效氮磷钾养分均表现为上层＞中层＞下层，这主要是由淋洗作用造成的。由于立体栽培结构造成了上中下层光温的分布不均，因而下层土壤水分蒸发速率低于中层，中层低于上层。相同灌溉条件下土壤中水分含量表现为下层＞中层＞上层。在灌溉过程中，为了试验的一致性而喷施等量水的情况下，中下层过多的水分不能被土壤吸收，从铁箱防止渍水的排水孔中排出，造成了养分的淋溶。因此，淋洗作用是造成中下层养分含量较低的主要原因。大田土壤养分含量较低则主要是由于三七生物量相对较大，养分携出量较高造成的。由此可见，科学灌溉、减少土壤养分流失是提高立体栽培土壤养分利用率的有效途径。

氮、磷、钾元素在三七各器官的分布比例如图 11.16 所示。可见，氮素在叶片中分配量最高，其次分别为主根、剪口、筋条、茎和叶柄；磷素在主根中分配量最高，其次分别为叶片、筋条、剪口、茎和叶柄；钾素在主根中分配量最高，其次分别为剪口、叶片、筋条、茎和叶柄。与大田种植条件下三七相比，立体栽培三七中氮素和磷素含量在所有器官中均降低；钾素在立体栽培上层三七的茎和中层的叶柄中上升，在其余器官中均下降。不同层高对氮素和磷素在三七各器官分布的影响均表现为：上层地下部（筋条、主根和剪口）所占比例升高，中下层地下部比例降低；不同层高对钾素在三七各器官中的比例无显著影响。可见，与大田栽培相比，立体栽培改变了氮磷钾元素在各器官中的分布和比例。

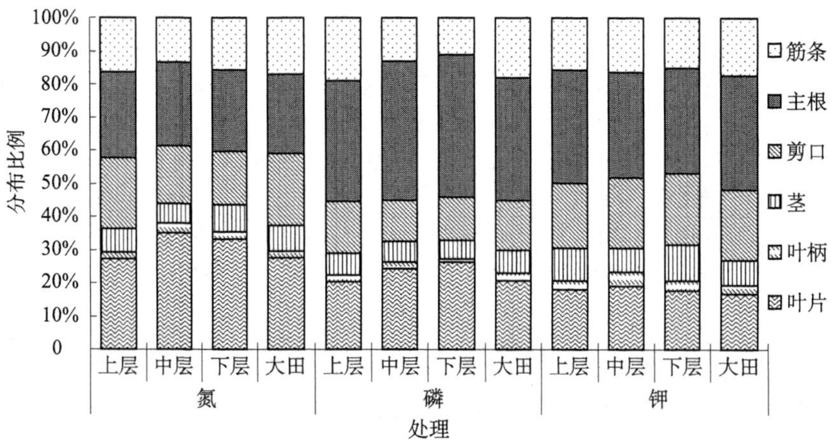

图 11.16 氮磷钾在三七各器官的分布比例

11.2.6 立体栽培三七各器官氮磷钾含量所占的比例

立体栽培条件下各元素在各器官中的分布特征未发生改变，如氮素在叶片中分配量最高，磷素和钾素在主根中分配量最高。但栽培模式却显著改变了其在植株中所占的比例。本书中，与大田种植条件下三七相比，立体栽培三七中氮素和磷素含量在所有器官中均降低；钾素含量除在上层三七的茎和中层的叶柄中有所上升外，在其余器官中均下降，说明立体栽培模式下，三七对氮磷钾元素的吸收能力降低，因而应采取增施水溶肥或叶面肥的方式补充养分。

上中下层土壤氮素和磷素在三七各器官的分布均表现为中下层地下部比例低于上层，说明立体栽培模式能够改变上述两种元素在各器官中的分配。中下层植株叶片氮素和磷素比例的相对升高是由于其受上层遮蔽，为了进行更多的光合作用而大量合成叶绿素所致，本书中 SPAD 值表现为下层＞中层＞上层即证明了该现象。此外，王朝梁等（2007）和崔秀明等（2000）均发现外施氮磷肥能够促进三七叶片生长、叶绿素含量升高。钾素在立体栽培三七各器官中分配的比例虽无显著变化，但上中下层地下部所占比例显著低于大田栽培。这是由于钾素与三七块根生长密切相关（陈震等，1990），如张良彪等（2008）发现适量钾肥有利于增加三七药材产量。由于立体栽培三七地下部长势较大田弱，因此钾素含量相对降低。由此可见，立体栽培造成的三七农艺性状差异改变了氮磷钾元素的分配，因而调整立体栽培结构，使三七长势一致是平衡营养分配的重要方式。

综上所述，立体栽培模式下三七的单产虽降低，但由于其提高了土地利用率而提高了总产，同时也说明立体栽培模式在三七产量提升上存在较大空间。

立体栽培模式下的上层三七由于受轻微干旱胁迫，其皂苷含量相对较高，因此可通过合理控水的方式营造轻微干旱胁迫以提高皂苷含量。立体栽培土壤除下层需补充氮肥和钾肥外，上层和中层氮磷钾养分均能满足三七生长需求。由于立体栽培模式下三七的养分吸收能力降低，因而应采取增施水溶肥或叶面肥的方式补充养分。

11.3　立体栽培对三七种植土壤微生物、酶活及农艺性状的影响

土壤微生物指土壤中的细菌、真菌、放线菌等微小生物或生物群。在土壤生态系统中，这些微生物是主要的分解者，能降解纤维素、半纤维素、木质素、胶质、还原氮、溶解磷等，是土壤碳、氮循环的驱动力（樊文华等，2011；张晶等，2004）。土壤微生物对土壤环境因子的变化极为敏感，土壤环境的突变会导致土壤微生物种类及数量的显著变化，如展小云等（2010）发现药用植物小叶锦鸡儿根际土壤微生物群落的功能受外界环境因子（大气 CO_2 浓度、土壤氮水平和土壤水分）影响显著。官会林等（2010）亦发现三七种植土壤细菌、真菌和放线菌的数量及其比例的变化能够诱导三七根腐病的发生。在三七道地产区研究了立体栽培条件下土壤微生物和土壤酶的活性特征及对三七农艺性状的影响，以期为三七立体栽培技术体系的提升与推广应用提供理论和实践基础。研究立体栽培与大田差异，有助于探究立体栽培环境的不足，从而对该技术体系进行改进，使其种植环境达到甚至超过大田，最终提高三七产质量。

11.3.1　立体栽培三七土壤微生物浓度的特征

三七立体栽培土壤微生物浓度特征如表 11.7 所示。与对照相比，立体栽培下、中、上层真菌浓度均显著升高，分别为对照的 1.16、1.20 和 1.48 倍；放线菌浓度则显著降低，下、中、上层分别为对照的 16.67%、28.33% 和 38.33%；细菌浓度也显著降低，下、中、上层微生物浓度分别为对照的 78.83%、91.15% 和 72.97%；土壤微生物总浓度显著降低，上、中、下层分别降低 21.17%、8.45% 和 25.62%。对照及下、中、上各层的细菌浓度分别为微生物总浓度的 97.21%、98.38%、98.25% 和 97.27%，而真菌和放线菌浓度之和分别为微生物总浓度的 2.77%、1.62%、1.75% 和 2.73%。可见，立体栽培土壤微生物比例失调，且浓度显著低于大田栽培，三层中以中层最接近对照。

表11.7　三七立体栽培不同层土壤微生物数量特征

种植位置	真菌		放线菌		细菌		微生物总浓度（10^4CFU/g）
	浓度（10^4CFU/g）	百分比（%）	浓度（10^4CFU/g）	百分比（%）	浓度（10^4CFU/g）	百分比（%）	
对照	0.25	0.81	0.60	1.96	29.67	97.21	30.52
下层	0.29	1.20	0.10	0.42	23.67	98.38	24.06
中层	0.32	1.15	0.17	0.60	21.33	98.25	27.82
上层	0.37	1.68	0.23	1.05	21.67	97.27	22.27

与对照相比，立体栽培土壤真菌所占比例显著升高、放线菌所占比例显著降低，即土壤发生了“真菌化”（李琼芳，2006；王茹华等，2005），表明立体栽培土壤质量下降。土壤的真菌化还会导致土传真菌病害加剧，抑制作物生长。如谢奎忠等（2013）发现土壤真菌数量变高后马铃薯易患早疫病，产量下降。寻路路等（2013）发现三七根腐病病株根域土壤真菌量显著高于健株根域。可见，三七立体栽培导致土壤菌群失调，土壤发生了“真菌化”，可能是三七病害高发的诱因之一。

11.3.2　立体栽培三七土壤酶的活性特征

与对照相比，立体栽培各层土壤纤维素酶活性均无显著变化；中性磷酸酶活性显著升高，下、中和上层分别为对照的2.25、2.14和1.99倍；下层土壤脲酶和蔗糖酶活性均为对照的1.04倍，中、上层活性则分别为对照的93%、85%和83%、52%（表11.8）。各层土壤酶脲酶、蔗糖酶和中性磷酸酶活性均表现为从下层至上层逐渐升高。可见立体栽培土壤酶活性发生显著改变。

表11.8　三七立体栽培不同层土壤酶活性

种植位置	脲酶（mg/g）/24 h	蔗糖酶（mg/g）/24 h	中性磷酸酶（mg/g）/24 h	纤维素酶（mg/g）/72 h
对照	2.83	3.49	16.22	0.16
下层	2.93	3.64	36.47	0.16
中层	2.63	2.88	28.67	0.18
上层	2.40	1.83	22.21	0.17

土壤酶活性能从一个方面反映土壤质量（曹慧等，2002），体现着土壤营养物质代谢的旺盛程度，同时也能从一个侧面反映植物生长及营养物质利用状况，是土壤肥力的重要指标。土壤脲酶和蔗糖酶主要与土壤氮素代谢有关（刘瑞丰等，2011；翟心心和贺秋芳，2011），土壤磷酸酶活性高低影响土壤磷元素转化

与代谢（宋丹和王吉磊，2009），土壤纤维素酶主要水解植物体等有机体，在有机质分解与代谢中具有重要作用（Carreiro M M et al.，2000）。寻路路等（2013）发现健康三七植株根际土壤脲酶和蔗糖酶活性显著高于病株，本书亦发现立体栽培土壤中、上层脲酶和蔗糖酶活性显著低于对照，从而再次证明立体栽培土壤生境劣于对照。各层的中性磷酸酶活性均显著高于对照（表 11.8），这可能是由于磷酸酶为适应性酶，当土壤有效磷含量低时磷酸酶活性才随之增强，而土壤 pH 是影响磷素有效性的重要因素，表现为中性土壤磷素的有效性最高。如前所述，本书中立体栽培土壤 pH 变化特征（下层 < 中层 < 上层 < 对照）与中性磷酸酶变化趋势（下层 > 中层 > 上层 > 对照）相印证，两者呈极显著负相关（–0.94），说明立体栽培造成的土壤 pH 差异导致了中性磷酸酶活性的升高，反映了立体栽培土壤有效态磷素的缺乏。本书中三七立体栽培土壤酶活性变化与农艺性状表现相吻合，且中性磷酸酶与多个农艺性状具有显著相关性。可见，改善立体栽培结构，从而使土壤酶活性接近大田土壤，为三七生长营造良好的土壤酶条件是保障三七健康生长的重要努力方向之一。

11.3.3　立体栽培三七的农艺性状

立体栽培三七下、中和上层叶长分别为对照的 68.72%、80.77%、66.71%，叶宽分别为对照的 44.33%、68.04%、45.36%，叶柄长分别为对照的 60.09%、73.93%、68.58%，株高分别为对照的 81.54%、91.50%、70.40%，茎粗分别为对照的 71.91%、73.61%、49.15%，剪口长分别为对照的 79.28%、86.00%、80.09%，剪口粗分别为对照的 84.66%、85.04%、80.65%，块根长分别为对照的 81.30%、84.39%、84.04%，块根粗分别为对照的 69.37%、86.81%、82.31%，支根数分别为对照的 52.45%、69.06%、71.33%，须根长分别为对照的 52.44%、74.29%、82.01%（表 11.9、表 11.10）。可见，立体栽培三七各农艺性状指标均劣于大田栽培，三层中以中层长势最好，上层次之，下层最差。

表11.9　立体栽培不同层三七地上部农艺性状（$\bar{\chi} \pm s$，n=20，cm）

种植位置	叶长	叶宽	叶柄长	株高	茎粗
对照	6.97 ± 1.51	2.91 ± 0.67	6.79 ± 0.87	25.89 ± 2.13	0.41 ± 0.10
下层	4.79 ± 2.37	1.29 ± 1.78	4.08 ± 1.49	21.11 ± 4.97	0.30 ± 0.08
中层	5.63 ± 2.79	1.98 ± 0.99	5.02 ± 0.78	23.69 ± 3.17	0.30 ± 0.07
上层	4.65 ± 0.74	1.32 ± 0.83	4.78 ± 0.81	22.13 ± 3.41	0.20 ± 0.06

表11.10　立体栽培不同层三七地下部农艺性状（$\overline{\chi} \pm s$，n=20，mm）

位置	剪口长	剪口粗	块根长	块根粗	支根数（条）	须根长
对照	13.71 ± 4.21	12.97 ± 3.78	42.79 ± 4.98	15.77 ± 3.87	8.37 ± 1.68	38.9 ± 9.4
下层	10.87 ± 3.48	10.98 ± 2.74	34.79 ± 3.46	10.94 ± 5.45	4.39 ± 3.12	20.4 ± 8.1
中层	11.79 ± 4.39	11.03 ± 2.41	36.11 ± 4.87	13.69 ± 6.12	5.78 ± 1.24	28.9 ± 3.1
上层	10.98 ± 2.98	10.46 ± 3.17	35.96 ± 2.97	12.98 ± 4.46	5.97 ± 0.88	31.9 ± 6.3

11.3.4　三七农艺性状与土壤微生物浓度及土壤酶活性的相关性分析

土壤微生物浓度及土壤酶活性与三七农艺性状的相关性如表 11.11 所示。可见，真菌浓度与三七茎粗和剪口粗呈显著相关，相关系数分别为 0.96（P <0.05）和 0.87（P <0.05）；放线菌浓度与三七叶柄长、株高、剪口长、剪口粗、块根长、块根粗和支根数呈极显著正相关，相关系数在 0.89～0.99（P <0.01），放线菌浓度与叶片长和须根长呈显著正相关，相关系数分别为 0.89（P <0.05）和 0.90（P <0.05）；中性磷酸酶活性与叶长、叶宽、块根粗和须根长呈显著正相关，相关系数分别为 0.88（P <0.05）、0.89（P <0.05）和 0.87（P <0.05），与叶柄长、株高、剪口长、剪口粗、块根长及支根数呈极显著正相关，相关系数为 0.87～0.99（P<0.01）。可见，真菌、放线菌及中性磷酸酶与三七农艺性状具有显著相关性。

表11.11　三七立体栽培微生物浓度和土壤酶活性与三七农艺性状的相关性分析

	真菌	放线菌	细菌	脲酶	蔗糖酶	中性磷酸酶	纤维素酶
叶片长	0.76	0.89*	0.82	0.37	0.04	0.88*	0.20
叶片宽	0.72	0.89	0.80	0.30	0.05	0.89*	0.16
叶柄长	0.57	0.97**	0.81	0.11	0.30	0.96**	0.21
株高	0.57	0.89**	0.71	0.11	0.06	0.87**	0.02
茎粗	0.96*	0.72	0.86	0.71	0.05	0.74	0.41
剪口长	0.73	0.93**	0.86	0.30	0.17	0.93**	0.25
剪口粗	0.87*	0.90**	0.96	0.53	0.24	0.92**	0.49
块根长	0.67	0.99**	0.91	0.24	0.40	0.99**	0.39
块根粗	0.38	0.89**	0.63	0.11	0.17	0.87*	0.06
支根数	0.45	0.97**	0.76	0.03	0.40	0.96**	0.18
须根长	0.21	0.90*	0.59	0.29	0.42	0.87*	0.02

*P < 0.05；**P < 0.01。

立体栽培体系土壤真菌和细菌与土壤相对含水量显著相关（相关系数分别为 −0.91 和 0.98），而放线菌和中性磷酸酶活力与土壤 pH 显著相关（相关系数分别为 0.96 和 –0.94）。因此，通过合理调控立体栽培土壤 pH 和含水量而改善立体栽培土壤微生物生态环境具有重要意义。本书表明，立体栽培不同层土壤 pH 及对照土壤 pH 表现为下层 < 中层 < 上层 < 对照。大量数据研究表明，土壤 pH 与土壤有机质含量间成负相关关系，本书中立体栽培土壤和对照土壤有机质含量亦表现为下层 > 中层 > 上层 > 对照（未公开发表数据），但两者间是否存在相关性尚待进一步研究。土壤 pH 与三七支根数及支根长的相关性显著（相关系数分别为 0.97 和 0.90），这与毛玉东等（2011）发现的土壤 pH（小于 7.0）越大重楼支根数越多、根长也越长的结果相似。可见，在立体栽培中，土壤 pH 在一定程度上影响三七根的分化与生长。

11.3.5　立体栽培三七土壤pH、日最大温差及相对含水率的特征

对照及下、中、上层土壤 pH 分别为 6.63、6.05、6.17 和 6.29，土壤日最大温差分别为 3.10 ℃、2.01 ℃、3.84 ℃和 4.61 ℃，土壤相对含水量分别为 24.35%、21.36%、18.76% 和 18.67 %。立体栽培下、中、上层土壤 pH 显著低于对照，表现为随层数的升高而显著升高；土壤日最大温差除下层低于对照 1.09 ℃外，中层和上层分别比对照高 0.73 ℃和 1.51 ℃；下、中和上层土壤相对含水率分别比对照低 12.285%、22.96% 和 23.33%，说明三层中以下层土壤相对含水率最高，中层和上层无显著差异。可见，立体栽培各层土壤 pH 和日最大温差均呈从下至上逐层上升之趋势，而土壤相对含水率则呈相反变化趋势。同对照相比，立体栽培各层土壤日最大温差显著变大，土壤 pH 和相对含水率显著降低。

11.3.6　土壤pH、日最大温差、相对含水量与微生物浓度和土壤酶活性及与三七农艺性状的相关性分析

土壤 pH、日最大温差、相对含水量与土壤微生物浓度和土壤酶活性的相关分析如表 11.12 所示。可见，真菌浓度与土壤相对含水量呈显著负相关，相关系数为 –0.91（P<0.05）；细菌浓度和土壤相对含水量呈极显著正相关，相关系数为 0.98（P <0.01）；土壤放线菌浓度与土壤 pH 相关系数为 0.96（P <0.01）；土壤脲酶和蔗糖酶与土壤日最大温差相关系数分别为 –0.97（P <0.01）和 –0.92（P <0.01）；中性磷酸酶活性与土壤 pH 和相对含水量相关系数分别为 –0.94 和 –0.80（P <0.01）。可见，三七立体栽培土壤放线菌浓度和中性磷酸酶活性均

与土壤 pH 和土壤相对含水量显著相关，真菌和细菌浓度与土壤相对含水量显著相关，脲酶和蔗糖酶分别与日最大温差显著相关。

表11.12　土壤pH、日最大温差、相对含水量与微生物浓度和土壤酶活性的相关性分析

	土壤pH	日最大温差	土壤相对含水量
真菌	−0.35	0.73	−0.91*
放线菌	0.96*	0.06	0.76
细菌	0.72	−0.41	0.98**
脲酶	−0.15	−0.97*	0.73
蔗糖酶	−0.04	−0.92*	−0.37
中性磷酸酶	−0.94*	−0.52	0.80*
纤维素酶	−0.31	0.67	−0.80

*$P < 0.05$；**$P < 0.01$。

土壤 pH、日最大温差、相对含水量与三七农艺性状的相关分析如表 11.13 所示。土壤 pH 与三七叶柄长、支根数和须根长呈显著正相关，相关系数分别为 0.92（P<0.05）、0.97（P<0.05）和 0.90（P<0.05）。土壤日最大温差及土壤相对含水量与三七各农艺性状均无显著相关性。

表11.13　土壤pH、日最大温差、相对含水量与三七农艺性状的相关性分析

	土壤pH	日最大温差	土壤相对含水量
叶片长	0.67	0.01	0.55
叶片宽	0.70	0.00	0.50
叶柄长	0.92*	0.02	0.46
株高	0.76	0.02	0.33
茎粗	0.34	0.29	0.76
剪口长	0.79	0.00	0.58
剪口粗	0.67	0.11	0.83
块根长	0.92	0.00	0.64
块根粗	0.83	0.12	0.21
支根数	0.97*	0.06	0.36
须根长	0.90*	0.24	0.16

*$P < 0.05$。

综上所述，通过对立体栽培结构下土壤微生物、土壤酶特征及对三七农艺性状的影响的研究发现，三七立体栽培技术对解决连作障碍具有一定积极作用和推广潜力，但由于立体栽培结构造成了土壤微生物及酶等生态条件劣于大田土壤，是三七长势劣于大田三七的诱因之一。因此，改善立体栽培土壤生态环境是促进三七良好生长发育的重要努力方向。

参考文献

曹慧，孙辉，杨浩，等 . 2003. 土壤酶活性及其对土壤质量的指示研究进展 . 应用与环境生物学报，9（1）: 105～109.

陈一飞，路河，刘柏成，等 . 2013. 日光温室草莓立体栽培智能控制系统 . 农业工程学报，29（25）: 184～189.

陈震，赵杨景，马小军 . 1990 . 西洋参营养特点的研究Ⅱ . 氮、磷、钾营养元素对西洋参生长的影响 . 中草药，21: 212.

陈中坚，曾江，王勇 . 2002. 三七种植业现状调查 . 中药材，25（6）: 387～388.

陈宗玲，刘鹏，张斌，等 . 2011. 立体栽培草莓的光温效应及其对光合的影响 . 中国农业大学学报，16（1）: 42～48.

崔秀明，陈中坚，皮立原 . 2000. 密度及施肥对二年生三七产量的影响 . 中药材，23（10）:596～598.

樊文华，白中科，李慧峰，等 . 2011. 不同复垦模式及复垦年限对土壤微生物的影响 . 农业工程学报，27（2）: 330～336.

冯秀藻，闵庆文 . 1994. 一个用于反映天然牧草生长规律的综合农业气象指数 . 中国农业气象，15（2）: 47～49.

官会林，杨建忠，陈煜君，等 . 2010. 三七设施栽培根际微生物菌群变化及其与三七根腐病的相关性研究 . 土壤，42（3）: 378～384.

何春雨，蔺海明，马占川，等 .2004. 党参立体栽培的产量效应及其因子回归与相关分析 . 甘肃科技，20（5）: 146.

李琼芳 . 2006. 不同连作年限麦冬根际微生物区系动态研究 . 土壤通报，37（3）: 563～565.

李忠义，陈中坚 . 2000. 三七栽培技术要点 . 人参研究，12（1）: 11～12.

刘瑞丰 . 2011. 中国秦岭“五大商药”药源基地土壤质量及其评价 . 咸阳：西北农林科技大学 .

刘瑞丰，李新平，李素俭，等 . 2011. 商洛地区土壤蔗糖酶及过氧化氢酶与土壤养分的关系研究 . 干旱地区农业研究，29（5）: 182～185.

罗群，游春梅，官会林 . 2010. 环境因素对三七生长影响的分析 . 中国西部科技，9（9）: 7～8.

罗育才，刘泽发，陈丽娟，等 . 2010. 湖南高山地区礼品西瓜立体栽培技术 . 作物研究，24（4）: 367.

斯金平，董洪秀，廖新艳，等 . 2014. 一种铁皮石斛立体栽培方法的研究 . 中国中药杂志，39（23）: 4576～4579.

宋丹，王吉磊 . 2009. 外源植酸酶对土壤磷酸酶活性和有效磷含量的影响 . 中国土壤与肥料，5:

15～17.

王朝梁，陈中坚，孙玉琴，等 . 2007 . 不同氮磷钾配比施肥对三七生长及产量的影响 . 现代中药研究与实践，21（1）: 5～7.

王朝梁，崔秀明，陈中坚 . 2000. 云南文山地区发展三七 GAP 生产的有利条件及措施 . 中药研究与信息，2（6）: 12～13.

王海波，刘凤之，王孝娣，等 . 2013. 我国果园机械研发与应用概述 . 果树学报，30（1）: 165～170.

王静，秦俊，高凯，等 . 2010. 冬夏季桂花净光合速率及其对环境因子的响应 . 生态环境学报，19（4）: 908～912.

王茹华，周宝利，张启发，等 .2005. 嫁接对茄子根际微生物种群数量的影响 . 园艺学报，32（1）: 124～126.

王尧龙，崔秀明，蓝磊，等 . 2015. 立体栽培三七的光温效应及对光合的影响 . 中国中药杂志，40（15）: 2921～2929.

吴克侠，耿丽平，赵全利，等 . 2015. 微生物菌剂与耕作方式对冬小麦土壤化学性状的影响 . 中国农学通报，31（15）: 193.

谢奎忠，陆立银，罗爱花 . 2013 . 不同栽培措施对连作马铃薯土壤真菌、真菌性病害和产量的影响 . 中国蔬菜，2: 70～75.

寻路路，赵宏光，梁宗锁，等 . 2013. 三七根腐病病株和健株根域土壤微生态研究 . 西北农业学报，22（11）: 146～151.

殷毓芬，张存良 . 1995. 冬小麦不同品种叶片光合速率与气孔导度等性状之间关系的研究 . 作物学报，21（5）: 561 ～ 567.

翟心心，贺秋芳 . 2011. 岩溶区土壤脲酶活性与土壤肥力的关系 . 中国农学通报，27（3）: 462～466.

展小云，吴冬秀，张琳，等 .2010 . 小叶锦鸡儿根际土壤微生物群落 . 生态学报，30（12）: 3087～3097.

张晶，张惠文，李新宇，等 . 2004. 土壤真菌多样性及分子生态学研究进展 . 应用生态学报，15（10）: 1958～1962.

张良彪，孙玉琴，韦美丽，等 . 2008. 钾素供应水平对三七生长发育及产量的影响 . 特产研究，（4）: 46.

张瑞福，曹慧，崔中利，等 . 2003. 土壤微生物总 DNA 的提取和纯化 . 微生物学报，43（2）: 276～282.

张豫超，杨肖芳，苗立祥，等 . 2013. 三种草莓立体栽培架型及生产性能比较 . 浙江农业学报，25（6）: 1288.

祖超，邬华松，谭乐和，等 . 2012. 海南胡椒优势区土壤 pH 值与养分肥力指标的相关性分析 . 热带作物学报，33（7）: 1174～1179.

Carreiro M M，Sinsabaugh R L，Repert D A，et al. 2000. Microbial enzyme shifts explain litter decay responses to simulated nitrogen deposition. Ecology，81: 2359～2365.

彩　图

彩图 1　三七的形态特征

彩图 2　三七的种子形态

彩图 3　不同土壤水分条件对三七农艺性状的影响

25% 土壤含水量处理三七植株（a）、根（d）、叶（g）、花（j）；40% 土壤含水量处理三七植株（b）、根（e）、叶（h）、花（k）；55% 土壤含水量处理三七植株（c）、根（f）、叶（i）、花（l）

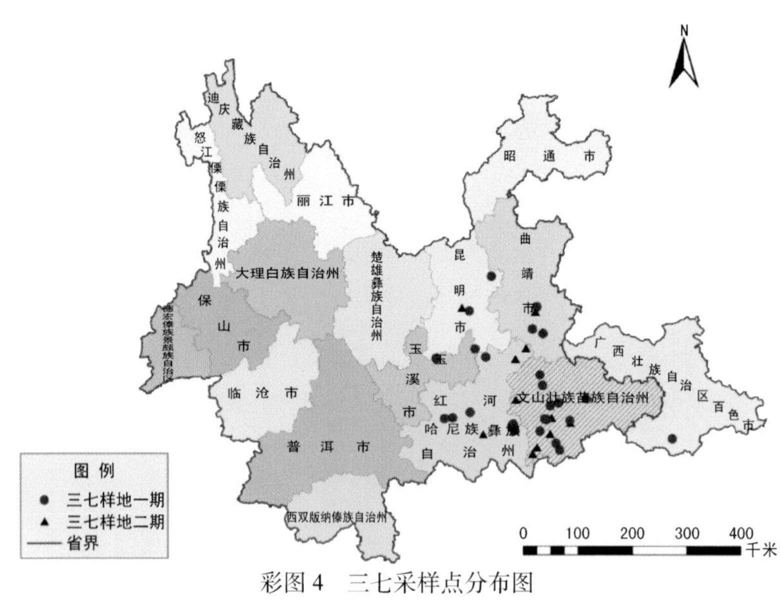

彩图 4　三七采样点分布图

彩图 5　三七的访花者

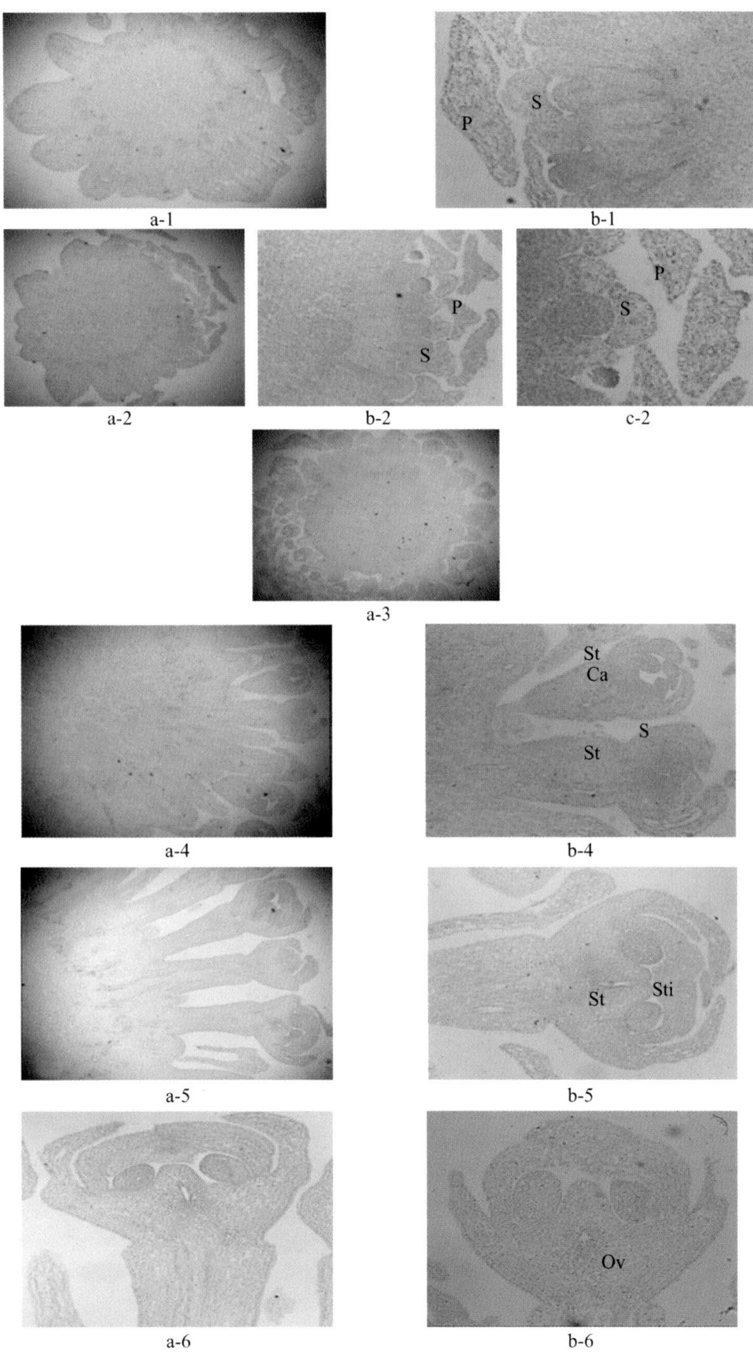

彩图 6　三七花芽分化过程

a-1，b-1 为花芽原基形成时期，同时伴随着花瓣原基和萼片原基的形成；a-2 ～ c-2 为小花原基形成时期；a-3 为小花原基分化；a-4 ～ b-6 为雄蕊原基的形成发育及雌蕊原基的分化时期；P 为花瓣原基；S 为萼片原基；St 为雄蕊原基；Sti 为柱头；Ov 为胚珠；Ca 为心皮

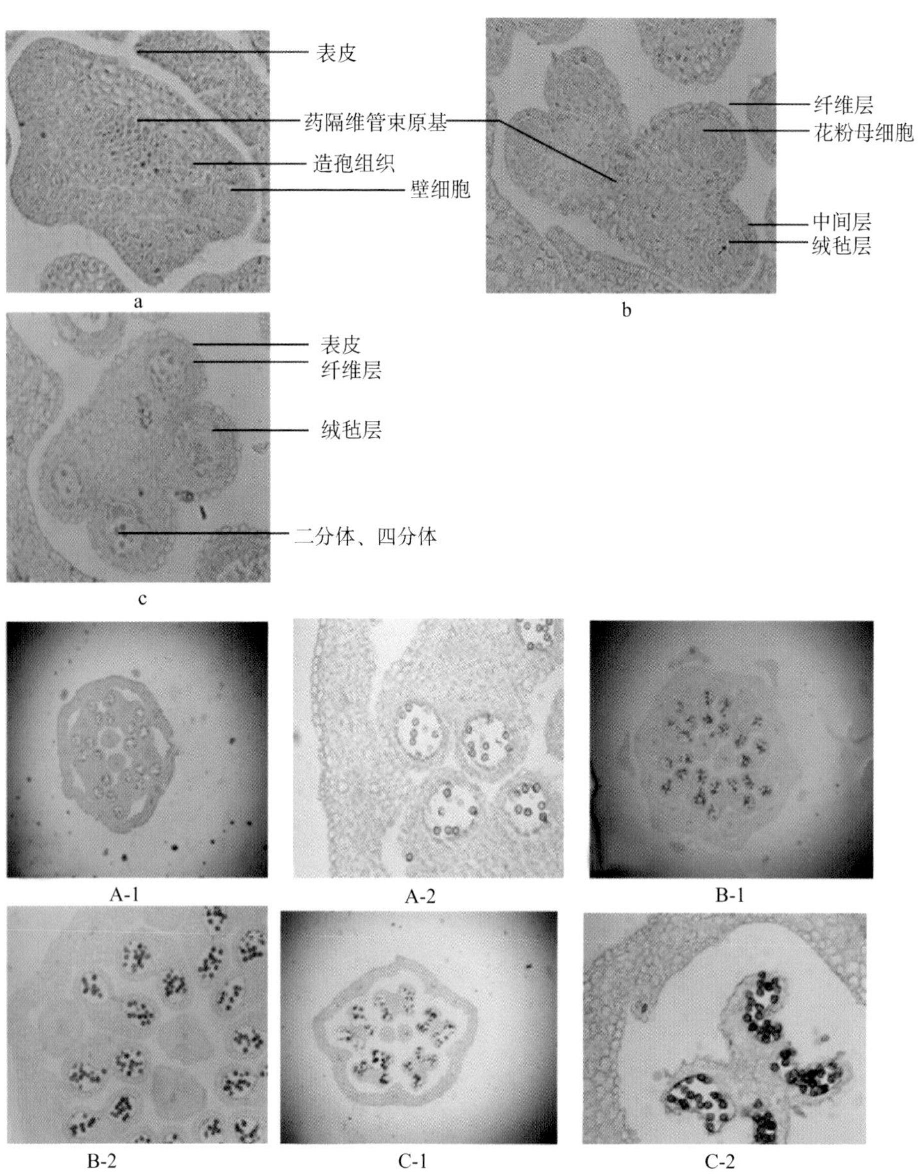

彩图 7　三七小花雌雄蕊的发育过程

a. 花药发育初期；b. 花粉母细胞时期；c. 二分体、四分体时期；A-1、A-2 为单核细胞期；B-1、B-2、C-1、C-2 为成熟花粉粒时期

a b c

彩图 8　开花期不同阶段的三七花花朵形态

a. 始花期；b. 盛花期；c 末花期

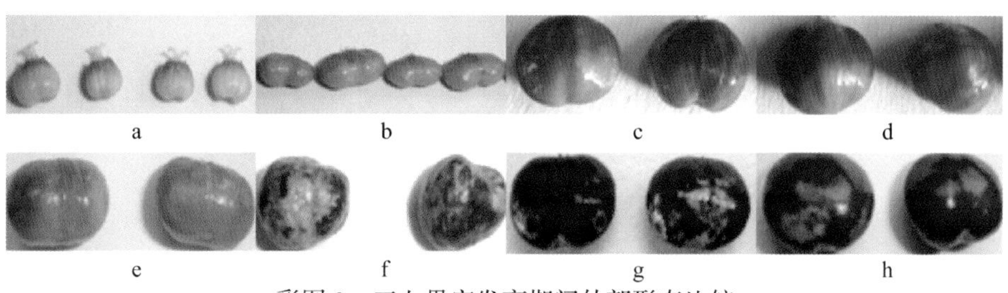

a b c d

e f g h

彩图 9　三七果实发育期间外部形态比较

a. 盛花期后 10 d；b. 盛花期后 20 d；c. 盛花期后 30 d；d. 盛花期后 40 d；e. 盛花期后 50 d；f. 盛花期后 60 d；g. 盛花期后 70 d；h. 盛花期后 80 d

彩图 10　室温储藏 80 d 后三七种子出苗情况

彩图 11　室温与 4 ℃交替储藏 80 d 后三七种子出苗情况

彩图 16　三七传统荫棚栽培的七园

彩图 17　三七专用遮阳网栽培七园

彩图 18　三七林下栽培（人工辅助搭棚种植模式）

彩图 19　三七林下栽培（仿野生种植模式）

彩图 20　现代三七仿生种植模式（云南三七科技公司石林基地）

彩图 21　铧式犁

彩图 22　三七种子去皮机

彩图 23　三七种子去皮机箱体

彩图 12　三七种苗形态

a. 团七；b. 长七
1. 剪口；2. 须根；3. 主根；4. 筋条

彩图 13　三七专用遮阳网荫棚外景

彩图 14　三七传统栽培荫棚

彩图 15　三七传统荫棚易发生火灾

彩图 24　2BQ-24 型双幅三七精密播种机

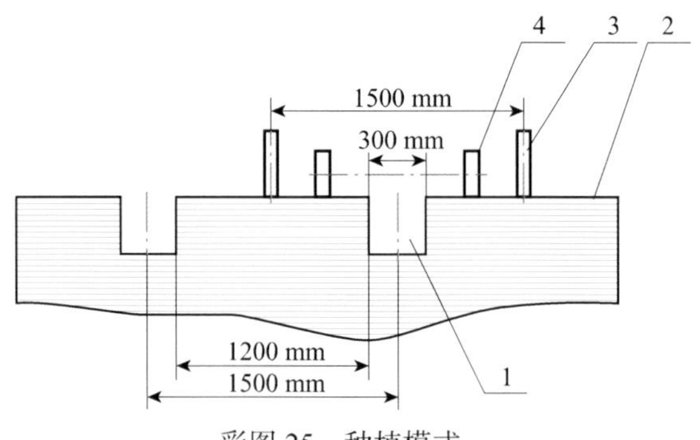

彩图 25　种植模式

1. 垄沟；2. 种植垄；3. 立柱；4. 行走轮

彩图 26　2BQ-13 型单幅三七精密播种机

彩图 27　担架式喷雾机

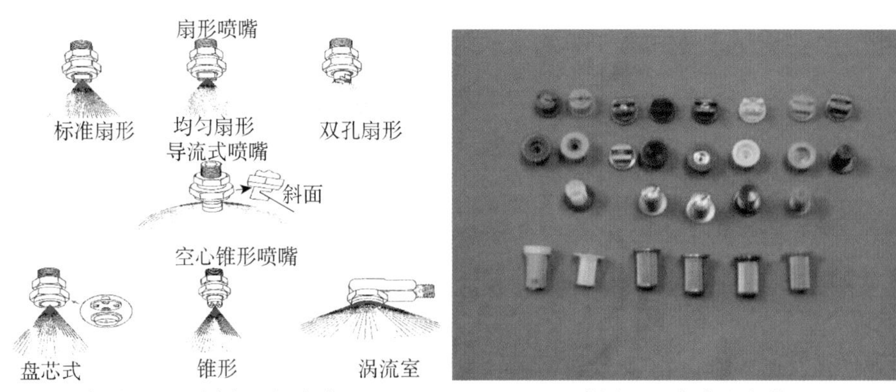

彩图 28　不同类型的喷嘴

彩图 29　喷嘴过滤器

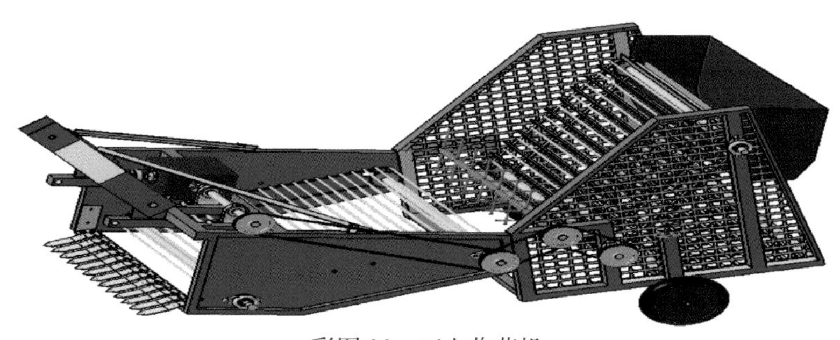

彩图 30　三七收获机